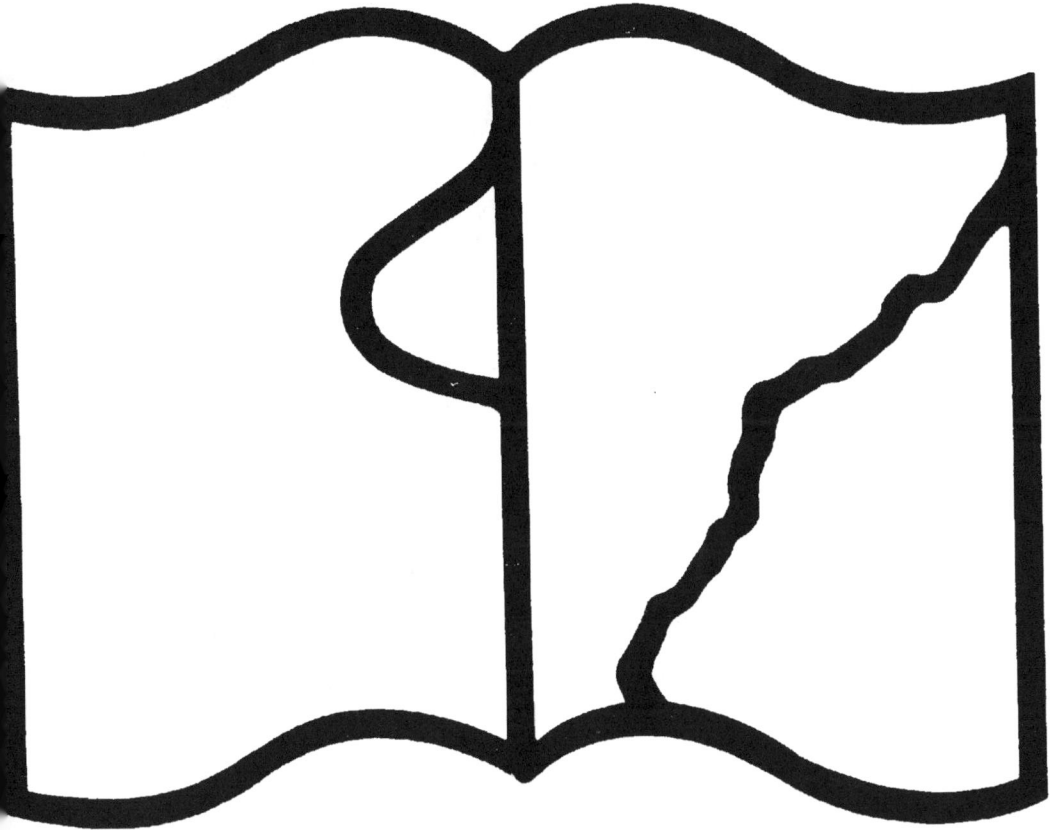

Texte détérioré — reliure défectueuse

NF Z 43-120-11

LES VINS DU BEAUJOLAIS

DU

MACONNAIS

ET CHALONNAIS

ÉTUDE ET CLASSEMENT PAR ORDRE DE MÉRITE

NOMENCLATURE DES CLOS ET DES PROPRIÉTAIRES

ILLUSTRÉE DE NOMBREUSES VUES DES PRINCIPALES PROPRIÉTÉS

PAR

M. V. VERMOREL	**M. R. DANGUY**
Directeur de la Station viticole de Villefranche	Professeur à l'École de Viticulture de Beaune
pour le Beaujolais.	*pour le Mâconnais et Chalonnais.*

Cet ouvrage est publié avec le patronage des Conseils généraux du Rhône et de Saône-et-Loire

DIJON

LIBRAIRIE H. ARMAND

26, RUE DE LA LIBERTÉ, 26

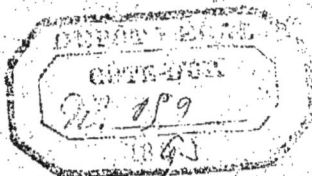

LES

VINS DU BEAUJOLAIS

DU MACONNAIS

ET DU CHALONNAIS

1

Carte des vins du Beaujolais, du Mâconnais et du Chalonnais, à l'échelle du 80,000ᵉ, tirée en trois couleurs, indiquant le classement des communes par ordre de mérite d'après A. BUDKER et le concours de Mâcon 1893. — Prix : 5 fr. ; franco . . . . **6 fr.**

Les Grands Vins de Bourgogne (La Côte-d'Or), étude et classement par ordre de mérite, nomenclature des Clos et des Propriétaires, illustrée de nombreuses vues des principales Propriétés, par M. R. DANGUY, professeur à l'Ecole de Viticulture de Beaune, avec la collaboration, pour la partie historique, de M. CH. AUBERTIN, officier d'Académie, etc. — Prix : 8 fr. ; franco. . . . . . **8 fr. 50**

Carte des Grands Vins de Bourgogne (La Côte-d'Or), à l'échelle du 20,000ᵉ, tirée en cinq couleurs, indiquant le classement des crus par ordre de mérite d'après les indications du Dʳ Lavalle et du Comité d'Agriculture de l'arrondissement de Beaune, dessinée par MM. A. CASPER et E. MARC, d'après la carte de l'Etat-Major. — Prix : 10 fr. ; franco . . . . **10 fr. 50**

La même à l'échelle du 40,000ᵉ. — Prix, cartonné, 3 fr.; franco. . . . . **3 fr. 50**

Bordeaux et ses Vins, classés par ordre de mérite, par CH. COCKS, 6ᵉ édition refondue et augmentée par E. FERRET, 1 fort volume in-18, avec 225 vues de châteaux vinicoles et cartes. — Prix : 8 fr.; franco. . . . . **8 fr. 50**

Tous droits de reproduction et de traduction réservés.

DIJON. — IMPRIMERIE DARANTIERE, RUE CHABOT-CHARNY, 65.

LES VINS DU BEAUJOLAIS

DU

MACONNAIS

ET CHALONNAIS

ÉTUDE ET CLASSEMENT PAR ORDRE DE MÉRITE

NOMENCLATURE DES CLOS ET DES PROPRIÉTAIRES

ILLUSTRÉE DE NOMBREUSES VUES DES PRINCIPALES PROPRIÉTÉS

PAR

M. V. VERMOREL	**M. R. DANGUY**
Directeur de la Station viticole	Professeur à l'Ecole de Viticulture
de Villefranche	de Beaune
pour le Beaujolais.	*pour le Mâconnais et Chalonnais.*

Cet ouvrage est publié avec le patronage des Conseils généraux
du Rhône et de Saône-et-Loire

DIJON

LIBRAIRIE H. ARMAND

26, RUE DE LA LIBERTÉ, 26

LE BEAUJOLAIS

SA TOPOGRAPHIE

Le Beaujolais doit son nom à son ancienne capitale Beaujeu. Limité à l'est par la Saône, au nord par le Mâconnais et le Charollais, il s'étend à l'ouest et au sud jusqu'aux confins du Forez et du Lyonnais. Jadis comté il dépendait du gouvernement de ce dernier pays ; aujourd'hui il forme en partie l'arrondissement dont Villefranche est le chef-lieu.

Le Beaujolais viticole, le seul dont nous voulions nous occuper, situé sous les 45e et 46e degrés de latitude, a environ 40 kilomètres de longueur sur 25 de largeur. Il est traversé, d'un bout à l'autre, par une chaîne de montagnes, les monts du Beaujolais, dont les contreforts, qui s'avancent vers la Saône en dominant de charmants paysages, divisent le pays en deux parties : le *Haut* et le *Bas-Beaujolais*.

Le Haut-Beaujolais comprend les cantons de Belleville et de Beaujeu ; il s'étend au nord jusqu'à la commune de la Chapelle-de-Guinchay qui appartient au département de Saône-et-Loire mais dont les produits sont considérés comme Beaujolais. C'est dans cette partie que se font les vins les plus distingués et les plus connus.

Le Bas-Beaujolais se compose des cantons de Villefranche, d'Anse et du Bois-d'Oingt ; il produit comparativement plus que le Haut-Beaujolais, mais des vins moins réputés.

L'ensemble de ces vignobles présente une vaste surface inclinée et irrégulièrement ondulée, formée d'une succession de

coteaux et de vallons au fond desquels courent fréquemment
des ruisseaux ou des torrents.

Ces nombreux mamelons, souvent unis et quelquefois isolés,
offrent toutes les expositions et affectent toutes les directions
bien que celle de l'ouest à l'est prédomine.

La base et les flancs des plus élevés sont couverts par la
vigne qui s'avance jusque vers leur milieu et souvent plus
haut, surtout aux expositions est ou sud. Au-dessus s'étalent
de vertes prairies entrecoupées par des lignes de ceps ou des
terres labourables; enfin les sommets sont couronnés par des
bois ou des bruyères.

Les ondulations inférieures, les plateaux peu élevés sont
complètement tapissés de ceps. Les fonds des vallées et les
bords de la Saône, où l'on redoute par trop l'action des gelées,
seuls sont livrés à la grosse culture ou couverts de prairies.

CLIMAT

Le Beaujolais, bien que placé dans les limites du climat rhodanien, qui est souvent excessif, jouit d'une température relativement modérée. Les hivers y sont moins froids que dans
l'est mais parfois assez rigoureux cependant pour geler les
ceps. Ainsi les hivers 1869-70, 1879-80 et 1892-1893 ont causé
dans cette région de véritables désastres.

Néanmoins la température ne descend que rarement au-
dessous de 18°; ainsi pendant l'hiver 1890-91 qui compte cependant dans la région parmi les plus froids, la température
la plus basse qui ait été observée à la *station viticole de Villefranche* a été 17° au-dessous de zéro; cette année les dégâts
causés par la gelée ont été insignifiants. Ordinairement le
thermomètre ne descend pas au-dessous de 15° et la température moyenne de cette saison est à peu près de 2°5 (1).

_____

(1) En 1892-1893 le thermomètre est descendu à — 26° dans la plaine, alors
que sur les coteaux la température la plus basse n'a guère dépassé —
17° à — 18°.

Le printemps est généralement doux, quelquefois même il y a lieu de regretter son hâtive chaleur, car les gelées causent parfois, surtout dans les parties basses, de véritables dégâts.

Les étés sont chauds, ainsi que le prouve la température moyenne de 21° que l'on y observe.

La végétation est aussi favorisée par un régime de pluie très régulier. Il en tombe annuellement 946 millimètres, ce qui est une moyenne supérieure à celle de la France. Cette hauteur se répartit de la façon suivante :

hiver	189 millim.	2
printemps	227	0
été	217	6
automne	312	2

Les vents dominants sont ceux du nord et du sud. Les orages de grêle sont malheureusement fréquents sur certains points.

SOL

Le sol consacré à la vigne est de nature variable suivant les milieux. Le Haut-Beaujolais peut être considéré dans son ensemble comme granitique, schisteux et argileux sans calcaire. Le granite-porphyrique imprégné d'oxyde de fer constitue la majeure partie des sols dans les communes de Chenas, Fleurie, Villié, Régnié, Odenas et Saint-Etienne-la-Varenne. Ces roches granitiques d'abord d'une dureté excessive ne tardent pas à s'effriter et à former une sorte de gravier plus ou moins pulvérulent que l'on appelle improprement *grès* ou *gorre* dans le pays.

Dans les mêmes communes, notamment sur les coteaux de Brouilly et de Morgon, on trouve des sols formés de schistes plus ou moins décomposés depuis l'argile compacte jusqu'à la roche dure. Ces schistes sont encore appelés *roches pourries* ou *morgon,* du nom de la localité où ils existent en abondance.

En d'autres endroits, le granite se trouve mélangé avec le schiste par bancs d'épaisseur variable et même, en certains points, on passe insensiblement de l'un à l'autre.

Enfin, en s'approchant de la Saône, on trouve des terres d'alluvions dont nous parlerons plus loin.

Si le Haut-Beaujolais présente dans sa constitution une uniformité relative, il n'en est pas de même dans la partie basse où l'on rencontre des terrains plus variés.

D'abord les alluvions modernes que l'on trouve sur les bords de la Saône, puis les terrains de remaniement de l'arrondissement de Villefranche. Ces dernières formations portent le nom de *terres à charveyrons,* lorsqu'elles renferment, comme à Liergues, Lacenas, Gleizé, etc., un grand nombre de fragments siliceux dénommés charveyrons dans le pays.

Une partie du vignoble des environs de Villefranche se trouve dans les argiles à charveyrons. La vigne y pousse bien là où la pente est suffisante pour faciliter l'égouttement de l'eau qui sans cela est retenue par l'argile.

Ensuite viennent les terrains de l'époque secondaire représentés d'abord par le *Bathonien* et le *Ciret* qui passe pour donner des vins supérieurs à ceux des autres couches calcaires de la région ; puis le *Bajocien* qui donne des terres fortes où la vigne prospère, et le *Lias.*

Cette dernière assise comprend le *Toarcien* et les *marnes du lias* qui forment des terrains retenant l'eau avec beaucoup de force et où la vigne acquiert une grande vigueur quand l'égouttement est favorisé par la pente. Enfin on trouve le *calcaire à gryphées arquées* sans importance au point de vue viticole. Ainsi qu'on le voit les terrains crétacés font complètement défaut dans la région.

Après le Jurassique, le *Trias* est le seul étage dont nous parlerons, bien que, en raison de la surface relativement faible qu'il occupe, il ne joue qu'un rôle bien secondaire. Les grès de *Keuper* et les *marnes irisées* de cet étage forment des terrains pauvres, mais quand ils sont mélangés à d'autres éboulis, ils constituent un sol favorable à la végétation de la vigne.

Enfin on retrouve encore, dans cette seconde partie du Beaujolais, des schistes très variables de dureté et de composition.

ÉTENDUE DU VIGNOBLE

Il résulte d'une statistique établie en 1881 par le comité d'études et de vigilance du département du Rhône que le Beaujolais comprenait à cette époque 25.513 hectares de vignes répartis de la façon suivante :

Canton de Beaujeu	5.466 hectares
Canton de Belleville	5.537 —
Canton d'Anse	3.739 —
Canton du Bois-d'Oingt . . .	6.481 —
Canton de Villefranche . . .	4.290 —

D'après le cadastre, la surface cultivée en vignes dans le Beaujolais ne s'élevait qu'à 17.700 hectares en 1824 : c'est donc une plus value de 7.813 hectares, presque un tiers de la surface totale, dans l'espace d'un demi-siècle.

INVASION PHYLLOXÉRIQUE

1° *Les syndicats de défense.* — C'est en 1870 (1) que le phylloxéra a fait son apparition en Beaujolais. Les premières taches ont été constatées à Villié-Morgon ; en 1872, on le trouvait à Vaux-Renard et dès ce moment il envahit rapidement les différents points du vignoble.

(1) *Bulletin du Comité d'études et de vigilance pour le département du Rhône*, n° 2, 1880.

Vivement préoccupé de l'extension désastreuse du phylloxéra dans le Beaujolais et les côtes du Rhône, le conseil général du département votait, le 12 septembre 1878, un crédit de 3.000 fr. destiné à faciliter la recherche et l'expérimentation des procédés propres à la destruction de l'insecte. Le 1ᵉʳ décembre de la même année le *Comité d'études et de vigilance* était organisé sur des bases nouvelles.

Un des premiers actes de ce comité fut de demander l'entrée et la libre circulation des plants américains dans le département. Il favorisa également les propriétaires dans le traitement des vignes phylloxérées en leur allouant une somme égale au prix du sulfure de carbone employé.

Sous l'impulsion du comité, l'article 5 de la loi du 2 août 1879 encourageant la formation des syndicats de défense ne tarda pas à porter ses fruits. Dans cette voie le département du Rhône se mit à la tête du mouvement. Le syndicat de Chiroubles compte parmi un des premiers et les résultats encourageants qu'il obtint dès le début stimulèrent encore davantage la formation de ces associations.

Ce syndicat comptait :

en 1879 . . 68 associés traitant 34 hectares
en 1880 . . 103 — — 71 —
en 1881 . . 163 — — 214 —

C'est-à-dire à peu près tout le territoire viticole de la commune.

Le syndicat de Fleurie comprenait :

en 1880 . . 30 associés traitant 8 hect. 94
en 1881 . . 245 — — 195 hect.

Le tableau suivant va montrer d'une façon évidente l'entrain avec lequel des viticulteurs se sont syndiqués dans ce département (1).

---

(1) *Bulletin du Comité d'études et de vigilance du Rhône.*

ANNÉES	NOMBRE de syndicats	NOMBRE d'adhérents	SURFACES	
			hect.	ares
1879	1	68	34	33
1880	11	282	213	03
1881	142	3,686	3,585	38
1882	158	4,188	4,992	22
1883	223	4,437	5,346	51
1884	276	7,205	8,335	55
1885	284	9,793	12,154	37
1886	252	9,781	12,473	47
1887	213	8,136	11,369	30

En 1886 certains syndicats se sont fusionnés d'où la diminution de leur nombre, mais la surface traitée suit encore la progression croissante.

En 1887 le nombre d'hectares traités diminue parce qu'un certain nombre de propriétaires ont arraché des vignes déjà trop vieilles et qui, attaquées par le mildiou, ne donnaient plus un produit rémunérateur.

Si à ces chiffres nous comparons ceux donnés sur l'ensemble du vignoble français pendant les premières années de lutte nous voyons quelle place importante occupe le département du Rhône dans la défense contre le phylloxéra.

SITUATION DES SYNDICATS DE DÉFENSE CONTRE LE PHYLLOXÉRA EN FRANCE (1)

ANNÉES	NOMBRE de départements	NOMBRE d'adhérents	SURFACE traitée
1879	4	153	390 hect.
1880	15	1,507	6,672 —
1881	19	6,332	17,686 —
1882	28	12,338	32,685 —

(1) *Rapport sur la situation du vignoble français en 1882*, par M. Tisserand.

Le tableau suivant montre qu'en 1889, le département du Rhône n'a point encore à souffrir d'une comparaison qui reste à son avantage.

SITUATION DES SYNDICATS ANTIPHYLLOXÉRIQUES
PENDANT L'ANNÉE 1889 (1)

	NOMBRE		SUPERFICIE subventionnée
	de syndicats	d'adhérents	
Rhône . .	213	7,528	7,633 hect. 84 ares
France. .	681	21,387	23,922 hect. 75 ares

Le sulfure de carbone est le moyen de lutte à peu près exclusivement employé dans le Rhône. Le tableau qui suit indique la répartition des traitements pendant les années 1886, 1887 et 1889 (2).

NATURE DES TRAITEMENTS

ANNÉES	SULFURE DE CARBONE	SULFOCARBONATE	SUBMERSION
1886	13,224 hectares	9 hectares	2 hectares
1887	13,301 hectares	17 hectares 10	2 hect. 40
1889	7,290 hectares	33 hectares	»

Cet entraînement et cette persistance dans la lutte s'expli-

(1 et 2) *Compte-rendu des travaux de la commission supérieure du phylloxéra.*

quent par les bons résultats obtenus en certains points avec le sulfure de carbone. En effet, beaucoup de communes du Beaujolais ont des sols granitiques et légers ; dans ces terres la diffusion du sulfure s'effectue bien ainsi que l'émission des nouvelles racines.

Mais si, au prix de beaucoup d'efforts et de sacrifices, les viticulteurs du Rhône sont parvenus à maintenir dans des conditions convenables une partie de leur ancien vignoble, les résultats n'ont pas été égaux partout et sur bien des points on a renoncé aux traitements insecticides.

Là on a reconstitué par le greffage.

2° *La reconstitution.* — *Les Ecoles de greffage.* — Pendant que d'une part on luttait avec acharnement pour la conservation du vignoble atteint, d'autre part on s'occupait de l'étude de la reconstitution par les plants américains. On avait bientôt trouvé les porte-greffes pouvant convenir aux conditions de ce milieu et dès le début la question d'adaptation était heureusement résolue.

Mais c'est surtout aux *Ecoles de greffage* que le département du Rhône doit les rapides progrès de la reconstitution de ses vignobles. Il est juste de rendre ici un hommage à la Société de viticulture de Lyon qui a été l'instigatrice de ce fécond et utile enseignement des modes de greffages. Grâce aux écoles qui ont commencé à fonctionner en 1883, 20.000 greffeurs étaient formés en moins de six ans ; c'est aussi grâce à elles que l'on a obtenu cette uniformité de méthode si remarquable dans la région.

En 1882, trois ans après l'autorisation de la libre circulation des vignes américaines, le département du Rhône comptait 79 hectares 25 de ces vignes et le Beaujolais seul 47 hect. 52, répartis de la façon suivante :

TABLEAU DE LA RÉPARTITION DES SURFACES OCCUPÉES EN
VIGNES AMÉRICAINES EN 1882

| CANTONS | SURFACES OCCUPÉES PAR LES VIGNES AMÉRICAINES | | | |
	Plants mères	Vignes greffées en plants américains	Products directs	TOTAL
	hect.	hect.	hect.	hect.
Anse.	1 85	4 29	0 86	7 »
Beaujeu . . .	3 49	10 90	1 20	15 59
Belleville . .	6 11	2 72	0 73	9 56
Bois-d'Oingt.	4 25	3 94	1 38	9 57
Villefranche .	2 87	2 50	0 43	5 80
Total . .	18 57	24 35	4 60	47 52

En 1886, le département du Rhône comprend 650 hectares de vignes greffées sur américains dont 422 pour l'arrondissement de Villefranche.

A partir de ce moment, cette surface a augmenté très rapidement. Même dans les terrains granitiques, où le sulfure de carbone donne les meilleurs résultats, les jeunes plantations qui se faisaient au début en plants français se font presque partout maintenant en plants greffés. Dans ces terrains les vignes greffées se conduisent merveilleusement.

Les deux porte-greffes généralement employés sont le Riparia et le Vialla; ce dernier notamment a pour le gamay une très grande affinité. On trouve encore quelques parcelles greffées sur Solonis et aussi, parmi les plus anciennes, sur York; ce dernier porte-greffe est aujourd'hui laissé de côté.

Au début de la reconstitution on a d'abord essayé, en assez grand nombre, les producteurs directs américains, notamment l'Othello; mais actuellement on n'en plante plus et ce dernier, le seul qui ait occupé une surface appréciable, perd tous les jours du terrain alors que les plants greffés en gagnent.

D'après l'enquête à laquelle nous nous sommes livrés le Beaujolais comprend, en ce moment, 19.112 hectares de vignes conservées ou greffées, répartis de la façon suivante :

Canton d'Anse. . . . . . . 2.520 hectares
Canton de Beaujeu . . . . . 5.007 hectares
Canton de Belleville . . . . . 3.489 hectares
Canton du Bois d'Oingt . . . . 4.030 hectares
Canton de Villefranche . . . . 4.066 hectares

PRODUCTION

D'après la statistique officielle la production moyenne, pendant la période décennale 1880-1890, a été dans le département du Rhône de 388.568 hectolitres.

En 1890 cette production a été de 426.628 hectolitres.

En 1891 — — 450.000 —

La statistique de 1890 établit la différence entre les vins de qualité supérieure et ceux de qualité ordinaire. Nous croyons intéressant de la reproduire pour montrer la place importante qu'occupe ce département dans la production des vins de choix.

PRODUCTION COMPARÉE DES VINS DE QUALITÉ ORDINAIRE
ET SUPÉRIEURE POUR L'ANNÉE 1890

QUANTITÉ				VALEUR			
RHÔNE		FRANCE		RHÔNE		FRANCE	
Vin de qualité		Vin de qualité		Vin de qualité		Vin de qualité	
ordin^re	supér^re	ordin^re	supér^re	ordin^re	supér^re	ordin^ra	supér^re
Hectol.	Hectol.	Hectol.	Hectol.	Francs	Francs	Francs	Francs
313,83	112,790	26,912,290	504,037	15,349,930	8,833,238	935,889,405	52,904,461

On voit d'après ce tableau que, dans le département du Rhône, un tiers à peu près de la production est en vins de qualité supérieure et que cette quantité représente environ le cinquième de la production totale des vins de choix français.

Après ces renseignements généraux nous allons reproduire le tableau suivant que nous devons à l'obligeance de M. Pierre Michaud, l'un des viticulteurs les plus entendus du Beaujolais. Ces chiffres indiquent les récoltes faites sur un vignoble de 28 hectares, sis au *Delèche*, commune du Perréon, depuis 1854, ainsi que les prix de ces mêmes vins depuis 1872.

PRODUCTION D'UN VIGNOBLE EN BEAUJOLAIS

ANNÉES	PRODUCTION	ANNÉES	PRODUCTION	PRIX la pièce	ANNÉES	PRODUCTION	PRIX la pièce
1854	240 pièces [1]	1867	482	»	1880	140	140
1855	98 —	1868	436	»	1881	230	175
1856	242 —	1869	576	»	1882	386	140
1857	264 —	1870	312	»	1883	446	135
1858	316 —	1871	284	»	1884	126	175
1859	258 —	1872	494	151	1885	338	140
1860	694 —	1873	128	100	1886	304	160
1861	514 —	1874	656	100	1887	270	170
1862	470 —	1875	648	95	1888	310	175
1863	356 —	1876	348	115	1889	478	175
1864	538 —	1877	444	90	1890	430	125
1865	444 —	1878	520	85	1891	370	125
1866	958 —	1879	518	100	1892	440	150

[1] La pièce contient 215 litres.

Le total de cette production est de 15,566 pièces, ce qui fait en moyenne 399 pièces par an et 13 à 14 pièces par hectare.

Crus. — Les vins du Beaujolais, qui offrent certains rapports avec les vins de la Côte-d'Or, ont un ensemble de qualités propres qui permet néanmoins de les caractériser.

Les vins les plus communs sont considérés comme bons vins d'ordinaire et les meilleurs crus figurent avec honneur parmi les grands vins. Julien les place immédiatement après les premières cuvées de Beaune auxquelles, d'après cet auteur, « ils pourraient être assimilés s'ils joignaient aux qualités qui leur sont propres » un bouquet plus accentué.

Les premiers vins du Beaujolais pourraient être classés en deux catégories :

1° Vins fins tendres et précoces représentés par les Chenas, Fleurie, Saint-Etienne-la-Varenne.

2° Vins fins corsés et de plus longue durée, tels sont Brouilly, Morgon, Julliénas.

Cépages. — Le *gamai* et ses nombreuses sélections, G. Picard, G. de Vaux ou Geoffray, G. Nicolas, etc., est le cépage à peu près exclusivement cultivé dans tout le Beaujolais. C'est lui qui permet d'utiliser le mieux possible les conditions de ce milieu et partout où il donne de bons produits il est nécessaire de le cultiver à l'exclusion de tout autre.

Sur les parties élevées et vers les expositions Nord où sa maturité s'effectue dans de moins bonnes conditions, le *Portugais bleu* serait appelé à jouer un certain rôle si son vin était meilleur et de meilleure conservation.

Plantation. — Le sol destiné à la vigne est défoncé à une profondeur de 0m50, quelquefois plus quand la nature le permet. Dans le Haut-Beaujolais surtout, le terrain est divisé en compartiments ou *razes* composés de sept à huit rangées de ceps chacun et séparés les uns des autres par des rigoles d'assainissement de 50 centimètres de largeur qui servent en même temps de chemin de communication.

La plantation se faisait autrefois en boutures plantées au pal ou plus souvent dans de petites fosses creusées à la pioche ; aujourd'hui on emploie des plants greffés et soudés obtenus en pépinière.

L'écartement laissé entre les ceps variait jadis de 65 à 80 centimètres ; aujourd'hui la distance de 1 mètre est la plus généralement conservée.

Culture. — Ordinairement la vigne reçoit trois façons, quelquefois quatre en Beaujolais.

La première se donne en mars ou commencement d'avril ; on l'exécute à plat dans les terres perméables, et en déchaussant les ceps pour former de petits tas de terre appelés *darbons* entre les lignes dans les terrains compacts. La deuxième façon se fait en mai, c'est à ce moment qu'on abat les *darbons* là où il en existe. En juin ou juillet on exécute un *binage* tout à fait superficiel ; cette dernière opération est quelquefois répétée au moment de la véraison.

Fumure. — Les vignes sont habituellement fumées tous les trois ans. La vache faisant toujours partie du vigneronnage, c'est son fumier que l'on utilise à raison de 50 à 60,000 kilogr. à l'hectare. On le répand souvent en couverture sur le sol pendant l'été.

Taille et *échalassage.* — En Beaujolais les souches sont conduites en gobelet très bas, le plus souvent à trois bras portant chacun un ou rarement deux coursons à deux yeux francs.

Depuis quelques années dans les plaines et les parties basses on établit des cordons un peu élevés portant plusieurs coursons ; on diminue ainsi les chances de gelée au printemps.

Dans quelques vignobles on pratique l'ébourgeonnage et parfois aussi le rognage, mais ces opérations ne sont pas généralisées.

Dans l'ancienne culture les ceps étaient échalassés jusqu'à sept ou huit ans ; après ce moment l'échalas disparaissait de la vigne et on reliait ensemble, afin de les maintenir soulevées, les pampres de deux ceps voisins qui formaient ainsi un arceau.

Mais dans les nouvelles plantations de vignes greffées, à cause de l'exubérance de végétation, l'échalas est généralement maintenu.

MALADIES DE LA VIGNE

Mildiou. — La plus redoutable des maladies dans la région est le *mildiou* dû au champignon *Peronospora viticola ;* mais grâce aux traitements cupriques que l'on fait préventivement on a arrêté complètement les désastres qu'il causait au début de son apparition. On emploie presque exclusivement la bouillie bordelaise préparée avec deux kilogrammes de sulfate de cuivre et deux kilogrammes de chaux par cent litres d'eau. Trois traitements suffisent dans les années d'attaque moyenne. Il est bien reconnu aujourd'hui que ce produit est absolument sans action nuisible sur le vin qui n'en conserve pas trace.

Oïdium. — L'oïdium se montre quelquefois, mais cause peu de mal par suite des soufrages que l'on a soin d'appliquer dès qu'on en aperçoit les premières traces, et même préventivement.

Anthracnose. — Peu à redouter pour le gamay ; cause des dégâts sur les porte-greffes producteurs de bois, notamment sur le solonis. On la combat efficacement en badigeonnant les souches quinze jours avant leur débourrement avec une solution de sulfate de fer à 50 0/0 additionnée de 2 à 5 0/0 d'acide sulfurique.

Pourridié. — Se rencontre çà et là à travers le vignoble sans causer des ravages bien appréciables. Aucun remède direct n'est indiqué contre cette maladie ; l'assainissement du sol reste le meilleur moyen d'en éviter et d'en atténuer les effets.

INSECTES AMPÉLOPHAGES

Phylloxéra. — Le plus grave fléau qui ait atteint la vigne ; nous avons mentionné précédemment ses dégâts. En Beaujolais dans les terrains granitiques, le sulfure de carbone convenablement appliqué à la dose de deux cents kilogrammes à

l'hectare, a permis de maintenir les vignes malgré ses attaques. Aujourd'hui toutes les nouvelles plantations se font en
plants greffés.

Pyrale. — Le Beaujolais est le pays classique de la Pyrale.
Les ravages causés par la chenille de ce lépidoptère resteront
célèbres dans les annales du vignoble.

Le papillon femelle pond ses œufs en juillet; les jeunes
chenilles éclosent en août et vont aussitôt chercher un refuge
sous les écorces de la vigne où elles passent l'hiver. Au printemps elles montent vers les bourgeons et s'en font un four-
reau tout en les dévorant.

Vers la seconde quinzaine de juin, la chenille adulte se chrysalide et donne un papillon quinze jours après. Le cycle re-
commence.

Un moyen tout-puissant de se débarrasser de cet ennemi
consiste à échauder les ceps avec de l'eau bouillante avant le
départ de la végétation.

Cochylis. — Un autre lépidoptère au moins aussi dange-
reux que le précédent.

Sa chenille est connue sous les noms de *ver rouge, ver de
la grappe, ver coquin,* etc. A deux générations par an. Les
premiers papillons se montrent une première fois fin avril,
commencement mai; les chenilles de la première génération
éclosent fin mai et exercent leurs ravages dans les fleurs de la
vigne; au bout de cinq à six semaines, elles se chrysalident
et donnent naissance, généralement dans la seconde quinzaine
de juillet, à de nouveaux papillons qui pondent sur les grappes.
Quelques jours après éclosent les chenilles de deuxième génération qui dévorent les grains en août et septembre. Elles quit-
tent la grappe quelques jours avant la maturité complète des
fruits et vont sous les écorces de la vigne où elles se filent un
cocon dans lequel elles passent l'hiver sous forme de chrysalide.

C'est ce qui explique le peu d'efficacité de l'échaudage contre
la cochylis lorsqu'on l'applique au printemps, la cochylis étant
beaucoup plus résistante sous forme de chrysalide que sous

forme de chenille. Mais appliqué à l'automne, après la vendange, et alors que la cochylis est encore à l'état de larve, l'ébouillantage donne de bons résultats.

La poudre de pyrèthre employée en solution au moment où les jeunes larves commencent leurs ravages au printemps permet également d'en détruire un très grand nombre. Cet insecticide se prépare de la façon suivante : on fait dissoudre 3 kilog. de savon noir dans dix litres d'eau puis on ajoute 1 kilog. 500 de poudre de pyrèthre pure, on remue le tout et on complète 100 litres d'eau. Cette solution s'emploie au pulvérisateur auquel on adapte une lance spéciale, à jet intermittent, qui permet de n'employer le liquide qu'au moment utile, c'est-à-dire sur les grappes seulement.

Gribouri. — Ce petit coléoptère est bien connu par la nature de ses dégâts ; il fait sur les feuilles et les autres parties de la vigne de véritables entailles qui représentent grossièrement quelques lettres de l'alphabet : d'où son nom d'*écrivain*. L'insecte parfait cause rarement des dégâts importants ; il n'en est pas de même de la larve qui vit dans le sol et creuse sur les racines des sillons qui arrêtent la végétation et peuvent même occasionner la mort du cep lorsqu'ils sont en grand nombre.

On peut détruire le gribouri en le chassant le matin à l'aide d'un entonnoir spécial qui embrasse les souches. Mais le meilleur moyen de s'en débarrasser est de tuer les larves dans la terre par un traitement au sulfure de carbone lorsque cette opération paraît nécessaire.

Hanneton et ver blanc. — Nous ne décrirons pas cet insecte connu de tout le monde. Sa larve, le ver blanc, est devenue un ennemi sérieux de nos pépinières, et de nos jeunes plantations de vignes. On peut la détruire par un traitement au sulfure de carbone en s'assurant au préalable de la profondeur à laquelle elle se trouve pour régler l'injection. La dose à employer varie avec la nature du sol ; mais dans les pépinières où le sol est généralement léger la dose de 20 grammes par mètre carré paraît une bonne moyenne.

Le *Botrytis tenella*, parasite du ver blanc, doit être également propagé là où cet ennemi pullule. Enfin le hannetonnage reste un moyen puissant de lutte.

Insectes divers. — On rencontre encore un grand nombre d'insectes sur la vigne en Beaujolais ; mais soit qu'on ne connaisse aucun remède pratique et efficace pour les combattre, soit que leurs ravages soient peu importants, nous nous contenterons de signaler les plus communs : le *Cigareur* ou *Rhynchites*, l'*Altise*, les *Otiorhynques* et *Peritelus*, la *Cecidomie*, l'*Ephippiger*, l'*Erineum* ou *Phytoptus vitis*, les *Escargots*, etc.

VENDANGE ET FERMENTATION

La vendange s'effectue ordinairement du 20 au 30 septembre lorsque les raisins ont atteint une bonne maturité mais non excessive. Les raisins sont mis dans des bennes en bois et portés dans la cuve. On n'égrappe pas mais certains propriétaires foulent, et cette pratique du foulage tend à se répandre de plus en plus. En certains points les grappes sont simplement écrasées à la main dans la *benne* jusqu'à ce que le raisin fasse le vin.

La fermentation a lieu dans des cuves ouvertes ; le chapeau est ordinairement enfoncé à diverses reprises par un homme qui entre dans la cuve. Quelques viticulteurs maintiennent le chapeau constamment immergé à l'aide de claies ad hoc. Suivant la température et la nature du vin que l'on veut obtenir on laisse cuver de trois à six et même huit jours.

Traitement et conservation du vin. — Le vin est soutiré dans des tonneaux ou des foudres. Pendant le 1er mois l'*ouillage* se répète tous les huit jours ; après cette période on n'y revient plus que tous les quinze jours.

Les caves sont construites avec soin, et généralement placées sous le cellier ; elles sont aérées par des soupiraux situés au nord. Elles ne doivent être ni sèches, ni humides. Les tonneaux sont disposés sur des chantiers en bois et superposés sur un, deux et quelquefois trois rangs ; on dit qu'ils sont *gerbés*.

Au mois de mars, habituellement, on procède au premier soutirage qui séparera le vin des grosses lies. Cette opération peut s'effectuer de bien des façons. Le plus souvent on perce dans une douelle un trou dans lequel on place un fort robinet ou *fontaine* par lequel s'écoule le vin qui est reçu dans un récipient en bois de forme spéciale appelé *broc* ; on le verse ensuite dans un tonneau voisin préparé pour le recevoir. Cette préparation exige des soins particuliers, car il faut que les fûts soient dans un état de parfaite propreté. Pour cela, on les lave soigneusement, on les laisse égoutter, puis on les mèche.

On fait parfois un second soutirage vers le mois de juin, avant la floraison de la vigne. Cette seconde opération est quelquefois précédée d'un collage pratiqué trois semaines auparavant à raison de cinq blancs d'œuf par pièce de vin.

Enfin un troisième soutirage est effectué en août. Le vin destiné à la mise en bouteille est légèrement collé quelques jours avant l'opération.

Maladies des vins. — Les vins sont ici comme ailleurs sujets à diverses maladies. La plus commune et aussi l'une des moins dangereuses en elle-même est la fleur ; malheureusement elle en précède le plus souvent une beaucoup plus sérieuse, l'*Acescence* ou l'*Aigre*. Ces deux maladies seront évitées en maintenant les tonneaux toujours bien ouillés ; on n'emploiera également pour la conservation du vin que des fûts d'une propreté irréprochable.

Contre l'acescence on ne connaît que des palliatifs, mais aucun remède sérieux ; aussi, et notamment pour les vins de choix, est-il de la plus grande importance de ne négliger aucune précaution.

Quand, par suite d'une maturité excessive des raisins, on obtient un vin pauvre en acide et en tannin, comme le cas s'est produit en 1892, on a à redouter une autre maladie, la *graisse* : on dit alors que le vin file. Elle est due à un bacille anaérobie nommé *microcossus viscosus*. C'est une des plus faciles à enrayer, surtout si l'on opère assez tôt. Le plus souvent elle ne résiste pas à des soutirages faits au broc pour bien aérer le vin et qu'on fait suivre d'un collage avec nouveau soutirage.

L'addition de tannin, à raison de quinze à vingt grammes dissous dans un demi-litre d'alcool par pièce, permet aussi d'arrêter la maladie.

La *pousse* est assez rare dans les vins du Beaujolais ; la *tourne* serait plus fréquente mais peu cependant. Elles se rencontrent dans les vins provenant d'une vendange altérée ou d'une fermentation défectueuse. Elles sont dues également à des ferments spéciaux. Contre ces deux maladies le chauffage est le seul remède vraiment efficace.

L'*amer* est rare dans les vins de cette région ; il se rencontre surtout chez les vins vieux en bouteille.

ENSEIGNEMENT AGRICOLE ET VITICOLE
ETABLISSEMENTS SCIENTIFIQUES

Sous ce rapport la région qui nous occupe est bien dotée.

L'*Ecole pratique d'agriculture d'Ecully*, près Lyon, dirigée par M. Pulliat, l'éminent ampélographe, prépare des agriculteurs et surtout des viticulteurs instruits qui non seulement savent mettre à profit les enseignements qu'ils ont reçus à l'Ecole, mais propagent autour d'eux les méthodes nouvelles en rapport avec les progrès de la science.

La *Station viticole de Villefranche*, fondée en 1890 par M. Vermorel, est une station de recherche. Toutes les maladies de la vigne et du vin y sont étudiées d'une façon à la fois scientifique et pratique. L'étude des ferments a fait l'objet de travaux importants.

Rien de ce qui touche aux questions viticoles et agronomiques n'y est négligé.

Les bâtiments comprennent un laboratoire de micrographie avec serre de culture ; un laboratoire de chimie et d'œnologie ; un cabinet de photographie et des salles de bibliothèque et de collection. A côté se trouve l'observatoire météorologique. La *Station* dispose d'une collection importante de cépages et d'un vignoble de 50 hectares pour ses essais; elle est située sur un léger coteau à quelques cents mètres de la gare de Ville-franche. Une revue périodique fait connaître les résultats des travaux qui y sont effectués.

Station viticole de Villefranche fondée par
M. V. VERMOREL

CLASSIFICATION DES VINS

Nous établirons cette classification dans chaque commune d'après les travaux faits sur ce sujet et qui font autorité.

La classification de A. Budker, publiée en 1874, qui nous a paru la plus complète, est celle que nous reproduirons. Toutefois nous la compléterons en ajoutant certains crus ou cuvées qui ont été omis ou constitués depuis. Pour cette addition nous avons eu recours aux renseignements qui nous ont été donnés par la tradition et qui font autorité dans chaque commune; mais nous déclinons à cet endroit toute responsabilité personnelle. Nous désignerons par A. B. la classification de A. Budker et par C. L., le classement local.

On se rendra compte de l'importance des vignobles qui font l'objet de la première de ces classifications, si on fait observer que les crus de première classe appartiennent, dans la classification générale des vins de France, ceux des vins rouges, à la deuxième catégorie et ceux des vins blancs à la troisième (note de A. Budker).

FRANCISQUE DUMAS, Villefranche-sur-Saône
MAISON FONDÉE EN 1798

CANTON D'ANSE

ANSE

A 6 kil. de Villefranche ; bureau de poste, télégraphe et station du chemin de fer, à 1 kil. 500 du bourg ; port sur la Saône, à 1 kil. ; 1992 habitants.

Cette ville est bâtie sur l'emplacement d'une ancienne mansion romaine, Asa Paulini, dont il reste quelques murailles enterrées par les fortes alluvions de l'Azergues, et une petite tour, seul vestige de la demeure des Césars, faisant actuellement partie du château de Meximieux. Au midi se dresse un ancien château-fort, bâti au XI° siècle par les comtes de Lyon. Avant 1728, époque où elle fut incendiée par la foudre, la tour ronde était beaucoup plus élevée et surmontée d'une flèche ; elle renfermait un moulin à vent qui fut détruit dans cet incendie. On aperçoit encore de hautes murailles, dans la partie ouest du bourg, derniers vestiges des anciennes fortifications. En arrivant de la gare, on rencontre au bord de la route une croix qui indique l'emplacement de l'antique prieuré de Saint-Romain, détruit entièrement en 1752, où furent tenus huit conciles, du X° au XIII° siècles.

Ambérieux d'Azergues, qui rappelle les populations gallo-romaines de la rive gauche de la Saône, les Ambarres, était avant la révolution de 1789 village et paroisse distincte dans le Lyonnais.

En 1853 les fouilles du chemin de fer mirent à découvert, sous une couche épaisse des alluvions anciennes de l'Azergues, près d'Ambérieux, le squelette complet d'un mammouth dans la position naturelle qu'il occupait au moment de sa chute. Soigneusement recueillie par MM. les ingénieurs et employés du chemin de fer, cette charpente colossale orne actuellement le . Muséum d'histoire naturelle de Lyon.

Formé principalement des alluvions de la Saône et de son affluent, le territoire de cette commune s'étend sur les couches bathoniennes qui bordent le versant oriental de l'arête montagneuse qui se prolonge du nord au sud depuis Limas jusqu'au pont Dorieux. L'église primatiale de Lyon a été construite (moins le chœur, élevé des débris du Forum Trajani) avec les pierres extraites des carrières appartenant autrefois aux comtes de Saint-Jean de Lyon situées au coteau de Bassieux.

Anse possède environ 500 hectares dont plus de la moitié reconstitués en plants greffés. Les vins que l'on y récolte sont de bons ordinaires, notamment sur la côte de Bassieux.

Le concours de Mâcon 1893 a classé dans la troisième catégorie les vins de cette commune.

Les progrès rapides de la reconstitution dans cette commune sont dus à l'initiative intelligente des propriétaires et aussi pour une grande part à l'habileté des pépiniéristes de la commune qui les ont puissamment secondés.

Le sol des crûs dont ci-dessous nomenclature est argilo-calcaire-ferrugineux, il produit d'excellents vins rouges ayant beaucoup de corps, de la fermeté, se conservent très longtemps et acquièrent du bouquet en vieillissant.

NOMENCLATURE

DES PRINCIPAUX PROPRIÉTAIRES ET LIEUX DITS

Bas-Cieux. — A. B., cinquième classe.

PRINCIPAUX PROPRIÉTAIRES

| M. Cornier. | M. Pollet. | M. Sain. |

Coq-Hérieux. — A. B., cinquième classe.

PRINCIPAUX PROPRIÉTAIRES

MM. Francisque Dumas.
    Péchet.
    Louis Poyet.

MM. Revin.
    Sain.

La Citadelle. — A. B., cinquième classe.

PRINCIPAUX PROPRIÉTAIRES

Archevêché de Lyon.
M. Francisque Dumas.

MM. du Jonchay.
    Péchet.

Grand-Vierre. — A. B., cinquième classe.

SEUL PROPRIÉTAIRE

M. Francisque Dumas.

ALIX

A 12 kil. de Villefranche ; bureau de poste, télégraphe et gare du chemin de fer d'Anse, à 8 kil. ; 422 habitants.

Le séminaire actuel fut installé en 1809 dans les bâtiments du très ancien chapitre de chanoinesses de Saint-Denis d'Alix dont il est fait mention dès le XIIᵉ siècle. Mᵐᵉ de Genlis rapporte dans ses Mémoires qu'elle passa un mois et demi dans ce chapitre. L'église du séminaire qui sert à la paroisse fut élevée sous Louis XV; la première pierre en fut posée l'an 1768, comme le rappelle une inscription gravée à l'intérieur au-dessus de la principale porte d'entrée. Le séminaire fut transféré à Villefranche par un décret impérial, en 1812, mais réinstallé de nouveau à Alix, sous la Restauration.

On y remarque encore les restes d'un ancien château-fort, appartenant à une époque très reculée à la famille de Marzé, une des plus anciennes de la province.

Le sol est constitué presque uniquement par les alluvions anciennes, limons et cailloutis désignés vulgairement sous le nom de *milliasses*.

Alix avait avant le phylloxéra environ 120 hectares de vignes presque tous plantés sur défrichements de bois; 45 hectares ont été maintenus par des traitements insecticides et 5 hectares reconstitués sur plants américains. On emploie surtout le Riparia, puis le Vialla et le Solonis.

Le rendement moyen est de 50 à 60 hectolitres à l'hectare; le prix varie de 95 à 105 fr. la pièce de 215 litres.

Les vins d'Alix sont de consommation courante ; à noter parmi les meilleurs :

Les Carrières. — A. B., cinquième classe.

PRINCIPAL PROPRIÉTAIRE

M. de Saint-Jean.

Le Fourmet. — A. B., cinquième classe.

PRINCIPAL PROPRIÉTAIRE

M. Roche-Alix, etc.

BELMONT

A 16 kil. de Villefranche ; bureau de poste, télégraphe et gare du chemin de fer de Lozanne, à 2 kil. et demi (ligne de Saint-Germain-au-Mont-d'Or à Tarare) ; 139 habitants.

Près du Pont-Dorieux affleurent les micaschistes amphiboliques mêlés aux micaschistes chloriteux. En remontant le coteau on rencontre successivement les grès à ciment siliceux, les calcaires roses du muschelkalk, les marnes irisées, les macignos ou grès à ciment calcaire, l'infrà-lias et le sinémurien.

L'église de ce petit village est ancienne, elle fut élevée par les maisons de Châtillon et de Bayère.

Cette petite commune renferme 79 hectares d'anciennes vignes françaises et 19 hectares de vignes greffées.

Ses vins sont ordinaires et placés par A. Budker dans la 5e classe.

Citons parmi les principaux propriétaires M. Cherblanc.

CHARNAY

A 12 kil. de Villefranche; bureau de poste, télégraphe et gare du chemin de fer de Lozanne à 4 kil. et demi (ligne de Saint-Germain-au-Mont-d'Or à Tarare) ; 707 habitants.

Le sol est constitué principalement par le calcaire à entroques et les calcaires marneux du ciret contre lesquels viennent butter, par une faille nord-sud, les marnes irisées et le lias inférieur, à l'est. En descendant vers l'Azergues on rencontre également les étages inférieurs du jurassique : lias et trias qui terminent la commune au midi.

Le bourg était anciennement un château-fort appartenant à la famille de Thélis. On voit encore une partie du vingtain qui abritait le manoir seigneurial, les maisons des vassaux, l'église et le cimetière. Le château actuel paraît dater de Henri IV. On y trouve de nombreuses carrières de pierre jaune excellente pour construction.

On comptait dans cette commune 467 hectares de vignes avant l'invasion phylloxérique. Il existe encore aujourd'hui 183 hectares d'anciennes vignes et 61 hectares ont été reconstitués en plants greffés. L'Othello et le Cornucopia occupent environ 5 hectares comme producteurs directs. Les porte-greffes préférés sont le Riparia et le Vialla.

Tous les vins de la commune sont de consommation courante et placés par Budker dans la cinquième classe.

PRINCIPAUX PROPRIÉTAIRES

MM. Allatante frères.
Edouard Aynard.
Antoine Beuf.
Louis Chapuis.
Charbonnet.

MM. Joseph Chavanis.
Gaspard.
Benoît Sandrin.
Jean Suboul, etc.

CHAZAY-D'AZERGUES

Bureau de poste (facteur boîtier et télégraphe), 1 kil. ; station du chemin de fer (ligne de Saint-Germain-au-Mont-d'Or à Tarare); 860 habitants.

Le territoire de cette commune est recouvert par les alluvions anciennes et les alluvions de l'Azergues. L'ancienne ville de Chazay était entourée de fossés, d'épaisses murailles, de tours, de ponts-levis, dont on voit encore de nombreux vestiges. La porte du midi porte encore avec orgueil la statue de l'illustre Baboin.

En mai 1738 les Anglais assiégèrent cette ville où s'étaient réfugiées les populations d'alentour. C'est pour perpétuer le souvenir du vaillant Hugues Spini, qui contribua puissamment à repousser leurs attaques, que l'on institua en son honneur une fête annuelle appelée Vogue du Baboin, altération de l'épithète Bat-bien, méritée par ce jeune chevalier, qui vint plus tard finir ses jours dans cette ville.

Avant le phylloxéra 160 hectares de vignes existaient dans la commune. Aujourd'hui on ne compte plus que 3 hectares d'anciennes vignes, tandis que les plants greffés occupent une surface de 79 hectares qui va s'agrandissant chaque année.

On ne récolte à Chazay que des vins ordinaires, placés par Budker dans la cinquième classe.

NOMENCLATURE

DES PRINCIPAUX VIGNOBLES ET LIEUX DITS

Les Perrières. — A. B., cinquième classe; C. L., première classe.

PRINCIPAUX PROPRIÉTAIRES

M. Boisson. | Mme de Farconnet. | M. Imbert.

Gros-Bout. — A. B., cinquième classe; C. L., deuxième classe.

PRINCIPAUX PROPRIÉTAIRES

MM. Gonnard.
Guillard.
Lassale.

MM. Simiau.
Jacques Siny.

Colombier, Saint-Antoine, Gage, la Pata, *vins de plaine,* A. B., cinquième classe; C. L., troisième classe.

PRINCIPAUX PROPRIÉTAIRES

MM. Brogard.
Deschamps.
Galland.

MM. Magat.
Viannay.

LACHASSAGNE

A 7 kil. de Villefranche ; bureau de poste, télégraphe et gare d'Anse, à 3 kil. ; 401 habitants.

Compris entre les altitudes de 300 à 400 mètres, le territoire de cette commune repose en majeure partie sur les terrains jurassiques.

Le château actuel de M. de Mortemart a remplacé un vieux manoir à tourelles, abattu en 1830. Il est entouré d'un parc immense clos de murs, à l'extrémité supérieure duquel on a élevé un observatoire en forme de donjon, qui sert de point de repère dans le paysage lyonnais et beaujolais.

Lachassagne possédait avant le phylloxéra 180 hectares de vignes, 60 hectares d'anciennes vignes existent encore et 40 hectares ont été reconstitués en plants greffés.

Les vins récoltés sur cette commune sont corsés et comptent parmi les meilleurs du Bas-Beaujolais. D'après Julien ceux du clos ressemblent beaucoup à ceux de Julliénas et sont plus solides ; ils se conservent plusieurs années en tonneau. Le *clos* de Lachassagne appartient à M. le duc de Mortemart.

Il est malheureux pour cette commune que quelques propriétaires n'aient pas mieux compris leur intérêt et celui de leurs vignerons ; bien des vignes laissées sans défense existeraient aujourd'hui et la reconstitution serait achevée alors qu'elle ne fait que commencer.

Cette commune produit en effet des vins placés par le concours de Mâcon 1893 en deuxième catégorie.

LIERGUES

A 5 kil. de Villefranche (correspondance) ; bureau de poste, télégraphe et gare de Villefranche ; 696 habitants.

Le plateau sur lequel s'étend cette commune est recouvert de cailloutis provenant d'alluvions anciennes. L'arête montagneuse de Châlier, qui limite à l'est le territoire, à une altitude de 250 à 300 mètres, est constituée par les couches du bajocien où sont ouvertes plusieurs carrières, et par le calcaire marneux du ciret fournissant un excellent terrain vignoble. L'église, qui remonte à plus de trois siècles, est une des plus remarquables du canton d'Anse.

A signaler :

Le château de Liergues, transformé en couvent de religieuses;
— de l'Eclair, à M. V. Vermorel.

La commune de Liergues possède 260 hectares d'anciennes vignes françaises et 100 hectares de vignes greffées. Les vins que l'on y récolte sont de bons ordinaires, recherchés par les meilleurs restaurants de Lyon. Bien que la reconstitution soit peu avancée, on trouve dans cette commune les plus anciennes vignes greffées du pays et le cuvage appartenant à M. Vermorel est un des plus beaux du Beaujolais.

NOMENCLATURE
DES PRINCIPAUX VIGNOBLES ET LIEUX-DITS

Le Convert et les Combes. — A. B., cinquième classe.

PRINCIPAL PROPRIÉTAIRE

M. V. Vermorel.

AUTRES PROPRIÉTAIRES

M. Carrier. | M. Madignier. | M. Mulaton, etc.

Château de Liergues, à M. V. VERMOREL

Cuvage de Liergues, à M. V. VERMOREL

LOZANNE

A 17 kil. de Villefranche; bureau de poste, télégraphe et station du chemin de fer (ligne de Saint-Germain-au-Mont-d'Or à Tarare); 626 habitants.

Formé d'alluvions dans la vallée, le sol présente sur les pentes les couches inférieures de la série jurassique. Les grès à ciment siliceux formés de quartz et de feldspath, correspondant aux arkoses de la Bourgogne, prennent un puissant développement. Ils sont surmontés du calcaire rose ou muschelkalk, du bone-bed, de l'infrà-lias et des couches à gryphées. Situé à la réunion des vallées de la Brevenne et de l'Azergues, ce village est animé par les voitures et les nombreux voyageurs qui descendent ou remontent ces belles routes au milieu d'un paysage très pittoresque.

A signaler :

Le château de Benodière, à M. Charbon Cl.
— de Rotaval, à M. Jerphagnon Louis.

Cette commune comptait, avant le phylloxéra, 180 hectares de vignes dont 130 existent encore. Sur ce nombre 60 hectares seulement sont traités au sulfure de carbone. Il n'y a que 5 hectares de plants greffés, mais cette surface ne tardera pas à augmenter rapidement. On ne récolte à Lozanne que des vins ordinaires placés par Budker dans la cinquième classe.

PRINCIPAUX PROPRIÉTAIRES

MM. Jacques Bine.	MM. Jean-Marie Pinet.
Emile Bourgeois.	Claude Prelle.
Jean-Louis Bunand.	Benoît Riondelet.
Benoît Caillot.	Laurent Vianay.
F. Champagnon.	Mlles Mazet.
Aimé Chapiron.	Mmes Joly (Vve).
Etienne Dard.	Perret (Vve), etc.
Louis Jerphanion.	

LUCENAY

A 8 kil. de Villefranche ; bureau de poste, télégraphe, gare d'Anse, à 3 kil. ; 812 habitants.

Formée d'alluvions dans la plaine cette commune s'étend sur le versant oriental de l'arête jurassique orientée nord-sud qui se prolonge d'une part jusqu'à Limas et de l'autre jusqu'à Lozanne. De nombreuses carrières sont ouvertes dans les assises bathoniennes présentant une épaisseur de plus de 20 mètres d'une belle pierre blanche facile à tailler.

L'église actuelle a été bâtie vers le milieu de notre siècle pour remplacer l'ancienne devenue trop petite, et qui fut démolie en 1844.

Le territoire de cette commune fut habité à l'époque romaine, ainsi que le prouvent de belles mosaïques trouvées dans un champ de la ferme du Bief.

Lucenay comprenait avant le phylloxéra 240 hectares de vignes ; toutes ont disparu et ont été remplacées par des plants greffés qui occupent aujourd'hui la même surface, soit 240 hectares.

Les porte-greffes les plus employés sont le Riparia puis le Solonis.

Le rendement est en moyenne de 45 hectol. à l'hectare et le prix de 45 fr. l'hectolitre. Les vins récoltés sont tous de consommation courante et appartiennent, comme la plupart des précédents, à la 5e classe de Budker.

Dans cette commune la propriété est très morcelée.

MORANCÉ

A 10 kil. de Villefranche ; bureau de poste d'Anse, à 6 kil. ; télégraphe et gare du chemin de fer de Chazay, à 5 kilom. (ligne de Saint-Germain-au-Mont-d'Or à Tarare) ; 827 habitants.

Une grande partie du territoire est recouverte par les alluvions anciennes et celles de l'Azergues dont les inondations ont parfois causé de graves dommages. Le coteau occidental est formé par les terrains jurassiques dont les affleurements sont alignés du nord au sud. Le château de Beaulieu était autrefois solidement fortifié ; c'est là que s'abritèrent les habitants de Morancé, en 1738, quand les Anglais vinrent attaquer Chazay.

On y remarque le château de Beaulieu, à M. de Chaponay.

La vigne occupait à Morancé 250 hectares avant le phylloxéra. 10 hectares seulement d'anciennes vignes existent encore et 170 hectares sont actuellement reconstitués en plants greffés dont les plus anciens ont neuf ans. Le Riparia puis le Solonis et le Vialla sont les porte-greffes les plus employés. On trouve en outre 20 hectares de producteurs directs américains.

Le rendement moyen est de 50 hectol. à l'hectare et le prix de 50 fr. l'hectolitre.

Tous ces vins sont de bons ordinaires appartenant à la 5ᵉ classe de A. Budker.

POMMIERS

A 4 kil. de Villefranche; bureau de poste et télégraphe de Villefranche, gare d'Anse, à 3 kil.; 1055 habitants.

Le territoire de cette commune repose presque totalement sur les terrains jurassiques, sauf une bande de micaschistes amphiboliques sur laquelle est situé le bourg de Pommiers et qui traverse la commune entière du nord au sud, et des alluvions anciennes qui couvrent les vallées à l'ouest. Ce village est cité dès le Xe siècle; son église remonte au commencement du XIIIe siècle, puisqu'on prétend que Guichard III, sire de Beaujeu, en fut le fondateur. Au siècle dernier on y voyait les restes d'un ancien prieuré ayant appartenu aux Templiers. Du sommet de la montagne de Buisante on jouit du panorama complet des montagnes du Beaujolais et de la vallée de la Saône jusqu'à Mâcon.

Pommiers possédait avant l'invasion phylloxérique 450 hectares de vignes dont 80 existent encore. Les plants greffés y occupent actuellement 160 hectares. Le vin produit est de consommation courante.

NOMENCLATURE

DES PRINCIPAUX VIGNOBLES ET LIEUX-DITS

Chalier, Bel-Air, Buisante. — A. B., cinquième classe.

PRINCIPAUX PROPRIÉTAIRES

MM. Blanc.	MM. Mulsant.
Carriez.	Petit.
Morel-Berthier.	Poyet, etc.

POUILLY-LE-MONIAL

Bureau de poste et télégraphe de Jarnioux, à 2 kil.; gare de Villefranche, à 7 kil. (correspondance); 557 habitants.

Le sol est formé presque entièrement par les alluvions anciennes d'où émergent à l'ouest les terrains jurassiques. Au hameau de Grave on remarque les vestiges d'un manoir féodal dont il ne reste aucun souvenir.

On comptait 280 hectares de vignes à Pouilly avant le phylloxéra. Aujourd'hui 15 hectares d'anciennes vignes sont encore debout et 185 hectares sont reconstitués en plants greffés. Les vins que l'on y récolte sont de bons ordinaires faisant partie de la 4ᵉ classe de A. Budker.

NOMENCLATURE
DES PRINCIPAUX VIGNOBLES ET LIEUX-DITS

Belle-Barbe. — A. B., quatrième classe.

PRINCIPAL PROPRIÉTAIRE

M. Pinet.

Les Barges. — A. B., quatrième classe.

PRINCIPAL PROPRIÉTAIRE

M. Biolay.

Le Vignard. — A. B., quatrième classe.

PRINCIPAL PROPRIÉTAIRE

M. Guillard, etc.

SAINT-JEAN-DES-VIGNES

A 18 kil. de Villefranche ; bureau de poste, télégraphe et gare du chemin de fer de Lozanne, à 3 kil. (ligne de Saint-Germain-au-Mont-d'Or à Tarare).

Le sol montueux de cette petite commune est constitué uniquement par des terrains jurassiques. Doit-il sa renommée à la qualité de son terroir? quoi qu'il en soit, dans la région beaujolaise, *avoir passé par Saint-Jean-des-Vignes,* signifie être en état d'ébriété.

Cette commune avait 120 hectares de vignes avant l'invasion phylloxérique ; 85 hectares existent encore et 6 hectares seulement ont été reconstitués sur plants américains. Les vins que l'on y récolte sont de bons ordinaires.

NOMENCLATURE

DES PRINCIPAUX VIGNOBLES ET LIEUX-DITS

Grosbout, Grillattes, Piedmont. — A. B., cinquième classe.

PRINCIPAUX PROPRIÉTAIRES

MM. Jean Berret.	MM. Antoine Farnier.
Antoine Brossette.	André Gros.
Louis Bunand.	Benoît Marion.
Louis Crochet.	Aimé Murat.
Antoine Duperray.	Pierre Viollon, etc.

CANTON DU BOIS D'OINGT

BAGNOLS

A 13 kil. de Villefranche (correspondance) ; bureau de poste
et télégraphe du Bois-d'Oingt, à 2 kil. ; gare du chemin de fer
de Lozanne (ligne de Saint-Germain-au-Mont-d'Or à Tarare) à
12 kil. ; 691 habitants.

Formée en grande partie des terrains jurassiques cette commune présente un bon nombre de carrières de pierre jaune
excellente pour construction.

L'ancien château-fort, ceint de fossés autrefois, est en parfait
état de conservation. On y remarque une immense cheminée
artistement restaurée à laquelle sont accolés deux écussons
meublés de la croix des d'Albon, ses premiers possesseurs. En
1672, ce château reçut la visite de Mme de Sévigné, dont la
petite-fille, Marie-Thérèse de Grignan, avait épousé le marquis
de Rochebonne, seigneur d'Oingt et de Theizé. On remarque :

Le château du Baronnat à M. Décurel ;
—   de Longchamp à M. Chalus ;
—   de M. du Chevalard.

Cette commune possédait, avant le phylloxéra, 400 hectares
de vignes dont 80 sont encore debout. 220 hectares sont actuellement reconstitués sur Solonis, Riparia et Vialla. Les plus

anciennes greffes ont 12 ans. Il y a en outre 5 hectares environ d'Othello qui n'est plus en faveur.

Le rendement moyen est de 43 hectolitres à l'hectare. Les prix ont été :

En 1889   de   60 fr. l'hectolitre.
   1890   de 25 à 50 fr.   —
   1891   de   45 fr.   —
   1892   de   50 fr.   —

Tous les vins de Bagnols sont de consommation courante ; ils appartiennent à la 5e classe de Budker.

NOMENCLATURE

DES PRINCIPAUX VIGNOBLES ET LIEUX-DITS

Mallicot, les Carrières, le Bourg. — A. B., cinquième classe.

PRINCIPAUX PROPRIÉTAIRES

M. du Chevalard . | M. J.-M. Delafay. | M. Paire, etc.

LE BOIS-D'OINGT

A 14 kilom. de Villefranche (correspondance); bureau de poste et télégraphe ; gare du chemin de fer de Lozanne, à 12 kilom. (ligne de Saint-Germain-au-Mont-d'Or à Tarare) ; 1450 habitants.

Le sol montagneux est constitué principalement par les terrains jurassiques au-dessous desquels affleurent dans la vallée de l'Azergues les schistes chloriteux, généralement injectés par le granite qui les feldspathise et les transforme localement en gneiss. Placé à égale distance de Villefranche et de Tarare, ce bourg d'un accès difficile est néanmoins très fréquenté pour ses marchés du mardi et ses foires du premier mardi de chaque mois. A mentionner :

Le château des Granges à M. le comte de Rambuteau.
—   de La Flachère à M. le marquis de Chaponnay.
—   de La Garde à M. de Belleroche.
—   de La Place à M. le vicomte de la Chapelle.
—   de La Thanay à M. le marquis de Chaponnay.

La commune du Bois-d'Oingt possédait avant le phylloxéra 280 hectares de vignes dont 270 existent encore. 34 hectares ont été plantés en vignes greffées.

Il n'existe pas de cru proprement dit dans la commune, tous les vins sont de consommation courante et placés par Budker dans la cinquième classe.

Les principaux propriétaires sont :

MM. de Chaponay.
      Démours.
      Paire.

MM. Papillon.
      Silvestre.
      Vergoin, etc.

LE BREUIL

A 15 kilom. de Villefranche; bureau de poste du Bois-d'Oingt, à 4 kilom.; télégraphe de Chessy, à 2 kilom. 1/2; gare du chemin de fer de Fleurieux-sur-l'Arbresle (ligne de Saint-Germain-au-Mont-d'Or à Tarare), à 10 kilom. ; 409 habitants.

Le sol varié de cette commune est composé principalement de granite, de schistes feldspathisés granitiques et des grès et calcaires dolomitiques rapportés au rhétien.

Cette commune possédait avant le phylloxéra 225 hectares de vignes; il en reste environ 70 et 54 ont été reconstitués sur plants américains dont les plus anciens ont 14 ans. Le Riparia et le Vialla sont les porte-greffes à peu près exclusivement employés. Les vins produits sont de qualité ordinaire et se vendent de 80 à 110 fr. la pièce de 220 litres. Il existe dans la commune environ 11 hectares de producteurs directs : Othello, Senasqua et Clinton.

NOMENCLATURE
DES PRINCIPAUX VIGNOBLES ET LIEUX-DITS

Les Granges. — A. B., cinquième classe; C. L., première classe.

PRINCIPAL PROPRIÉTAIRE

M. de Rambuteau.

La Pierre. — A. B., cinquième classe; C. L., première classe.

PRINCIPAL PROPRIÉTAIRE

M. Berthet.

Bois-Treuil. — A. B., cinquième classe; C. L., première classe.

PRINCIPAL PROPRIÉTAIRE

M. Merlin, etc.

CHAMELET

A 25 kilom. de Villefranche; bureau de poste et télégraphe du Bois-d'Oingt, à 10 kilom. ; gare du chemin de fer de Lozanne (ligne de Saint-Germain-au-Mont-d'Or à Tarare), à 22 kilom. ; 842 habitants.

Le territoire montagneux de cette commune est constitué uniquement par les tufs orthophyriques, dont les éléments sont réunis par un ciment calcédonieux. Ancienne place forte de la vallée, il ne reste que le donjon et quelques débris insignifiants. L'église, intéressante à visiter, renferme une très bonne copie de la Cène de Philippe de Champaigne, exécutée par un amateur, M. Billiet, qui en a fait don. C'est la patrie de l'ingénieur Prony, chargé par Napoléon Ier de travaux considérables et créé baron par Charles X.

Les marchés du samedi sont très fréquentés, de même que la foire qui s'y tient le 26 décembre.

160 hectares de vignes existaient dans la commune avant le phylloxéra ; 72 hectares existent encore et 3 hectares seulement ont été greffés sur Vialla et Riparia.

Le rendement varie de 35 à 40 hectolitres à l'hectare et le prix moyen est de 80 fr. la pièce; on ne récolte dans cette commune que des vins de consommation courante.

CHATILLON-D'AZERGUES

A 16 kilom. de Villefranche ; bureau de poste et télégraphe de Chessy-les-Mines, à 2 kilom. ; gare du chemin de fer de Lozanne (ligne de Saint-Germain-au-Mont-d'Or à Tarare), à 4 kilom. (correspondance) ; 1115 habitants.

Le sol montueux est formé en majeure partie des terrains jurassiques, dans lesquels on a ouvert quelques carrières. Le château-fort qui domine ce village est devenu célèbre dans le monde artistique par ses magnifiques ruines qui, malheureusement, disparaîtront totalement sous les ravages du temps. La chapelle, qu'on a restaurée dernièrement, a été classée parmi les monuments historiques placés sous la protection de l'Etat.

Ce bourg est très fréquenté les samedis pour ses marchés. Il s'y tient plusieurs foires : le 5 février, le 20 novembre et le 16 décembre.

Le vignoble de cette commune comprenait 265 hectares avant l'invasion phylloxérique. 160 hectares d'anciennes vignes sont encore debout et 60 hectares sont actuellement reconstitués en plants greffés. Les vins de Châtillon sont de qualité ordinaire et placés par Budker dans la cinquième classe.

NOMENCLATURE

DES PRINCIPAUX VIGNOBLES ET LIEUX-DITS

La Roche. — A. B., cinquième classe ; C. L., première classe.

PRINCIPAL PROPRIÉTAIRE

M. J.-P. Déchet.

Aux Alouettes. — A. B., cinquième classe; C. L., deuxième classe.

PRINCIPAUX PROPRIÉTAIRES

M. E. Seigle. | M. J.-M. Thiard.

Boyeux. — A. B., cinquième classe; C. L., deuxième classe.

PRINCIPAL PROPRIÉTAIRE

M. J.-M. Binard.

Chez-Léger. — A. B., cinquième classe; C. L., deuxième classe.

PRINCIPAL PROPRIÉTAIRE

M. A. Lassalle.

La Colletière. — A. B., cinquième classe; C. L., deuxième classe.

PRINCIPAL PROPRIÉTAIRE

M. Pierre Dupoizot, etc.

CHESSY-LES-MINES

A 14 kilom. de Villefranche; bureau de poste et télégraphe; gare de Lozanne (ligne de Saint-Germain-au-Mont-d'Or à Tarare), à 6 kilom. (correspondance); 888 habitants.

Le sol montueux est constitué par les étages inférieurs du jurassique et les schistes anciens. Le gîte cuprifère est injecté dans les marnes irisées. Le minerai qu'on en retirait anciennement était du carbonate de cuivre dont on extrayait le métal; aujourd'hui ces magnifiques cristaux d'azurite et de malachite qu'on admire au Muséum de Lyon, sont épuisés et l'on exploite seulement les pyrites de Saint-Bel pour la fabrication de l'acide sulfurique. Ce n'est même que depuis la préparation nouvelle de cet acide, d'un grand emploi dans l'industrie, qu'on a pu réaliser une économie considérable sur sa production.

Le château, qu'on admire au milieu du bourg, fut bâti au x° siècle par l'abbaye de Savigny.

Le marché du mardi est très fréquenté, ainsi que les foires du 25 janvier et du 4 décembre.

112 hectares de vignes existaient à Chessy avant le phylloxéra; tout a été détruit et 62 hectares sont aujourd'hui reconstitués. Tous les vins de cette localité sont de qualité ordinaire placés par Budker dans la cinquième classe.

Les principaux viticulteurs sont :

MM. Jean-Claude Debilly.
François Décurel.
François Glénard.
Gaspard Jangot.

MM. François Moiroud.
Pierre Moiroud.
Laurent Pitiot.
François Thomas, etc.

FRONTENAS

A 12 kilom. de Villefranche (correspondance) ; bureau de poste et télégraphe du Bois-d'Oingt, à 4 kilom. ; gare P.-L.-M. de Villefranche ; 353 habitants.

Le sol est constitué presque uniquement par les alluvions anciennes.

Frontenas possédait 200 hectares de vignes avant l'invasion phylloxérique ; 151 hectares sont encore debout et 14 reconstitués en cépages greffés. On y fait des vins de consommation courante, mis dans la 5e classe de Budker.

Villa de Gravetot, à Jarnioux, propriété de M. Aumoine,
de la **Maison Aumoine frères**, de Villefranche-sur-Saône.

PREMIER PRIX :

Médaille de Vermeil pour les vins de ses récoltes au Comice agricole et viticole du Beaujolais, à Anse, 1890.

Médaille de Vermeil : Exposition internationale culinaire au Pavillon de la Ville de Paris. — Paris, 1891.

Médaille d'or : Exposition internationale de l'alcool et des vins. — Paris, Palais des Machines, 1892.

Médaille d'or : Exposition au Pavillon de la Ville de Paris. — Paris, 1892.

JARNIOUX

A 9 kilom. ; bureau de poste et télégraphe ; gare P.-L.-M. de Villefranche (correspondance) ; 578 habitants.

Le territoire de cette commune est constitué en grande partie par les alluvions anciennes d'où émergent les terrains jurassiques à l'ouest. Le château qui se dresse sur un mamelon au milieu du bourg paraît dater de Henri IV. A mentionner :

Le château de M. de Clavières.
— de Bois-Franc à M. Guinon.
— de Plaie à M. le vicomte de La Chapelle.

Jarnioux possédait avant le phylloxéra 340 hectares de vignes dont 135 ont été maintenus jusqu'à ce jour. 91 hectares sont reconstitués sur Vialla, Riparia, Solonis, York et Rupestris. Les plus anciennes greffes de la commune ont de 12 à 15 ans. Il existe également 5 hectares de producteurs directs : Othello, Cynthiana, Noah.

Le rendement moyen est de 50 hectolitres à l'hectare et le prix de 45 fr. l'hectolitre. Les vins de cette commune sont de consommation courante.

NOMENCLATURE

DES PRINCIPAUX VIGNOBLES ET LIEUX-DITS

Montgon. — C. L., première classe.

PRINCIPAL PROPRIÉTAIRE

M. Bedin.

Clapet. — C. L., deuxième classe.

PRINCIPAL PROPRIÉTAIRE

M. de Clavières.

Au Bourg.

PRINCIPAUX PROPRIÉTAIRES

M. Aumoine. | M. Carry.

Clos de Gravetot.

PRINCIPAL PROPRIÉTAIRE

M. Aumoine.

Clos du Moulin.

PRINCIPAL PROPRIÉTAIRE

M. Aumoine, etc.

LÉGNY

A 17 kilom. de Villefranche (correspondance) ; bureau de poste et télégraphe du Bois-d'Oingt, 1 kilom. ; gare de Lozanne (ligne de Saint-Germain-au-Mont-d'Or à Tarare, à 9 kilom.) ; (correspondance) ; 463 habitants.

Le territoire montueux de cette commune s'étend uniquement sur les schistes chloriteux injectés par le granite qui les modifie en une sorte de gneiss. Placé au point de croisement des belles routes de Lyon à Charolles par la vallée d'Azergues, de Villefranche à Feurs, par Tarare, et de celle de la vallée du Joannon, la station des Ponts-Tarets est le centre d'une circulation importante de voitures et de voyageurs.

235 hectares de vignes existaient à Légny avant le phylloxéra. 160 hectares sont encore en production et 15 hectares ont été reconstitués en plants greffés. La commune ne produit que des vins ordinaires, placés par Budker dans la cinquième classe.

Les principaux propriétaires viticulteurs sont :

MM. Décours.
Jean Dessaint.
A. Goutton.
A. Maillet.

MM. F. Poitrasson.
J.-L. Poitrasson.
Blaise Vernay, etc.

LÉTRA

A 24 kilom. de Villefranche ; bureau de poste et télégraphe du Bois-d'Oingt, à 8 kil. ; gare de Lozanne, à 20 kil. (ligne de Saint-Germain-au-Mont-d'Or à Tarare) ; 886 habitants.

Le territoire montagneux de cette commune s'étend sur les schistes feldspathisés granitiques, les schistes et poudingues rapportés à la série carbonifère et les tufs orthophyriques. Brisson rapporte (*Mémoires historiques et économiques sur le Beaujolais*, p. 94) que sous le château de Létrette, à M. Dalaunay, commissaire des guerres, on est assuré qu'il y a une mine de cuivre, et qu'on l'a même attaquée pendant quelque temps. Elle a été ouverte vis-à-vis des premiers travaux sur la rive droite de l'Azergues, presque à fleur d'eau.

A. Drian, dans sa *Minéralogie et Géologie des environs de Lyon*, p. 34, dit avoir observé dans un mur de clôture, à Létra, une meule des moulins à bras dont les Romains se servaient, et qu'ils tiraient sans doute des pays volcaniques.

Dès 1408 les habitants avaient entouré l'église de fortifications pour s'y réfugier avec leurs familles, en cas de guerre.

Létra possédait 300 hectares de vignes avant le phylloxéra. 130 hectares existent encore et 80 hectares ont été replantés en greffes dont les plus anciennes ont 11 ans. Le Vialla et le Riparia sont à peu près exclusivement employés comme porte-greffes. 15 hectares sont plantés en Othello et Senasqua pour la production directe.

Le rendement moyen est de 45 hectol. à l'hectare et le prix de 46 fr. l'hectolitre. Tous les vins sont de consommation courante.

NOMENCLATURE

DES PRINCIPAUX VIGNOBLES ET LIEUX-DITS

Badier.

PRINCIPAUX PROPRIÉTAIRES

Mme Bonnevay. | M. Jean Lyonnet.

Le Bourg.

PRINCIPAUX PROPRIÉTAIRES

M. Dalbepierre. | M. Font.

Bagny.

PRINCIPAUX PROPRIÉTAIRES

Hospice de Letra. | M. Larrat.

Clos de Letrette.

PRINCIPAL PROPRIÉTAIRE

M. Lacombe.

Crevelle.

PRINCIPAL PROPRIÉTAIRE

M. J.-B. Geoffray.

Le Sornel.

PRINCIPAL PROPRIÉTAIRE

M. Berthier, etc.

MOIRÉ

A 14 kil. de Villefranche : bureau de poste et télégraphe du Bois-d'Oingt, à 2 kilom. ; gare de Villefranche ; 224 habitants.

Le sol montueux de cette commune est formé essentiellement des grès et calcaires de la base des terrains jurassiques. Sur les sommets on rencontre le bajocien au-dessous duquel affleurent les marnes ferrugineuses du toarcien, connues dans cette contrée sous le nom d'*ardilles*. Un lambeau de schistes feldspathisés granitiques affleure vers l'ouest.

Moiré avait un vignoble de 110 hectares avant le phylloxéra ; 62 hectares d'anciennes vignes existent encore et 14 ont été reconstitués en plants greffés sur Riparia, Solonis et Vialla. Tous les vins de Moiré sont de qualité ordinaire.

NOMENCLATURE
DES PRINCIPAUX VIGNOBLES ET LIEUX-DITS

Boucairon. — A. B., cinquième classe.

PRINCIPAUX PROPRIÉTAIRES

M. Biolay. | M. Carron. | M. Romier.

L'Enfer. — A. B., cinquième classe.

PRINCIPAUX PROPRIÉTAIRES

M. Carron. | M. Paillet.

Verchères. — A. B., cinquième classe.

PRINCIPAL PROPRIÉTAIRE

M. Seigneret, etc.

OINGT

A 14 kil. de Villefranche ; bureau de poste et télégraphe du Bois-d'Oingt, à 3 kil. 1/2 ; gare de Lozanne (ligne de Saint-Germain-au-Mont-d'Or à Tarare), à 16 kil. ; 541 habitants.

Les remparts de cet antique village, mentionné dès le XIᵉ siècle, ne montrent que quelques ruines et quelques pans de murs indiquant seuls la place du château. En 1562, le baron des Adrets s'en empara après une vigoureuse résistance, et de cette époque date la décadence de ce bourg. Après la ruine de l'ancienne église, dont il ne reste qu'une vieille et noire muraille à croisées romanes, les habitants durent aller entendre les offices au village de Saint-Laurent ; plus tard le seigneur donna à la commune la chapelle du château qui fut réparée et disposée pour devenir l'église paroissiale. En 1757, la foudre écrasa la voûte de l'église, blessa et tua un grand nombre de personnes rassemblées pour l'office de vêpres.

285 hectares de vignes existaient dans la commune avant le phylloxéra ; 56 hectares ont été conservés et 36 reconstitués en plants greffés. Oingt ne produit que des vins de consommation courante.

NOMENCLATURE

DES PRINCIPAUX VIGNOBLES ET LIEUX-DITS

Les Condamines et le Sec. — A. B., cinquième classe.

PRINCIPAUX PROPRIÉTAIRES

M. Clément Brossette. | M. Barthélemy Dupoizat.

Fontvieille et Montvigny. — A. B., cinquième classe.

PRINCIPAUX PROPRIÉTAIRES

Mᵐᵉ Brossette (Vve). | M. J. Marduel.

Le Payet. — A. B., cinquième classe.

PRINCIPAUX PROPRIÉTAIRES

M. Etienne Marinier. | M. Thomas Vermorel.

Prony. — A. B., cinquième classe.

PRINCIPAUX PROPRIÉTAIRES

M. Claude Bas. | M. Claude Rougy. | M. Yvernay.

SAINT-LAURENT-D'OINGT

A 15 kil. de Villefranche ; bureau de poste et télégraphe du Bois-d'Oingt, à 3 kil. ; 854 habitants ; gare de Villefranche.

Le territoire de cette commune est formé principalement par le granite recouvert à l'est par le trias et autres étages inférieurs de la série jurassique. Dans ce village se trouvait anciennement un prieuré fondé par les Bénédictins de Savigny.

Cette commune possédait avant le phylloxéra un vignoble de 640 hectares dont 460 sont encore en production. 15 hectares seulement ont été reconstitués en cépages greffés. Tous les vins de Saint-Laurent-d'Oingt sont de consommation courante et appartiennent à la 5ᵉ classe de Bucker.

NOMENCLATURE

DES PRINCIPAUX VIGNOBLES ET LIEUX-DITS

Le Berthier. — A. B., cinquième classe.

PRINCIPAUX PROPRIÉTAIRES

M. Jean Dumas. | M. Alfred Thomas.

Le Michel. — A. B., cinquième classe.

PRINCIPAL PROPRIÉTAIRE

M. J.-Etienne Marduel.

5

Montgelain. — A. B., cinquième classe.

PRINCIPAUX PROPRIÉTAIRES

M. J.-Claude Marduel. | M. J.-C. Perigeat.

Le Mussy. — A. B., cinquième classe.

PRINCIPAUX PROPRIÉTAIRES

M. Joseph Alix. | M. Antoine Berthier.

Nevers. — A. B., cinquième classe.

PRINCIPAUX PROPRIÉTAIRES

MM. Durieux. | MM. Planus.
    Pétrus. | Sivelle

SAINTE-PAULE

A 15 kil. de Villefranche ; bureau de poste et télégraphe du Bois-d'Oingt, à 6 kil. ; gare de Villefranche ; 445 habitants.

Le sol montagneux de cette commune est constitué en majeure partie par les quartzites et schistes qu'on rapporte à l'étage cambrien. Un lambeau de terrain houiller, dont on a renoncé à l'exploitation, s'allonge dans la direction nord-ouest ; il est recouvert dans son milieu par le trias et le lias dont les couches s'orientent dans une direction perpendiculaire. Çà et là apparaissent plusieurs minces filons de granite, de microgranulite, de porphyrites micacées et amphiboliques et de diorites et diabases. Vers le nord se présentent les cornes vertes qui se poursuivent sur les autres communes dans cette direction. Un puissant filon de quartz recouvre cette commune, au Crêt de la Garde, dans le voisinage des anciens puits de mine. Certaines parties agatiformes veinées de rouge et de blanc, susceptibles d'un beau poli, fourniraient un très beau marbre, en blocs de dimensions illimitées.

Il y avait à Sainte-Paule, avant le phylloxéra, 250 hectares de vignes ; 102 existent encore et 4 hectares seulement ont été reconstitués en plants greffés. Tous les vins de cette commune sont de consommation courante.

NOMENCLATURE

DES PRINCIPAUX VIGNOBLES ET LIEUX-DITS

Les Clos. — A. B., cinquième classe ; C. L., première classe.

PRINCIPAUX PROPRIÉTAIRES

MM. Jean Alix.
 F. Andrillat.
 F. Cherpin.

MM. V. Combrichon.
 M. Guillarc.
 Mme Roisson (Vve).

Le Lambert. — A. B., cinquième classe; C. L., deuxième classe.

PRINCIPAUX PROPRIÉTAIRES

Mᵐᵉ Arnaud (Vve).
MM. A. Bouchez.
    J.-B. Bouillard.
    J.-C. Chatoux.
    A. Cherpin.
    F. Cherpin.

MM. C. Dreux.
    A. Durdilly.
    B. Durdilly.
    J.-B. Guillard.
    P. Morel.
    E. Sapin.

Le Marduel. — A. B., cinquième classe; C. L., troisième classe.

PRINCIPAUX PROPRIÉTAIRES

MM. P. Bouchez.
    C. Dubost.
    Dugelay.
    Joannin.

MM. C. Livet.
    B. Romier.
    J. Solichon.
Mᵐᵉ Roisson (Vve), etc.

SAINT-VÉRAND

A 17 kil. de Villefranche ; bureau de poste et télégraphe du Bois-d'Oingt, à 6 kil. ; gare de Lozanne à 13 kil., 1162 habitants.

Le sol montueux de cette commune est constitué par des granites, bordé au midi par les schistes felsdpathisés granitiques et à l'ouest par les schistes et quartzites précambriens. Un des plus beaux spécimens de l'architecture moderne, dû au talent de M. Viollet-le-Duc, s'offre au touriste dans le château de la Flachère appartenant à M. le marquis de Chaponnay.

Il se tient plusieurs foires dans cette commune : 16 février, 16 mai, 16 août et 16 novembre.

Saint-Vérand possédait 525 hectares de vignes avant l'invasion du phylloxéra ; 425 hectares existent encore et 3 hectares seulement ont été reconstitués en plants greffés. Les vins de cette commune sont de qualité ordinaire.

NOMENCLATURE

DES PRINCIPAUX VIGNOBLES ET LIEUX-DITS

Le Margaron.

PRINCIPAUX PROPRIÉTAIRES

M. Chatoux. | M. Jacquier de Vacheron. | M. Rollet, etc.

Autres crûs : Dʳ Vaffier, etc.

TERNAND

A 18 kil. de Villefranche ; bureau de poste et télégraphe du Bois-d'Oingt, à 7 kil. ; gare de Lozanne à 17 kil. (ligne de Saint-Germain-au-Mont-d'Or à Tarare). Les schistes et quartzites qui recouvrent la majeure partie de cette commune présentent un beau marbre blanc qu'on a essayé d'exploiter il y a 50 ans. Les schistes et poudingues du terrain carbonifère se montrent à l'ouest, de même que les tufs orthophyriques.

Ce bourg est une antique forteresse bâtie par l'archevêque Renaud, dévastée par les Huguenots qui n'y laissèrent que des débris qu'on remarque encore çà et là dans le village.

Avant l'invasion phylloxérique cette commune comprenait 320 hectares de vignes ; 220 hectares existent encore et 50 sont reconstitués en plants greffés.

Les vins produits appartiennent comme la plupart des précédents à la 5ᵉ classe de A. Budker.

Les principaux propriétaires sont :

MM. A. Berchoux.
J. Berchoux.
A. Chanard.
F. Dauguin.
J.-A. Dorieux.
A. Gacon.
F. Larrat.
J. Maillet.

MM. A. Mellet.
J.-A. Mellet.
A. Montessuy.
C. Montessuy.
F. Perrin.
Mᵐᵉ de Lauvergeat.
Mˡˡᵉ de Saint-Victor.

THEIZÉ

A 11 kil. de Villefranche ; bureau de poste et télégraphe du Bois d'Oingt, à 6 kil. ; gare de Villefranche (correspondance) ; 1243 habitants.

Formée en majeure partie par les grès et calcaires de la série inférieure des terrains jurassiques, cette commune est une des plus importantes et des plus riches de cette région.

A Boitier, on peut visiter le château du Clos, ancienne demeure du ministre Roland de la Platière, dont parle sa célèbre épouse dans sa correspondance que chacun connaît. Une inscription sur la pierre d'une fontaine, à Beauvallon, rappelle le séjour de Boileau-Despréaux dans le château qu'avait fait construire le célèbre Brossette, commentateur de ses œuvres immortelles.

Theizé comptait, avant le phylloxéra, 550 hectares de vignes dont 238 sont encore debout. Actuellement 92 hectares sont reconstitués en plants greffés.

Les vins produits dans cette commune sont de qualité ordinaire ; Budker les a placés dans sa 5e classe à laquelle appartiennent la majeure partie des vins récoltés dans le canton du Bois d'Oingt.

VILLE-SUR-JARNIOUX

Bureau de poste et télégraphe de Jarnioux, à 2 kil. ; Bureau téléphonique municipal ; gare de Villefranche à 11 kil. (correspondance) ; 890 habitants.

Le territoire montueux de cette commune s'étend sur les terrains jurassiques qui fournissent des matériaux excellents pour construction. Sur les limites vers l'ouest se dresse, à une altitude de 651 mètres, la tour à demi ruinée d'un ancien télégraphe sémaphorique qui reliait ceux de Marcy-sur-Anse et de Saint-Bonnet-sur-Montmelas. Le sommet du Py, près du hameau Saint-Clair, montre encore des sarcophages de l'époque mérovingienne, visibles au niveau du sol, entourant circulairement ce mamelon naturel appartenant à l'étage bajocien.

Il y avait dans cette commune 468 hectares de vignes avant le phylloxéra, 152 hectares d'anciennes plantations ont été conservés jusqu'à ce jour et 125 hectares reconstitués sur plants américains.

La commune ne possède pas de cru proprement dit, mais elle produit de bons ordinaires assez estimés pour que Budker les ait mis dans sa 4e classe.

Les principaux propriétaires viticulteurs sont :

MM. Aumoine frères, *au Pain béni, La Carrière, Chijeanjean, aux Roches.*
Abel Bedin.
Anatole Bedin.
F. Carra.
J. Carra, *au Peineau.*

MM. Coulon.
Ant. Guillermain, *à Cosset.*
Mathieu, *au Peineau.*
Montange.
Santaville, *au Peineau.*
Tournassus.
Treive, *à Lavarenne,* etc.

CANTON DE VILLEFRANCHE

VILLEFRANCHE-SUR-SAONE

Sous-préfecture, à 30 kil. de Lyon et à 439 kil. de Paris ; altitude, 183 mètres ; bureau de poste, télégraphe, station du chemin de fer ; port de Frans, sur la Saône, à 2 kil. ; service quotidien de messageries pour gros et petits colis, avec Lyon.

Fondée vers le xiiie siècle, cette ville devint, en succédant à Beaujeu, la capitale du Beaujolais. L'église Notre-Dame-des Marais, magnifique spécimen de l'architecture religieuse du xve siècle, a été classée comme monument historique sous la protection de l'Etat.

Essentiellement manufacturière et commerçante, cette ville est renommée en tannerie, filature de coton et teinture en flottes, teinture et apprêts des tissus de coton, commerce de doublures et calicots, construction de machines agricoles. Les marchés du vendredi et surtout ceux du lundi de chaque semaine ont une importance considérable pour la vente des bestiaux, denrées alimentaires et provisions de toutes sortes. Les foires du lundi de Pâques et du lundi de Pentecôte attirent une affluence énorme d'habitants des campagnes environnantes ; leur nombre excède généralement le double de celui de la population qui est de 12.938 habitants.

Foires aux chevaux : premier mardi de mars, 5 mai, 10 juin, 8 septembre et le samedi avant le 11 novembre.

Villefranche est un des centres importants pour le commerce des vins du Beaujolais.

Il y a fort peu de vignes sur son territoire : elles sont aux environs et le vin qu'on récolte sur les sables de Béligny est en général peu alcoolique et très léger. Les coteaux qui touchent la ville appartiennent aux communes de Gleizé et Limas ; c'est au pied d'un de ces coteaux, en Roches, que se trouve la station viticole de Villefranche et la fabrique d'instruments et machines viticoles de M. Vermorel.

ARBUISSONAS

Petite commune à 10 kil. de Villefranche (correspondance) ; bureau de poste de Vaux à 6 kil. ; télégraphe de Blacé à 3 kil. ; gare de Saint-Georges-de-Reneins à 6 kil. ; 245 habitants.

On voit encore, au milieu du village, une tour dépendant d'un ancien prieuré. Le terrain granitique forme à peu près la totalité des terrains, sauf un lambeau de schistes granitiques fortement gneissiques qui affleure à l'est.

Arbuissonas possède actuellement 100 hectares d'anciennes vignes et 4 hectares de vignes greffées : on y récolte de bons vins de consommation courante appartenant à la 4e classe de Budker.

ARNAS

A 5 kilom. de Villefranche (correspondance); bureau de poste, télégraphe et gare de Villefranche; 931 habitants.

Une pierre tombale enchâssée dans le mur de la mairie, sur la place du bourg, rappelle le sanglant combat dont cette commune fut le théâtre le 18 mars 1814. Elle fut élevée par la famille à la mémoire du major von Ehrenstein, quartier-maître général d'une division ennemie, tué dans le village, sur la route, par un hussard d'Augereau. Dans une des fermes du château de Longsard, M. Falsan a signalé un gros bloc détaché des sommets élevés du Beaujolais pendant la période glaciaire. C'est un bloc de grès triasique de 2 mètres de longueur sur un mètre de largeur et 0^{m}70 de hauteur qui a été extrait de l'ancienne moraine qui existe à Chambély et au Creux, laquelle fournit encore de gros blocs chaque fois qu'on creuse le sol profondément. A signaler le château de M. le marquis de Miramont et le château de Longsard à M. du Jonchay.

Il existait à Arnas, avant le phylloxéra, environ 500 hectares de vignes; 250 hectares ont été conservés et 90 reconstitués en plants greffés. On trouve également de 3 à 4 hectares de producteurs directs américains où l'Othello domine.

Dans cette commune on ne distingue pas de crus particuliers; les meilleurs vins se font dans le *haut des Rues* et sur la côte à partir de *Notre-Dame-des-Rues;* ils appartiennent aux 4e et 5e classes de Budker.

PRINCIPAUX PROPRIÉTAIRES

MM. B. Bernard.
Berthaud.
Damiron.

MM. de Fleurieu.
Gandoger.
Pontbichet, etc.

BLACÉ

Blacé est à 9 kil. de Villefranche ; bureau de poste et télégraphe ; 1224 habitants.

La partie montagneuse est constituée par les schistes granulitiques contre lesquels viennent butter par une faille N.-N.-O. les terrains secondaires : trias, infra-lias et lias inférieur, flanqués à l'est d'un lambeau de calcaire à entroques. On trouve dans cette commune les

Châteaux de Berme à M. de Miramont ;
—   de Champrenard à M. Repos ;
—   de Gram, à M. Chrétien ;
—   de Paragard à M. Sibour ;

Blacé possédait 610 hectares de vignes avant le phylloxéra ; 415 hectares, maintenus par les insecticides, existent encore. 172 hectares sont reconstitués en plants greffés dont les plus anciens ont 10 ans. Le Riparia et le Vialla sont concurremment et exclusivement employés.

Le rendement moyen est de 40 hectolitres à l'hectare et le prix moyen 45 fr. l'hectolitre. Bon vin d'ordinaire préféré dans la région.

NOMENCLATURE

DES PRINCIPAUX VIGNOBLES ET LIEUX-DITS

Le Gonnn. — A. B., quatrième classe; C. L., première classe.

PRINCIPAUX PROPRIÉTAIRES

M. Balandras. | M. Laforest. | M. Longeron, etc.

Berne. — A. B., quatrième classe; — C. L., deuxième classe.

PRINCIPAUX PROPRIÉTAIRES

M. Bachevillier. | M. Billeton. | Mme Mongoin.

Le Bourg. — C. L., troisième classe.

PRINCIPAUX PROPRIÉTAIRES

MM. Chanrion.
Dugoujard.
Maurice.

MM. Morard.
de Villarson.

Le Parragard.

PRINCIPAUX PROPRIÉTAIRES

M. Billard. | M. Sibour, etc.

COGNY

Bureau de poste et télégraphe de Denicé, à 3 kilom. ; gare de Villefranche, à 8 kil. (correspondance) ; 1077 habitants.

Les terrains de cette commune sont en majeure partie argilo-calcaires. On y rencontre la série jurassique à partir du trias jusqu'au calcaire à entroques. Plusieurs carrières sont ouvertes dans ces dernières assises qui fournissent d'excellents matériaux pour construction. C'est sur le territoire de cette commune qu'on a capté les sources qui alimentent la ville de Villefranche depuis une dizaine d'années. La montagne de Molandry a fourni, paraît-il, des vestiges de l'époque romaine. A citer :

Le château de la Barrière à M. Paul Janson ;
—   du Clos à M. Morel de Voleine ;
—   de la Croix de Fer à M. Claudius Savigny ;
—   de Reigny à M. A.
—   Arnaud-Coffin ;
—   de M. Stéphane Pinet.
—   de M. Claudius Verne.

Cette commune possédait 380 hectares de vignes avant le phylloxéra. Il existe encore 120 hectares d'anciennes vignes françaises et 150 hectares ont été reconstitués sur plants américains, notamment sur Riparia et Solonis.

Le rendement moyen est de 50 hectolitres à l'hectare. Il n'existe pas de crus dans la commune ; les points les plus réputés sont : Les *Averlys*, les *Chervets*, les *Meules*. Les vins de Cogny sont estimés pour l'ordinaire et placés par Budker dans la 4ᵉ et 5ᵉ classe.

Outre les propriétaires indiqués plus haut, citons encore :

M. P. Blanc. | M. Bruley. | M. Lorrin.

DENICÉ

Bureau de poste, télégraphe ; gare de Villefranche à 6 kil. ; (correspondance) ; 1348 habitants.

Le sol de cette commune est formé essentiellement des terrains triasiques et liasiques venant butter par plusieurs failles contre les diorites et les diabases. Sur les confins de cette commune on remarque encore de nos jours la Vénerie, ancien rendez-vous de chasse, près duquel on trouvait le château de Pouilly qu'affectionnaient les sires de Beaujeu. C'est là que Guichard III installa les premiers Cordeliers venus en France, en 1309. C'est là également qu'Edouard II amena la fille de Guyonnet de la Bessée, enlevée par ses gardes à Villefranche, rapt qui lui coûta la perte de ses états. La baronnie de Beaujolais ayant passé dans la maison de Bourbon, ceux-ci délaissèrent ce château qui tomba en ruines. Il n'en existe plus rien aujourd'hui, les dernières démolitions furent données par Mlle de Montpensier le 3 juillet 1651, à Gabriel du Sauzey, pour aider à la reconstruction de son château de la Vénerie. On remarque :

Le château de Charmes à M. le comte du Peyroux de Salmagne.
—   de Grand Talancé à M. Desarbres.
—   de Malval à M. Durieu.
—   de Plantigny à M. de Cottin.
—   de Pouilly-le-Châtel à M. le vicomte Dutel.
—   de Talancé à M. de Talancé.
—   de la Vénerie à M. A. Guinand.
—   de M. Sevelinges.
—   de Mme Vve Terme.

La vigne occupait à Denicé 478 hectares avant le phylloxéra. Il n'existe plus aujourd'hui que 73 hectares d'anciennes vignes françaises et 350 hectares sont déjà reconstitués en plants greffés. Le Riparia et le Vialla forment la base de la reconstitution ; le Solonis est quelque peu employé.

Le rendement moyen par hectare dans cette commune est d'environ 80 hectolitres.

Le prix moyen a été :

En 1889   de   120 fr. la pièce de 215 litres.
    1890   de   90 fr.   —
    1891   de   110 fr.   —
    1892   de   110 fr.   —

Denicé produit des vins d'ordinaire que Budker range dans la 4e classe.

NOMENCLATURE

DES PRINCIPAUX VIGNOBLES ET LIEUX-DITS

Chevène. — A. B., quatrième classe ; C. L., première classe.

PRINCIPAUX PROPRIÉTAIRES

MM. Avisse.
     Michel Benay.

MM. J.-Claude Dugelay.
     Etienne Goujon.

Tiviers. — A. B., quatrième classe ; C. L., première classe.

PRINCIPAUX PROPRIÉTAIRES

MM. J.-Claude Benay.
     Blanc.

Mlles Chamarande.
M. Isnard.

Mont-Romand. — A. B., quatrième classe ; C. L., deuxième classe.

PRINCIPAL PROPRIÉTAIRE

M. Jeannet.

Place Buyat. — A. B., quatrième classe; C. L., deuxième classe.

PRINCIPAUX PROPRIÉTAIRES

M. Rolland. | M. François Viornery.

Château-Gaillard. — A. B., quatrième classe; C. L., troisième classe.

PRINCIPAL PROPRIÉTAIRE

M. Morel.

Côte de Malval. — A. B., quatrième classe; C. L., troisième classe.

PRINCIPAUX PROPRIÉTAIRES

M. Dufour. | Mme Durioux.

Les Louattes. — A. B., quatrième classe; C. L., troisième classe.

PRINCIPAL PROPRIÉTAIRE

M. Georget.

Maison-Neuve. — A. B., quatrième classe; C. L., troisième classe.

PRINCIPAL PROPRIÉTAIRE

Mme Garnot.

Ronzières. — A. B., quatrième classe; C. L., troisième classe.

PRINCIPAL PROPRIÉTAIRE

M. Damiron.

GLEIZÉ

Bureau de poste, télégraphe et gare de Villefranche, à 2 kilom. (correspondance) ; 1525 habitants.

Sur le versant méridional du mamelon où se trouve le village, on observe les couches du bathonien, du ciret, du bajocien et les micaschistes amphiboliques, près du Grand Moulin. Près du bourg, sur la route de Thizy, se trouve l'antique chapelle de Saint-Roch, où les habitants de Villefranche venaient solennellement implorer la Providence en temps de peste. L'église paroissiale renferme dans l'une de ses chapelles le corps d'un imposteur qui se fit héberger jusqu'à sa mort, vers 1850, chez Mme la comtesse d'Apchier, sous le nom de Louis XVII. La pierre tumulaire porte encore l'inscription de Charles-Louis de France. L'ancienne église paroissiale existe encore sur les limites de la commune, à 100 mètres du vieux château de Sottizon devenu la propriété de M. Vermorel.

Au bord de la route de Tarare, à 1 kilom. de la ville de Villefranche, se trouve une minoterie très importante, et près des limites de cette commune, une filature nouvellement installée. A citer :

Le château des Chères à M. des Chatelus ;
  —   des Mouilles à M. de Longchamp ;
  —   de Saint-Font à M. Casati ;
  —   de Vauxrenard à M. le comte de Longevial.

On comptait 250 hectares de vignes à Gleizé avant le phylloxéra ; aujourd'hui la surface des anciennes vignes n'est plus que de 20 hectares et celle des vignes greffées de 150 hectares. Le Riparia est le porte-greffes le plus employé, puis le Vialla et le

Solonis. On trouve également 7 hectares d'Othello et 2 hectares
de Cornu-copia.

Le rendement atteindrait 100 hectolitres à l'hectare ; le prix
a varié dans les limites suivantes :

En 1888 . . 85 fr. la pièce de 215 litres.
    1889 . . 100 fr.   —   —
    1890 . .   65 fr.   —   —
    1891 . .   85 fr.   —   —
    1892 . . 105 fr.   —   —

On récolte dans cette commune des vins ordinaires, placés
par Budker dans les 4e et 5e classes.

NOMENCLATURE

DES PRINCIPAUX VIGNOBLES ET LIEUX-DITS

Les Bruyères.

PRINCIPAUX PROPRIÉTAIRES

M. Justin Chabert. | M. Garnier. | M. Place.

Saint-Fons.

PRINCIPAUX PROPRIÉTAIRES

M. Blanc. | M. Casati. | M. Menu.

Saint-Roch, les Mouilles.

PRINCIPAUX PROPRIÉTAIRES

MM. Billet.   MM. Gouly.
    Georges.   de Longchamp

La Rippe.

PRINCIPAUX PROPRIÉTAIRES

M. Dalmais. | M. Lavenir.   . | M. Rouquayrol.

Croix de Chatelus.

PRINCIPAUX PROPRIÉTAIRES

M. Chuzeville. | M. Mollin. | M. Guillaume Monfray.

Sottizon.

PRINCIPAL PROPRIÉTAIRE

M. V. Vermorel.

LACENAS

Bureau de poste et télégraphe de Denicé, à 700 mètres ; gare P.-L.-M. de Villefranche, à 7 kilom. 1/2 (correspondance) ; 597 habitants.

Le sol, constitué en grande partie par les alluvions anciennes, présente quelques affleurements du lias inférieur, où ont été ouvertes plusieurs carrières, du trias, du calcaire à entroques, et en outre des diorites et des diabases qui se développent beaucoup plus entre Denicé et Rivolet.

Le château du Sou est remarquable par l'unité de son architecture du XIVᵉ siècle. Son nom dérive de sa position au midi de Montmelas ; de château du Sud, son nom primitif, il est devenu par corruption le château du Sou. La chapelle de Saint-Paul ou Notre-Dame-du-Sou, située près du château, a servi jadis d'église paroissiale. Aujourd'hui, grâce aux largesses de M. et Mᵐᵉ Barillon, une magnifique église et une place publique plus spacieuse ornent cette belle commune.

On y trouvait avant la crise phylloxérique 285 hectares de vignes dont 110 existent encore. 85 hectares ont été reconstitués sur américains. Les porte-greffes les plus employés sont : Riparia, Vialla et Solonis. Il y a aussi dans la commune 22 hectares de producteurs directs.

Le rendement atteint 90 hectolitres à l'hectare et le prix est en moyenne de 105 fr. l'hectol. Les vins de Lacenas sont classés par Budker dans les 4ᵉ et 5ᵉ classes, et sont considérés comme bons ordinaires.

NOMENCLATURE

DES PRINCIPAUX VIGNOBLES ET LIEUX-DITS

Les Bruyères.

PRINCIPAUX PROPRIÉTAIRES

M. Chivot. | M. Lespinasse.

Les Carbonnières.

PRINCIPAUX PROPRIÉTAIRES

Mme Gerin. | M. Raverot.

Marzé.

PRINCIPAL PROPRIÉTAIRE

M. Tony Guillot.

Saint-Paul.

PRINCIPAUX PROPRIÉTAIRES

M. Thomas Blanc. | M. Dugelay.

LIMAS

A 2 kilom. de Villefranche ; bureau de poste, télégraphe et gare de Villefranche ; 602 habitants.

Le territoire de cette commune comprend des terrains très variés. Une bande irrégulière de micaschistes amphiboliques, atteignant 500 mètres dans sa plus grande largeur, la traverse dans la direction N.-S., depuis le domaine de Belleroche jusqu'à celui de M. Creyton, pour se prolonger au delà du bourg de Pommiers. Les couches bathoniennes se juxtaposent par une faille à l'ouest des micachistes, dans la vallée de Saint-Fonds.

En traversant de l'Ouest à l'Est la montagne de Buisante, on peut étudier rapidement l'ensemble des terrains jurassiques du département du Rhône. Au-dessus des micaschistes apparaissent les marnes irisées, les grès à ciment calcaire, les calcaires cloisonnés magnésiens ou cargneules, ceci forme le trias et le bone-bed ; au-dessus se présentent les calcaires à grain fin à nombreuses perforations et les calcaires à gros grains de quartz, formant ensemble la zone de l'infra-lias. L'étage du sinémurien présente ensuite une puissante série de couches utilisables comme pierre à chaux, pierres de taille grossières, et pierres plates ou luses qu'on plante debout pour border les champs. Les marnes du lias, le toarcien, excellents terrains, apparaissent ensuite ; puis le bajocien, dans lequel on a ouvert plusieurs carrières, fournit d'excellents moellons prenant bien le mortier, pour la construction. Le versant oriental est recouvert par les assises bathoniennes qui

plongent sous les terrains d'alluvions et les dépôts glaciaires de
la Bresse pour ne réapparaître que dans les montagnes du
Bugey.

Le gracieux village de Limas placé sur un coteau, dominant
la ville de Villefranche et la plaine de la Saône, à une altitude
de 260 mètres, existait bien longtemps avant la fondation de
Villefranche. Les premières constructions qui précédèrent cette
ville existaient sur le territoire de cette commune, dans le voisinage d'une tour de péage élevée par les sires de Beaujeu, à
l'entrée de leur territoire, au lieu dit de la Porte-d'Anse.

L'ancien château de Belleroche a reçu fréquemment la visite
du grand poète Lamartine, dont la nièce avait épousé M. Aimé
de Belleroche. A mentionner :

Le château de Belleroche à M. de Belleroche ;
—   de La Citadelle à Mme Vve de Maniquet ;
—   des Roches à M. V. Vermorel ;
—   de la Terrasse à M. Péchet.

Limas possédait avant le phylloxéra 190 hectares de vignes. Il
existe aujourd'hui 15 hectares de vignes françaises et 155 hectares de vignes greffées sur Riparia et Solonis, très peu sur
Vialla. On trouve aussi 2 hectares d'Othello.

Tableau de la production de la commune depuis 1883.

ANNÉES	QUALITÉ	PRODUCTION totale en pièces de 215 litres	PRIX MOYEN de la pièce
1883. . . .	Passable.	2720	100 fr.
1884. . . .	Bon.	2500	120
1885. . . .	Passable.	2600	105
1886. . . .	Médiocre.	1100	105
1887. . . .	Passable.	1400	100
1888. . . .	Bon.	2600	90
1889. . . .	Très bon.	2000	110
1890. . . .	Médiocre.	1800	75
1891. . . .	Bon.	3200	85
1892. . . .	Très bon.	1910	105

Le rendement moyen par hectare, pendant la période mauvaise de 1883 à 1892 compris, est de 27 hectol. par hectare.

Les vins de Limas sont des vins ordinaires classés par Budker en 4ᵉ et 5ᵉ classes.

NOMENCLATURE

DES PRINCIPAUX VIGNOBLES ET LIEUX-DITS

Bas de la Commune.

PRINCIPAUX PROPRIÉTAIRES

MM Colliard.
    Mulaton.
    Myard.
    Péchet.

MM. Trambouze.
    de Vaux.
    V. Vermorel.

Besson.

PRINCIPAUX PROPRIÉTAIRES

MM. Bacheviller.
    Balme.
    Colin.
Mᵐᵉ Vve Debost.

M. Gayot.
Les Hospices.
M. Péchet.

Buisante.

PRINCIPAUX PROPRIÉTAIRES

MM. Chatillon.
    Creyton.
    Germain.

MM. Ricotier.
    Roche-Alix.
L'Hospice de Villefranche.

MONTMELAS-SAINT-SORLIN

A 10 kilom. de Villefranche; bureau de poste et télégraphe de Denicé, à 3 kil. ; gare de Villefranche (correspondance); 464 habitants.

Le territoire montagneux de cette commune renferme des terrains assez variés. Le mamelon qui supporte le vieux château est formé par les terrains jurassiques qui se prolongent dans le village. La montagne de Saint-Bonnet et la partie occidentale sont constituées par les schistes granulitiques, les schistes micacés et maclifères parsemés de filons de microgranulite et de diorites et diabases.

Vieux souvenir de la féodalité, l'antique château restauré se dresse aux avant-postes des montagnes beaujolaises, dans une position avantageuse et très pittoresque. Sur le pic de Saint-Bonnet, à 680 mètres d'altitude, existe une chapelle fort ancienne, au-dessus de laquelle a fonctionné, pendant la première moitié de notre siècle, un télégraphe sémaphorique, reliant ceux de Ville-s.-Jarnioux et de Marchampt.

Ce château appartient à M. le comte de Tournon.

Par suite d'une mauvaise défense, cette commune ne compte plus que 66 hectares d'anciennes vignes françaises et 7 hectares de vignes greffées. Elle ne récolte que des vins d'ordinaire placés par Budker en 4e et 5e classes.

LE PERRÉON

A 15 kil. de Villefranche ; bureau de poste et télégraphe de Vaux, à 1,500 mètres ; gare de Villefranche (correspondance) ; 1,320 habitants.

Créée récemment par le démembrement de la partie septentrionale de la commune de Vaux, la commune du Perréon repose sur un sol en majeure partie granitique. De minces filons de porphyrites micacées et amphiboliques, de granulite et de microgranulite se font jour çà et là, outre plusieurs lambeaux de schistes granulitiques et de schistes micacés et maclifères qui recouvrent quelques faibles surfaces. A l'ouest s'étendent les tufs orthophyriques que traversent dans la direction N.-O. plusieurs filons de quartz contenant parfois de la galène argentifère. Les montagnes qui bordent cette commune atteignent des altitudes variant de 600 à 800 mètres.

Sur 1412 hectares que comprend cette commune 600 environ étaient plantés en vignes avant l'invasion phylloxérique. Sur cette surface 500 environ ont été maintenus par le traitement régulier et rationnel au sulfure de carbone. Cinquante hectares environ sont plantés en vignes greffées dont les plus anciennes n'ont que 7 ans. Le Riparia et le Vialla sont les porte-greffes les plus employés; le York occupe une petite surface.

Le rendement moyen par hectare est d'environ 20 hectolitres et le prix moyen a, depuis 10 années, varié entre 50 et 60 fr. l'hectolitre.

Les vins du Perréon comptent parmi les meilleurs du canton de Villefranche.

NOMENCLATURE

DES PRINCIPAUX VIGNOBLES ET LIEUX-DITS

Delèche. — A. B., troisième classe.

PRINCIPAL PROPRIÉTAIRE

M. Pierre Michaud.

Le Rinquet et le **Fond de Vaux.** — A. B., troisième classe.

PRINCIPAUX PROPRIÉTAIRES

MM. Chamarande.
Durieu.
Jandard.

M. Pillet.
Mme Vve Nesme.

Coteau de Rochemur.

PRINCIPAUX PROPRIÉTAIRES

MM. Baizet.
Collier.
Feignes aîné.

MM. Guerrier.
Revol.
Vermorel.

Grand' Grange.

PRINCIPAUX PROPRIÉTAIRES

Mme Vve Durieu.

M. Pinet.

Les Roches.

PRINCIPAL PROPRIÉTAIRE

Mme Vve Chervet, etc.

RIVOLLET

A 10 kil. de Villefranche ; bureau de poste et télégraphe de Denicé, à 4 kil. ; gare de Villefranche, à 10 kil. (correspondance) ; 607 habitants.

Le territoire montagneux de cette commune est compris entre les altitudes extrêmes de 350 à 700 m. En suivant la route de Villefranche à Thizy, au sortir du village, situé à 450 m. d'altitude, on gravit, sur un parcours de 5 kilomètres, une rampe de 200 mètres, pour atteindre le col du Crouizon, placé sur les limites de la commune, non loin du bourg de Saint-Cyr-le-Châtoux.

Le sol est formé essentiellement des terrains primitifs : schistes micacés et maclifères, schistes pyroxéniques et amphiboliques ou cornes vertes, puis des schistes et quartzites cambriens. Quelques filons de microgranulite et de diorites et diabases affleurent çà et là.

Le château de Pierre-Filand a été construit par la famille Arod, du château de Montmelas ; aujourd'hui il est devenu la propriété de M. Fellot.

Cette commune comprenait, avant le phylloxéra, 530 hectares de vignes. Il existe actuellement 200 hectares d'anciennes vignes françaises et 100 hectares de vignes greffées sur Riparia et Vialla.

Le rendement moyen est de 50 hectolitres à l'hectare. Le prix varie de 90 à 110 fr. la pièce. Rivollet ne produit que des vins d'ordinaire, placés par Budker en 4e et 5e classes.

NOMENCLATURE

DES PRINCIPAUX VIGNOBLES ET LIEUX-DITS

Champay. — C. L., première classe.

PRINCIPAL PROPRIÉTAIRE

M. Fellot.

La Cote. — C. L., première classe.

PRINCIPAUX PROPRIÉTAIRES

M. Branciard. | Mme Vve Roux. | M. Sandrin.

Grangefayon. — C. L., deuxième classe.

PRINCIPAUX PROPRIÉTAIRES

M. F. Guillet. | M. Lorrin. | M. Monfray.

Pinet. — C. L., troisième classe.

PRINCIPAUX PROPRIÉTAIRES

M. Hugues Guillet. | M. Lardet. | M. Melleton.

SALLES

A 10 kil. de Villefranche (correspondance) ; gare de Villefranche ; bureau de poste et télégraphe de Blacé, à 1 kil. et demi ;
438 habitants.

Eglise du XIᵉ siècle, l'un des plus beaux monuments du Beaujolais. Un antique prieuré de l'ordre de Cluny y fut fondé vers
la même époque. On aperçoit encore les ruines du cloître habité
plus tard par des religieuses bénédictines, et d'un nouveau,
commencé en 1784, dont la Révolution vint arrêter les travaux.
C'est sur le territoire de cette commune que se produisit la première chute d'une météorite qui ait été signalée par un minéra-
logiste, M. de Drée, qui en donna la relation dans le *Journal
des Mines*. Le 12 mars 1798, entre 7 à 8 heures du soir, il tomba
une pierre du poids de 10 à 12 kil. Cette météorite passa, en sif-
flant fortement, au-dessus de la tête de plusieurs personnes et
alla se précipiter à cinquante pas de trois témoins. Le lendemain
on trouva la pierre dans un trou de 1 mètre 20 centim. de profondeur qu'elle avait fait en tombant. Jusqu'à ce jour la chute
des pierres du ciel était niée par les hommes de science, mais
le phénomène qui accompagna la chute de la météorite de Bénarès
(Indes anglaises) produisit une vive sensation.

Enfin le 26 avril 1803, à l'occasion de la chute qui se produisit à Aigle (Orne), l'Académie envoya un délégué, Biot, qui recueillit les témoignages sur les lieux mêmes, et de cette époque
date l'admission de ce fait météorologique dans la science.

Le sol faiblement montueux de la commune de Salles est
formé en très grande partie de schistes granulitiques très gneissiques qui s'étendent jusqu'à Rivolet.

La vigne occupait dans cette commune, avant le phylloxera, 150 hectares dont 120 existent encore. 14 hectares seulement sont reconstitués en vignes greffées sur Riparia, Vialla et Solonis. Le rendement moyen est de 80 hectolitres à l'hectare.

Le prix a été en 1890 de 40 fr. l'hectolitre.
—   en 1891 — 50   —
—   en 1892 — 60   —

Les vins de Salles sont des vins de consommation courante qui appartiennent aux 4e et 5e classes de Budker.

PRINCIPAUX PROPRIÉTAIRES

C. L., première classe.

| M. Crépier. | M. Labize. | M. Rampon. |

C. L., deuxième classe.

| M. Bérard. | M. Desthieux. | M. Mayer. |

C. L., troisième classe.

| M. Balandin. | M. Verset. |

SAINT-JULIEN

A 7 kil. de Villefranche (correspondance) ; bureau de poste
et télégraphe de Blacé, à 1 kil. ; gare de Villefranche ; 700
habitants.

Le sol est constitué uniquement par les limons et cailloutis
anciens qui recouvrent les plaines beaujolaises. Cette commune
a eu l'honneur de voir naître le plus grand physiologiste de notre
époque, surnommé le père de la médecine expérimentale, Claude
Bernard, né le 12 juillet 1813, mort à Paris le 10 février 1878.

M. Arthur de Gravillon a sculpté dans le marbre le buste de
cet homme célèbre, qui orne la place publique du village. Villefranche et Lyon ont popularisé son nom en l'appliquant à de
nouvelles parties de leur territoire. Le monde savant lui a érigé
une statue à Paris, en 1886, en face du Collège de France, où il
professa ses nouvelles méthodes jusqu'à la fin de sa vie.

Saint-Julien possédait 460 hectares de vignes avant le phylloxéra. Actuellement il existe 50 hectares d'anciennes vignes
françaises et 250 hectares de vignes greffées. Les vins produits
sont tous de consommation courante, placés par Budker en 4ᵉ
et 5ᵉ classes.

NOMENCLATURE

DES PRINCIPAUX VIGNOBLES ET LIEUX-DITS

Bourg. — C. L., première classe.

PRINCIPAUX PROPRIÉTAIRES

Mᵐᵉ Monterrat.   M. Roche.

7

Chatenay et Colombier. — C. L., première classe.

PRINCIPAUX PROPRIÉTAIRES

Mlles Bernard.
M. Cantin.

MM. Couprie.
Dussuc.

Déau. — C. L., première classe.

PRINCIPAUX PROPRIÉTAIRES

Mme Isnard.

Mme Marion.

Espagne. — C. L., première classe.

PRINCIPAUX PROPRIÉTAIRES

M. Malatier. | M. Perras. | M. Savoy.

Germains. — C. L., première classe.

PRINCIPAUX PROPRIÉTAIRES

M. Dornon. | M. Dubessy. | M. Georges.

Jonchy et la Tremble. — C. L., première classe.

PRINCIPAUX PROPRIÉTAIRES

Mme Bordet.
MM. Corsand.
Moniotte.

MM. Montessuy.
Morin.
Mme Petit de la Borde.

Chambelly, les Longsard, Tâches. — C. L., deuxième classe.

PRINCIPAUX PROPRIÉTAIRES

M. Damiron. | M. Mandy. | M. A. Roche.

VAUX

A 16 kil. de Villefranche ; bureau de poste et télégraphe ;
gare de Villefranche (correspondance) ; gare de Saint-Georges
(correspondance) ; 1198 habitants.

Le sol est formé dans la partie orientale par le granite traversé
çà et là de minces filons de microgranulite et de porphyrites
micacées et amphiboliques. A l'ouest se développent les schistes
granulitiques et les cornes vertes, présentant plusieurs lambeaux
des schistes et poudingues du culm, partie inférieure des terrains
carbonifères. Les sommets qui séparent ce territoire de la commune de Saint-Cyr-le-Châtoux atteignent des altitudes de 780
à 890 mètres.

Vaux est une des communes viticoles les plus importantes
du Beaujolais. Elle possédait avant le phylloxéra 700 hectares
de vignes dont 420 ont été maintenus par les traitements au
sulfure de carbone, 30 hectares sont plantés en vignes greffées sur Riparia et Vialla, et de plus en plus de nouvelles plantations se font sur américains, bien que Vaux soit une des communes où les traitements insecticides ont donné les résultats
les plus satisfaisants.

Le rendement moyen à l'hectare est de 40 hectol. environ ;
le prix par pièce varie suivant les crus de 70 à 120 fr. la pièce.
Les vins de Vaux sont de bons ordinaires.

NOMENCLATURE

DES PRINCIPAUX VIGNOBLES ET LIEUX-DITS

Le Bourg. — A. B., quatrième classe.

La Creuse. — A. B., quatrième classe.

Lavalas. — A. B., quatrième classe.

Sottison. — A. B., quatrième classe.

Le Plageret.

PRINCIPAUX PROPRIÉTAIRES

C. L., première classe.

MM. J.-A. Blanc.
　　Martel.
　　Maurice.

MM. F. Tachon.
　　V. Vermorel.
Mme Vve Laposse.

C. L., deuxième classe.

MM. Blain.
　　Bonjour.
　　Ch. Favre.

MM. Geoffray.
　　Héraut.

C. L., troisième classe.

MM. Louis Berrerd.
　　Jean Bussière.

MM. Matty.
　　Sottier.

LANEYRIE

NÉGOCIANT ET PROPRIÉTAIRE

à

VAUX (Rhône)

CANTON DE BELLEVILLE

BELLEVILLE

Commune située à 14 kilom. de Villefranche ; chef-lieu de canton ; bureau de poste et télégraphe, station de chemin de fer à 445 kilom. de Paris ; embranchement de la ligne de Beaujeu ; port sur la Saône ; 3,167 habitants.

Construite sur l'emplacement d'une ancienne ville romaine du nom de Lunna, à égale distance d'Anse et de Mâcon, Belleville fut entourée de murailles, vers la fin du XIᵉ siècle, par les sires de Beaujeu qui en firent leur résidence.

L'église paroissiale a été classée au nombre des monuments historiques conservés par l'état. La première pierre fut posée le 8 juillet 1158 ; plus de quinze princes ou princesses de la maison de Beaujeu y ont été inhumés. Ce n'est que depuis Louis XV, sous le ministère de Trudaine, que la route de Paris à Lyon ne passe plus au centre de Belleville. Autrefois ce port expédiait la plus grande partie des vins du Beaujolais.

Belleville possédait 440 hectares de vignes avant l'invasion phylloxérique. Il y a actuellement 170 hectares d'anciennes vignes françaises et 100 hectares de vignes greffées. On n'y récolte que des vins ordinaires placés par A. Budker dans la 5ᵉ classe.

C'est le centre le plus important du commerce des vins du

Bureaux, Magasins et Caves

DE LA

MAISON EUGÈNE DESSALLE

PROPRIÉTAIRE ET NÉGOCIANT

à BELLEVILLE-sur-Saone (RHONE)

PROPRIÉTAIRE DE VIGNOBLES

A VILLIÉ-MORGON

Beaujolais ; citons, parmi les propriétaires principaux et les maisons les plus importantes :

MM. Eugène Dessalle.
F. Perret, de la maison Perret et Plasse.
Les maisons Grosbon frères.

MM. Sigaud et Michelon, et la succursale de la maison Lardet de Mâcon.

MAISON FONDÉE EN 1849

SPÉCIALE POUR LE COMMERCE EN GROS

ENTREPOT DE VINS

du BEAUJOLAIS et du MACONNAIS

SIGAUD AINÉ & MICHELON

NÉGOCIANTS-COMMISSIONNAIRES

à BELLEVILLE s/Saone

(RHÒNE)

CERCIÉ

Petite commune du canton de Beaujeu, à 15 kilom. de Ville-franche ; télégraphe et station de chemin de fer (ligne de Belle-ville à Beaujeu) ; 633 habitants.

Les alluvions modernes et les cailloutis des alluvions anciennes constituent la plupart des terrains ; sur les coteaux émerge une bande de granite qui s'étend au nord sur beaucoup de com-munes du Beaujolais.

Cercié comprenait 340 hectares de vignes avant le phylloxéra. A ce jour il reste encore 83 hectares d'anciennes vignes et 190 hectares sont en plants greffés dont les plus anciens ont 9 ans. Le Vialla surtout puis le Riparia sont les seuls porte-greffes employés.

Le rendement moyen par hectare est de 40 hectolitres. Les vins ont valu à Cercié aussitôt après la récolte :

En 1889 . . . . 70 fr. l'hectolitre.
1890 . . . . . . 50 fr.
1891 . . . 55 à 60 fr.
1892 . . . 65 à 70 fr.

Les vins de Cercié ne présentent pas une grande différence dans la qualité, ils tiennent un bon rang dans les vins ordinaires du Beaujolais ; ils appartiennent d'une façon générale à la 3e et à la 4e classe de Budker.

NOMENCLATURE

DES PRINCIPAUX VIGNOBLES ET LIEUX-DITS

Les Bruyères. — A. B., troisième classe; C. L., première classe.

PRINCIPAUX PROPRIÉTAIRES

MM. Chamonard.
  Joly.

MM. Jules Grosbon, de la maison Grosbon frères.
  F. Guillin.

La Glacière. — A. B., quatrième classe.

PRINCIPAL PROPRIÉTAIRE

M. de Mailly, etc.

Vougeon. — A. B., quatrième classe; C. L., deuxième classe.

PRINCIPAL PROPRIÉTAIRE

M. de May, etc.

La Terrière. — A. B., quatrième classe; C. L., deuxième classe.

PRINCIPAL PROPRIÉTAIRE

Mme Portier, etc.

La Pente. — A. B., quatrième classe.

PRINCIPAL PROPRIÉTAIRE

M. Charvériat, etc.

Les Maisons-Neuves.

Mme Gaget, etc.

Autres propriétaires importants de la commune.

MM. Aujogue.
Auray.
Berthet.
Collonge.
Duport.
Gaillardon.
François Guillin.

MM. de May.
Monnery.
Reyssié (Mlle).
Teillard.
Tondu
Valleusot, etc.

CHARENTAY

A 12 kilom. de Villefranche; bureau de poste et télégraphe de Belleville; gare de Saint-Georges-de-Reneins, à 5 kilom.; 847 habitants.

L'église paroissiale renferme un tableau attribué au peintre Lebrun et représentant la descente du Saint-Esprit sur les Apôtres. Le château d'Argigny a appartenu au fameux cardinal de Tournon.

Les terrains alluvionnaires qui s'étendent à l'est de la commune circonscrivent plusieurs lambeaux d'un conglomérat formé de blocs de calcaires jurassiques agglomérés par un ciment calcaire et ferrugineux. A l'ouest surgissent plusieurs affleurements de l'étage kimmeridgien séparés par une faille nord-sud, des cornes vertes ou schistes pyroxéniques et amphiboliques. Les lèvres de cette cassure présentent une bande étroite de sinémurien.

Dans cette commune il existait avant le phylloxéra 500 hectares dont 130 sont encore en production. Les vignes greffées occupent actuellement 135 hectares. Le rendement moyen est de 70 hectolitres à l'hectare et le prix de 55 fr. l'hectolitre.

NOMENCLATURE

DES PRINCIPAUX VIGNOBLES ET LIEUX-DITS

Le **Vuril** et **Le Verger**. — A. B., troisième classe.

PRINCIPAUX PROPRIÉTAIRES

M. Jean Dutraive. | M. le marquis de Monspey.
M. Catherin Pommier.

Monternot. — A. B., quatrième classe.

PRINCIPAUX PROPRIÉTAIRES

MM. le baron d'Aleyrac.
Beauregard.
de Montgolfier.

MM. de Neuvezel.
Petit-Dossaris.

Le Bonnège.

PRINCIPAUX PROPRIÉTAIRES

M. Emile Chanard.

M. Georges Dupil.

Chêne et Garanche. — A. B., quatrième classe.

PRINCIPAUX PROPRIÉTAIRES

MM. de Montgolfier.
de Neuvezel.

MM. Petit-Dossaris.
Sauzet.

Le Mandy.

PRINCIPAUX PROPRIÉTAIRES

M. Billiard.

M. Pierre Mugnier.

Nety.

PRINCIPAUX PROPRIÉTAIRES

MM. Dojat.
Garcin.

MM. de Montgolfier.
Petit-Dossaris.

Sermézy.

PRINCIPAUX PROPRIÉTAIRES

M. Germain de Montauzan.

M. Saunier.

CORCELLES

Canton de Belleville, à 23 kilom. de Villefranche ; bureau de poste, télégraphe et gare de Romanèche-Thorins, à 4 kilom. et demi ; 597 habitants.

Formée d'alluvions anciennes dans la partie méridionale, cette commune présente, au nord, un affleurement d'Oxfordien, étage fréquent dans le département de Saône-et-Loire, mais manquant presque totalement dans celui du Rhône.

Corcelles comptait, avant le phylloxéra, 450 hectares de vignes. Sur ce nombre 290 hectares existent encore et 50 hectares sont replantés en vignes greffées. Le Vialla et le Riparia forment le fond de la reconstitution.

Le rendement moyen est de 40 hectol. par hectare et le prix de 45 fr. l'hectolitre depuis quelques années. Rendement total approximatif en 1892 : 1600 hect.

NOMENCLATURE

DES PRINCIPAUX VIGNOBLES ET LIEUX-DITS

Les **Balmes**. — A. B., troisième classe.

Les **Sèves**. — A. B., troisième classe ; C. L., première classe.

Le **Bourg**. — A. B., quatrième classe ; C. L., troisième classe.

Les **Bruyères**. — A. B., quatrième classe.

Le By. — A. B., quatrième classe.

Le Château. — C. L., deuxième classe.

Les Marquisats. — C. L., quatrième classe.

La Mogue. — C. L., cinquième classe.

PRINCIPAUX PROPRIÉTAIRES DE LA COMMUNE

MM. Auclair.
Jean Bailly.
Bernard.
Bérujon.
Bron (Mme).
Christian.
A. Condeminal.
Jean Crozet.
Dory-Vincent.
Dumont-Chaffanjon.

MM. Dumont.
Durand.
Gobet.
Jambon-Palais.
Meunier.
Millet.
Jean Palais.
Vve Paillasson (Mme).
de Ravinel.
Etc., etc.

Château de Corcelles, à M. de Ravinel.

DRACÉ

A 20 kilom. de Villefranche; 644 habitants. Entre Belleville et Romanèche, plus près cependant de cette dernière commune; bureau de poste et gare de Romanèche (Saône-et-Loire), à 3 kil. et demi.

La commune de Dracé renferme trop peu de vignes pour que nous ayons à nous en occuper ici. Il y existe cependant un certain nombre d'hectares en vignes greffées et producteurs directs produisant des vins communs. M. Ballofy a créé en Amorges de très importantes pépinières de pieds-mères.

Le Chatelard, à Lancié (Rhône)

appartenant à **M. TRONE**, propriétaire des clos du *Chatelard*, à Lancié, de la *Chapelle des Bois*, à Fleurie et des *Grands Vierres*, à Fleurie.

LANCIÉ

A 19 kilom. de Villefranche ; bureau de poste, télégraphe et gare P.-L.-M. de Romanèche-Thorins (Saône-et-Loire), à 4 kil. ; 710 habitants.

Cette commune présente la seule *poype* connue dans le département du Rhône, sur la rive droite de la Saône ; ce monticule de terre entassée à main d'homme se trouve sur la propriété de Mr Dulac, notaire, à Belleville. M. C. Guigue en a signalé une centaine dans le département de l'Ain, surtout dans la Dombes, et prétend qu'il a dû en exister plus du double dans cette région. Il suppose que ces monuments sont aussi anciens que les dolmens, les menhirs et les cromlechs de l'ouest de la France. Suivant la nature du sol. les mêmes peuplades élevaient, soit en pierre, soit en terre. leurs autels ou tombeaux. Autour de la poype de Lancié ont encore été inhumés des soldats autrichiens tués en 1814 par les troupes d'Augereau.

Située dans une plaine recouverte par les cailloutis et limons anciens, cette commune présente un îlot émergeant faiblement d'entre ces terrains et appartenant à un étage rare dans le département du Rhône, mais bien plus développé dans le Mâconnais. C'est un lambeau d'oxfordien de moins de 2 kil. de longueur E.-O., sur 1 kilom. de largeur N.-S., et limité à l'ouest par une faille qui le met en contact avec le granite d'une part et avec les schistes micacés de l'autre. Ce terrain argilo-calcaire ne se retrouve dans ce même département qu'à Lachassagne, hameau de Pagneux, sur une étendue encore plus restreinte et n'offrant qu'un petit nombre d'affleurements.

Lancié possédait 400 hectares de vignes avant l'invasion phylloxérique. 150 hectares ont été maintenus jusqu'à ce jour et 150 hectares ont été replantés en Gamais greffés. Les porte-greffes les plus employés sont Riparia et Vialla.

Lancié récolte en première cuvée, d'après Julien, des vins légers, agréables et qui se conservent longtemps.

NOMENCLATURE

DES PRINCIPAUX VIGNOBLES ET LIEUX-DITS

Le Château-Gaillard. — A. B., deuxième classe.

Le Bourg. — A. B., troisième classe.

Le Chatelard. — A. B., troisième classe.

Les Bonnerus. — A. B., quatrième classe.

Les Champs-Bottiers. — C. L.

Les Cluzeaux. — C. L.

Les Plats. — C. L.

Les Rochots. — C. L.

PRINCIPAUX PROPRIÉTAIRES

MM. Chamerat.
A. Condeminal.
Delafond.
Fournet.
Lejéas.

MM. A. Mazas-Dupasquier.
Antoine Michaud.
Moulin.
Perraud.
Trône.

Propriété de M. BENDER,

Président honoraire de la Société régionale de viticulture de Lyon,
à Garanches, commune d'Odenas, par Belleville-sur-Saône (Rhône).

ODENAS

Odenas est à 14 kilom. de Villefranche ; bureau de poste de Belleville, à 10 kilom. ; télégraphe et chemin de fer de Cercié, à 6 kilom. (ligne de Belleville à Beaujeu) ; 738 habitants.

Dans cette commune se trouve le château de La Chaise bâti en 1680 par un neveu du célèbre confesseur de Louis XIV. On remarque à l'intérieur les appartements du roi, de la reine et du père La Chaise lui-même, soigneusement conservés. On y trouve encore le château appartenant à M. Denoyel et le château de Pierreux à M. le vicomte de Charpin-Feugerolles.

Odenas est une des plus riches communes viticoles du Beaujolais ; son sol est essentiellement granitique. Brouilly, l'un des meilleurs crus de la région, appartient en partie à Odenas et en partie à la commune de Saint-Lager. Il y avait sur son territoire 550 hectares de vignes, avant la crise phylloxérique ; aujourd'hui on compte 170 hectares d'anciennes vignes françaises et 157 hectares de vignes greffées.

C'est en 1876 que le phylloxéra a été constaté pour la première fois dans le vignoble d'Odenas. Tout d'abord on a essayé des producteurs directs américains pour la reconstitution, mais on les a bientôt abandonnés pour se lancer hardiment dans le greffage. Le sulfure de carbone a permis de maintenir une partie des anciennes vignes en attendant la reconstitution sur plants américains.

D'après Julien les vins d'Odenas sont d'une belle couleur, corsés, spiritueux et gagnent beaucoup à être gardés en cercles deux ou trois ans. Les plus réputés se récoltent sur la côte de Brouilly. La récolte de 1892 a été de 6.000 hect. environ au prix moyen de 75 francs pour les vins de première qualité et de 65 francs pour les secondes.

Château de Pierreux, appartenant à **M. le Vicomte de CHARPIN- FEUGEROLLES** et **Côte de Brouilly** (1), appartenant à **M. le Vicomte DU SOULIER.**

(1) Situés sur la commune d'Odenas, à 7 kilom. de Belleville et à 4 kil. de la gare de Cercié sur la ligne de Beaujeu.

Bureau de poste, Belleville.

Télégraphe, Saint-Etienne-les-Oullières.

Superficie 150 hectares, crûs de vin Beaujolais de première classe, très appréciés de la clientèle des restaurateurs et des négociants de Paris.

Vignobles entièrement reconstitués sur plants américains.

Récolte moyenne 1500 pièces de vins.

Propriétés appartenant à Monsieur le vicomte De Charpin-Feugerolles et à Monsieur le vicomte Du Soulier, héritiers de madame la comtesse De La Ferrière.

NOMENCLATURE

DES PRINCIPAUX VIGNOBLES ET LIEUX-DITS

Brouilly. — A. B., première classe; C. L., première classe.

PRINCIPAUX PROPRIÉTAIRES

MM. Jean Chamarande.
Zacharie Geoffray.
Gilbert Lagardette.

MM. le Vicomte du Soulier.
baron de Saint-Trivier.

Château-Thirin. — A. B., deuxième classe.

PRINCIPAUX PROPRIÉTAIRES

MM. Dupont-Reyssier.
Duvernay-Perraud.
G. Lagardette.

MM. J.-M. Perras.
E. Trichard.
P. Trichard.

Garanches. — A. B., deuxième classe.

PRINCIPAUX PROPRIÉTAIRES

M. Emmanuel Bender. | M. A. Mathon. | M. J. Tissier.

Pierreux. — A. B., deuxième classe; C. L., deuxième classe.

PRINCIPAL PROPRIÉTAIRE

M. le vicomte de Charpin-Feugerolles.

Nerval. — C. L., deuxième classe.

PRINCIPAL PROPRIÉTAIRE

M. Antonin Denoyel.

Château et Domaine, propriété de M. DENOYEL, à Odenas.

La **Chaise**. — A. B., troisième classe.

PRINCIPAUX PROPRIÉTAIRES

Mlles de Montaigu.

La **Jardinière**. — A. B., troisième classe.

PRINCIPAUX PROPRIÉTAIRES

MM. Dupont-Reyssier.
Duvernay-Perraud.
G. Lagardette.

MM. J.-M. Perras.
E. Trichard.
P. Trichard.

Héronde. — C. L., deuxième classe.

PRINCIPAUX PROPRIÉTAIRES

M. Jacques-Louis Crozet.   M. Jean-Claude Crozet.

Le **Jacquet**.

PRINCIPAUX PROPRIÉTAIRES

M. Roland.   M. A. Thuriau.

Poyebade.

PRINCIPAL PROPRIÉTAIRE

M. C. Baizet, etc.

Sabarin.

PRINCIPAL PROPRIÉTAIRE

M. A. Dubecq, etc.

AUTRES PROPRIÉTAIRES

M. F. Perret, de la maison Perret et Plasse, de Belleville, etc.

Maison PIERRE CANARD FILS, St-Georges en Beaujolais (Rhône). — Bordeaux.
Spécialité de Vins de propriétaires

Domaine et Magasins

Maison de premier ordre pour la vente en France et à l'Etranger des vins fins et des crûs classés

**Caves, Magasins, Habitation de la Maison
FRANÇOIS CANARD-LATOUR, à Saint-Georges-de-Reneins,
à Port-Rivière (Rhône).**

MAISON FONDÉE EN 1840

Propriétaire de Vignobles beaujolais à *Blacé, Salles, Arbuissonnas,
Saint-Etienne.*

SAINT-GEORGES-DE-RENEINS

A 8 kilom. de Villefranche et à 451 kilom. de Paris ; bureau
de poste, télégraphe et station du chemin de fer P.-L.-M. ; port
sur la Saône, à 2 kilom. ; 2701 habitants.

Lors de l'établissement de la voie ferrée on découvrit dans
les tranchées, lieu des Tournelles, une paire complète, en lave
volcanique, des anciennes meules de moulins à bras dont les
Romains se servaient et qu'ils tiraient sans doute de Clermont
(Puy-de-Dôme) ; cet intéressant spécimen figure aujourd'hui
au Musée de Villefranche. Le 4 juin 1881 un fermier de Boitray
découvrit, en fouillant dans un champ, une urne bien entière,
contenant avec des spatules, des anneaux et autres objets, 432

Propriété de Grandmont, à Blacé (Rhône).

PASSOT et BUATHIER, Commissionnaires en vins du Beaujolais
à SAINT-GEORGES DE RENEINS (Rhône).
Propriétaires de vignobles à *Saint-Georges, Blacé, Saint-Julien* (Beaujolais).

pièces égyptiennes en argent très bien conservées et remontant au siècle des Ptolémée.

Le territoire de cette commune fut témoin, le 18 avril 1814, d'un sanglant combat entre le maréchal Augereau et le prince de Hesse-Hombourg, commandant les forces alliées qui marchaient sur Lyon. Les Français ne cédèrent le terrain que pied à pied et après avoir perdu 500 hommes. Un peu au nord du village, sur un des bas côtés de la route, un cippe funéraire indique l'endroit où fut inhumé un général autrichien qui succomba dans cet engagement. Les descendants du colonel de Colbert, qui prit part à ce combat, habitent aujourd'hui le théâtre même des exploits de leur aïeul.

On remarque dans la commune :

Le château de Boitray à M. le comte de Colbert ;
— Loye à M. le comte de Fleurieu ;
— Montchenet à M. le comte de Monspey ;
— Vallière à M. le marquis de Monspey.

Saint-Georges comprenait avant le phylloxéra 605 hectares de vignes dont il n'existe plus que 80 hectares. 40 hectares sont reconstitués en plants greffés.

Tous les vins de cette commune, mis par A. Budker dans la 5ᵉ classe, sont ordinaires et de consommation courante.

Les principaux propriétaires et négociants sont :

MM. François Canard.
 Pierre Canard.
 Ernest de Fleurieu.

MM. Claude Maugoin.
 Jean-François Passot.
 Jean Plattard, etc.

SAINT-JEAN-D'ARDIÈRES

Saint-Jean d'Ardières est à 15 kilom. de Villefranche ; bureau de poste, télégraphe et gare de Belleville à 2 kilom. ; 1142 habitants.

C'est sur le territoire de cette commune que l'ancienne voie romaine se bifurquait sur Autun par Villié, Avenas, Ouroux, etc. Le château de l'Ecluse a appartenu à la famille de Presle, à laquelle était allié Louis Racine qui séjourna souvent dans ce manoir encore parfaitement conservé de nos jours. Il est aujourd'hui la propriété de M. le comte d'Aubigny. On peut citer encore :

Le château de Bel-Air, à M. Georges des Villates ;
—   Bruyères, à M. le comte de Ruty ;
—   Pizay, à M. Berthet ;
—   Jasseron, à M. de La Chapelle, etc.

Il y avait dans cette commune, en 1874, 350 hectares de vignes. Aujourd'hui on y compte encore 258 hectares d'anciennes vignes et 72 hectares de vignes greffées.

NOMENCLATURE
DES PRINCIPAUX VIGNOBLES ET LIEUX-DITS

Bel-Air. — A. B., quatrième classe.

Jasseron. — A. B., quatrième classe.

Pizay. — A. B., quatrième classe.

Les Rochons. — A. B., quatrième classe.

Les Genetey-Elois.

SAINT-LAGER

A 14 kil. de Villefranche ; bureau de poste (facteur boîtier) ; télégraphe et gare de Cercié, à 1 kil., ligne de Belleville à Beaujeu ; 1008 habitants.

Cette commune montueuse présente des terrains assez variés. La plaine est formée par les alluvions modernes et anciennes, d'où émerge un îlot de Kimméridgien, à la Pilonnière. La montagne de Brouilly est constituée par des schistes pyroxéniques et amphiboliques ou *cornes vertes,* des diorites ou diabases, et du granite à l'ouest. Ce mamelon, qui atteint l'altitude de 485 mètres, sur lequel on a élevé une chapelle, se distingue aisément, lorsqu'on parcourt la voie ferrée, par sa situation aux avant-postes des montagnes du Beaujolais.

Cette commune comprenait 500 hectares de vignes avant le phylloxéra. 50 hectares ont été maintenus et 330 hectares reconstitués en vignes greffées dont les plus anciennes ont 12 ans.

Le Riparia et le Vialla sont à peu près exclusivement employés comme porte-greffes.

Le rendement moyen est de 45 hectol. à l'hectare. Le prix a varié dans les limites suivantes pendant ces dernières années.

1889	1re Cuvée.	. . . .	80 fr. l'hectolitre.
	2e —	. . . . .	70 fr. —
	3e —	. . . .	50 fr. —
1890	1re Cuvée.	. . . .	55 fr. l'hectolitre.
	2e —	. . . .	45 fr. —
	3e —	. . . .	35 fr. —
1891	1re Cuvée.	. . . .	70 fr. —
	2e —	. . . .	60 fr. —
	3e —	. . . .	50 fr. —
1892	1re Cuvée.	. . . .	90 fr. l'hectolitre.
	2e —	. . . .	70 fr. —
	3e —	. . . .	55 fr. —

DOMAINE DU MARQUISAT

Siège social de la maison PAQUIER-DESVIGNES & FILS, à Saint-Lager (Rhône).

PAQUIER-DESVIGNES & FILS

SAINT-LAGER (Rhône).

Grands vins fins du Beaujolais

SPÉCIALITÉ : Mousseux Beaujolais qui sont le produit naturel de nos meilleurs crûs en plants fins. Par leurs qualités supérieures, ces vins ont obtenu les plus hautes récompenses aux expositions universelles de Paris, 1878-1889.

Vue d'une partie des caves et celliers affectés aux Mousseux Beaujolais.

(Voir intéressante notice spéciale sur ces vins à la dernière page du volume).

A signaler, dans cette commune, la maison de MM. Paquier-Desvignes pour les vins de champagne du Beaujolais.

NOMENCLATURE

DES PRINCIPAUX VIGNOBLES ET LIEUX-DITS

Brouilly. — A. B., première classe ; C. L., première classe.

PRINCIPAL PROPRIÉTAIRE

M. Jules de Fleurieu.

L'Ecluse. — C. L., première classe.

PRINCIPAL PROPRIÉTAIRE

M. de Saint-Trivier.

L'Eronde. — C. L., première classe.

PRINCIPAL PROPRIÉTAIRE

M. Emery.

Godefroid. — C. L., première classe.

PRINCIPAL PROPRIÉTAIRE

M. Gaudot.

Les Maisons Neuves. — C. L., première classe.

PRINCIPAUX PROPRIÉTAIRES

MM. Brac de la Perrière.   Mlle Montaud.
     Chambost.   Mme Vve Solet.
     Dessaigne.

Briante. — A. B., deuxième classe ; C. L., deuxième classe.

PRINCIPAUX PROPRIÉTAIRES

M. Charles Duport. | M. Sauzet.

Les Bussières. — C. L., deuxième classe.

PRINCIPAUX PROPRIÉTAIRES

M. Louis Claudius. | • M. Emile Duport.

La Grand' Raie. — C. L., troisième classe.

PRINCIPAL PROPRIÉTAIRE

M. Denis.

La Pilonnière. — C. L., troisième classe.

PRINCIPAL PROPRIÉTAIRE

M. François Bulliat.

M. Jules Grosbon, de la maison Grosbon frères, de Belleville, est en outre propriétaire aux lieux-dits : *Bergeron, Plantier-Bertin, Petites Croix, Grandes Croix, Vacquets, Branchonnes, Marquisats.*

St-ÉTIENNE-LES-OULLIÈRES

Saint-Etienne-les-Oullières, canton de Belleville, est à 11 kil. de Villefranche (correspondance); télégraphe; bureau de poste et gare P.-L.-M. de Saint-Georges-de-Reneins, à 6 kil. et demi; 1190 habit.

Recouverte en grande partie par les terrains d'alluvions, cette commune est constituée par le terrain granitique qui se prolonge vers l'ouest. On observe quelques affleurements de schistes granulitiques très gneissiques et un petit affleurement de Bajocien.

Cette commune possédait 650 hectares de vignes avant le phylloxéra sur 928 qui composent la superficie totale. 260 hectares ont été maintenus à l'aide du sulfure de carbone qui a donné dans les terrains légers des résultats remarquables; 240 sont actuellement reconstitués sur Vialla et Riparia; les plus anciennes greffes ont 12 ans.

Le rendement moyen est de 50 à 60 hectol. à l'hectare pour les vignes greffées, et de 30 à 50 hectol. pour les vignes sulfurées.

Les prix varient suivant les crus de 80 à 150 fr. la pièce de 215 litres.

NOMENCLATURE

DES PRINCIPAUX VIGNOBLES ET LIEUX-DITS

La Carelle. — A. B., troisième classe; C. L., première classe.

PRINCIPAL PROPRIÉTAIRE

M. Durieu.

Néty. — A. B., troisième classe; C. L., deuxième classe.

PRINCIPAL PROPRIÉTAIRE

M. Charrin.

Buyon. — C. L., troisième classe.

PRINCIPAL PROPRIÉTAIRE

M. Charrin.

AUTRES PROPRIÉTAIRES

M. F. Perret, de la maison Perret et Plasse, de Belleville, etc.

A citer encore :

Les Daroux. — A. B., troisième classe.
Grand-Masson. — A. B., troisième classe.
Milly. — A. B., troisième classe.
Pougelon. — A. B., troisième classe.

SAINT-ÉTIENNE-LA-VARENNE

Cette commune, qui fait partie du canton de Belleville, est à 11 kilom. de Villefranche (correspondance); bureau de poste, télégraphe et gare de Saint-Georges-de-Reneins, à 8 kilom.; télégraphe de Vaux, à 6 kilom.; 718 habit.

Le sol de Saint-Étienne-la-Varenne est exclusivement granitique, aussi a-t-on maintenu la presque totalité du vignoble, 372 hectares, par les traitements au sulfure de carbone. Jusqu'à ce jour les nouvelles plantations se sont généralement faites en plants français directs dans cette commune où l'on trouve 50 hectares environ de vignes greffées sur Vialla, Riparia, York.

La récolte de la commune peut être évaluée à 2500 hectolitres environ.

Prix moyen en 1892-93 : 75 fr. l'hectolitre nu.

NOMENCLATURE

DES PRINCIPAUX VIGNOBLES ET LIEUX-DITS

Les Tours. — A. B., deuxième classe.

PRINCIPAUX PROPRIÉTAIRES

M. A. Peter, etc.

Beluizard. — A. B., troisième classe.

PRINCIPAUX PROPRIÉTAIRES

M. de Saint-Charles, etc.

Les Briades. — A. B., troisième classe.

Le Carra. — A. B., troisième classe.

Forquet. — A. B., troisième classe.

PRINCIPAUX PROPRIÉTAIRES

M. P. Berger, etc.

La Prat. — A. B., troisième classe.

Combiliaty.

PRINCIPAUX PROPRIÉTAIRES

Mme Marion-Gaud. | M. de Saint-Charles, etc.

Le Monceaux.

PRINCIPAUX PROPRIÉTAIRES

M. Romanet, etc.

Clos des Roches.

PRINCIPAL PROPRIÉTAIRE

M. J. Trichard, à *Regnié*.

Clos de Champagne.

PRINCIPAL PROPRIÉTAIRE

M. J. Trichard, à *Regnié*.

CANTON DE BEAUJEU

ARDILLATS (Les)

A 30 kilomètres de Villefranche, canton de Beaujeu ; bureau de poste, télégraphe et gare du chemin de fer de Beaujeu, à 4 kilom.

Le sol est formé essentiellement de granite, présentant quelques filons de granulite dont deux elliptiques mesurent plus d'un kilomètre dans leur grand axe. Plusieurs filons de quartz, dont l'un s'étend sur la plus grande longueur de la commune, traversent le granite dans la direction nord-ouest. M. Michel Lévy les rapporte à l'âge des arkoses triasiques et liasiques et y rattache les minerais de galène, exploités vers 1860, mais dont on a abandonné l'exploitation.

Le plomb sulfuré se présente tantôt en lamelles, tantôt en cristaux cubiques assez volumineux ; les morceaux argentifères se distinguent par un grain particulièrement fin et serré qui leur donne l'aspect de l'acier. Les substances accessoires qui sont alliées à la gangue quartzeuse qui encaisse le filon, sont la blende ou zinc sulfuré, la chalcopyrite, la panabase ou cuivre gris oxydé, la malachite et l'azurite (carbonates de cuivre) en efflorescences et surtout la pyromorphite ou plomb phosphaté vert, très recherchée des minéralogistes.

Les tufs orthophyriques s'étendent au nord sur une bonne partie de cette commune, et à l'ouest les schistes, dont une partie est rapportée à l'étage précambrien et l'autre au carbonifère.

Les points culminants de cette région essentiellement montagneuse sont le mont Sombe, 532 m.; le mont Chonay, 750 m., et le Monnet qui atteint l'altitude de 1000 m. Son voisin appartenant à la commune de Monsols, le point le plus élevé du département, ne le dépasse que de 12 mètres.

Les Ardillats possèdent diverses papeteries très anciennes fondées par la famille des Montgolfier.

Cette commune, très peu importante au point de vue viticole, ne possède actuellement que 45 hectares de vignes, 40 hectares environ sont plantés en anciennes vignes et 5 seulement reconstitués en cépages greffés.

NOMENCLATURE

DES PRINCIPAUX VIGNOBLES ET LIEUX-DITS

Joie. — *Vin ordinaire :* C. L., première classe (1).

PRINCIPAL PROPRIÉTAIRE

M. Rouast.

La Roche-Gonin. — *Vin ordinaire :* C. L., première classe.

PRINCIPAUX PROPRIÉTAIRES

| MM. Antoine Binet. | MM. Demonceaux. |
| Pierre Binet. | Claude Démule. |

Monsombet, Morins, Pluvier. — *Vin ordinaire :* C. L., deuxième classe.

PRINCIPAUX PROPRIÉTAIRES

Mme Vve Berger.	MM. Jambon.
MM. César.	Rampon.
Julien Geoffray.	Tête.

(1) C. L., *Classement Local.* Dans ce classement on n'envisage que les crus produits dans la commune.

AVENAS

Avenas, canton de Beaujeu, est à 31 kilom. de Villefranche ; bureau de poste, télégraphe et chemin de fer de Beaujeu, situé à 14 kilom. et demi ; 317 habitants.

Le maître autel de l'église est le monument archéologique le plus remarquable que l'on rencontre dans les montagnes du Beaujolais. M. l'abbé Cucherat a découvert, dans le Cartulaire de Saint-Vincent de Mâcon, un acte de donation fait au chapitre de Mâcon, par Louis le Débonnaire, de l'église d'Avenas. Il semblerait donc résulter de cette étude que l'autel appartiendrait à l'époque carlovingienne.

Le faîte d'Avenas, situé à 800 mètres d'altitude, possède une auberge qui a été construite sur les ruines de l'ancien monastère de Peloux ou Peloge, où les souverains et les grands personnages avaient coutume de s'arrêter dans leurs voyages de Paris à Lyon. La voie romaine, qui de Lunna (Belleville) se dirigeait sur Augustodunum (Autun), était encore, au XVIᵉ et au XVIIᵉ siècle, la route que suivaient les voyageurs allant de Paris à Lyon par la Bourgogne. Cette voie antique que les cultivateurs retrouvent parfois dans leurs champs et dénomment *Chemin du diable,* passait par Saint-Jean-d'Ardières, Villié, Avenas, Ouroux et suivait la vallée de la Grosne jusqu'à Cluny.

Au point de vue géologique, la majeure partie des terrains qui recouvrent la commune d'Avenas se classe, d'après M. Michel Lévy, parmi les tufs orthophyriques, formés de mica noir, oligoclase, orthose et quartz bipyramidé, agglomérés par un ciment calcédonieux. Ce territoire exclusivement montagneux s'échelonne à des altitudes variant de 600 à 800 mètres ; les sommets des Bruyères et du Mont d'Avenas atteignent 850 mètres.

Avant l'invasion phylloxérique Avenas ne possédait pas de vignes. On y compte aujourd'hui quelques centaines de ceps, que nous n'aurions même pas signalés, si ce n'était pour indiquer le mouvement d'entraînement à la culture de la vigne, même là où jadis il n'en existait pas.

BEAUJEU

Beaujeu est à 26 kilomètres N.-O. de Villefranche. Bureau de poste et télégraphe, station de chemin de fer (ligne de Belleville à Beaujeu); 3418 habitants.

Ancienne capitale du Beaujolais avant Villefranche. L'antique château des sires de Beaujeu, bâti à Pierre-Aiguë, sur le côté le plus inaccessible de la montagne de Saint-Jean, a été démoli en 1611; il n'en reste plus que quelques rares vestiges. L'église du château fondée par Bérard, en 1052, a fourni au Musée de Lyon une pièce antique des plus remarquables. C'est un bas-relief en marbre blanc représentant le sacrifice connu sous le nom de *suovetaurilia,* dénomination qui tire son nom des mots *sus,* porc, *ovis,* mouton et *taurus,* taureau, victimes que l'on immolait.

Ce monument est d'un haut intérêt historique en ce qu'il nous donne une idée du sacrifice et de la pompe dont il était accompagné. Chez les Romains, il avait lieu en l'honneur du dieu Mars, pour la lustration, la fructification des terres, pour l'expiation des villes, pour celle des camps et pour appeler sur tous les faveurs des dieux. Cette pièce importante figurait comme linteau, au-dessus du portail de l'église; M. d'Herbouville, préfet du Rhône, la fit enlever pour enrichir le musée de Lyon, où elle est placée sous le portique LVI, n° 574.

L'église paroissiale de Saint-Nicolas fut bâtie par Guichard II,

Vins du Beaujolais et du Mâconnais

—

Eaux-de-Vie de Marc

Vins du Beaujolais et du Mâconnais

—

Eaux-de-Vie de Marc

Bureaux et Magasins à Beaujeu (Rhône)
(propriété de M. Cl. Cinquin)

prince de Beaujeu et consacrée par le pape Innocent II, vers le commencement du XIIᵉ siècle. Cette petite ville, étroitement resserrée et profondément encaissée dans un vallon tortueux, offre peu d'intérêt au touriste, mais en revanche elle intéresse les commerçants par ses marchés du mercredi très fréquentés.

Beaujeau compte plusieurs tanneries ; c'est le centre d'un grand commerce de vins que sa position explique. Les vignes de Beaujeu sont situées au pied et sur le versant des montagnes formant la gorge où la ville est placée.

Les côtes exposées au matin et au midi produisent d'excellents vins.

Les principaux propriétaires sont :

MM. Bansillon.
    Canard.
    Godard.

Les hospices de Beaujeu.
MM. Philippe fils et Cⁱᵉ.

CHÉNAS

Chénas, canton de Beaujeu, est à 23 kilomètres de Villefranche ; gare de Pontanevaux (Saône-et-Loire) à 4 kilomètres ; bureau de poste et télégraphe ; 729 habitants.

Placée sur les confins de la province beaujolaise, cette commune forme les premiers contreforts, au nord-est, de la partie montagneuse de cette région. Par des altitudes variant de 300 à 500 mètres, elle domine les communes de Romanèche, Thorins et de La Chapelle-de-Guinchay, qui s'étendent dans la plaine formant une enclave du Mâconnais dans le département du Rhône, mais qui appartiennent au département de Saône-et-Loire.

Le sol de la commune de Chénas est essentiellement granitique, du type à grands cristaux que l'on trouve dans le Plateau Central de la France. Ce granite est traversé dans la direction N.-O. par plusieurs filons de quartz s'étendant sur presque toute la longueur de cette commune et par d'autres filons orientés N.-S. de porphyrites micacés et amphiboliques. La fluorine qui accompagne les filons de quartz a été exploitée sur les flancs du pic Rémont. Cette substance est employée comme fondant pour le traitement de certains minerais très quartzeux de plomb et de cuivre.

La commune de Chénas forme un des centres viticoles les plus importants du Beaujolais. Avant le phylloxéra la surface de son vignoble était de 380 hectares. Grâce à son sol granitique 320 hectares de vignes françaises ont pu être maintenues en état de production par les traitements au sulfure de carbone. Il existe également 27 hectares de vignes greffées sur Vialla ou Riparia ; les nouvelles plantations qui se faisaient au début en boutures françaises se font de plus en plus en plants greffés.

CHATEAU DES FONTAINES ET SES DÉPENDANCES
Propriété de M. G. SILVESTRE, à Chénas (Rhône).

DOMAINE
des Fontaines
12 hectares

Commune de Chénas :

Les Brasses, les Rosiers, Michelons, la Neyriat, les Ardilles Clos des Fontaines, les Tenats, le Quarjot, les Verchères (1ers crûs), les Deschamps. Le Pelloux (2os crûs).

Commune de la Chapelle de Guinchay :

Les Blandelières, les Hoccards, les Bichonnées.

Commune de Romanèche-Thorins:

Les Bois-Combes.

DOMAINE
des Blémont
11 hect. 75 ares

Commune de) Chapelle de Guinchay :

Le Clos des Blémonts, la Caille, l Calettes, En Bel-Ai les Prés.

Commune de Saint-Amou

Aux Genêts.

M. G. Silvestre a été médaillé pour les vins de ses récoltes à l'Exposition universelle des vins à Bordeaux, en 1882.

Le vin de Chénas se distingue surtout par sa générosité et son bouquet. D'après Julien il va de pair avec les premières cuvées des Thorins tout en étant plus corsé et plus spiritueux. Il est assez précoce pour être bu à deux ans ; mais c'est entre cinq et six ans qu'il acquiert toute sa perfection. On doit le mettre en bouteilles à deux ou trois ans.

Il se vend ordinairement à la cuve au prix moyen de 150 fr. la pièce de 215 litres.

NOMENCLATURE

DES PRINCIPAUX VIGNOBLES ET LIEUX-DITS

Les Caves. — A. B., première classe ; C. L., première classe.

PRINCIPAL PROPRIÉTAIRE

Mme Delor.

Roche-Grès. — A. B., première classe ; C. L., première classe.

PRINCIPAUX PROPRIÉTAIRES

M. A. Mazas-Dupasquier. | M. le comte de Sparre.

La Rochelle. — A. B., première classe ; C. L., première classe.

PRINCIPAL PROPRIÉTAIRE

M. le comte de Sparre.

Les Michelons. — A. B., deuxième classe ; C. L., première classe.

PRINCIPAUX PROPRIÉTAIRES

M. J.-C. Jambon. | M. G. Silvestre. | M. de Strangelin.

Les Thorins. — C. L., première classe.

M. J. Michelon.

Les Brureaux. — A. B., troisième classe; C. L., deuxième classe.

M. Albanel.	M. Pierre Michelon.	M. Paquier.

Les Michauds. — A. B., troisième classe; C. L., deuxième classe.

M. Delahante.

Nous signalerons encore :

Les Vérillats. — A. B., première classe.

La Bruyère. — A. B., deuxième classe.

Clos de la Cure. — A. B., deuxième classe.

Les Dimes. — A. B., deuxième classe.

M. J.-C. Jambon.

Les Maisons-Neuves. — A. B., deuxième classe.

La Tour du Bief. — A. B., deuxième classe.

Le Bief. — A. B., troisième classe.

Le Bourg. — A. B., troisième classe.

Les Déchamps. — A. B., troisième classe.

M. J.-C. Jambon.	M. G. Silvestre.

Les Pinchons. — A. B., troisième classe.

Les Seignaux. — A. B., troisième classe.

AUTRES PRINCIPAUX PROPRIÉTAIRES

Mᵐᵉ Vve Colassot. | M. A. Condeminal. | M. G. Silvestre.

M. J.-C. JAMBON

propriétaire à Chénas (Rhône)
et négociant en vins, à Mâcon (Saône-et-Loire).

M. J.-C. CHAMBON EST PROPRIÉTAIRE :

Commune de Chénas : *Clos du Dîme avec maison d'habitation ; Clos des Tenas, des Deschamps, de la Croix des Michelon, de Nerva, aux Bruneaux, de Champagne, de la Neyria* avec maison de vigneron.

Commune de Romanèche-Thorins : *Clos de la Grande Charrière, Moulin-à-Vent.*

Mᵐᵉ Vve COLASSOT

PROPRIÉTAIRE

à CHÉNAS

(RHÔNE)

CHIROUBLES

Chiroubles, canton de Beaujeu, est à 20 kilomètres de Ville-franche ; bureau de poste et gare de Romanèche-Thorins (Saône-et-Loire) à 8 kilomètres 1/2 ; télégraphe de Villié-Morgon, à 3 kilomètres ; 756 habitants.

L'église remonte, dit-on, au XIII° siècle ; elle fut construite, grâce à la générosité d'un nommé Blondel Antoine, dans le but d'obtenir la cessation de la peste qui désolait les montagnes du Beaujolais.

Le sol granitique est sillonné par quelques filons de granu-lite et de porphyrites micacés et amphibolitiques et un filon de microgranulite au nord de la commune. Les divers sommets de ce territoire montagneux atteignent des altitudes variant de 400 à 700 mètres. Le sommet du signal, où se trouvent encore les ruines d'un ancien télégraphe sémaphorique qui communi-quait avec celui de Marchampt, est à une altitude de 685 mètres. De ce point on jouit d'un très beau panorama qui dédommage amplement des fatigues d'une ascension.

Le vignoble de cette commune compte parmi les plus impor-tants du Beaujolais, au moins au point de vue de la qualité des vins.

Il est également célèbre dans l'histoire de la crise phylloxé-rique. C'est là que s'est formé, sous l'habile direction de M. Cheysson, inspecteur général des ponts et chaussées, en 1879, le premier syndicat de défense contre le phylloxéra. Ce syndicat fonctionne toujours et les traitements insecticides ont donné dans les terrains granitiques de Chiroubles des résul-tats très satisfaisants. La surface occupée par la vigne, qui était de 292 hectares avant le phylloxéra, n'a pas changé ; sur ce

10

chiffre 268 hectares sont en vignes françaises de tout âge maintenues par les traitements au sulfure de carbone ; 24 hectares
sont en plants greffés.

Si la commune de Chiroubles est celle où a fonctionné le
premier syndicat de défense, c'est également elle qui possède
les plus anciennes vignes greffées du département du Rhône.
Ces vignes, greffées sur Taylor, sont âgées de 18 ans et appartiennent à M. Pulliat, l'ampélographe bien connu. Les vins de
Chiroubles sont corsés et solides. Prix moyen : 70 fr. ; récolte
de 1892 (pour les principaux crûs seulement), 600 hect.

NOMENCLATURE

DES PRINCIPAUX VIGNOBLES ET LIEUX-DITS

Bel-Air. — A. B., deuxième classe.

PRINCIPAUX PROPRIÉTAIRES

M. Delafond. | Mme de Raousset.

La Côte-Rôtie. — A. B., deuxième classe.

PRINCIPAUX PROPRIÉTAIRES

MM. E. Cheysson. | MM. Nugue.
L.-P. Georges. | B. Petit.
Lacondemine. | Savoye.
P.-M. Lapierre. |

Le Moulin. — A. B., deuxième classe.

PRINCIPAUX PROPRIÉTAIRES

M. Boisson | M. P. Georges. | M. Lapierre.

Poulet. — A. B., deuxième classe.

PRINCIPAUX PROPRIÉTAIRES

MM. V. Depardon.
L.-P. Georges, maire.
Gonin.

MM. J.-M. Lacondemine.
Lacondemine (Vve).
Lapierre.

Propière. — A. B., deuxième classe.

PRINCIPAL PROPRIÉTAIRE

M. Crotte.

M. Depardon.

Le Bourg. — A. B., troisième classe.

PRINCIPAUX PROPRIÉTAIRES

MM E. Cheysson.
C. Depardon.
C. Forest.
Gonin.

MM. Lacondemine.
Lapierre.
L.-P. Georges Maire.

Chatenay. — A. B., troisième classe.

Les Genets. — A. B., troisième classe.

PRINCIPAUX PROPRIÉTAIRES

M. Bleton.   M. Durand.   M. Nugue.

Javernand. — A. B., troisième classe.

Le Pont. — A. B., troisième classe.

PRINCIPAL PROPRIÉTAIRE

M. Blain.

Tempéré. — A. B., troisième classe.

PROPRIÉTAIRE

M. Pulliat.

Le Fêtre. — A. B., quatrième classe.

Saint-Roch. — A. B., quatrième classe.

Les Martins.

PRINCIPAUX PROPRIÉTAIRES

M. Dory. | M. Durand.

Les Prés.

PRINCIPAL PROPRIÉTAIRE

Mme la vicomtesse de Raousset.

DURETTE

Canton de Beaujeu, à 24 kilomètres de Villefranche ; bureau de poste et télégraphe de Quincié à 2 kilomètres ; station de chemin de fer, ligne de Belleville à Beaujeu ; 218 habitants.

Le château de la Pierre connu autrefois sous le nom de Tour Bourbon, a résisté aux attaques des protestants, lors des guerres de religion. La vallée de l'Ardières, que remonte la voie ferrée jusqu'à Beaujeu, est recouverte d'alluvions modernes charriées abondamment par cette rivière à régime torrentiel. La partie montueuse au nord-est de cette vallée est essentiellement granitique.

Durette est une station de villégiature très recherchée pendant la belle saison. La superficie de son territoire est de 257 hectares. 160 hectares étaient occupés par la vigne avant le phylloxéra ; il reste encore 98 hectares de vignes françaises. La surface des vignes greffées sur plants américains, et dont les plus anciennes ont 12 ans, est de 50 hectares. Les porte-greffes les plus employés sont : le Riparia qui occupe environ 30 hectares, le Vialla 10 hectares et le Solonis 5 hectares.

Le rendement moyen par hectare peut être évalué de 40 à 45 hectolitres ; les prix des vins sont à peu près de 70 fr. l'hectol. pour la 1re classe, 65 fr. pour la 2e classe et de 60 fr. pour la 3e classe.

NOMENCLATURE

DES PRINCIPAUX VIGNOBLES ET LIEUX-DITS

La Pierre. — A. B., deuxième classe ; C. L., deuxième classe.

PRINCIPAL PROPRIÉTAIRE

M. Garnier.

Les Bruyères. — A. B., troisième classe; C. L., deuxième classe.

PRINCIPAL PROPRIÉTAIRE

Mme Poidebard.

La Plaine. — A. B., troisième classe; C. L., première classe.

PRINCIPAL PROPRIÉTAIRE

M. J. Mouton.

Côte de la Pierre et du Châlet. — C. L., première classe.

PRINCIPAL PROPRIÉTAIRE

M. P. Gagnieur.

Vers-le-Bois. — C. L., première classe.

PRINCIPAL PROPRIÉTAIRE

M. J.-L. Dumoulin.

Les Maisons-Neuves. — C. L., deuxième classe.

PRINCIPAL PROPRIÉTAIRE

M. R. du Roure.

La Tour-Bourdon. — C. L , deuxième classe.

PRINCIPAUX PROPRIÉTAIRES

M. L. Godon. | M. Mazeirat. | M. L. Million.

Citons encore :

La Combe. — A. B., troisième classe.

Divers crus. — A. B., quatrième classe; C. L., troisième classe.

EMERINGES

A 30 kilomètres de Villefranche, canton de Beaujeu; bureau de poste de Jullié; télégraphe de Fleurié à 4 kilomètres; gare de chemin de fer à Pontanevaux (Saône-et-Loire); 416 habitants.

Les terrains qui recouvrent le territoire de cette commune sont très variés. Les tufs orthophyriques s'étendent au nord-ouest, traversés par quelques minces filons de granulite, et présentent un lambeau de schistes et poudingues de Culm, étage de la période carbonifère. Le reste est occupé par les *cornes vertes*, les diorites et diabases que longe une bande de cailloutis, sables et argiles, de 300 mètres de largeur sur une longueur de plus de 1500 mètres.

La surface totale de la commune est de 300 hectares, dont 155 étaient occupés par la vigne avant le phylloxéra. Il existe actuellement 80 hectares d'anciennes vignes françaises et 45 hectares de vignes greffées dont les plus vieilles ont 12 ans.

Le Riparia comme porte-greffe occupe environ 30 hectares, le Vialla 10, le York et le Solonis 5. Le Riparia est ici préféré; les greffes qu'il porte ont une grande vigueur et une fructification abondante.

Le rendement moyen par hectare est de 50 hectolitres et le prix moyen de 125 fr. la pièce de 215 litres.

D'après Julien, Emeringes, Jullié et Vaux-Renard, trois communes voisines, font des vins ressemblant à ceux de Juliénas, auxquels ils sont cependant inférieurs.

NOMENCLATURE

DES PRINCIPAUX VIGNOBLES ET LIEUX-DITS

Les Benons. — A. B., troisième classe.

Les Charmes. — A. B., troisième classe.

Les Chavannes. — A. B., troisième classe.

Les Girauds. — A. B., troisième classe.

Rougelon. — A. B., troisième classe.

Rougevy. — A. B., troisième classe.

Vâvre. — A. B., quatrième classe.

Propriété de M. GIROUD aîné, à Fleurie (Rhône)
PROPRIÉTAIRE-VITICULTEUR
Vins fins du Beaujolais, Mâconnais rouge et blanc

Clos de la Roilette, à Fleurie (Rhône)
GRANDJEAN DE FOUCHY (Emile), propriétaire.

Ce riche vignoble de quelques hectares, isolé et desservi par la gare de Romanèche-Thorins, dans une magnifique situation, est cité et apprécié par les amateurs ; c'est le *Vougeot* du Beaujolais et du Mâconnais, aussi a-t-il obtenu les plus hautes récompenses. Les vins sont vendus au commerce de gros ou sur demande directe.

FLEURIE

Belle et riche commune du canton de Beaujeu, située à 27 kilomètres de Villefranche ; gare de Romanèche-Thorins (Saône-et-Loire) à 4 kilomètres ; bureau de poste et télégraphe ; 2,026 habitants.

Les terrains de cette commune, essentiellement granitiques, présentent çà et là quelques filons de granulite, de porphyrites micacés et amphibolitiques et un filon de microgranulite vers l'ouest.

Fleurie possédait avant le phylloxéra 830 hectares en vignes. Sa prospérité gravement compromise par cet insecte s'est néanmoins soutenue, grâce aux traitements insecticides : 530 hectares d'anciennes vignes sont encore debout.

En 1879 s'est introduit dans la culture l'usage des plants américains ; très peu employés au début, ils commencent à former aujourd'hui la base de la reconstitution. On compte actuellement à Fleurie 160 hectares de vignes greffées. Les porte-greffes les plus employés sont : Riparia et Vialla, puis Solonis, York, Jacquez et Rupestris en minime proportion.

Le rendement moyen est de 28 à 30 hectolitres à l'hectare. Les prix varient de 50 à 75 fr. l'hectolitre à la cuve.

Fleurie fournit de très bons vins ; ils sont légers, fins, délicats, ont du bouquet, de la sève et un goût des plus agréables.

NOMENCLATURE

DES PRINCIPAUX VIGNOBLES ET LIEUX-DITS

La Chapelle des Bois. — A. B., première classe; C. L., première classe.

PRINCIPAUX PROPRIÉTAIRES

Famille Georges.
MM. P. Guérineau.
A. Mille.

MM. J. Pondeveaux.
Trône.

Le Garaut. — A. B., première classe; C. L., première classe.

PRINCIPAUX PROPRIÉTAIRES

MM. Burlier.
Claude Descombes.

MM. Jacquet.
A. Mazas-Dupasquier.

Les Moriers. — A. B., première classe; C. L., première classe.

PRINCIPAUX PROPRIÉTAIRES

M. Germain. | M. A. Mazas-Dupasquier. | M. Pajot.

Poncié. — A. B., première classe; C. L., première classe.

PRINCIPAUX PROPRIÉTAIRES

MM. Gallichon.
Janin.
A. Mazas-Dupasquier.

MM. Nesme.
Planche.

La Roilette. — A. B., première classe; C. L., première classe.

PRINCIPAL PROPRIÉTAIRE

M. Emile Grandjean de Fouchy.

Château de la Chapelle des Bois, Commune de Fleurie (Rhône)
Propriété de M. P. GUÉRINEAU.

Cuverie du Château de la Chapelle des Bois
P. GUÉRINEAU, propriétaire.

Le Vivier. — A. B., première classe; C. L., première classe.

PRINCIPAUX PROPRIÉTAIRES

MM. Joseph Cinquin.
Delore.
Lagrange.

MM. A. Mazas-Dupasquier.
Paul Platet.
Roybet.

Les Chaffanjons. — A. B., deuxième classe; C. L., deuxième classe.

PRINCIPAUX PROPRIÉTAIRES

Mme Vve Defet. | M. Paul Platet. | M. Alphonse Ruet.

Grand Pré. — A. B., troisième classe; C. L., deuxième classe.

PRINCIPAUX PROPRIÉTAIRES

M. Chiveau. | M. Paul Platet.

Grands Vierres. — A. B., troisième classe; C. L., deuxième classe.

PRINCIPAL PROPRIÉTAIRE

M. Trône.

Les Labourons. — A. B., troisième classe; C. L., troisième classe.

PRINCIPAUX PROPRIÉTAIRES

M. de Lescure. | M. Pascalis de la Chops.

Le Bourg. — C. L., première classe.

PRINCIPAUX PROPRIÉTAIRES

MM. Caraly.
Cizaire.

MM. Crotte.
Jourdan.

Le Cimetière. — C. L., première classe.

PRINCIPAL PROPRIÉTAIRE

M. Jean-Pierre Manin.

Quatre-Vents. — C. L., première classe.

PRINCIPAUX PROPRIÉTAIRES

M. Bleton-Châintré.　　|　M. A. Mille.　　|　M. Volant.

Les Rochaux. — C. L., première classe.

PRINCIPAUX PROPRIÉTAIRES

M. du Fromental.　　|　M. Neyron.　　|　M. J. Pondeveaux.

Brie et Bachelard. — C. L., deuxième classe.

PRINCIPAUX PROPRIÉTAIRES

MM. André Bérat.　　　　　　　　MM. Giroud.
　　Blin.　　　　　　　　　　　　　　Ph. Loron.
　　Chanrion.　　　　　　　　　　　A. Mazas-Dupasquier.
　　Dupont.　　　　　　　　　　　　Paul Platet.

Antoine MAZAS-DUPASQUIER
Propriétaire à Fleurie (Rhône)

Maison, Cuvage et Caves aux Bachelards
Sept vigneronnages s'étendant

Sur Fleurie : *Aux Bachelards, aux Gras, aux Garants, à Poncié, en Morier, au Vivier, aux Montagnards, à la Jonchée, à Champagne.*

Sur Chénas : *A Roche-Grès.*

Sur Romanêche.

Sur Lancié.

Sur Villié-Morgon : *Au Pis, au Pré Jourdan.*

Premier prix à l'Exposition des Vins à Belleville-sur-Saône, en 1891.

Maison de Commerce, à Mâcon (Saône-et-Loire)
rue de Lyon, 68.

Spéciale pour les vins fins de la région, tenue par son fils, Joseph-Antoine MAZAS, sous l'ancienne raison sociale Veuve Dupasquier et fils.

Château de la Chapelle-des-Bois, à Fleurie
Propriété de M. AUGUSTE MILLE

Cuvées hors ligne *de la Chapelle-des-Bois, de Champagne, des Caves* (con-finant Chénas) *des Quatre-Vents.*

Tous les fonds de ce domaine sont complantés des plants les plus fins
Vins rouges et blancs

Bordeaux 1892, Diplôme d'honneur et médaille d'or; Vichy 1892, médaille d'or; Lyon 1892 (*grands crus*), médaille d'argent; Paris, exposition universelle 1889, médaille d'or collective; Paris 1893, médaille de vermeil collective.

Fonfotains. — C. L., deuxième classe.

PRINCIPAL PROPRIÉTAIRE

M. Crozet.

La Presle. — C. L., deuxième classe.

PRINCIPAL PROPRIÉTAIRE

M. Lécheneau.

Prions. — C. L., deuxième classe.

PRINCIPAL PROPRIÉTAIRE

M. Jambon fils.

La Treille. — C. L., deuxième classe.

PRINCIPAL PROPRIÉTAIRE

M. Aujay.

Vers le Mont. — C. L., deuxième classe.

PRINCIPAUX PROPRIÉTAIRES

M. Charvet.   . | M. Grésillon.

Puis :

Le Point du jour. — A. B., première classe.

Grande Cour. — A. B., première et deuxième classes.

Les Déduits. — A. B., deuxième classe.

Sont en outre propriétaires dans différents autres lieux-dits :

MM. A. Condeminal.	MM. A. Mille.
Pierre Crozet.	P. Neyron.
Grosbon frères.	F. Perret.
P. Guérineau.	Paul Platet.
A. Mazas-Dupasquier.	Trône

Propriété de M. F. PERRET, à Fleurie

de la Maison PERRET & PLASSE, de Belleville (Rhône) (1)

(1) A obtenu une médaille d'argent à l'Exposition de Paris, 1889, pour son vin de Fleurie.

M. F. PERRET est en outre propriétaire de vignobles dans les communes de :

Saint-Etienne-les-Oullières ;

Odenas ;

Belleville.

Les Bachelards

propriété de M. PAUL PLATET

à Fleurie (Rhône) (1).

---

(1) Médailles d'argent aux expositions de Lyon 1872
et Paris 1878

Cette propriété comprend divers vignobles dans la commune
de Fleurie, notamment :

Aux Bachelards;
Aux Grands Fers;
Au Vivier;
Aux Chaffanjons.

Clos des Rochaux, à Fleurie (Rhône)
propriété de M. JOSEPH PONDEVEAUX
(précédemment propriété « LECOURT-NEYRON »)

A. H. NESME

propriétaire-viticulteur

MAIRE DE FLEURIE

GRAND CRU DE PONCIER

(Vins de grande conserve)

Château d'Envaux, á Juliénas

Propriété de Monsieur le Comte LOUIS DE LA FOREST-DIVONNE et de Mademoiselle DE LA ROCHETTE

Plusieurs médailles. Médaille d'or a l'exposition de Bourg 1867.

La commune de Juliénas produit un des meilleurs vins du Beaujolais classé en 1re catégorie au concours de Mâcon 1893.

JULIÉNAS

Canton de Beaujeu, à 33 kilomètres de Villefranche ; bureau de poste et télégraphe ; gare de Pontanevaux (Saône-et-Loire) à 6 kil. ; 1149 habitants.

Le granite et les schistes amphibolitiques forment la majeure partie du sol de cette commune. On y a signalé des filons de galène ou plomb sulfuré et de fluorine.

Juliénas possédait 500 hectares de vignes avant l'invasion phylloxérique. Il existe encore 220 hectares d'anciennes vignes françaises, dont une faible partie seulement est actuellement traitée au sulfure de carbone. La surface des vignes greffées est de 160 hectares, dont 30 hectares reconstitués en 1892. Récolte 1892 : 3,500 hectolitres. Prix : 75 fr.

Cette commune fait des vins colorés, corsés, un peu durs en primeur, mais qui finissent bien. Il faut les garder au moins quatre ans en tonneau avant de les mettre en bouteilles ; ils gagnent beaucoup en vieillissant.

NOMENCLATURE

DES PRINCIPAUX VIGNOBLES ET LIEUX-DITS

Cette commune a été classée au Concours de Mâcon (mai 1893) comme produisant des vins de première catégorie.

En Bessay. — A. B., deuxième classe.

Les Capitans. — A. B., deuxième classe ; C. L., deuxième classe.

PRINCIPAUX PROPRIÉTAIRES

MM. J. Calot.	MM. Janin.
Fontaine.	Piquand.
A. Jacquet.	

Les Fouillouses. — A. B., deuxième classe.

Les Mouilles. — A. B., deuxième classe ; C. L., première classe.

PRINCIPAUX PROPRIÉTAIRES

MM. V. Durand.	M. de Murard.
Gonard.	Mme Vve Reyssié.

Les Berthets. — A. B., troisième classe.

Bois de la Salle. — A. B., troisième classe.

Les Chiers. — A. B., troisième classe.

Les Paquelets. — A. B, troisième classe ; C. L., deuxième classe.

PRINCIPAUX PROPRIÉTAIRES

MM. Blondel.
Chervet.
Delmont.

MM. Durand-Calot.
de Pontbichey.
de Prédelys.

Les Poupets. — A. B., troisième classe.

La Risière. — A. B., troisième classe ; C. L., deuxième classe.

PRINCIPAUX PROPRIÉTAIRES

MM. Carvisier.
Ducrozet.
Duffieux.

MM. Rey-Chervet.
Thevenet-Margerand.

Vaux. — A. B., troisième classe ; C. L., troisième classe.

PRINCIPAUX PROPRIÉTAIRES

MM. L. Deleize.
J. Janin.

Mlle de la Rochette.
M. Perrachon.

Le Bucherat. — C. L., deuxième classe.

PRINCIPAUX PROPRIÉTAIRES

MM. Carlin.
J. Charlet.
Chervet.
Dudet.

MM. Dufètre.
Robert.
Sancy.

Le Château. — C. L., deuxième classe.

PRINCIPAL PROPRIÉTAIRE

M. le comte d'Albon.

La Trève et les Blondels. — C. L., deuxième classe.

PRINCIPAUX PROPRIÉTAIRES

MM. Condemine.
Delore.
Descombes.
Desmule.
Forestier.
Foillard.

MM. Giraud.
Gobet.
Journel.
Cᵗᵉ L. de La Forest-Divonne.
Pardon.
Pelletier.

JULLIÉ

A 32 kilom. de Villefranche, canton de Beaujeu ; bureau de poste et télégraphe ; gare de Pontanevaux (Saône-et-Loire), à 9 kilomètres ; 884 habitants.

Les terrains de cette commune sont assez variés. Les schistes amphiboliques ou cornes vertes et les diabases à ouralite s'étendent à la partie orientale, séparés par une faille N.-S., des tufs orthophyriques qui occupent la région occidentale. Ces tufs sont composés de débris fragmentaires de mica noir labrador oligloclase, orthose, quartz bipyramide, cimentés par un magma serpentineux et calcédonieux.

Alléon Dulac rapporte « qu'on a découvert sur ce territoire une pierre qui s'amollit au feu jusqu'à se liquéfier en un instant, et qui rend en brûlant une fumée épaisse avec une odeur bitumineuse. On voit cette huile suinter et se répandre au dehors en méttant la pierre au feu. » Cette découverte n'a pas eu de suite.

La surface occupée par les vignes avant le phylloxéra était environ de 300 hectares. Il reste à peu près 50 hectares d'anciennes vignes françaises maintenues par des traitements au sulfure de carbone. 150 hectares sont actuellement plantés en gamais greffés ; les plus anciens ont de 7 à 8 ans.

Sur cette surface le Vialla occupe environ 100 hectares, le Riparia 30, le Solonis 10 ; quelques autres porte-greffes existent en petite quantité.

Les vins de Jullié ressemblent à ceux de Juliénas ; les meilleures cuvées se vendent de 120 à 160 francs la pièce.

NOMENCLATURE

DES PRINCIPAUX VIGNOBLES ET LIEUX-DITS

Les **Chanoriers**. — A. B., deuxième classe.

La **Côte de Beauvernais**. — A. B., deuxième classe.

Aux **Vayolettes**. — A. B., deuxième classe.

Les **Bressillons**. — A. B., troisième classe.

Bois de **Chasles**. — A. B., troisième classe.

Les **Bourbons**. — A. B., troisième classe.

Le **Château de la Roche**. — A. B., troisième classe.

La **Grande-Croix**. — A. B., troisième classe.

Les **Laneyries**. — A. B., troisième classe.

Les **Roberts**. — A. B., troisième classe.

La **Tuillière**. — A. B., troisième classe.

La **Varenne**. — A. B., troisième classe.

Vâtre. — A. B., troisième classe.

Les **Raffins**. — A. B., quatrième classe.

Les principaux propriétaires sont :

MM. Denis.
Dugelay.
Laplace.
Lardet.

MM. Moreau père.
Pontbichet.
Robert.

LANTIGNIÉ

Cette commune du canton de Beaujeu est à 26 kilom. de Villefranche ; bureau de poste et télégraphe ; gare du chemin de fer de Beaujeu, à 3 kilom. ; 830 habitants.

Le granite, les diorites et diabases recouvrent le territoire de cette commune ; ils sont traversés par quelques filons de granulite, de quartz et de microgranulite. On y a exploité un amas de fer oxydulé.

Lantignié possédait avant le phylloxéra 260 hectares de vignes.

NOMENCLATURE

DES PRINCIPAUX VIGNOBLES ET LIEUX-DITS

Appagnie. — A. B., troisième classe.

Les autres crus : A. B., quatrième classe.

QUINCIÉ

Quincié, canton de Beaujeu, est à 25 kilom. de Villefranche ; bureau de poste et télégraphe ; gare de chemin de fer (ligne de Belleville à Beaujeu) ; 1709 habitants.

Le territoire montagneux de cette commune s'étend sur des terrains variés. Les schistes pyroxéniques et amphiboliques, les tufs orthophyriques, le granite, les diorites et les diabases en couvrent la majeure partie. Dans la vallée ces divers terrains disparaissent sous les alluvions anciennes. On a signalé de la galène et une pyrite magnétique.

La surface totale de la commune est de 2200 hectares, dont 950 étaient occupés par la vigne avant le phylloxéra. Actuellement il existe 300 hectares d'anciennes vignes françaises et 400 hectares de vignes greffées. Le Vialla comprend à peu près les 3/5 de cette dernière surface et le Riparia le reste.

Le rendement moyen est de 15 à 30 hect. à l'hectare pour les vignes françaises et de 40 à 80 hectol. pour les vignes greffées.

Les prix moyens ont été :

En 1889 de   100 à 145 fr. la pièce de 215 litres.
  1890 de 80 à 125   —
  1891 de 80 à 110   —
  1892 de 120 à 145   —

NOMENCLATURE

DES PRINCIPAUX VIGNOBLES ET LIEUX-DITS

Saint-Cyr. — A. B., troisième classe ; C. L., première classe.

PRINCIPAL PROPRIÉTAIRE

M. Verzier.

Souzy. — A. B., troisième classe ; C. L., première classe.

PRINCIPAUX PROPRIÉTAIRES

M. Durieu du Souzy. | M. Sanlaville.

Vitry. — A. B., troisième classe ; C. L., première classe.

PRINCIPAUX PROPRIÉTAIRES

M. Durand. | Mme Vachon.

Bourg. — C. L., première classe.

PRINCIPAL PROPRIÉTAIRE

M. Million.

Lapalud. — C. L., deuxième classe.

PRINCIPAUX PROPRIÉTAIRES

M. Crozy. | M. Pardon.

Saint-Nizier. — C. L., deuxième classe.

PRINCIPAL PROPRIÉTAIRE

M. Sève.

La Rosaire. — C. L., deuxième classe.

PRINCIPAL PROPRIÉTAIRE

M. Vaillant.

Cherve. — C. L., troisième classe.

PRINCIPAL PROPRIÉTAIRE

M. Chervet.

Varennes. — C. L., troisième classe.

PRINCIPAL PROPRIÉTAIRE

M. Charvériat.

Château de Ponchon, commune de Regnié (Rhône)
propriété de M. JACQUES TRICHARD.

M. J. Trichard possède en outre, à Saint-Étienne-la-Varenne : le *Clos des Roches*, et le *Clos de Champagne*, premières cuvées de la commune.

RÉGNIÉ

Régnié est à 20 kilomètres de Villefranche ; bureau de poste et télégraphe de Beaujeu à 5 kilom. ; gare de chemin de fer de Durette-Quincié (ligne de Beaujeu à Belleville), à 2 kilom. ; 1094 habitants.

Le granite recouvre la majeure partie du territoire de cette commune. Quelques minces filons de porphyrites micacés et amphiboliques, de greisen et de quartz le traversent sur quelques points. La partie basse est recouverte par les cailloutis et les limons anciens.

La surface totale occupée par la vigne avant l'invasion phyl. loxérique était de 800 hectares. Il existe encore 150 hectares d'anciennes vignes françaises maintenues par les traitements insecticides.

Actuellement 400 hectares sont reconstitués en plants greffés dont les plus anciens ont 12 ans. Les porte-greffes les plus employés sont le Vialla, puis le Riparia, enfin le Solonis et le York. Comme dans toutes les communes précédentes les producteurs directs occupent une surface minime.

Les vins de choix se sont vendus :

En 1889 . . .   150 fr. la pièce logée.
    1890   de   90 à 100   —
    1891   de 120 à 130   —
    1892   de 140 à 150   —

NOMENCLATURE

DES PRINCIPAUX VIGNOBLES ET LIEUX-DITS

Le Vernu. — A. B., deuxième classe.

Les Chassetys. — A. B., troisième classe.

La Ronce. — A. B., troisième classe.

Les Vergers. — A. B., troisième classe.

A divers propriétaires.

St-DIDIER-SUR-BEAUJEU

Commune située à 30 kilom. de Villefranche; bureau de poste et télégraphe; gare du chemin de fer de Beaujeu, à 4 kil. ; 812 habitants.

Le territoire montagneux de cette commune est constitué principalement par les tufs orthophyriques présentant quelques lambeaux d'orthophyres, et des schistes et poudingues du Culm. Les habitants prétendent que Nostradamus habita plusieurs années leur commune pour observer les astres au sommet de la montagne de Tourveon à une altitude de 950 mètres.

Au point de vue viticole cette commune n'occupe pas une place importante. Elle possédait avant l'invasion phylloxérique seulement 40 hectares de vignes, dont 24 hectares existent encore. On y compte actuellement 6 hectares environ de vignes greffées. Nul doute que cette surface s'accroisse rapidement. On y emploie à peu près exclusivement le Vialla et le Riparia.

Le rendement atteint 40 hectolitres à l'hectare et le prix moyen est de 35 fr. l'hectolitre. Cette commune ne produit que des vins ordinaires.

VAUX-RENARD

Vaux-Renard, canton de Beaujeu, est situé à 28 kilom. de Villefranche; bureau de poste et télégraphe de Fleurie à 6 kilomètres; gare de Romanèche-Thorins à 11 kilomètres; 870 habitants.

Le sol est formé à l'est par le granite à amphibole qui se prolonge sur Emeringes, et à l'ouest par les tufs orthophyriques séparés du granite par une bande N.-S. de diorites et diabases. Un lambeau de schistes et poudingues du *culm* se présente encore à l'ouest des diorites et de minces filons de quartz affleurent au sein du granite.

Cette commune possédait avant la crise phylloxérique un vignoble de 250 hectares. Il existe encore 220 hectares environ d'anciennes vignes françaises maintenues. Les vignes greffées occupent actuellement 145 hectares.

D'après Julien les vins de Vaux-Renard participeraient des qualités de ceux de Juliénas auxquels ils seraient cependant inférieurs.

NOMENCLATURE

DES PRINCIPAUX VIGNOBLES ET LIEUX-DITS

Château du Thil. — A. B., troisième classe.

Le Micout. — A. B., troisième classe.

Les Chizeaux. — A. B., troisième classe.

La Molière. — A. B., troisième classe.

La Tuillière. — A. B., troisième classe.

Voluet. — A. B., troisième classe.

Les Bourons. — A. B., quatrième classe.

Chez-Bize. — A. B., quatrième classe.

Les Plats. — A. B., quatrième classe.

A divers propriétaires.

VERNAY

Petite commune située à 32 kilom. de Villefranche ; bureau de poste et télégraphe et gare de chemin de fer de Beaujeu, à 5 kilom. ; 148 habitants.

Les tufs orthophyriques s'étendent sur la majeure partie de cette commune, entourant un îlot d'orthophyre au centre. A l'ouest se présente une bande de microgranulite. Le territoire est formé presque uniquement d'un même mamelon s'élevant de 400 jusqu'à 804 mètres d'altitude. Vernay ne possède que quelques parcelles de vignes.

Château de Bellevue, commune de Villié-Morgon (Rhône)
Propriété de M. DELAFOND

VILLIÉ-MORGON

Villié-Morgon, canton de Beaujeu, est à 22 kilom. de Villefranche ; bureau de poste et télégraphe, gare de Belleville à 7 kilomètres (correspondance) ; 2172 habitants.

Les cailloutis et les limons anciens bordent la partie orientale et sud-ouest de cette commune, mais la majeure partie du territoire est recouverte par le granite à l'ouest et par une bande de schistes noirs pyriteux au sud-est. Ces terrains sont traversés par divers filons de granulite et de porphyrites micacés et amphiboliques ; on trouve également quelques petits ilots de cailloutis anciens des plateaux.

Villié-Morgon est une des plus riches communes viticoles du Beaujolais. Elle comprend actuellement 723 hectares d'anciennes vignes françaises maintenues par des traitements insecticides et 200 hectares de vignes greffées.

Les vins de Morgon sont très réputés et de longue conserve, ils sont bons à boire entre 5 et 10 ans.

Il a été récolté, en 1892, environ 14.000 hectolitres de vin rouge.

NOMENCLATURE

DES PRINCIPAUX VIGNOBLES ET LIEUX-DITS

Morgon. — A. B., première classe.

PRINCIPAUX PROPRIÉTAIRES

MM. Berthet-Millon.	MM. Jenny.
Gaudet.	J.-B. Sornay.
Germain de Montauzan.	Mme Vve A. Sauzey, etc.

Château de Villié, à Villié-Morgon (Rhône), appartenaut à M. Cl. GAUDET.

Cuveries et Caves au Château de Villié et à Morgon,
Domaine récoltant 1100 pièces (2400 hectolitres vin rouge).

Le Pis. — A. B., première classe.

PRINCIPAUX PROPRIÉTAIRES

MM. A. Mazas-Dupasquier, etc.

Douby. — A. B., deuxième classe.

PRINCIPAUX PROPRIÉTAIRES

MM. Grosbon frères, de Belleville.

Les Chesnes. — A. B., troisième classe.

PRINCIPAUX PROPRIÉTAIRES

MM. Grosbon frères.

Les Corcelettes. — A. B., troisième classe.

PRINCIPAUX PROPRIÉTAIRES

Mmes Vve Baratin.   MM. Duvernay.
Vve Donneaud.   Goy, etc.

Les Gaudets. — A. B., troisième classe.

PRINCIPAL PROPRIÉTAIRE

Mme Vve Beuf.

Les Versauds. — A. B., troisième classe.

PRINCIPAL PROPRIÉTAIRE

M. Jean Sornay.

Les Marcelins. — A. B., quatrième classe.

PRINCIPAL PROPRIÉTAIRE

M. P. Baratin.

Ruillère. — A. B., quatrième classe.

Douby, communes de Villié-Morgon et Fleurie

Propriété de MM. GROSBON frères, négociants, à Belleville-sur-Saône.

Ce vignoble se compose de la réunion des domaines de Douby, appartenant autrefois à MM. TERREL DES CHÊNES, TERREL-GAUDET et GROSBON.

Les Chênes, commune de Villié-Morgon

Propriété de MM. GROSBON frères, négociants à Belleville-sur-Saône.

Ancien domaine de M. TERREL DES CHÊNES.

Vermont. — A. B., quatrième classe.

PRINCIPAL PROPRIÉTAIRE

M. Passot.

Bellevue.

PRINCIPAL PROPRIÉTAIRE

M. A. Delafond.

Bruyères.

PRINCIPAL PROPRIÉTAIRE

M. A. Delafond.

Château-Gaillard.

PRINCIPAUX PROPRIÉTAIRES

MM. Dufour frères.

Les Mulins.

PRINCIPAUX PROPRIÉTAIRES

Mme Vve Girard. | Mme Vve Martin.

Les Platres.

PRINCIPAL PROPRIÉTAIRE

M. Brun.

Les Pillets.

PRINCIPAUX PROPRIÉTAIRES

Mmes Vve Dubost. | Mme Vve Razuret.
Vve Lamain. | M. Vignard.

Roche-Noire.

PRINCIPAL PROPRIÉTAIRE

M. A. Delafond.

Sont en outre propriétaires dans différents lieux-dits :

MM. Delafond.
E. Dessalle.

MM. L.-A.-S. Frasson.
A. Mazas-Dupasquier, etc.

J.-B. SORNAY

MAIRE DE VILLIÉ-MORGON

propriétaire de vignobles, à MORGON

COMMUNE DE VILLIÉ-MORGON

(Rhône)

SAONE-ET-LOIRE

LE MACONNAIS — LE CHALONNAIS

Historique. — Le département de Saône-et-Loire tire son nom des deux principaux cours d'eau qui traversent son territoire ; le premier, la Loire, se déverse dans l'Océan Atlantique, le second, affluent du Rhône, se déverse par suite dans la Méditerranée.

Formé lors de la constitution des départements français, en 1790, il comprend cinq territoires distincts, à savoir le *Mâconnais*, le *Chalonnais*, le *Charollais*, le *Brionnais* et l'*Autunois*.

Le département est divisé en deux parties à peu près égales par les monts du Mâconnais et du Charollais, qui le traversent du sud au nord ; la partie occidentale est accidentée et présente des vallées peu profondes ; la partie orientale comprend une région de coteaux, la plaine bressane et la fertile vallée de la Saône.

Les départements qui l'entourent sont : au nord, la Côte-d'Or, à l'est, le Jura, au sud-est, l'Ain, au sud, le Rhône et la Loire, à l'ouest, l'Allier et au nord-ouest, la Nièvre.

Sa superficie est de 855.414 hectares ; d'après la statistique il occupe le septième rang parmi les départements français ; sa plus grande longueur, de l'ouest à l'est, est évaluée à 145 kilom.

et sa plus grande largeur, du nord au sud, est de 108 kilom., enfin son pourtour est de 479 kilomètres en nombre rond.

Si on formait, dit M. Dupin, une enceinte du territoire compris entre Château-Chinon, Autun, Saulieu, Avallon et Lorme, on aurait composé un massif d'environ douze lieues de côté (150 lieues carrées) à travers lequel il y a à peine quarante ans on ne trouvait ni une route royale, ni une route départementale, ni même un seul chemin de grande vicinalité en bon état; point de pont, quelques arbres bruts, à peine équarris, jetés sur les cours d'eau, ou plus ordinairement des pierres pour passer les ruisseaux, et cependant, cette même contrée, jadis partie intégrante de l'État des Eduens, avait suivi les progrès de ce peuple ami et allié des Romains, la plus civilisée de la Gaule et dont la capitale Autun avait mérité le titre d'æmula Romæ.

Ces transformations sont certainement celles qui ont le plus d'influence sur l'augmentation de la population.

Au point de vue agricole, on constate (1) que les terres labourables représentent 50 0/0 de la superficie totale du département. Les céréales occupaient en 1852 une superficie de 272.664 hectares, la surface qui leur est consacrée en 1882 n'est plus que de 243.600 hectares. La diminution porte principalement sur le seigle qui est passé de 73,975 hectares en 1852 à 23.487 hect. en 1882 et sur le méteil. Le froment a gagné près de 15.000 hectares, il occupe 144.174 hect. en 1882. Les autres céréales, avoine (30.760 hectares), maïs (23.018 hect.), sarrazin (16.956 hect.), etc., sont restées à peu près stationnaires. La pomme de terre a doublé dans ces trente dernières années. La surface consacrée à cette culture en 1882 est de 46.246 hectares.

Les cultures industrielles sont peu importantes dans ce département. Elles occupent 5000 hectares environ en colza, chanvre et betteraves à sucre.

La statistique de 1852 évalue la superficie des prairies natu-

---

(1) *Annuaire des syndicats agricoles et de l'agriculture française* (1891), par L. Hautefeuille.

relles à 124.972 hect. ; d'après celle de 1882 elles occuperaient 133.167 hectares ainsi répartis :

Prairies naturelles irriguées naturellement .   51.717 hect.
    Id.   irriguées à l'aide de tra-
               vaux spéciaux. . . .   36.272
    Id.   non irriguées 45.178

À ces chiffres, il convient d'ajouter 10.838 hect. de prés temporaires et 36.858 hectares d'herbages pâturés.

Les prairies artificielles, qui occupaient 17.879 hectares en 1852, en occupent 26.459 en 1882. De plus les fourrages verts sont cultivés sur 4.171 hectares.

Le progrès est très sensible ; aussi, ne s'étonnera-t-on pas de voir un bétail plus nombreux, mieux nourri et d'une plus grande précocité.

Le département renferme 152.567 hect. de bois et de forêts. Les essences dominantes sont le chêne, le hêtre, le charme et le tremble.

D'après la statistique la production était la suivante :

Froment	146.960 hect.	2.103.008	hectol.
Seigle.	18.763 —	278.069	—
Avoine	31.841 —	576.670	—
Sarrazin	13.515 —	199.621	—
Betteraves fourragères	3.824 —	524.223	—.
Pommes de terre. . .	49.867 —	3.730.590	quint.
Vignes et vins . . .	31.604 —	523.061	hectol.

Très certainement ce département est un de ceux dans lesquels les améliorations les plus grandes ont été réalisées.

La population, était évaluée, lors du recensement de 1886, à 625,885 habitants, en 1892 à 629.323 ; depuis le commencement du siècle elle n'a cessé d'augmenter ; en 1841 on comptait en effet 551.543 habitants et en 1851, 574.720.

Au point de vue administratif le département comporte cinq divisions, à savoir l'arrondissement de Mâcon où se trouve la préfecture.

Mâcon, qui a donné son nom à cette région viticole si universellement connue, est une jolie ville qui s'étage sur les bords de la Saône ; lors du dernier recensement sa population s'élevait à 19.573 âmes. Sa distance légale de Paris est de 441 kil. ; par le chemin de fer P. L. M, elle est de 423 kil.

Chalon-sur-Saône est la sous-préfecture de l'arrondissement de ce nom ; bâtie également sur les bords de la Saône, on y compte 24.687 âmes. La distance légale de Paris est de 343 kil., par le chemin de fer elle est de 366 kil.

Autun, sous-préfecture, compte 15,187 habitants. Distance légale de Paris, 303 kil., par chemin de fer, 316 kil.

Charolles, sous-préfecture, renferme 3.246 habitants. Distance légale de Paris, 372 kil.; par chemin de fer, 393 kil.

Louhans, sous-préfecture, comporte 4547 âmes. Sa distance légale de Paris est de 378 kil. et par le chemin de fer de 402 kilomètres.

CLIMAT

Au point de vue climatologique, ce département fait partie du *rhodanien,* lequel tire son nom du Rhône dont il occupe toute la vallée supérieure jusqu'à Valence ; la température moyenne y est de 11 degrés, la hauteur totale des pluies y atteint près de 900 millimètres ; le climat est sujet à des changements rapides de température, les pluies et les neiges y abondent dans les parties montagneuses.

Ajoutons néanmoins que la côte chalonnaise se rapproche beaucoup du climat *séquanien,* dont fait partie la Côte-d'Or.

Météorologiquement, le département de Saône-et-Loire a un climat doux et tempéré, tenant tout à la fois du rhodanien et du séquanien.

On compte en moyenne 128 jours de pluie, 18 de neige, 7 de pluie et neige, 2 de grésil et 210 jours de beau temps. La hauteur d'eau tombant annuellement s'élève à 0,846 millimètres 5, se répartissant ainsi :

Printemps	0ᵐ 2067
Eté	0ᵐ 240
Automne	0ᵐ 234
Hiver	0ᵘ 1668

La différence de température moyenne entre l'été et l'hiver a été en treize ans de 18°,2, le maximum en treize ans de + 38° C. et le minimum de — 18°,6, soit une différence de 56°,6. Quant à la moyenne de température du printemps, elle a été de 11°,01, celle de l'été de 20°,27, celle de l'automne de 11°,49, et celle de l'hiver de 2°,47.

GÉOLOGIE

Si on examine la formation géologique de ce département et que l'on répartisse les terrains suivant les anciennes divisions géographiques, on rencontre :

La *Bresse*, formée actuellement par le Louhannais et qui comporte des alluvions modernes et tertiaires ; le sol, en général assez maigre, est humide et coupé de nombreux ruisseaux ; la vigne y donne des vins médiocres ; l'industrie de l'engraissement des volailles est une des principales richesses de la région ; on sait qu'elle possède du reste une race de volailles dite bressane, et dont la réputation n'est plus à faire ; elle compte 120.000 hectares.

Le *Charollais*, jadis connu sous le nom de Brionnais, qui doit son origine à la ville de Semur, est formé d'un sol partie granitique et partie calcaire. De nombreuses rivières sillonnent cette région surtout propre à l'élevage des animaux de l'espèce bovine ; elle comporte environ 220.000 hectares.

Le *Morvan* fait suite. De nombreuses montagnes de formation granitique rendent cette contrée très pittoresque, il occupe également une partie du département de la Nièvre.

Le *Mâconnais* enfin, quoique de peu d'étendue, puisqu'il comprend un peu moins de 50.000 hectares, doit surtout sa célébrité aux riches coteaux qu'il comporte. Dans cette région granitique et calcaire, coupée de collines allant du nord-est au sud-ouest, la vigne y est très productive.

En résumé si nous divisons la surface de ce département suivant les formations, nous constaterons que les deux tiers environ se répartissent en sols granitiques et calcaires et que, pour la partie restante, les trois quarts constituent des sols silico-argileux calcaires et le reste en sols franchement siliceux.

Au point de vue analytique la longue suite de montagnes ou plutôt de coteaux élevés qui font suite à la Côte-d'Or, constitue une série de terrains de composition géologique assez variable et qui constitue une chaîne d'une puissance considérable, allant jusqu'au département de la Loire et coupant par suite ceux de Saône-et-Loire et du Rhône.

Ces collines présentent un aspect variable suivant la région que l'on examine, tantôt elles semblent formées d'une série de mamelons superposés les uns aux autres, tantôt au contraire elles se présentent sous forme de massifs dont la pente est plus accentuée.

Les terrains que nous rencontrons se trouvent formés soit d'alluvions et de dépôts tertiaires, soit de terrains secondaires, soit encore de terrains de transition, de granits ou de gneiss.

Ces formations géologiques ont été jadis étudiées avec grand soin par M. Thiolière (1) qui constate que les premiers, formés de débris de roches plus anciennes, entraînées par les eaux, se rencontrent au fond des vallées ; leur limite supérieure dans le Rhône s'élève en moyenne à 300 mètres au-dessus du niveau de la mer ; tantôt on trouve à la surface une terre fine mélangée de sable, de carbonate de chaux et d'oxyde

(1) Actes des congrès des vignerons français. Session de Lyon, 1845.

de fer. D'autres fois au contraire ce sont des débris de granit, de gneiss et de porphyre provenant des montagnes du Beaujolais. Ces terrains de remaniement reposent sur des roches calcaïres appartenant aux étages jurassiques inférieurs ; celles-ci, se relevant vers l'ouest, apparaissent au-dessus d'eux sur le flanc des montagnes ; quelquefois, comme aux environs de Villefranche et dans l'arrondissement de Mâcon, ces affleurements calcaires dépassent la limite supérieure de la vigne, au contraire entre ces deux points ils disparaissent presque au niveau de la Saône.

Les terrains crétacés et les parties supérieures du jurassique n'existent pas dans tous les vignobles du Rhône, le lias, le calcaire oolithique, des syenites des terrains schisteux se rencontrent le plus ordinairement.

Dans la côte Beaujolaise les granites donnent des sols riches en potasse, lesquels conviennent parfaitement à la culture de la vigne.

Les analyses suivantes faites jadis par Malaguti le prouvent.

ANALYSE D'UN SOL CULTIVÉ DE LA COMMUNE DE CHENAS

	Sous-sol granitique	Terre cultivée
Silice	58.50	68.00
Alumine	24.00	14.00
Potasse	7.50	5.00
Chaux.	» »	0.50
Magnésie	2.00	4.00
Oxyde de fer et de manganèse	1.30	2.00
Eeau	5.83	5.00
	99.13	98.50

Ladrey a eu occasion de faire l'analyse d'une terre de vigne de Romanèche, la couche arable était formée par un porphyre quartzifère ; voici sa composition :

ÉLÉMENTS DOSÉS	QUANTITÉ
Sels alcalins	0.978
Carbonate de chaux	0.923
Magnésie.	0.457
Oxyde de fer	11.037
Acide phosphorique	0.314
Alumine.	3.036
Silice soluble	0.244
Matières organiques	1.324
Résidu insoluble	81.687
	100.000

Enfin dans la côte Chalonnaise, trois terrains se rencontrent. M. Rendu les sépare nettement en disant que sur les coteaux domine le carbonate de chaux ; auquel est ordinairement associée une certaine quantité d'argile mélangée d'un peu de silice et d'oxyde de fer.

A mi-côte, le sol, bien que retenant encore une forte proportion de calcaire, est moins riche en carbonate de chaux; on y trouve un peu d'argile sur le coteau et elle est toujours alliée à la silice et colorée par l'oxyde de fer. Dans la plaine, enfin le calcaire diminue de plus en plus et le terrain devient franchement argilo-siliceux.

Voici l'analyse d'un sol du coteau de Mercurey réunissant cette formation géologique.

ÉLÉMENTS DOSÉS	QUANTITÉ
Sels alcalins.	1.185
Carbonate de chaux	37.025
Magnésie	0.734
Oxyde de fer.	2.900
Acide phosphorique	0.324
Silice soluble	0.185
Alumine.	1.600
Matières organiques	3.405
Résidu insoluble	50.645
	98.000

Si d'autre part on recherche l'influence de ces formations géologiques sur les qualités des vins produits, on remarque de suite que partout où existe du carbonate de chaux en grande quantité, on a des vignobles produisant relativement peu, mais donnant des vins de grande qualité; dans les calcaires marneux, le vin récolté, sans être de qualité aussi grande que le précédent, n'en a pas moins une grande valeur; enfin dans la région des calcaires à entroques et dans les sols plus meubles, la qualité du vignoble est encore différente. Ladrey constatait jadis que, dans le Beaujolais, le vin des assises calcaires était inférieur en qualité à celui des assises granitiques, malgré l'identité presque absolue de climat et d'exposition.

De ce fait, bien des œnologues croyaient pouvoir conclure que si les affleurements de granite de cette région s'étaient continués jusqu'en Côte-d'Or, toutes les autres conditions restant les mêmes, le département aurait encore produit des vins supérieurs à ceux que l'on récolte dans ses climats.

Il n'y a là qu'une hypothèse, surtout si l'on remarque que l'altitude du vignoble n'est plus la même, les terres d'alluvions allant au delà de 330 mètres en général et les sols favorables à la vigne ne commençant qu'au-dessus, alors qu'en *Côte-d'Or* de 240 mètres jusqu'à 315 mètres se trouve la zone favorable aux grands vins; l'altitude et par suite l'exposition ne sont plus alors aussi favorables. C'est à ce fait que nous croyons devoir attribuer le résultat que nous avons observé dans les sols formés par les calcaires à entroques, lesquels donnent des vins de premier choix dans les finages de Puligny en Côte-d'Or, et de qualité bien inférieure à ceux produits dans les sols jurassiques du Beaujolais.

Dans la région mâconnaise, le carbonate de chaux apparaît en plus grande quantité dans le sol, et certains climats reposent même sur des formations très calcaires, alors que d'autres, comme ceux de Thorins, reposent sur des granites rouges renfermant du quartz. Plus bas, les alluvions apparaissent ne donnant que des vins de qualité moindre.

M. A. Bernard a fait une étude très complète du départe-

ment au point de vue de la composition du sol, tant pour sa
richesse en principes fertilisants que par sa teneure en calcaire ou carbonate de chaux. Plus de quinze cents analyses
sont sorties de la station agronomique de Cluny. Nous renvoyons
le lecteur désireux de faire une étude complète de cette question aux rapports écrits par ce savant directeur (1).

STATISTIQUE DU VIGNOBLE

Jullien dans un tableau résumant l'étendue des terrains
plantés en vignes dans chaque département, le nombre des
propriétaires entre lesquels ils sont partagés et leur produit,
année moyenne, établit les résultats suivants pour le département de Saône-et-Loire (2).

	Nombre d'hectares plantés en vigne		Nombre actuel des propriétaires	Nombre d'hectolitres produits par chaque H^a en moyenne		Produit moyen des années 1826-1827-1828	Produit année moyenne d'après les évaluations
	en 1788	en 1839		de 1786 à 1788	de 1826 à 1828		
Saône-et-Loire	30 000	38.872	47.190	26	26.25	1.020.390	900 0
France	1.572.926	2.017.667	2.184.013	»	»	44.814.152	39.281.5

Remarquant que le nombre des départements produisant du
vin était de soixante-seize.

Si dès cette époque nous comparons la superficie en vigne
de ce seul département avec la surface du vignoble en Côte-
d'Or et dans l'Yonne, nous constatons qu'elle est près du double de celle du premier (20.000 hectares), qu'elle dépasse également celle du second (37.212 hectares).

Lors de la statistique de 1851, sur les 855.174 hectares que
comporte le département, on comptait 35.595 hectares en vignes, et comparée à celle de 1841, il y a donc une légère augmentation puisqu'elle n'était que de 34.578 hectares.

(1) Rapport au Préfet par le directeur du laboratoire départemental
agronomique, 1888-1889-1892.
(2) *Topographie de tous les vignobles connus*, page 290, 4e édition déjà citée.

D'autre part, si nous recherchons quelle a été la situation du vignoble ces dernières années, nous constatons que la reconstitution s'est faite assez rapidement.

D'après les bulletins du Ministère de l'agriculture, nous classerons les vignes en deux catégories, à savoir : les vignes au-dessus de quatre ans et celles au-dessous; si on suppose que les premières représentent nos vieux cépages français, les autres constituant les plantations nouvelles nous aurons :

VIGNES DE 4 ANS ET AU-DESSUS

Superficie cultivée	Nombre de pieds à l'hectare	Production totale	Production moyenne à l'hectare	Valeur totale	Valeur moyenne de l'hectol.
		ANNÉE 1887			
		hect.	hect.	fr.	fr.
32.082	15.341	440.679	13.73	20.421.065	46.34
		ANNÉE 1888			
26.873	14.850	658.388	24.50	26.631.795	40.45
		ANNÉE 1889			
28.144	15.000	501.746	17.83	22.342.757	44.53

VIGNES NOUVELLEMENT PLANTÉES AU-DESSOUS DE 4 ANS

Superficie cultivée	Nombre de pieds à l'hectare	Production totale	Production moyenne à l'hectare	Valeur totale	Valeur moyenne de l'hectol.
		ANNÉE 1887			
		hect.	hect.	fr.	fr.
2.345	14.153	7.469	3.19	295.996	39.63
		ANNÉE 1888			
1.853	12.500	11.955	6.45	458.358	38.44
		ANNÉE 1889			
3.463	12.500	21.315	6.45	879.675	41.27

Pour les années suivantes, la même proportionnalité s'observe, ainsi que l'indique la statistique.

INVASION PHYLLOXERIQUE. — RECONSTITUTION

Invasion phylloxérique. — Le phylloxéra envahit le vignoble de Saône-et-Loire en 1874. Tout d'abord sa marche fut assez lente, mais par la suite les dégâts qu'il causait furent tels que les viticulteurs durent songer à la reconstitution.

Le congrès de *Mâcon*, qui eut lieu du 20 au 23 octobre 1887, fit faire un pas décisif à la question si délicate du choix des cépages résistants.

Les conférences viticoles qui eurent lieu à Chalon-sur-Saône eurent également une très grande influence à ce sujet, et s'il existe à l'heure actuelle des propriétaires qui conservent encore leurs vignes par le traitement au sulfure de carbone et autres insecticides, on peut dire que plus de la moitié du vignoble de cette riche région est en voie de reconstitution ou est reconstituée.

Reconstitution. — Les cépages employés pour la reconstitution se divisent en producteurs directs, plants greffés et hybrides; ce n'est que rarement que l'on rencontre les premiers, dont un des meilleurs ou plutôt des moins mauvais est l'*Othello;* le *Noah* se plante encore en quelques endroits.

Les porte-greffes les plus usités varient suivant la nature du sol que l'on rencontre, le plus ordinairement on utilise dans les sols d'alluvions, le *Riparia,* le *Solonis* et quelquefois même le *Vialla.*

Lorsque l'on rencontre des sols granitiques, la reconstitution s'effectue en utilisant les cépages indiqués dans la partie qui traite du *Beaujolais.* Le *solonis,* le *vialla,* le *york madeira,* etc., s'y développent dans de bonnes conditions.

Enfin dans les terrains calcaires proprement dits, les porte-greffes végètent d'une manière différente suivant la quantité d'argile qui s'y rencontre.

Relativement à la reconstitution de ce terrain, M. Petiot a fait des remarques importantes (1); il disait au congrès de Beaune :

Le calcaire peut être considéré, au point de vue de la végétation, comme l'ennemi des vignes américaines. Voilà à peu près le principe. Mais il l'est d'autant plus qu'il est assimilé à une plus grande quantité d'argile, et d'autant moins que cette assimilation est corrigée par un excès de silice et de fer. Je retourne la proposition pour que vous compreniez mieux. Le calcaire est d'autant moins l'ennemi de la végétation, pour la vigne américaine, qu'il y a une moins forte proposition d'argile dans le terrain et qu'il y a plus de silice et de fer. Cette règle peut s'appliquer aussi bien au sol arable qu'au sous-sol. Prenons, si vous le voulez bien, des exemples pour mieux comprendre. Le Vialla, qui est au bas de l'échelle au point de vue de la résistance au calcaire, périt lorsqu'il y a 15, 20, 25 0/0 de carbonate de chaux, avec 33, 40 0/0 d'argile ; mais il végète très bien s'il y a dans le sol, comme correctif 30, 35 0/0 de silice et seulement 20 à 25 0/0 d'argile : c'est-à-dire si malgré la forte proportion de calcaire, celle de silice l'emporte sur celle d'argile. Je mets le Rupestris à peu près dans la même zone ; il s'atrophie dès qu'il y a trop d'argile et trop de calcaire. Le Riparia va plus loin ; il supporte 40, 45 et même 50 0/0 de calcaire, lorsqu'il n'est assimilé qu'à 20 0/0 d'argile et qu'il y a comme correctif 30 0/0 de silice et 4 ou 5 0/0 d'oxyde de fer. Enfin le solonis peut supporter jusqu'à 55 et 60 0/0 de calcaire, s'il y a toujours du fer, peu d'argile et beaucoup de silice.

Ajoutons enfin que les hybrides sont en ce moment étudiés dans bien des communes, mais que jusqu'à présent il n'ont pas été la base de la reconstitution.

Les plantations en américains se font le plus ordinairement par des racinés qui greffés sur table ont été mis en pépinière, le sol dans lequel on les met doit avoir été soigneusement fumé et défoncé.

Le défoncement, dont tous les viticulteurs reconnaissent l'im-

(1) *Bulletin de la Société Vigneronne de Beaune.* N° 12.

portance, se fait avec grand soin ; autant que possible le sol où l'on reconstitue le vignoble a été abandonné pendant quelque temps, ou a porté une légumineuse dont le pouvoir *améliorant* est connu de tous.

L'écartement entre les lignes, les soins culturaux se donnant aux jeunes plantations sont trop connus pour les répéter à nouveau ; néanmoins nous croyons devoir dire quelques mots des frais de reconstitution.

M. Petiot, dont nous avons déjà parlé, les évalue de la manière suivante dans sa conférence à Beaune.

La vigne française a surtout à supporter de grands frais de fumier pour sa plantation et son maintien, ce qui porte son prix de revient, à quatre ans, par journal, à 2.070 fr. Vous n'avez, si vous voulez avoir le coût à l'ouvrée, qu'à diviser par 8, et si vous voulez l'avoir à l'hectare, qu'à multiplier par 3. Nous atteignons ce prix élevé à cause de la quantité de fumier nécessaire pour conserver la vigne où le sulfure de carbonne n'est très efficace que si on lui adjoint une forte quantité d'engrais. Avec l'intérêt de l'argent, la dépense est à peu près de 163 fr. à l'ouvrée.

Pour la vigne américaine greffée, j'arrive à 1.912 fr. au journal. Mais comme nous avons une production sérieuse, dès la troisième année, tandis que la vigne française n'en a point, et qu'à la quatrième année les plants greffés sont en plein rapport, si nous comptons, à quatre ans, le revenu de l'une et de l'autre vigne, nous trouvons : pour la vigne française, un revenu total de 800 fr. en moyenne au journal, tandis que le même revenu, pour la vigne américaine, est de 1.170 fr. pour le pineau et de 1.280 fr. pour le gamay. En déduisant ce revenu de tous les frais de reconstitution, le prix de revient d'un journal de vigne française, à quatre ans, est de 1.269 fr., soit 163 fr. l'ouvrée ; celui des plants greffés est de 782 fr., soit 97 fr. l'ouvrée pour le pineau, et de 672 fr., soit 84 fr. l'ouvrée pour le gamay.

Encore avantage pour la reconstitution en plants greffés. Il est bien entendu que pour celles-ci je compte une assez forte somme pour les engrais, peut-être même plus forté que celle que la plupart de nos propriétaires et vignerons emploient. Mais, je le répète, ils sont beaucoup moins nécessaires à la vigne américaine qu'à la vigne française maintenue par un insecticide.

En résumé, l'œuvre de reconstitution marche rapidement en Saône-et-Loire, et grâce à l'initiative de nombreuses sociétés, grâce au zèle et au dévouement du professeur départemental d'agriculture, des cours de greffage ont été établis dans chaque commune, de telle sorte que tous les enseignements que le vigneron qui veut rétablir sa vigne doit connaître, sont très largement vulgarisés.

PRODUCTION VITICOLE

Jullien dans sa *Topographie de tous les vignobles connus*, rattache à la *Côte-d'Or* l'arrondissement de Chalon-sur-Saône, du département de Saône-et-Loire, et dont il fait la haute Bourgogne. Nous avons cru devoir, et c'est l'avis de véritables œnologues, ne pas prendre cette classification, constituant au contraire la haute Bourgogne des côtes Chalonnaises, Mâconnaises et Beaujolaises, lesquelles produisent des vins qui entre eux ont des rapports bien plus étroits tant par leurs qualités à la dégustation qu'à l'analyse chimique.

Il a été traité, dans la première partie, de la production viticole du Beaujolais ; nous n'y reviendrons pas. Pour Saône-et-Loire, en 1841, la statistique nous apprend que le rendement en vin s'élevait à 844,233 hectolitres, se répartissant en 714,131 hectolitres de rouge et 130,102 hectolitres de blanc.

Du reste dans cette région où les viticulteurs mettent en pratique les meilleurs procédés, les rendements sont souvent considérables ; c'est ainsi que l'on a pu écrire : savez-vous quelle est la récolte dans le Mâconnais où ils sont judicieusement observés (1) ? 29 hectolitres par hectare en bonne moyenne

(1) L. Portes et Ruÿssen, *Traité de la vigne et de ses produits.*

(1860); 47 en années d'abondance (1866) (22 et 23 seulement pour la Côte-d'Or). Près de cinq fois autant que dans la Dordogne et dix fois autant qu'en Limousin ! Voilà ce que peut l'intelligence appliquée à la culture.

Pendant ces dernières années, la production viticole du département se répartissait à peu près de la manière suivante :

ANNÉES	PRODUCTION hectolitres	ANNÉES	PRODUCTION hectolitres
1873	359,279	1883	1,028,938
1874	892,365	1884	534,565
1875	2,220,872	1885	843,763
1876	1,164,627	1886	584,272
1877	1,407,216	1887	425,606
1878	1,435,809	1888	670,443
1879	690,695	1889	523,081
1880	647,922	1890	562,928
1881	540,436	1891	528,928
1882	553,968	1892	520,018

Rendement des cépages. — Quoiqu'il soit assez difficile d'établir le rendement moyen des cépages, il n'en est pas moins vrai qu'il est supérieur à celui que l'on obtient dans la *Côte-d'Or.*

Le Dr Guyot a constaté que la moyenne récolte des vignes de pineau de la *côte chalonnaise* est de plus de vingt-cinq hectolitres, dans les *mêmes* terrains où les vignes taillées à un seul courson, à deux ou trois yeux dans la Côte-d'Or, ne donneraient que dix à douze hectolitres à l'hectare.

Pour les Chardenay, le rendement oscille entre vingt-cinq hectolitres à l'hectare, où la vigne est jeune, et cinquante à cinquante-cinq, si elle est en pleine production.

Pour les gamays le rendement dépasse toujours de un tiers à moitié, année égale, celui des pinots.

Lorsque le Dr J. Guyot fit son enquête viticole en 1866, il admettait que tous les vins nouveaux du Mâconnais, de la Côte chalonnaise, pris sur place et nus, au décuvage, seraient vendus entre 57 et 170 fr. la pièce de 228 litres, or le département de Saône-et-Loire comptait à cette époque 36,000 hectares de vignes, d'autre part la production moyenne qu'il établissait étant de trente-six hectolitres à l'hectare, et les vins étant vendus seulement 28 fr. l'hectolitre, chaque hectare donnait donc en somme un produit brut de 1000 fr. environ.

Bien entendu lorsqu'il s'agit des nouvelles plantations en américains greffés, le rendement est inférieur à ce qu'il serait si la vigne était plus vieille et par conséquent en pleine production.

Constitution des vins. — Suivant que l'on déguste des vins du Mâconnais ou de la Côte chalonnaise, les qualités qu'ils présentent sont différentes, nous les examinerons en faisant l'historique de chaque commune, mais, dès à présent, nous ferons remarquer que de l'avis de la plupart des œnologues, à âge égal et toutes choses de même d'ailleurs, il n'existe pas de différence entre les vins provenant des cépages français anciens et ceux provenant de ces mêmes plants, greffés sur américains résistants au phylloxéra.

ANALYSE DES VINS

Les vins du département de Saône-et-Loire présentent à l'analyse tous les caractères que l'on recherche dans les vins de table, de dessert ou ordinaire. Par suite de leur richesse moyenne en tannin et en alcool, ils acquièrent avec l'âge un certain bouquet, ils sont de bonne conservation.

M. Ch. Girard, directeur du laboratoire municipal, en a donné quelques analyses ; nous les reproduisons (1).

_____

(1) Documents statistique du laboratoire municipal de Paris.

ANALYSE DES VINS DE SAONE-ET-LOIRE

ORIGINE des VINS	ANNÉES	Alcool 0/0 en volume	EN GRAMMES PAR LITRES					Sulfate de potasse	Acidité en SO^3HO
			Extrait à 100 degrés	Extrait dans le vide	Cendres	Tartre	Matière réd¹ la liqueur cupropotassique en glucose		
Chalon-sur-Saône.	1882	10	23.3	»	»	"	1.5	0 51	»
Givry	»	8.5	20.3	»	»	»	1.3	0.31	»
Mâcon	1881	10.5	18.7	24.1	1.85	2.10	0.7	0.53	5.07
id.	»	9.5	17	21.5	1.71	1.70	1.6	0 53	4.11
id.	»	11	20.8	25.6	2	2.16	1.2	0.72	2.69
id.	»	10.5	21.9	»	»	»	1.2	0.52	»
id.	»	10.5	17.8	»	»	»	1.8	0.48	»
id.	»	9.1	17.7	»	»	»	1.7	0.38	»
id.	»	10.9	17.8	»	»	»	0.9	0.49	»
id.	»	10.8	21.5	»	»	»	0.9	0.50	»
id.	»	7.9	24	»	»	»	1	0.51	»
id.	»	10.1	19.9	»	»	»	1.2	0.50	»
Mâcon (11 analyses).	»	9.7	21.5	»	»	»	1.3	0.46	»
Saint-Martin	»	11.2	18.9	24.14	1.75	1.14	1.2	0.42	»
Thorins	»	10.8	23.2	»	»	»	0.9	0.40	»
id.	»	11.3	25.9	»	»	»	1.2	0.41	»
id.	1878	12.02	24	34.6	2.14	2.43	1.8	0.30	4.96
id.	»	7.6	14.3	21.6	1.97	2.53	1.1	0.53	3.38
Tournus	»	9	21.2	»	1.88	2	2	0.35	3.08
Aluze	1881	3.6	22.1	24.6	1.95	1.98	1.6	0 51	4
Chagny	»	5.8	22.7	»	2.23	3.96	2	0.43	5.60
Chassey	»								

D'autre part, voici un extrait d'un rapport sur l'analyse des vins présentés à l'exposition universelle de 1878, par M. Boussingault (1).

(1) Bulletin du Ministère de l'agriculture, 1883.

NOM de l'Exposant	NOM du cru.	ANNÉE de la récolte.	EN GRAMMES PAR LITRE								
			Densité.	Alcool en volume.	Acidité totale en SO³, HO.	Crème de tartre.	Tannin.	Extrait sec.	Glycérine.	Acide succinique.	Cendres.
Jules Pasquier	Thorins	1876	0.993	111.0	4.263	1.188	1.750	26.70	8.1	1.62	1.58
id.	Brouilly	1874	0.992	119.0	4.305	1.188	1.000	26.80	9.3	1.86	1.50
Charton	Collonges	1876	0.996	94.0	4.594	1.371	0.475	24.00	6.6	1.33	1.20
id	id.	1874	0.994	94.0	5.173	1.714	0.212	22.70	6.6	1.30	1.20
Martin	Vars-Chênes	1874	0.995	108.0	6.173	1.023	0.125	26.80	9.0	1.80	1.90
Chernay	Solutré	1876	0.994	107.0	5.141	1.056	2.000	26.80	7.6	1.52	1.20
Bernardin-Lapierre	Saint-Amour	1877	0.991	132.0	4.593	0.837	1.750	29.50	9.3	1.86	1.60
id.	id.	1874	0.994	118.0	4.221	0.962	1.000	28.20	9.7	1.91	1.50
Ambroise-Lapierre	Romanèche	1869	0.992	111.0	4.263	0.753	1.500	25.30	8.6	1.72	1.50
Lemonon-Lorou	C. des Paquelets	1876	0.992	110.0	4.472	1.590	1.750	24.10	7.7	1.54	1.50
Métien-Benvet	Fleurye	1877	0.991	120.0	4.263	0.502	1.500	23.40	8.3	1.66	1.00
id.	id.	1870	0.991	119.0	5.350	0.585	1.500	24.50	7.6	1.58	1.20
De Veydel	Rose	1875	0.992	147.0	3.685	0.362	»	19.50	6.8	1.30	1.40
id.	Des Prasles	1858	0.990	134.0	3.037	0.186	»	19.30	7.0	1.40	1.10
Antoine Dejour	De Pouillé-Solutré	1875	0.991	127.0	3.635	0.543	»	20.80	10.0	2.00	1.00
Pierre Jacquelot	De Chaintré	1870	0.991	144.0	3.486	0.302	»	23.00	7.4	1.48	1.50
Jacques Charnay	Solutré	1874	0.993	129.0	3.781	0.744	»	24.50	7.6	1.52	1.30
Henri Piot	Cl. Pouilly	1877	0.992	139.0	3.784	0.838	»	21.60	9.8	1.96	1.20
Claude Barrat	Solutré	1874	0.994	126.0	3.885	1.125	»	24.30	8.3	1.66	1.20
Fois Gaillardon	Pouilly	1875	0.994	127.0	3.585	0.543	»	20.40	9.0	1.80	0.80
Perret	Morgon	1876	0.994	104.0	4.664	0.834	0.500	24.50	8.2	1.64	1.30
id.	id.	1870	0.993	114.0	4.460	1.079	1.625	26.50	9.0	1.80	1.80
Large	Fleurye	1874	0.993	114.0	4.058	1.494	1.675	26.30	8.3	1.66	2.00
id.	id.	1859	0.983	106.0	3.910	0.132	0.750	26.00	7.7	1.54	1.60
Desvignes	Cl. du Rocher	1865	0.993	125.0	4.596	0.083	1.250	26.30	9.5	1.90	1.60
Crotte	Cru du Quaquerlin	1870	0.991	120.0	5.657	0.083	1.000	23.20	8.5	1.90	2.00
Huguet-Bonnet	Brouilly	1870	0.993	111.0	4.817	0.543	1.250	26.70	7.2	1.84	1.40
id.	Thorins	1876	0.993	102.0	4.862	0.848	1.000	25.30	8.0	1.60	1.50
Bortier	Moulin à-Vent	1877	0.992	139.0	3.978	0.183	1.750	32.70	9.7	1.94	2.00
id.	id.	1876	0.993	120.0	3.403	0.678	2.000	30.40	8.3	1.86	1.80
id.	id.	1870	0.992	124.0	3.580	0.084	1.250	27.10	9.2	1.84	1.70
Ourien	Lacarelle Milly	1876	0.992	118.0	4.066	0.667	1.500	25.90	8.2	1.64	1.50
id.	id.	1874	0.992	146.0	6.021	1.162	2.000	23.20	8.7	1.94	1.50
Sigaud	Méty	1876	0.992	100.0	4.420	0.667	1.250	22.70	7.4	1.62	1.50
Bender	Garanches	1877	0.992	117.5	4.508	0.508	0.500	23.50	7.5	1.50	1.50
id.	id.	1869	0.993	105.0	4.813	0.848	1.200	24.80	7.8	1.56	1.30
Paquier Desvignes	Brouilly	1870	0.992	115.0	4.862	0.084	1.500	26.90	8.0	1.60	1.20
Graston	Douby	1876	0.992	124.0	3.380	0.132	1.250	28.20	7.9	1.58	1.50
Dr Eugène Emery	Brouilly	1874	0.991	119.0	5.301	0.778	1.620	22.40	7.7	1.74	1.20
id.	id.	1870	0.992	116.0	6.409	0.231	1.620	25.10	8.7	1.74	1.30
Abel Sauzey	Villié	1876	0.994	115.0	3.871	1.102	1.750	27.80	8.6	1.92	1.50
Mace Talland	Saint-Léger	1874	0.992	105.0	4.862	0.593	1.200	23.00	7.4	1.48	1.00
J.-B. Plattet	Fleurye	1870	0.991	119.0	3.580	0.254	1.750	25.20	7.9	1.58	1.50
Saulaville Méras	Lautigni	1874	0.991	124.0	3.536	0.848	1.750	24.80	8.7	1.74	1.90
Alfred Delafond	Bellevue	1876	0.995	122.0	4.594	0.943	2.000	27.80	8.2	1.84	1.70
Bortier Legendre	La Terrière	1877	0.993	131.0	4.549	0.334	2.000	29.30	10.0	2.00	1.50
id.	id.	18.8	0.992	113.0	4.685	0.593	1.200	28.20	8.0	2.00	1.50
Mouton	Laplaigne	1874	0.991	146.0	3.702	1.162	2.250	24.40	7.3	1.46	1.50
id.	id.	1868	0.992	122.0	3.757	»	1.200	25.70	7.8	1.56	1.50
Victor Malachard	Regnié	1874	0.992	122.0	4.103	0.996	2.250	24.80	8.3	1.66	1.60
Jacques Trichard	La Roche	1875	0.990	133.0	2.468	0.583	1.750	25.20	8.0	1.60	1.50
Belmond	Brouilly	1877	0.994	117.0	4.346	0.132	1.500	29.70	8.8	1.76	1.30
id.	id.	1874	0.993	122.0	4.464	0.424	1.250	26.00	8.4	1.68	1.50
Verzier	Quincié	1876	0.994	113.0	4.464	0.424	1.200	26.30	7.7	1.54	1.00
Broyer	Tournus	1875	0.995	85.0	5.038	0.750	2.000	26.80	6.2	1.44	1.50
Boyer	Tourmis	1874	0.996	115.0	5.967	1.102	1.750	27.40	7.9	1.58	1.20
Alfred de Surigny	Champtout	1875	0.997	97.0	6.055	1.102	1.750	25.70	7.0	1.40	1.30
Marquis de Barbentane	Côte Saint-Jean	1861	0.995	104.0	5.834	1.251	1.000	29.90	6.6	1.92	2.00
Ville de Givry	Clos des Teppes	1874	0.995	90.0	5.215	1.444	1.250	27.10	6.4	1.24	1.80
id.	Gamay des plaines	1870	0.994	99.0	5.312	0.066	1.750	27.00	6.8	1.36	1.00
id.	Gamay des côtes	1865	0.996	98.0	6.630	0.678	1.750	32.80	7.0	1.40	1.00
id.	Gamay des plaines	1877	0.993	105.0	5.509	1.251	1.250	24.10	7.2	1.44	1.30
id.	Bois Chevaux	1869	0.996	97.0	3.884	0.498	2.000	25.50	6.8	1.36	1.30

PRINCIPAUX CÉPAGES

Les principaux cépages du département sont le *Gamay* et le *Pineau*.

Il existe diverses variétés de *Gamays* : la variété dite *petit noir* comporte le *G. Picard*, le *G. Nicolas* (connues également sous le nom de bon plant), le *Corbeau*, qui produisent plusieurs qualités de vin rouge.

Les bons plants sont des cépages de choix, les vignerons les recherchent de préférence aux autres variétés.

Le Gamay, reconnaissable à son bourgeonnement duveteux, à ses sarments érigés, à ses feuilles de grandeur moyenne, d'un vert tendre, dont le limbe supérieur est glabre et la face inférieure un peu moins colorée est presque glabre également, a de petites dents qui les bordent ; le pétiole, de longueur moyenne, est légèrement rosé.

Les grappes moyennes, cylindriques, quelquefois ailées, portent des *grumes* de grosseur ordinaire ; le pédicelle est court et la peau fine.

D'après M. Pulliat, c'est un cépage de seconde maturité.

Nous ne ferons pas à nouveau l'historique de ce cépage, néanmoins il est bon de faire remarquer que son nom, sinon son origine, proviendrait du village de ce nom, en Côte-d'Or (1).

Ainsi que l'a fort justement écrit le Dr J. Guyot (2), le petit Gamay à grains ronds, qui compte plusieurs variétés, est la seule base des meilleurs vins rouges du Beaujolais comme du Mâconnais, des vins de Thorins et de son fameux Moulin-à-Vent, comme des vins de Chenas, de Romanèche et de Fleurie, de Brouilly, de Morgon comme du Clos-Carquelin.

Voilà le grand secret du Beaujolais et du Mâconnais, le secret

(1) Voir *les Grands Vins de Bourgogne*. Monographie du hameau de Gamay.
(2) Déjà cité.

qui a fondé et conservé la légitime réputation de leurs vins rouges.

Le *Pineau* noir se rencontre surtout dans la côte chalonnaise, quoique sur certaines communes du reste du département il existe également, mais ce cépage, qui convient surtout aux sols calcaires, perd de sa valeur dans les sols granitiques.

L'origine du pinot est assez difficile à déterminer. Pierre de Crescens, qui écrivait au xive siècle, parle d'une espèce de vigne se rencontrant aux environs de Milan et qu'il nomme *pignolus ;* d'autre part, dans les Ordonnances du Louvre, remontant à 1394, il est question d'un raisin produit par le *pinoz* et surpassant tous les autres par ses qualités.

Il semble que ce cépage soit pour ainsi dire de fondation en Côte-d'Or. En effet, Olivier de Serre, dans son ouvrage immortel sur l'agriculture, étudiant les divers raisins que l'on récoltait en France, a écrit : « Non plus aujourd'hui ne sont indifféremment recogneus par toutes les provinces les noms des raisins dont l'on usoit en divers endroits du royaume qui sont *Pinot* ou *Beaunois,* etc. »

Ajoutons que l'on n'est pas fixé sur l'étymologie de ce nom de *pinot ;* les anciens eux-mêmes ne savaient s'il était celui du premier vigneron qui le cultivait ou le mit en lumière, ou si on ne doit pas le rapporter à la forme de sa grappe qui rappelle celle du pin.

Comme on le voit et très naturellement il a dû se multiplier dans tous les départements qui constituaient l'ancienne province de Bourgogne.

Travaux culturaux et conduite du vignoble. — Suivant les régions où l'on se trouve, la conduite du vignoble présente des modifications. Pour éviter les redites, nous renvoyons le lecteur au Mâconnais et à la côte Chalonnaise ; néanmoins et d'une manière générale, il semble que si le Mâconnais présente de grandes analogies avec le Beaujolais, la région Chalonnaise, au contraire, s'inspire surtout de la Côte-d'Or.

Parasites de la vigne. — Les parasites de la vigne que

l'on rencontre dans ce département sont à peu près les mêmes que ceux qui existent dans la *Côte-d'Or* et dans le *Rhône*, Nous prions le lecteur de se reporter à l'étude qui en est faite dans la première partie de cet ouvrage.

Elevage et conduite des vins. — Les vins de *Saône-et-Loire* sont par excellence des vins de table ; bien soignés ils sont susceptibles d'une très grande durée.

Conservés dans des caves ainsi que nous l'indiquerons plus loin, ils subissent des soutirages et collages, et peuvent se mettre en bouteilles dès la fin de la première année, ceci bien entendu dépendant surtout des crûs et climats qui les ont produits.

Très rarement ils sont atteints par les maladies, néanmoins nous indiquerons celles qui peuvent leur causer quelques préjudices, nous réservant d'étudier les moyens de les combattre lorsque nous parlerons du *Mâconnais* et de la *côte Chalonnaise*.

LE MACONNAIS

Ainsi que l'a fort bien dit un de nos œnologues éminents, Mâcon est un des comptoirs vignobles les plus riches et les plus justement renommés.

Son vignoble, limité par les monts du Charollais, qui l'abritent des vents d'ouest et nord-ouest, préservé à l'est par la vallée de la Saône, n'est que rarement atteint par les gelées, et sauf les vallées où la température s'abaisse un peu plus, n'est que peu sujet à la coulure.

Produisant de bons vins ordinaires et d'excellents vins fins, cette région a acquis une réputation véritablement européenne, et il n'est aucune des parties du monde où l'on ne trouve des mâcons.

Mais si par la nature du sol, si par les cultures spéciales, les vignerons sont arrivés à obtenir des produits justement connus, cette grande réputation ils la doivent également à la maturité des plants qu'ils cultivent ne recherchent que quelques variétés de cépages, bien adaptés au sol à la vérité.

D'autre part, et en s'attachant à établir d'une manière constante une très grande unité dans les produits de la vigne, en obtenant, tout en les améliorant, des produits qui, d'une année à l'autre, reproduisent les caractères de finesse caractéristique des vins de cette région, ils ont su fixer le goût et le choix des amateurs.

Or, le consommateur tient par dessus tout à n'avoir que des vins ayant toujours des caractères à peu près constants, il aime à retrouver sur sa table toujours ces vins si réputés ; dans ce fait est certainement une des causes du grand renom de ce vignoble.

Parmi les cantons renfermant les plus beaux et riches vignobles de la région, nous devons signaler le canton de la Chapelle-de-Guinchay produisant des vins réputés ; puis le canton de Mâcon où on a été plus lent à marcher dans la voie de reconstitution, mais où néanmoins chaque année de nouvelles plantations apparaissent.

Les cantons de Mâcon et Tournus possèdent également un beau vignoble en partie reconstitué. Enfin dans le canton de Lugny où la vigne occupe environ le quart du territoire, dès 1887, une partie des vignes étaient déjà en voie de reconstitution, de telle sorte que c'est maintenant par milliers de *coupées* que l'on compte les jeunes plantations.

Nous avons décrit les principaux cépages que l'on rencontre, les variétés de gamay dominent en tant que plants ordinaires, les pineaux noirs existent dans quelques bons climats, enfin le Chardenay fournit les grands vins blancs.

Jadis les pineaux noirs occupaient de grandes surfaces, mais peu à peu ils ont été éliminés par les vignerons qui trouvaient que ces *plants* de Bourgogne étaient moins productifs que les gamays. Suivant les cantons où l'on se trouve, le mode de plantations et de culture varie, et alors que dans les contrées du Mâconnais, voisines du Beaujolais, dans les *Romanèche, Thorins,* etc., le vignoble en plants français est ordinairemént conduit suivant les méthodes déjà indiquées dans la première partie de ce travail, il n'en est plus de même dans les cantons de *Mâcon*, *Tournus*, *Lugny* et même *Cluny*.

A titre de renseignement, nous donnerons les pratiques culturales, jadis usitées pour la mise en terre de nos anciens cépages, la reconstitution par les plants américains étant, comme il a été expliqué plus haut, toute différente.

Pour effectuer la plantation, certains vignerons *minent*, c'est-à-dire défoncent à une certaine profondeur, puis ouvrent des fosses dans lesquelles ils disposent les chapons ou boutures en ayant soin d'en recourber en forme d'archet la partie inférieure, ces fosses ayant une profondeur de 0^{m}30, alors que l'écartement en les lignes varie suivant les communes de 0^{m}50 à 0^{m}90 et sur les lignes de 0^{m}50 à 0^{m}90. Dans d'autres parties du Mâconnais on ne pratique pas le défoncement, mais on plante simplement à la *boiche* ou bêche en fosse ouverte directement dans le sol, ou sur un simple labour.

Les vignobles forment des planches ayant de cinq à douze rayons, séparés par une sorte de sentier ou fosse assez profonde pour donner lieu à un drainage utile dans les sols humides et frais ; les plants manquants sont le plus ordinairement remplacés par des racinés ou des boutures, ce n'est pas l'habitude de recourir au *provignage* ou couchage pour les remplacer, ainsi que cela se pratique en d'autres régions.

Deux sortes de conduites ou tailles étaient le plus ordinairement appliquées aux plantations du printemps.

Alors que certains vignerons taillent leurs bois dès la première année, et laissent de un à trois yeux, de telle sorte que la vigne porte l'année suivante le même nombre de coursonnes ou cornes, que l'on rabat à deux ou plusieurs yeux suivant la force du sujet, d'autres, au contraire, conduisent la ligne d'après le mode de tailles dit en *peloussier ou pelousier* (sorte de buisson épineux).

Les uns laissent le jeune plant se développer sans aucune entrave pendant les deux, trois ou quatre premières années, et amènent les souches à avoir trois sarments dont deux sont taillés courts et l'autre long. D'autres, au contraire, taillent chaque année, s'attachant à choisir la meilleure branche, à laquelle on laisse de six à douze yeux, les autres étant rabattus à la souche, et constituant deux petites cornes.

Ajoutons que cette taille est temporaire et a pour objet de donner de la force au cep ; l'année suivante la baguette est rognée, deux yeux nouveaux, sortant de la souche, sont conservés, taillés comme il a été dit, ils constituent la souche définitive. Dans certaines communes, les cépages blancs sont laissés à plusieurs cornes ou coursonnes, suivant l'âge et la vigueur du sujet, puis ceux-ci portent de deux à trois ou un plus grand nombre d'yeux.

Pour éviter la dépense de deux échalas, disposés soit l'un au pied de la souche, et l'autre à la traîne, soit encore à angle aigu lorsque l'on utilise la taille à long sarment ou *ployon*, certains vignerons recourbent le sarment sur lui-même pour le fixer au même paisseau. Dans quelques coteaux des bords de la Saône, le vignoble, qu'il soit planté en cépages blancs ou rouges, est conduit en *hautains*. Le principe de cette direction est la taille en coursonnes sur fil de fer.

Ces vignes, cultivées en rangs espacés de 2 mètres ou en *joualles*, c'est-à-dire écartées de 5 à 12 mètres avec emblavures de céréales dans les espaces intercalaires, sont en somme l'exception.

Les fils de fer, maintenus par des supports ou *palis* écartés de 2 à 5 mètres, sont au nombre de trois.

Au lieu de n'avoir que deux bras, les souches en portent trois ou quatre. Les queues qui se développent sont cintrées pour assurer leur fructification.

L'écartement des souches, sur les lignes oscillent entre 1^{m}90 et 2^{m}10, le rendement, bien plus considérable puisqu'il varie entre 60 et 70 hectolitres à l'hectare, est compensé par la moindre qualité des produits.

Culture. — Les travaux culturaux sont à peu près les mêmes partout, en moyenne on donne trois façons, la première en mars ; la seconde en mai, la troisième en juillet.

On utilise pour ces façons les pioches ou *boiches,* plates et à dents.

Rarement on ébourgeonne, quoique ce soit une pratique à conseiller.

Le rognage est pratiqué sitôt que les pousses dépassent les échalas, ajoutons que le provignage se pratique seulement pour remplacer les ceps morts.

Produit du sol. — Jusque dans la première partie de ce siècle, le vignoble de Saône-et-Loire a été cultivé à moitié fruit par le propriétaire et le vigneron, mais peu à peu et en présence de la valeur des produits de la vigne, la culture s'est faite à l'argent.

Lorsque l'on cultive la vigne à moitié fruit, on estime qu'une famille de vignerons peut entreprendre de deux à trois hectares de vignes, si au contraire le travail a lieu à la journée, le vigneron cherche à faire la plus grande surface possible.

Vendanges. — La vendange est une opération importante : la bande se compose de femmes et de jeunes gens qui coupent les raisins, et en remplissent de petits paniers qui sont vidés dans des *bénes* ou *belons* qui à leur tour vont remplir des *balonges* ou *baignoires* placées sur des voitures.

Dans le Mâconnais la récolte commence le plus ordinairement du 20 au 30 septembre, certaines années elle est plus hâtive.

Le plus ordinairement on n'égrappe pas le raisin.

La fermentation se mène assez vivement, surtout pour les vins fins.

Suivant la qualité des vins que l'on veut obtenir le vigneron la fait plus ou moins durer, alors qu'elle a lieu rapidement et dure quarante-huit heures dans les *Thorins,* au contraire elle a une durée double dans d'autres climats.

Soutirage. — Sitôt le décuvage arrivé on soutire en futailles neuves dans lesquelles la fermentation se continue ; puis dès que la mousse résultant de ce travail ne s'échappe plus, que la pièce a cessé de cracher on procède à l'*ouillage,* puis on procède aux soutirages en mai et août.

Soins à la cave. — Le décuvage terminé, le vin est en-
vaisselé dans de la futaille neuve, et aussitôt commence une
fermentation lente, qui se traduit par l'apparition d'une mousse
ou *crachée* qui s'échappe de la bonde lors de l'opération de
l'ouillage ou remplissage.

Deux soutirages, l'un en mai, l'autre en août, sont le plus ordinairement pratiqués ; néanmoins il y a quelquefois lieu d'en
pratiquer trois, surtout pour certains vins fins.

Caractères à la dégustation. — Suivant la région que l'on
considère, les soins et par conséquent les caractères à la dégustation de ces vins si agréables varient entre eux.

V. Rendu (1) les a décrits et classés d'une manière très
exacte en cinq zones.

La première zone, écrit-il, comprend la *Romanèche* et la
Chapelle-de-Guinchay. C'est dans cette zone que se récoltent
les vins les plus fins.

Le vignoble de Romanèche, d'une contenance de plus de
500 hectares, a pour premiers crus les Thorins (91 hectares),
dont le Moulin-à-Vent est le type le plus distingué ; puis
viennent le Champ-de-Cour, le Champ-des-Groliers, les Brainés,
les Pérelles, la Maisonneuve et Laranche désignés sous le nom
générique de vins de la Romanèche.

Ces vins sont très généreux, remarquables par leur finesse,
leur légèreté, leur sève et leur bouquet : ils sont précoces et tendres, et veulent être soutirés avec soin et à propos. Trois à
quatre ans d'âge suffisent pour les amener à la perfection, ils
sont alors couleur pelure d'oignon.

Dans la seconde zone, on classe un vignoble très important,
le type en est le vin produit par *Saint-Amour,* qui, d'une belle
couleur, ne manque ni de bouquet ni de saveur, tout en étant
d'une dégustation facile. Il peut être mis en bouteilles de la
deuxième à la cinquième année.

Dans la troisième zone, on classe le vignoble de *Davayé,* les
vins récoltés sont de bons ordinaires, ils ne manquent pas de
couleur et ont beaucoup de corps.

(1) Déjà cité.

Dans la quatrième zone enfin nous rangerons les produits des vignobles de *Lugny* (canton) et d'une partie de *Mâcon* nord.

Enfin la dernière zone correspond aux vignobles produisant les bons vins blancs du Mâconnais, et dont le type sont les *Fuissé, Pouilly, Vergisson, Solutré.* D'une grande finesse, d'un fruit agréable, alcoolique, ils ont une belle teinte jaune d'or, qualités qui les ont fait classer parmi les grands vins blancs.

En résumé et comme on le voit, par sa production, et la valeur de ses produits, le *Mâconnais* est digne de sa grande réputation.

LA COTE CHALONNAISE

La côte chalonnaise, qui sépare le Mâconnais de la Côte-d'Or, tient nécessairement sa manière de cultiver de l'un et l'autre v gnoble.

Au point de vue local, située sur les coteaux qui prolongent les collines du Charollais, elle se trouve en terrain calcaire.

On peut la diviser en vignobles de coteaux ou côtes, de mi-côtes et de plaines, produisant des vins qui sont dits de première qualité ou fins, de deuxième qualité ou ordinaires et communs ou de consommation courante. Dans la *côte chalonnaise,* quoique la pratique des défonçages soit assez courante, néanmoins certains vignerons hésitent à miner les sols légers.

D'autre part, la *plantation* se fait ou plutôt s'effectuait le plus ordinairement en fosses et, comme nous l'avons déjà décrit, en ayant recours aux chevolées ou aux boutures, la caractéristique étant l'arçure de celles-ci dans la fosse.

Les principaux cépages que l'on rencontre sont, pour les grands vins, le *Pineau,* variétés blanches ou grises, le *Beurot* ou *Pineau gris* et le *Giboulot,* variété de pineau hâtif, et très fructifère, intermédiaire entre le *Gamay* du Mâconnais, qui, lui, produit des vins ordinaires. Les *plants blancs* que l'on trouve le plus souvent sont le Giboulot blanc et le gamay blanc pour les ordinaires et le *Chardenet* ou *Chardonnay*, pour les vins fins.

Le *Chardenet* est assez répandu et produit des vins de qualité très supérieure ; nous le décrirons en suivant M. V. Rendu qui en donne très bien les caractères : sarments moyennement noués, feuilles tourmentées à cinq lobes d'un vert clair, fleurs sujettes à couler. Grappes petites, ailées, garnies de grains peu serrés, égaux, ronds, d'un blanc transparent, passant au brun-doré, juteux, à saveur fine et très sucrée, maturité plus tardive que celle du pineau noir.

Suivant la région où l'on se trouve, le mode de plantation varie, alors certains vignerons défoncent l'ensemble du terrain, d'autres, au contraire, ne travaillent que les fosses, dans lesquelles on dispose les boutures ou les chevolées. Dans nombre de communes, on ne plante les boutures que tous les deux rangs, couchant ou *avignant* ensuite les vignes dans l'espace intercalaire.

La taille se rapproche beaucoup de celle de la Côte-d'Or, alors que les gamays sont taillés à deux ou trois cornes, portant chacune deux yeux, si la vigne est jeune, et plus tard, à deux souches ou *billons* portant deux ou trois tailles sur lesquelles on laisse deux yeux ; les *pineaux*, au contraire, portent deux bras, l'un taillé à long bois, auquel on donne le nom *d'arcelet* ou *arcelot*, pendant que l'autre, taillé court, servira de branche de retour.

Par suite de l'élévation du bois ou traîne, chaque année le cep s'élève, ajoutons qu'un ou deux paisseaux servent à supporter l'arcelot, lequel est recourbé à son extrémité.

Quant au mode de culture il est peu différent de celui de la Bourgogne, la vigne reçoit en général trois façons ou coupes lesquelles sont espacées suivant les saisons.

Vendanges. — Dans la côte chalonnaise, la pratique de la vendange est à peu de chose près ce que nous avons dit en Bourgogne (1).

_____

(1). *Les Grands Vins de Bourgogne, la Côte-d'Or.*

Les vendangeurs sont gagés pour un ou plusieurs jours, selon que l'on est content ou non de leurs services.

Aussitôt la troupe formée, elle est conduite à la maison où la soupe au lard ou « potée » est servie ; puis, en escouades de 15 à 20, on se dirige vers les clos, de telle sorte que tout le monde soit à l'ouvrage vers les six heures du matin.

La troupe comprend les coupeurs qui sont les femmes et les jeunes gens : un d'entre eux fait l'office de « vide-panier » pour chaque subdivision de huit à dix ouvriers. Les hommes, ou porteurs, s'occupent des manipulations et transports des benatons ou hottes.

Les raisins sont coupés avec les serpettes, des ciseaux, ou à l'ongle ; une bonne vendangeuse ne doit jamais dégrainer les grappes en les cueillant.

Elles sont jetées dans de petits paniers contenant de 6 à 10 livres, lesquels, une fois pleins, sont versés par le vide-panier dans de plus grands récipients.

Très souvent encore on rencontre la *hotte en bois* pour le transport à la cuverie.

On commence à entrer dans les *clos* à partir du 18 septembre, l'égrappage n'a lieu que pour certains vins, le plus ordinairement les cuves sont ouvertes.

Cuvaison. — Si la cuve ne possède pas de faux-fond, une partie des grappes et rafles plus légères sont venues surnager à la surface, les vignerons font rentrer ce *chapeau* en pigeant la cuve, c'est-à-dire en donnant un premier coup de pied. Il est d'habitude de renouveler cette opération à deux jours d'intervalle de manière qu'en introduisant une certaine quantité d'oxygène on force le ferment à redoubler d'activité et à transformer en entier la glucose.

Si la cuve porte un faux-fond, on ne l'enlève que vers le quatrième jour et on donne un coup de pied pour bien mélanger les moûts. Pour ces opérations, les vignerons entrent nus dans la cuve et, partant de la circonférence en allant vers le centre forcent peu à peu le chapeau à se délayer dans la masse liquide, en même temps que l'aération se fait régulièrement.

Ajoutons que si le temps est favorable la cuvaison dure environ cinq à six jours.

Soins à la Cave. — Les soins à donner aux vins de la région chalonnaise sont à peu près les mêmes que dans la *Côte-d'Or*, à savoir un bon soutirage en mars pour dégager les vins nouveaux de leurs grosses lies ; puis un collage, de préférence aux blancs d'œufs car les vins de cette région assez délicats supporteraient difficilement un colloïde plus énergique, à cause de leur tendresse.

En mai on relève les vins de sur colle en les soutirant clairs fins et on les laisse jusqu'en automne où un troisième soutirage est nécessaire pour éliminer un reste de lie folle qui pourrait les compromettre.

Dans la côte chalonnaise, après le premier soutirage, les vins fins sont placés sur marc dans les caves, avec bonde de côté, ce qui évite l'ouillage ou remplissage. Après la première année, les vins doivent toujours être soutirés au printemps puis à l'automne. Ces soutirages répétés leur enlèvent les éléments fermentescibles et préjudiciables à leur bonne conservation, et les préparent à la mise en bouteilles.

D'une manière générale on considère parmi les crûs les plus distingués de la côte chalonnaise ceux de *Mercurey, Touches, Rully et Givry, Saint-Martin-sous-Montaigu.*

Parmi les cantons de l'arrondissement de Chalon qui ont de la réputation, citons celui de *Buxy* dans lequel se trouve entre autres communes viticoles celle de *Montagny,* dont les vignes, bien exposées, au levant et au midi, donnent des vins riches et liquoreux, et dans lequel il existe bien du pinot. Il produit surtout des vins blancs, prenant avec l'âge une belle couleur, légèrement liquoreux, et très renommés.

Davenay, sur une côte assez élevée, à 500 mètres de Buxy, donne des vins blancs un peu plus secs.

Bissey-sous-Cruchaud, Saint-Vallerin donnent également des vins réputés.

Rully, à quelques kilomètres de Chagny, peu distante de

Chassagne dont les vins blancs, qui, s'ils proviennent des Chardonnets, rappellent les vins de Meursault.

La série des bons vins rouges commence à *Mercurey* et *Touches,* dont les vins fins très appréciés ont une jolie couleur, mais vieillissent un peu rapidement, ils sont bons dès la première et seconde année, et doivent, peu après, être mis en bouteilles si on veut les conserver. Les vins fins rouges de *Givry* sont plus corsés, ils supportent parfaitement le tonneau jusqu'à la cinquième et sixième année ; mis en bouteilles ils gagnent encore en vieillissant. *Saint-Désert, Saint-Jean-de-Vaux, Saint-Martin-du-Tartre, Jamble, Buxy,* donnent des vins rouges plus ordinaires. En général et en vieillissant, les vins de la côte chalonnaise acquièrent de la tendresse.

Dans le canton de *Saint-Gengoux-le-National* qui, s'il appartient à l'arrondissement de *Mâcon,* a beaucoup plus de rapport pour ses produits avec la côte chalonnaise, on rencontre des vins de pinot, qui ne manquent ni de finesse ni de tendre, et d'excellents vins de gamays, qui, produits sur des sols calcaires, peuvent parfaitement se conserver en se bonifiant.

Enfin *Sennecey-le-Grand,* connu par les vins rouges qu'il produit, a été un des premiers cantons où la reconstitution par les plants américains a commencé.

Comme on le voit, la *côte chalonnaise* a droit, elle aussi, à une place marquée parmi les régions produisant nos grands vins de France, parmi lesquelles elle occupe un rang des plus honorables.

Nous terminerons en donnant un essai de classification des vins de ce département.

CLASSIFICATION DES VINS

Le vin fait renferme tous les principes constitutifs qui doivent en assurer la conservation, en un mot il vit, il a son existence propre.

De nombreuses classifications ont été essayées pour établir des distinctions entre tous les vins que l'on rencontre dans la haute Bourgogne ; bien des œnologues ont essayé de séparer les cuvées de chaque finage, nous donnerons seulement deux des plus importantes.

La première est due à Jullien, le savant ampélographe.

Dans la classification générale des vins de France, de cet auteur, trois grandes divisions en paragraphes sont constituées ; dans la première il range les vins rouges, moelleux ; dans la seconde les vins blancs de même genre et enfin dans la troisième les vins de liqueurs, tant blanc que rouge.

Chaque paragraphe est à son tour divisé en cinq grandes classes dont les trois premières comprennent les vins fins et demi-fins, la quatrième les vins ordinaires de première qualité et la cinquième ceux de 2e, 3e et 4e qualités, ainsi que les vins communs ; à la fin de chaque classe il indique les vins qui à cette époque se distinguaient par leur supériorité ou qui sont le plus généralement recherchés.

I. — VINS ROUGES

PREMIÈRE CLASSE

Néant.

DEUXIÈME CLASSE

Dans les départements de Saône-et-Loire et du Rhône (Mâconnais et Beaujolais) : Moulin-à-Vent, Thorins, Chénas.

TROISIÈME CLASSE

Mâconnais et Beaujolais : Fleurie, la Chapelle-de-Guinchay, Romanèche.

QUATRIÈME CLASSE

Côte chalonnaise. — Mercurey, Givry, Saint-Martin, Rully.
Saône-et-Loire et arrondissement de Villefranche (Chalon-

nais, Mâconnais et Beaujolais). — Lancié, Brouilly, Odenas, Saint-Lager, Juliénas, Chirouble, Morgon, Saint-Etienne-la-Varenne, Jullié, Emeringes, Davayé (1).

CINQUIÈME CLASSE

Subdivisés en deux sections, dans la première on classe les vins d'ordinaire de 2ᵉ et 3ᵉ qualité, dans la seconde ceux de 4ᵉ qualité et les vins communs.

Première section.

Côte chalonnaise. — Montagny, Chenôve, Buxy, Saint-Vallerin, Saules.

Saône-et-Loire et Beaujolais (arr. de Villefranche). — La Chassagne, Villié, Régnié, Lantigné, Quincié, Marchampt, Durette, Cercié, Saint-Jean-d'Ardières, Pizay, Belleville, Montmelas-Saint-Sorlin, Charentay, Charnay, Prissé, Vauxrenard, Saint-Amour, Chevagny, Chânes, Leynes, Saint-Vérand.

Deuxième section.

Arrondissement de Chalon-sur-Saône (*Côte chalonnaise*). — Jambles, Saint-Jean-de-Vaux, Saint-Mard, et quelques autres vignobles.

Saône-et-Loire et arr. de Villefranche (2).

Loché, Vinzelles, Hurigny, Sancé, Sennecé, Saint-Jean-le-Priche, Saint-Gengoux-le-National, Blacé, Saint-Julien, Denicé, Lacénas, Bussières, Domange, Saint-Sorlin, Azé, Pierreclos, Verzé, Igé, Saint-Gengoux-de-Seissé, Clessé, Viré, Laizé,

---

(1) Les vins des trois départements dont se composent la Bourgogne et le Beaujolais sont les plus recherchés par la consommation journalière (Jullien). L'auteur ajoute qu'il en est plusieurs qui bien soignés acquièrent beaucoup d'agrément en vieillissant et finissent par devenir comparables à quelques-uns de ceux de la 3ᵉ classe.

(2) Ces vignobles fournissent en abondance des vins d'ordinaire assez bons et beaucoup de vins communs de diverses qualités.

Peronne, Cogny, Liergues, Tournus, Plottes, Ozenay, Le Villars, Lugny, Cruzilles.

II. — VINS BLANCS

PREMIÈRE ET DEUXIÈME CLASSES

Néant.

TROISIÈME CLASSE

Saône-et-Loire. — Pouilly, Fuissé.

QUATRIÈME CLASSE

Saône-et-Loire. — Chaintré, Solutré, Davayé.

CINQUIÈME CLASSE (1).

Première section.

Arrondissement de Chalon-sur-Saône (côte chalonnaise). — Montagny, Chenôve, Buxy, Saint-Vallerin, Saules, Bouzeron, Givry.

Département de Saône-et-Loire (Chalonnais et Mâconnais). — Vergisson, Vinzelles, Loché, Charnay.

Deuxième section.

Arrondissement de Chalon-sur-Saône. — Givry et quelques autres crûs.

Département de Saône-et-Loire. — Les Certaux, Saint-Verand, Pierre Clos, Bussières, Saint-Martin et quelques autres crûs.

(1) Divisé en deux sections, la première comprenant les vins d'ordinaire de 2e et 3e qualité et la seconde ceux de 4e qualité et les vins communs.

III. — VINS DE LIQUEURS

Bourgogne. — Néant.

La seconde classification, toute récente, a été établie par des délégués des principales sociétés viticoles de la haute Bourgogne.

Depuis l'apparition du phylloxéra, les efforts les plus grands ont été effectués pour conserver au vignoble de cette si importante région toute sa valeur et son intégrité ; les propriétaires viticulteurs y sont pleinement arrivés, et nous n'en donnerons pour preuve que l'appréciation de l'un de nos amis, rédacteur au *Moniteur viticole,* lequel examine de la manière suivante l'exposition des vins du Beaujolais et Mâconnais laquelle a eu lieu le 9 avril 1893 (1).

EXPOSITION DES VINS

DU BEAUJOLAIS-MACONNAIS

A Mâcon, le 9 avril 1893.

Les vignobles du Beaujolais et du Mâconnais, sources de vins si agréables, si friands, d'un caractère si français, ont été cruellement atteints par le désastre phylloxérique. La faiblesse et l'irrégularité des récoltes, depuis plusieurs années, avaient troublé la classification autrefois admise des produits de cette région justement réputée. Mais, de même que nos pères disaient : « Le roi est mort, vive le roi ! » on peut dire aujourd'hui : « La vigne est morte, vive la vigne ! » En effet la reconstitution a fait d'admirables progrès et il est maintenant possible de rétablir un classement, par catégorie, des communes qui fournissent les crus originaux.

(1) *Moniteur vinicole* du 11 avril 1893, *Exposition des vins du Beaujolais, Mâconnais,* par M. J. Desclozeaux, rédacteur.

La lutte contre le phylloxéra continue avec grand succès au moyen du sulfure de carbone à Chénas, Fleurie et Thorins ; dans le reste du vignoble, on greffe les vieux cépages locaux sur pied américain : Riparia ou Solonis, et un peu sur York, bien que les viticulteurs n'aiment guère ce dernier porte-greffe à cause de sa lenteur. Ainsi, le Beaujolais et le Mâconnais commencent à goûter les fruits de leurs courageux efforts. C'est l'heure d'affirmer le classement de leurs crus typiques. Tel est le but poursuivi par le Comité d'organisation de l'Exposition générale des vins. Ce Comité, présidé par M. Boullay(1), était composé de délégués des sociétés viticoles du Mâconnais et de Villefranche dont l'accord est unanime.

M. Boullay, entouré de MM. Vaffier, vice-président ; Garnier, président du Syndicat de la Seine ; Crotte, Crozet, Derréaux, Desclozeaux, Dumas, Faye, Guillin, Laneyrie, Lardet, Lémonon, Loron, Nesme, J. Piguet, Th. Piguet, de Saint-Pol, a exposé le programme du classement à effectuer. M. Garnier a insisté sur la nécessité que cette classification fût simple, claire, vraiment utile et pratique pour le commerce. Puis, chaque membre a apporté le contingent de ses observations particulières, de ses renseignements locaux. La réunion a conclu à la nécessité de ne pas scinder le Beaujolais et le Mâconnais.

Voici, sauf modification ultérieure de détail, le classement qui a été voté :

VINS ROUGES

PREMIÈRE CATÉGORIE

Thorins, Moulin-à-Vent (commune de Romanèche), Chénas, Fleurie, Morgon (commune de Villié), Brouilly (Saint-Lager), Juliénas.

DEUXIÈME CATÉGORIE

Chiroubles, La Chapelle-de-Guinchay, Odenas, Saint-Etienne-

(1) Décédé deux mois après.

la-Varenne, Saint-Amour, Leynes, Davayé, Durette, Regnié, Quincié, Lachassagne.

TROISIÈME CATÉGORIE

Lancié, Jullié, Lantigné, Emeringes, Pruzilly, Chânes, Vaux, Saint-Etienne-les-Ouillières, Prissé, Saint-Sorlin, Bussières, Anse, Vaux-Renard.

VINS BLANCS

PREMIÈRE CATÉGORIE

Pouilly, Fuissé.

DEUXIÈME CATÉGORIE

Solutré, Vergisson, Chaintré.

TROISIÈME CATÉGORIE

Viré, Loché, Clessé, Péronne, Saint-Martin de Senozan.

Les échantillons de vins, exposés en grand nombre dans une vaste salle de l'Hôtel de Ville, étaient divisés en deux catégories bien distinctes : d'une part, exposition intercommunale ; d'autre part, concours entre particuliers.

La première se composait de vins présentés sous le nom seul de la commune, sans indication de propriétaire. Cette partie du concours, très complète, et dont nous nous sommes plus spécialement occupé en raison de son grand intérêt pour le commerce, comprenait des vins recueillis avec toutes les garanties d'authenticité qui prouvent que le Beaujolais possède, comme avant l'invasion phylloxérique, des crus dignes d'être classés officiellement, des produits d'un agrément exquis que rien ne peut remplacer.

CANTON DE LA CHAPELLE-DE-GUINCHAY

CHAINTRÉ

Chaintré, arrondissement de Mâcon, canton de la Chapelle-de-Guinchay, et bureau de poste de Crèches ; 455 habitants, à 2 kilomètres de la gare de Crèches et 8 de Mâcon.

Situé au faîte d'un coteau, le village de Chaintré domine la plaine de la Saône.

Chaîne calcaire ; alluvions analogues à celles de la Bresse et cailloux roulés à l'est.

Vin rouge très estimé, de goût agréable, très coloré, d'une durée de 12 à 14 ans. Vin blanc de première qualité se conservant très longtemps. Coteaux exposés à l'est.

Chaintré possède encore quelques hectares de vignes indigènes d'une valeur de 4.000 fr. l'hectare ; 80 hectares ont été reconstitués en gamay et Chardonnay blancs sur riparia ; 20 hectares restent à planter.

La récolte de 1889 a donné 594 hectolitres de vin rouge valant 60 fr. l'hectolitre dans les meilleurs crus, 45 fr. et 40 fr. l'hectolitre dans les crus ordinaires et inférieurs et 297 hectolitres de vin blanc valant 80, 70 et 60 fr. l'hectolitre.

La récolte de 1892 a donné environ 650 hectolitres de vin rouge et 300 hectolitres de vin blanc ; les prix antérieurs ont été un peu supérieurs.

Le bourg de Chaintré aboutit à la route nationale de Lyon à Mâcon, par le chemin vicinal dit la Grande-Charrière, qui traverse le chemin de fer de Paris à Lyon. Le château de Chaintré, qu'on aperçoit de la route nationale, au bout d'une belle avenue, était jadis fortifié. Le côté du bâtiment qui fait face à la route est encore flanqué d'une tour carrée et d'une tour ronde crénelée, restaurée en 1736, en même temps sans doute que le corps principal de l'édifice. La façade méridionale, qui donne accès au château après qu'on a franchi une double enceinte de fossés et une vaste cour, a conservé l'aspect imposant des fortifications du xvi° siècle auquel elle semble appartenir. Tours et murs percés de meurtrières, machicoulis, et galeries couvertes, créneaux ; rien, hormis les lourdes chaînes qui font défaut aux trois longues et étroites ouvertures par où se levait et s'abaissait le pont-levis, ne manque à cet appareil de défense. L'allée d'arbres, qui de la route aboutit au château, se prolonge à l'ouest, et conduit, au travers d'un bois, à une salle de verdure située à mi-coteau. On s'y repose sur des bancs de pierres sculptées, enlevées aux soubassements des colonnes d'un portail du moyen âge. L'église, ainsi que la plus forte partie du village de Chaintré, est bâtie sur une étroite esplanade, au faîte du coteau d'où l'on jouit d'une vue magnifique.

Elle a été reconstruite en 1828.

Il est fait mention de Chaintré dans des chartes des ix° et x° siècles, qui ont pour objet des donations faites à l'église de Saint-Vincent de Mâcon. Un des seigneurs de Chaintré a fait partie de la croisade de 1113, et s'y est fait remarquer par la cruauté avec laquelle il traitait les vaincus.

Le chemin vicinal tendant de Crèches à Vinzelles est appelé, dans le pays, chemin des Allemands. Il aboutit à la route nationale de Mâcon à Charolles, entre Milly et Berzé-la-Ville, après avoir traversé les territoires de Vinzelles, Loché, Charnay, Davayé et Prissé.

Château de Chaintré à M. le comte de Beaussier ; de la Barge à M. Cognet-Chapuis de Maubou de la Roue ; Château à Mme Pitrat.

Les meilleurs crûs sont : Le Bourg, les Buissonnats, le Château, la Barge, Savy, placés par Budker en 3°, 4°, et 5° classes.

Le concours de Mâcon 1893 place les vins blancs de Chaintré en première catégorie.

PRINCIPAUX PROPRIÉTAIRES

MM. le comte de Beaussier.
Cognet.
Genty-Morat.
Jacquelot.

MM. de Lavernette frères.
le comte de Maubou.
Mme Thénot.

Propriété de M. le Dʳ VAFFIER, à Chânes (Saône-et-Loire).

A *Saint-Amour*, Cuverie et clos de la *Gagère* ; à *Leynes*, vignoble important au lieu dit *Creuse Noire* ; à *Saint-Vérand* et à *Crèches*.

CHANES

Chânes, arrondissement de Mâcon, canton de la Chapelle-de-Guinchay et bureau de poste de Crèches, 411 habitants ; à 3 kilomètres de la gare de Crèches, 9 de Mâcon.

Alluvions, gravier, limon argileux couvrant des roches calcaires ou porphyriques.

Vin rouge assez estimé, goût agréable, belle couleur, durée de 10 à 15 ans.

Coteaux exposés à l'est, sud-est, et sud.

Chânes possède encore quelques hectares de vignes indigènes valant 6.000 fr. l'hectare ; 45 hectares ont été reconstitués en gamay du pays sur riparia, viala, solonis ; 10 hectares restent à planter.

La récolte de 1889 a donné 600 hectolitres de vin rouge valant 60 fr. l'hectolitre dans les meilleurs crus, 50 fr. dans les crus ordinaires et 45 fr. dans les crus inférieurs.

La récolte de 1892 a rendu près de 1600 hectolitres de vin rouge de bonne qualité vendus pour la plupart et selon les crus, de 50 à 60 fr. l'hectolitre, et 12 hectolitres de vin blanc, valant 100 fr. l'hectolitre.

Château de Chânes à M. du Cayla.

Les crûs principaux sont : les Colons, les Granges, les Rivets, les Gagères, Buchets, les Thiellays, les Préaux, placés par Budker en 3º classe.

Le concours de Mâcon 1893 place les vins rouges de Chânes en troisième catégorie.

Citons, parmi les principaux propriétaires :

MM. Barraud.	MM. Morel.
Bonnard.	Paquier-Desvignes et fils.
Cadot-Côte.	Trouilloux.
du Cayla.	le docteur Vaffier.
de Meunier.	

Domaine et Magasins de la Maison V. P. BERTHELOT, à Pontanevaux
(Commune de la Chapelle-de-Guinchay)

Propriété de la Maison V. P. BERTHELOT, à Pontanevaux
(Commune de la Chapelle-de-Guinchay)

LA CHAPELLE-DE-GUINCHAY

La Chapelle-de-Guinchay, chef-lieu de canton, arrondissement de Mâcon ; bureau de poste et télégraphe, chemin de fer à Pontanevaux ; 1244 habitants, à 14 kilomètres sud de Mâcon. Hameau situé sur la route de Paris à Lyon, à 2 kilomètres du bourg.

Sol granitique à l'ouest du bourg ; dans la partie est, alluvions d'abord de granit altéré puis de cailloux, gravier et limon (sol bressan) ; pointement calcaire au nord du village ; sous-sol argileux et argilo-siliceux.

Vins rouges, grands ordinaires et ordinaires agréables, très recherchés par les consommateurs dans l'année de la récolte.

La Chapelle possède encore plusieurs hectares de vigne résistant au phylloxéra ; 90 hectares ont été reconstitués en gamay et teinturier sur riparia, viala, solonis, york et rupestris ; 200 hectares ont été détruits et sont en reconstitution.

La récolte de 1889 a donné 6,000 hectolitres de vin rouge et 150 hectolitres de vin blanc valant le premier de 55 à 75 fr. l'hectolitre et le blanc 55 fr. en moyenne.

Le prix moyen de l'hectare de vigne est de 5000 fr.

Cette commune, adossée à la chaîne de montagnes qui traverse le département du sud au nord, s'étend sur deux coteaux parallèles, séparés par un vallon dans le fond duquel coule un ruisseau assez abondant, appelé la Mauvaise. Ce ruisseau prend sa source dans les montagnes dont il vient d'être parlé et fait mouvoir plusieurs usines avant de se jeter dans la Saône, qui forme la limite de la commune à l'orient : le nom de cette com-

Clos de Bel Avenir, à la Chapelle-de-Guinchay, propriété de
M. BENOIT CHARVET, ✳, ◔, de Saint-Etienne (Loire).

Maison Ph. VOLLUET

CHAUVET-VOLLUET, Gendre et Successeur

Commission et forfait. — Marc de Bourgogne.

La Chapelle-de-Guinchay (près Mâcon).

Maison de confiance placée au centre des 1ers crus.

mune paraît indiquer une origine romaine, *à Quintio*. Les chartes anciennes la désignent sous celui de *Capella sanctæ Mariæ Quincheyo*, ou de la Chapelle-de-Quinçay.

Les traces du séjour des Romains dans ce pays se manifestent d'ailleurs par la découverte d'une foule d'objets antiques qu'on rencontre en fouillant le sol à une légère profondeur, tels que tuiles, briques, urnes, médailles, etc. C'est surtout dans le voisinage de Pontanevaux et dans la partie qui longe la route nationale que ces débris se rencontrent en plus grande quantité. A signaler, plusieurs statuettes en bronze, d'une haute antiquité, et une médaille en or de Constantin, trouvées dans ce lieu en 1834.

Château de Beauchamps, à Mme Malgontier.

    — de Belleverne, à M. Condeminal.

    — de Bonnet, à Mme de la Bretoigne du Mazelle.

    — des Broyers, à Mme Vve César Desvignes.

    — des Boccards, à M. Dubost.

    — de Montrouge, à M. Calmels.

    — de Loise, à M. Rater.

    — de Pontanevaux, à Mme Berthelot.

Les principaux crus sont : Les Boccards, Broyers, les Deschamps, Darroux, Gandelins, Marmets, Tournets, les Méladières, Blémonts, Belleverne, le Bourg, Jean-Loron Paquelets, Potets, Journets, Loise, placés par Budker en 2e et 3e classes.

Le concours de Mâcon 1893 place les vins rouges de la Chapelle-de-Guinchay en 2e catégorie.

PRINCIPAUX PROPRIÉTAIRES ET NÉGOCIANTS

Mme de la Bretoigne du Mazelle.
MM. Bouchacourt.
    B. Charvet (clos de Bel-Avenir).
    Chauvet-Volluet.
    Condeminal.
    Desmagnez.

MM. Dubost.
    Gentier-Lapierre.
Mlles Labruyère.
MM. E. Loron frères.
    Nuguet-Bonnet.
    Paquier-Desvignes et fils.
    Gustave Silvestre.

VIGNOBLES

DE

MACON & DU BEAUJOLAIS

F. BOUCHACOURT

Tonnelier, commissionnaire et Négociant

A LA CHAPELLE-DE-GUINCHAY

B^T GAYET

Pépiniériste-viticulteur, à Pontanevaux

(SAÔNE-ET-LOIRE)

GRANDE CULTURE DE VIGNES AMÉRICAINES

Spécialité de plants greffés

VARIÉTÉS POUR TOUTES RÉGIONS

Maison continuée de père en fils, depuis 1823

VINS FINS ET ORDINAIRES DU BEAUJOLAIS ET DU MACONNAIS

Eugène et Louis LORON Frères

Commissionnaires

A PONTANEVAUX *(Saône-et-Loire)*

Pontanevaux, à proximité des crûs renommés de *Thorins*, *Fleurie*, *Chénas*, *Juliénas*, est le point central entre les vignobles du Beaujolais et du Mâconnais.

NUGUET-BONNET Fils

Propriétaire, Négociant en Vins

à la Chapelle-de-Guinchay

par Pontanevaux

JOHANNY, PRIEUR & CIE

SUCCESSEURS

A. CONDEMINAL

Belleverne, par Pontanevaux ou par la Chapelle-de-Guinchay
(Saône-et-Loire)

Propriétaire de 40 hectares de vignobles situés dans les meilleurs crûs de vins grands ordinaires et de vins fins sur les communes de :

Fleurie, Lancié, Corcelles; Chénas (Rhône).

Clos de Belleverne, la Chapelle-de-Guinchay, Romanèche Thorins (Saône-et-Loire).

CHASSELAS

Chasselas, arrondissement de Mâcon, canton de la Chapelle-de-Guinchay et bureau de poste de Mâcon ; 343 habitants, à 8 kilomètres de la gare de Crèches, à 12 kilomètres de Mâcon.

Sol varié ; calcaire à l'est ; argileux au sud ; siliceux à l'ouest.

Vin rouge, bon, dur, de belle couleur, de longue durée.

Chasselas possède encore plusieurs hectares de vignes indigènes d'une valeur de 5,000 fr. l'hectare. 70 hectares ont été détruits par le phylloxéra ; 60 hectares ont été reconstitués en gamay sur riparia et solonis.

La récolte de 1889 a donné 255 hectolitres de vin rouge valant 50 fr. l'hectolitre dans les meilleurs crus, 45 et 40 fr. dans les crus ordinaires et inférieurs.

Les meilleurs crus sont : Le Voisin, la Faux, les Spires, la Combe, la Roche, du Drus, le Pré-Jaux, la Grange-au-Buis, placés par Budker en 4e et 5e classes.

Citons, parmi les principaux propriétaires, M. L.-A.-S. Frasson, etc.

La récolte de 1892 a donné 500 hectolitres environ vendus aux mêmes prix que ci-dessus.

Ce petit village est situé dans le fond d'un vallon. Le ruisseau d'Arlois a sa source sur le territoire de Chasselas. — Château assez ancien, que dévastèrent, en 1789, les brigands qui venaient de piller celui de Layé à Vinzelles.

CRÈCHES-SUR-SAONE

Crèches, arrondissement de Mâcon, canton de la Chapelle-de-Guinchay; bureau de poste et télégraphe ; 1,193 habitants, à 8 kilomètres de Mâcon.

Le bourg de Crèches est situé en plaine, à la naissance d'un coteau.

Sol d'alluvions quaternaires, graviers et cailloux roulés à l'ouest; argilo-siliceux excepté au nord où les calcaires oxfordiens dominent et sont exploités comme carrières de pierres à chaux.

Vin rouge assez estimé, tendre, bon à boire de suite.

Crèches possède 170 hectares de vignes en partie reconstituées en gamay sur riparia, viala, solonis.

La valeur de l'hectare de vigne varie de 3,000 à 7,500 fr. selon les sols et les crus.

La récolte moyenne est de 3,000 hectolitres en vin rouge ; le prix moyen est de 40 à 45 fr. l'hectolitre. Peu de vin blanc.

Crèches est traversé par le chemin de fer de Paris à Lyon (station avec gare pour les marchandises), par la route nationale et par le chemin de grande communication de Trambly au port d'Arciat.

Eglise à trois nefs, reconstruite il y a peu d'années. Il ne reste de l'ancien vaisseau que l'avant-chœur, le sanctuaire et la chapelle absidaire à droite. Ces parties de l'édifice paraissent dater du XVIe siècle. Les fenêtres ogivales de la chapelle étaient ornées de verrières peintes dont on remarque encore quelques débris. L'une d'elles est divisée en deux compartiments, où sont représentées deux saintes. Dans la partie supérieure, on voit d'un côté un ange, de l'autre le diable, armé d'un soufflet, cherchant à éteindre le cierge que porte l'un de ces personnages. L'image du Père Eternel domine cette scène. — Il est fait mention de Crèches dans des chartes des xe et xiie siècles, sous le nom de Cropium. En 1853, un habitant, en travaillant ses vignes, a retiré de la terre un très beau collier en or à trois rangs ; à côté se trouvait une médaille d'Auguste. C'est dans la plaine qui s'étend entre Crèches et Romanèche que se fit une rencontre entre les armées de Louis et Carloman, qui venaient d'assiéger Mâcon, et celle que Bozon, roi de Provence, amenait du Dauphiné pour livrer bataille à ces princes. Les troupes de cet usurpateur y furent entièrement défaites.

Châteaux de Thoiriat et des Tours. Ce dernier était entièrement fortifié. En 1443 une bande d'écorcheurs, qui, depuis dix ans, ravageait le Mâconnais, s'était emparée de ce dernier château. La ville de Mâcon, pour engager ces aventuriers à se retirer, leur fit donner une somme de 540 livres. — Le château des Tours fut pris en 1471 par les troupes du dauphin d'Auvergne, ainsi que ceux de Leynes et de Vinzelles, à l'époque du siège de Mâcon. Quelques jours après, il fut repris par la garnison de cette ville et les milices du pays qui y mirent le feu, après l'avoir livré au pillage. Les habitants de Crèches étaient tenus de venir faire le guet à Mâcon. En 1445, le seigneur des Tours obtint du roi qu'ils ne seraient plus astreints à faire ce service. Un des seigneurs des Tours, Louis de Feur, fut pourvu, en 1479, de la charge de capitaine châtelain du château de Mâcon. — Un chemin dit des Allemands part du bourg de Crèches, se dirigeant sur Vinzelles par le bas de Chaintré, et va rejoindre la route de Mâcon à Cluny sur le territoire de Prissé. Ce chemin a sans doute était construit par les Allemands qui furent à la solde du duc de Bourgogne. On voit dans les annales de Mâcon que, au mois de décembre 1418, cette ville fut obligée d'engager sa vaisselle d'argent au maître de la monnaie de Mâcon lequel prêta 300 livres pour être données aux Allemands qui étaient au siège du château de Solutré.

Château des Tours à M. Devienne ; château de Thoiriat aux héritiers Lafond.

NOMENCLATURE
DES PRINCIPAUX VIGNOBLES ET LIEUX-DITS

Dracé. — A. B., quatrième classe.

PRINCIPAUX PROPRIÉTAIRES

MM. Génestoux.
Laneyrie-Desvignes.
Margue.
Regnard.

M. Signoret.
Mmes Gris.
Margue.

Les Perrelles. — A. B., quatrième classe.

PRINCIPAUX PROPRIÉTAIRES

M. Berger | M. Lémonon. | M. Trouilloux.

Les Pins. — A. B., quatrième classe.

PRINCIPAUX PROPRIÉTAIRES

MM. Burtin.
Ferret.

Mme Fléchet.
M. Margue.

Thoiriat. — A. B., quatrième classe.

PRINCIPAL PROPRIÉTAIRE

Mme Gibert.

Les Gondines.

PRINCIPAL PROPRIÉTAIRE

M. Durand.

Les Belouzes.

PRINCIPAL PROPRIÉTAIRE

Mme Gibert.

Les Bergers, Bourdonnières, Carrières *(Vignes blanches)*.

PRINCIPAUX PROPRIÉTAIRES

MM. J.-L. Ferret.
Ferret-Tony.
Joly (Mmes).
Lémonon.

MM. Margue.
Pageault.
Souton.

Les Planchers.

PRINCIPAUX PROPRIÉTAIRES

M. Desvarennes.

M. Ronjon.

PRINCIPAUX PROPRIÉTAIRES DANS DIFFÉRENTS LIEUX-DITS

M. Collin-Genty. | M. L.-A.S. Frasson. | M. le Dr Vaffier, etc.

LAVERNETTE, commune de Leynes, à M. H. de LAVERNETTE
DOMAINE A MESSIEURS DE LAVERNETTE
Situé sur les communes de *Leynes* (vins rouges), *Chaintré* et *Fuissé*
(bons vins blancs)

LEYNES

Leynes, arrondissement de Mâcon, canton de la Chapelle-de-Guinchay et bureau de poste de Mâcon ; bureau télégraphique au bourg de Leynes ; 703 habitants : à 5 kil. de la gare de Crèches, 12 de Mâcon. Voitures publiques le samedi pour Mâcon.

Village situé dans un vallon, rangé en amphithéâtre au pied des monts du Bois de Fay et de Balmont et arrosé par la rivière l'Arlois. Sol calcaire à l'ouest ; grès et porphyre à l'est ; ailleurs argilo-calcaire et sablonneux.

Vin rouge très estimé, d'une belle couleur, ferme, d'une durée de quinze à vingt ans. Il faut les garder deux ou trois ans avant de les mettre en bouteilles.

Leynes possède 370 hectares de vignes reconstituées en gamay du pays sur riparia, viala, solonis et york.

La valeur de l'hectare de vigne varie de 6000 à 8000 francs, selon les sols.

La récolte de 1889 a donné 4000 hectolitres de vin rouge, valant de 65 à 70 fr. l'hectolitre dans les meilleurs crus, et de 55 à 60 dans les crus ordinaires.

La récolte de 1892 a produit 2,500 hectolitres de vin rouge; les prix de 1889 se sont maintenus à peu de chose près, malgré la qualité exceptionnelle du vin.

Leynes, Leyna. Un des hameaux porte le nom de Citadelle. A 700 mètres de là, est un lieu dit des Batailles qui traverse l'ancien chemin tracé à mi-côte, au-dessus d'une gorge assez profonde. Ces dénominations rappellent le souvenir de quelques petits événements guerriers qui se passèrent au xv⁰ siècle, dans ce vallon écarté dont la paix n'aurait jamais été troublée si les abbés de Saint-Philibert de Tournus, qui avaient fondé à Leynes un prieuré, n'y avaient fait construire un château qu'ils fortifièrent ensuite sous le règne de Charles VI. Ce château, au lieu de protéger le pays, devint pour lui une source de calamités durant les funestes divisions de la France et de la Bourgogne. Les Anglais s'en emparèrent au mois de septembre 1423. Dix ans plus tard, le 8 mars 1433, les ennemis du duc, sous le commandement du Bâtard de Bourbon, étaient assemblés en grand nombre sur ce point d'où ils menaçaient Mâcon. En 1471, le mardi après le dimanche des Bordes, un détachement des troupes du Dauphin d'Auvergne, qui était venu assiéger Mâcon avec vingt ou trente mille hommes, s'était saisi du château de Leynes, après avoir pris, le même jour, celui des Tours, à Crèches, et celui de Vinzelles ; mais, dès le lendemain, la garnison de Mâcon et les milices du pays le reprirent et y mirent le feu, après l'avoir pillé. On voit dans les registres secrétariaux de cette ville que, le 19 mai suivant, les habitants de Leynes,

16

n'ayant plus à faire le service de ce château qui avait été brûlé et démoli, furent tenus de venir monter la garde à Mâcon. Il paraît que les abbés de Tournus ne se soucièrent pas de rétablir leur maison forte de Leynes, car, en 1576, cette paroisse était encore obligée de fournir, le jeudi de chaque semaine, huit hommes pour concourir à la défense de la ville contre les Calvinistes. En 1563, le cardinal de Guise, alors abbé, avait d'ailleurs laissé confisquer et vendre, par devant le lieutenant-général de Mâcon, la terre que possédait l'abbaye dans ce village. Il avait refusé de payer sa quote-part de l'impôt consenti par les diocèses de France pour aider le roi Charles IX à soumettre les Huguenots. Lorsque le maréchal Biron tenait le pays pour le roi, il passa par Leynes et y séjourna avec ses troupes. — En 1675, les habitants avaient élevé, au bord du chemin dont il est fait mention, ci-dessus, une croix sur laquelle étaient gravées des inscriptions rappelant des vœux faits par la paroisse. En 1792, les Marseillais se rendant à Paris furent conduits à Leynes par un habitant de la commune. Après avoir brûlé sur la place publique les ornements de l'église et brisé les vases sacrés, ils renversèrent la croix, qui fut rétablie en 1813 par M. Barjaud, alors maire de Leynes. Sur chacun des quatre côtés, on lit une des inscriptions suivantes :

> Aux martyrs Abdon et Senen,
> Vœu de la paroisse de Leynes, en 1675,
> Vœu renouvelé en 1728 et 1813.
> Ex dono sth. J.-L.-M. Barjaud, 1813.

On nomme cette croix la Croix des Batailles, dénomination empruntée au lieu sur lequel elle est érigée.

Les abbés du monastère de Tournus avaient aussi à Leynes une chapelle dédiée à la Vierge Marie. L'autel en fut consacré avec une grande solennité par Etienne Hugonnet, évêque de Mâcon. L'acte de cette consécration est rapporté dans l'histoire de Tournus par Pierre Juénin.

Château de Creusenoire à M. Dejussieu ;
— de Lavernette à M. H. de Lavernette ;
— de Carraux à MM. Pollet et Perricaud ;
— Gaillard à M. Dumont.

Le concours de Mâcon 1893 place les vins rouges de Leynes en deuxième catégorie.

NOMENCLATURE

DES PRINCIPAUX VIGNOBLES ET LIEUX-DITS

Creuses-Noires. — A. B., deuxième classe.

PRINCIPAL PROPRIÉTAIRE

M. le Dr Vaffier.

Lavernette. — A. B., deuxième classe.

PRINCIPAUX PROPRIÉTAIRES

MM. de Lavernette.

Citons parmi les autres propriétaires :

M. L.-A.-S. Frasson.

PRUZILLY

Pruzilly, arrondissement de Mâcon, canton de la Chapelle-de-Guinchay et bureau de poste de Pontanevaux ; 394 habitants ; à 12 kilomètres de la gare de Pontanevaux, 15 de Mâcon.

Le village de Pruzilly est adossé à une montagne granitique.

Le sol est siliceux, souvent argileux, formé par un porphyre très variable.

Pruzilly présente deux coteaux exposés, l'un au nord, l'autre au sud.

Vin rouge ordinaire, assez coloré, d'une durée de 10 à 12 ans.

Pruzilly possède encore 4 hectares de vignes indigènes d'une valeur de 1800 fr. l'hectare ; 80 hectares ont été reconstitués en gamay du pays sur riparia, viala, solonis, york, madeira ; 30 hectares restent à planter.

La récolte de 1892 a donné 35 hectolitres de vin rouge, valant en moyenne de 50 à 55 fr. l'hectolitre.

Les habitations sont disséminées sur le penchant des montagnes. — Des statuettes en bronze, de Jupiter, de Junon et de Vénus, ont été trouvées, en 1676, sur le territoire de Pruzilly.

Château de Pruzilly, à M. Sargnon.

Le concours de Mâcon 1893 place les vins rouges de Pruzilly en 2ᵉ catégorie.

NOMENCLATURE

DES PRINCIPAUX VIGNOBLES ET LIEUX-DITS

Les Bessay. — A. B., troisième classe.

PRINCIPAUX PROPRIÉTAIRES

Mᵐᵉ Vve Guérin. | Mᵐᵉ Vve Ducôté.

Les Bois. — A. B., troisième classe.

PRINCIPAUX PROPRIÉTAIRES

M. Patissier-Courtois. | M. le Dr Monvenoux.

Les Creuzes.

PRINCIPAL PROPRIÉTAIRE

M. Sargnon.

La Grollière.

PRINCIPAL PROPRIÉTAIRE

M. Laneyrie.

La Pierre.

PRINCIPAL PROPRIÉTAIRE

Mme Chamonard.

Les Ravinets. — A. B., troisième et quatrième classes.

DIVERS

Le vin de Domaine a mporté les emiers prix médailles , vermeil et gent 1886, 77, 1888 et 92), pour a extrême esse qui le nd agréable facile aux tomacs les us délicats. Les prix va- ent, selon nnée, de 150 200 fr. la èce de 213 tros, logée.

Il est aussi fortifiant par l'élément fer- rugineux qu'il contient; a une belle couleur, de la généro- sité et acquiert un bouquet suave en vieil- lissant. Le Domaine fait environ 400 hectoli- tres.

Marius BRUN, Chevalier du Mérite agricole, propriétaire de premiers crus, aux Thorins, Moulin-à-Vent Par Romanèche (Saône-et-Loire).

ROMANÈCHE-THORINS

Romanèche-Thorins, arrondissement de Mâcon, canton de la Chapelle-de-Guinchay, bureau de poste, télégraphe et gare de chemin de fer, à 17 kilomètres de Mâcon, 2,453 habitants.

Sol entièrement de roches granitiques, siliceux en grande partie.

Vin rouge très renommé, fin, belle couleur, d'une durée de 15 à 20 ans.

Romanèche possède 600 hectares de vignes dont les deux tiers sont traités avec succès au sulfure de carbone, plantés sur gamay, et l'autre tiers gamay sur Riparia et Viala.

L'hectare de vigne vaut 3,500 fr.

La récolte de 1889 a donné 7,040 hectolitres de vin rouge valant 100 fr. l'hectolitre dans les meilleurs crus ; 70 fr. dans les crus ordinaires, 65 fr. dans les crus inférieurs, et 300 hectol. de vin blanc valant 65 fr. l'hectolitre. La récolte de 1892, a donné 8,000 hectolitres valant de 60 à 90 francs l'hectolitre.

Les meilleurs crus sont le Moulin-à-Vent, Carquelin et Thorins classés par Budker et par le concours de Mâcon, avril 1893, en 1re classe. Coteaux exposés au sud et à l'est.

Cette commune est située sur la pente d'un coteau ayant sa direction du nord-ouest au sud-est et s'étendant jusqu'aux rives de la Saône. On trouve fréquemment, au lieu dit « les Mailles », des débris de mosaïques et de marbre sculpté. Le nom de cette commune (Romana Esca) indique évidemment une origine romaine. Vers le milieu du xve siècle, on avait trouvé, dans les décombres d'une maison ruinée par le temps, l'inscription suivante : *Matronis Romaniscis.* Il est fait mention de Romanèche dans les chartes des ixe et xe siècles.

Chateau des Gimarets, à M. Monvenoux ;

—   de la Tour, à Mme Carra.

Maison fon-
e en 1869
a centre des
ands crus du
aujolais et
aconnais).
nt par la pro-
action de ses
gnobles qui
élèvent à 51
ectares que
ar son grand
approvisionne-
ent de vins
es mieux
hoisis, cette
aison peut
épondre à
outes les de-
mandes qui lui
eront faites,

Distillerie et Magasins de la Maison P. CROZET, à Romanèche-Thorins (en face la gare)

et peuvent être
exécutées soit
à forfait, soit
à la commis-
sion.

Joint à cela
elle exploite
sur une vaste
échelle la dis-
tillation des
marcs de pre-
miers crus,
donnant par
l'ancien pro-
cédé perfec-
tionné des
Eaux - de - vie
dont la répu-
tation n'est
plus à faire.

Vue du Domaine de la Grande Cour, ancienne propriété LECOUR, 1er cru de Fleurie (Rhône) (11 hectares)
Appartenant à M. P. CROZET, de Romanèche-Thorins (Saône-et-Loire).

NOMENCLATURE

DES PRINCIPAUX VIGNOBLES ET LIEUX-DITS

Moulin à Vent. — A. B., première classe.

PRINCIPAUX PROPRIÉTAIRES

MM. Marius Brun.
Chamonard aîné (*Clos Portier*).

MM. Claude Sornay.
J.-C. Jambon (*Clos de la Grande-Charrière*), etc.

Thorins. — A. B., première classe.

PRINCIPAUX PROPRIÉTAIRES

M. Marius Brun. | M. A. Condeminal. | P. Crozet, etc.

Les Bois-Combes. — A. B., troisième et quatrième classes.

PRINCIPAL PROPRIÉTAIRE

M. Gustave Silvestre.

Autres principaux propriétaires et négociants en différents lieux-dits :

MM. Marius Brun.
Caffin.
Chamonard aîné.
Cordier.
Mme Vve Cottet.
MM. Crotte.
P. Crozet.
J. Denis.
E. Desmarquet.
Mme J. Desmarquet.
MM. L.-A.-S. Frasson.
Giroud Lambert.

MM. Godard.
Guillermin.
A. Jandard.
Lapierre.
Mazas-Dupasquier.
Mme de Milly.
MM. Dr Monvenoux.
Paquier.
Tagent.
Trichard.
Mme de Renold.
M. Vachon.

Maisons, Caves et Cuveries du **Clos Portier** (Moulin-à-Vent)
Propriété de M. J.-B. CHAMONARD AÎNÉ,
à Romanèche-Thorins (Saône-et-Loire).

Clos Portier (Moulin-à-Vent)
Domaine de M. J.-B. CHAMONARD AÎNÉ,
à Romanèche-Thorins (Saône-et-Loire)
propriétaire *à Chénas* (vieux domaine) et *à Fleurie* (Rhône)
2 diplômes d'honneur, 13 médailles or, argent, etc., *Exposition Universelle*, Paris, 1889
médailles d'or et d'argent.

Maison d'habitation, Bureaux, Caves, Magasins et Distillerie de la Maison A. JANDARD, à ROMANÈCHE-THORINS

Médaille d'or grand module et Diplôme d'honneur à Paris, en 1885.

Médaillé à l'Exposition universelle de 1889.

Cette Maison, dont la majeure partie des produits est destinée au commerce de gros, se recommande surtout par ses Eaux-de-Vie de marc qui, distillées avec beaucoup de soin et d'une tion est opérée avant la distillation, ce qui permet d'obtenir des qualités diverses et d'une finesse remarquable, en même temps qu'un arôme pénétrant.

Cette Maison, par elle-même, par sa famille et ses relations, est assurée d'une partie des récoltes des riches côteaux du Beaujolais et du Mâconnais, principalement celles du Moulin-à-Vent, des Thorins, etc.

façon toute spéciale, sont très appréciées des amateurs, par suite du choix des marcs des meilleurs crus, dont la sélec- Elle vend également beaucoup de vins ordinaires et grands ordinaires à d'excellentes conditions.

Son organisation lui permet d'étendre toujours ses affaires et d'accueillir favorablement les offres des bons agents qui désireraient entrer en relations avec elle.

Château des Gimarets, à M. le Dʳ MONVENOUX
à Romanèche-Thorins (Saône-et-Loire)

Vignoble des Maisons-Neuves, à M. le Dʳ MONVENOUX
à Romanèche-Thorins (Saône-et-Loire)

JOSEPH DENIS

PROPRIÉTAIRE

à Romanèche-Thorins

(Saône-et-Loire)

CLAUDE SORNAY

Propriétaire au Moulin-à-Vent

par Romanèche-Thorins

(Saône-et-Loire)

Premier cru classé du Beaujolais

LAMBERT GIROUD

PROPRIÉTAIRE-VITICULTEUR

à Romanèche-Thorins

(SAÔNE-ET-LOIRE)

———

SAINT-AMOUR

Saint-Amour, arrondissement de Mâcon, canton de la Chapelle-de-Guinchay et bureau de poste de Crèches, 758 habitants, à 4 kilomètres de la gare de Crèches et de celle de Pontanevaux, 12 de Mâcon.

Sol pierreux de granite décomposé, alluvions de gravier et cailloux roulés à l'est et au sud.

Vin rouge estimé, goût agréable, belle couleur d'une durée de 2 à 5 ans.

Saint-Amour possède 400 hectares de vignes d'une valeur de 6,000 à 8,000 fr. l'hectare ; tous ont été reconstitués en gamay sur riparia et viala.

La récolte de 1889 a donné 3,000 hectolitres de vin rouge valant 75 fr. l'hectolitre dans les meilleurs crus, 60 fr. dans les crus ordinaires et 55 dans les crus inférieurs.

La récolte de 1892 a donné 3,000 hectolitres de vin, vendus au prix moyen de 50 à 55 fr. l'hectolitre logé.

Saint-Amour est assis sur le penchant d'une montagne. La majeure partie du territoire est consacrée à la culture de la vigne. Vers l'an 960, Saint-Amour fut donné au chapitre de Saint-Vincent de Mâcon par Adon, alors chanoine de cette église, et qui depuis fut évêque de Mâcon.

Château, à M. le commandant du Peloux. Nombreuses villas et maisons de plaisance.

Les meilleurs crus sont : Les Mouilles, Chante-Grille, la Ville, la Gagère, les Chamonards, les Pierres, les Belouzes, le Bourg, les Bonnets, les Capitans, les Thévenins, au Platre-

Durand, les Bruyères, Satonnat, placés par Budker, en 2ᵉ, 3ᵉ et 4ᵉ classes.

Coteaux exposés à l'est et au sud.

Le concours de Mâcon 1893 place les vins rouges de Saint-Amour en 2ᵉ catégorie.

PRINCIPAUX PROPRIÉTAIRES

MM. Devoud.
Duperray.
Durand.
Fournier.
Mallet-Guy.

MM. G. Silvestre (*aux Genets*).
Siraudin.
Toutant.
Dʳ Vaffier (*Clos de la Gagère*).

St-SYMPHORIEN-D'ANCELLES

Saint-Symphorien-d'Ancelles, arrondissement de Mâcon, canton de la Chapelle-de-Guinchay et bureau de poste de Ponta-nevaux; 593 habitants, à 2 kilomètres de la gare de Pontanevaux, 14 de Mâcon.

Village situé sur la rivière la Mauvaise, affluent de la Saône.

Sol d'alluvions analogues à celles de la Bresse.

Vin rouge assez estimé, assez coloré, d'une durée de 5 à 6 ans.

Saint-Symphorien ne possède plus de vignes indigènes ; 45 hectares environ ont été reconstitués en gamay sur riparia et viala; 8 hectares restent à planter.

Le prix de l'hectare de vigne est environ de 4,000 fr.

La récolte de 1889 a donné 100 hectolitres de vin rouge valant 50 fr. l'hectolitre dans les meilleurs crus, 47 et 48 dans les crus ordinaires et inférieurs.

Le prix de l'hectolitre de vin blanc est en moyenne de 40 fr. La récolte de 1892 a donné 150 hectolitres de vin rouge et 25 de vin blanc.

Les meilleurs crus sont : les Perrières, les Guicheries, les Culs-robets, les Mailles, les Colombiers, placés par Budker en 4ᵉ classe.

La commune est située entre la rive droite de la Saône et la route nationale de Paris à Chambéry, à 2 kilomètres de la sta-tion de Pontanevaux. L'existence de ce village ne remonte pas au delà du XIIᵉ siècle. En 1120, il n'y existait qu'une chapelle sous le vocable de Saint-Symphorien. Plus tard, les abbés de Tournus furent seigneurs de cette paroisse.

Propriété morcelée.

SAINT-VÉRAND

Saint-Vérand, arrondissement de Mâcon, canton de la Chapelle-de-Guinchay, 262 habitants, à 4 kilomètres de la gare de Crêches, 11 kilom. de Mâcon.

Village situé sur une montagne, sol de granite ou de porphyre décomposé; calcaire à l'ouest; coteaux à toutes les expositions.

Vin rouge de bonne qualité, de bon goût, se conservant bien, supportant les transports.

Le vignoble de Saint-Vérand comptait 150 hectares avant l'invasion du phylloxéra; presque tous sont reconstitués en gamay blanc et rouge, greffé sur riparia, solonis et viala.

En 1890 la récolte a donné 1200 hectolitres de vin rouge. En 1892 la récolte a été de 1000 hectolitres vin rouge, valant 55 fr. l'hectolitre et 60 hectolitres vin blanc, valant 80 fr. l'hectolitre.

Les meilleurs crus peuvent se classer ainsi:

Vin rouge:

N° 1. En Bissay, en Fontenay.

N° 2. Les Bulands, Château-Gaillard, les Dîmes, Vers-l'Eglise.

N° 3. La Balmondière, les Truges, les Gagères, la Roche.

Vin blanc:

N° 1. En Bessay et les Bulands.

N° 2. Au Bourg, Vers l'Eglise.

Les vins blancs de Saint-Vérand sont parmi les meilleurs crus du Mâconnais, et parfois classés avec les Fuissé et Solutré.

NOMENCLATURE

DES PRINCIPAUX VIGNOBLES ET LIEUX-DITS

Aux Bulands. — A. B., troisième classe.

PRINCIPAUX PROPRIÉTAIRES

M. de Borde. | M. de Chabert

Les Colas. — A. B., troisième classe.

La Roche. — A. B., troisième classe.

PRINCIPAL PROPRIÉTAIRE

Mme -Vve Humbert.

La Balmondière.

PRINCIPAUX PROPRIÉTAIRES

M. de Bethune. | M. Piere Sirraudin.

Château-Gaillard.

PRINCIPAL PROPRIÉTAIRE

M. Pierre Henry.

AUTRES PROPRIÉTAIRES

M. le Dr Vaffier, etc.

CANTON DE TRAMAYES

PIERRECLOS

Pierreclos, arrondissement de Mâcon, canton de Tramayes, bureau de poste de Saint-Sorlin ; 1150 habitants, à 3 kilom. 1/2 de la gare de Saint-Sorlin-Milly ; service de voitures publiques de Tramayes à Mâcon.

Terrain et sol d'une grande variété ; calcaire au nord et au sud du village et à l'ouest sur la route de Tramayes ; pointement d'artrose et de porphyre à l'est ; dans toute la partie à l'est de la rivière granite très altérable ; enfin dans toute la partie ouest granite et porphyre très variés.

Vins rouges et blancs à citer parmi les *Mâcon bons ordinaires* ; belle couleur, force alcoolique de 9 à 11°.

Les vins blancs des bons crus acquièrent en vieillissant une grande finesse et atteignent jusqu'à 14°.

Les vignes de Pierreclos sont presque entièrement reconstituées au moyen de plants du pays greffés sur plants américains. Leur culture y est extrêmement soignée.

La récolte moyenne, qui est actuellement de 8.000 hectolitres, atteindra facilement 15.000 hectolitres d'ici deux à trois ans.

La valeur de l'hectare de vigne varie de 6.000 fr. à 10.000 fr.

Le prix moyen des vins rouges est de 50 à 60 fr. l'hectolitre ; celui des vins blancs de 80 à 90 fr. l'hectolitre.

Les meilleurs crus pour les vins rouges, placés par Budker en 4e et 5e classes, sont ceux de Chalument, au château, les Murgets, Pouzy, des Laboriers, du Carruge, de Craz et des Margots ;

pour les vins blancs, ceux des Charmes et de la Roche. Exposition généralement à l'est, au sud et à l'ouest.

Les vins blancs de Pierreclos sont placés par Budker en 3ᵉ et 4ᵉ classes.

Cette commune est traversée par la route départementale nᵒ 13, de Mâcon à Marcigny. Le château de Pierreclos a soutenu des sièges durant les démêlés du duc Philippe le Bon et de Charles VII, alors dauphin. L'histoire ne nous a rien transmis de saillant sur le compte des seigneurs de Pierreclos. — On a découvert vis-à-vis l'église quelques médailles romaines et tombeaux formés de dalles. Des pièces de monnaie du moyen âge ont aussi été trouvées en démolissant, en 1841, les murs d'une très ancienne maison.

Pierreclos est traversé par la petite Grosne, affluent direct de la Saône ; le village est situé au pied d'un rideau de montagnes atteignant jusqu'à 700 mètres d'altitude, d'un aspect très pittoresque, qui l'entourent de tous côtés et protègent la commune contre les vents froids du nord et de l'ouest.

Pierreclos est sur le trajet direct de Mâcon à Saint-Point et limitrophe du village de ce nom, immortalisé par le grand citoyen et illustre poète Lamartine qui en faisait son séjour de prédilection et dont le château attire une foule d'admirateurs du chantre d'*Elvire*, de l'auteur de *Graziella*, des *Méditations* et de tant de chefs-d'œuvre qui ont fait les délices de notre génération.

Limitrophe aussi de Milly, cet autre village où Lamartine passa ses années d'enfance et qu'il a pris pour sujet d'une de ses méditations : « Milly ou la terre natale. »

NOMENCLATURE

DES PRINCIPAUX VIGNOBLES ET LIEUX-DITS

Le Breuil.

PRINCIPAUX PROPRIÉTAIRES

M. Jean-Marie Lardet. | M. le comte de Loriol. | M. Millard.

Les Bruyères.

PRINCIPAL PROPRIÉTAIRE

M. Stéphane Revillon.

Le Carruge.

PRINCIPAUX PROPRIÉTAIRES

M. Desthieux. | M. Joseph Foulon. | M. le comte de Loriol.

Chalument. — A. B., quatrième classe.

PRINCIPAUX PROPRIÉTAIRES

M. Claude Laforêt. | M. J.-B. Lenoir.

Champendy.

PRINCIPAL PROPRIÉTAIRE

M. Robolin.

Collonge.

PRINCIPAUX PROPRIÉTAIRES

M. Canut. | M. L. Moiroud. | Mme Spay.

Craz.

PRINCIPAUX PROPRIÉTAIRES

M. Lachaize. | M. Myot. | M. Tardy.

Les Crues.

PRINCIPAL PROPRIÉTAIRE

M. Mansiat.

Fonsagny.

PRINCIPAUX PROPRIÉTAIRES

Mlle Chaland. | M. Faillant. | M. Jacques Lardet.

Les Margots.

PRINCIPAUX PROPRIÉTAIRES

MM. Ducôté. | MM. Faillant.
Duroussay. | Myot.

Les Monnets.

PRINCIPAUX PROPRIÉTAIRES

M. Lescœur. | M. Louis Moiroud. | Mᵐᵉ Spay.

Planay.

PRINCIPAUX PROPRIÉTAIRES

M. le comte de Loriol. | M. Myot.

La Roche.

PRINCIPAUX PROPRIÉTAIRES

MM. Balvay. | MM. Pilaud.
Stéphane Philibert. | Vessigaud.

Ruère.

PRINCIPAUX PROPRIÉTAIRES

M. Jean Laforest. | M. Pierre-François Moiroud.
M. Stéphane Philibert.

Tremblay.

PRINCIPAUX PROPRIÉTAIRES

Mⁱⁱᵉ Chaland. | M. Robolin.

La Varenne.

PRINCIPAUX PROPRIÉTAIRES

M. Ducoté. | M. Longepierre. | M. Myot.

SERRIÈRES

Serrières, arrondissement de Mâcon, canton de Tramayes, bureau de poste de Saint-Sorlin ; 606 habitants, à 7 kilomètres de la gare de Saint-Sorlin-Milly.

Terrains de granite formant un sol sablonneux, porphyre, colline de grès arkose commençant aux Monterrains et se prolongeant au nord sur Pierreclos. Exposition à l'est et à l'ouest.

Vins ordinaires, francs de goût, de bonne conservation.

Serrières possédait 90 hectares de vigne ; 10 résistent encore, 80 sont reconstitués en *pommier picard ?* sur riparia et viala.

La récolte de 1892 a donné 2004 hectolitres de vin rouge et 14 hectolitres de vin blanc valant de 35 à 45 fr. l'hectolitre suivant la qualité.

L'hectare de vigne vaut 4.500 fr. environ.

Les meilleurs crus placés par Budker en 5ᵉ classe sont : Vers l'Eglise, le clos de Mᵐᵉ Grant, les Monterrains, les terres Bargeat.

Le village est situé partie dans le fond d'une gorge où coule la Grosne, partie sur le versant oriental de la montagne dite *Mère Boitier*. Pays très pittoresque. Au sud du village, tour et ruines d'un château détruit à une époque inconnue aux habitants. François Bruys, qui s'est fait connaître par plusieurs ouvrages et surtout par son *Histoire des Papes*, imprimée à La Haye, 1732-1734, est né à Serrières, le 7 février 1708.

NOMENCLATURE

DES PRINCIPAUX VIGNOBLES ET LIEUX-DITS

Les Berthelots.

PRINCIPAL PROPRIÉTAIRE

M. Claude Paudom.

La Chaux.

PRINCIPAL PROPRIÉTAIRE

M. J.-M. Balandras.

La Croix de Lévy.

PRINCIPAL PROPRIÉTAIRE

M. Claude Point.

La Farge.

PRINCIPAL PROPRIÉTAIRE

M. Etienne Bacot.

La Grange.

PRINCIPAL PROPRIÉTAIRE

Mme Clergué.

La Grosse-Grange.

PRINCIPAL PROPRIÉTAIRE

M. Grant.

Mont.

PRINCIPAL PROPRIÉTAIRE

M. Antoine Guérin.

Monterrains.

PRINCIPAL PROPRIÉTAIRE

M. C. Combier.

Moulin-Combier.

PRINCIPAL PROPRIÉTAIRE

M. Delorme.

Les Provenchères.

PRINCIPAL PROPRIÉTAIRE

M. Claude Guérin.

Tremblay.

PRINCIPAL PROPRIÉTAIRE

M. P. Moiroux.

Tuilerie.

PRINCIPAL PROPRIÉTAIRE

M. Benas-Rollet.

CANTON DE MACON (SUD)

BUSSIÈRES

Bussières, arrondissement et canton de Mâcon (sud) bureau de poste de Saint-Sorlin, à 2 kil. de la gare de Saint-Sorlin, 12 de Mâcon.

Village situé à mi-côte dans la vallée de la petite Grosne.

Terrains calcaires, marneux à l'est et au sud, calcaire et marne supérieure à l'ouest ; granit et indices de grès sous le village.

Vins rouges estimés, bon goût, couleur foncée, durée 5 ans.

Bussières a encore 2 hectares environ de vignes indigènes d'une valeur de 2,500 fr. l'hectare. 100 hectares ont été détruits par le phylloxéra, 80 hectares ont été reconstitués en gamay sur riparia et solonis.

En 1892 la récolte a été de 728 hectolitres de vin rouge d'une valeur de 50 à 60 fr. l'hectolitre, et 6 hectolitres de vin blanc valant 80 fr. l'hectolitre.

Le bourg est traversé par la route départementale de Mâcon à Marcigny. Petite église romane, ne présentant rien de remarquable. Dans un jardin du Grand-Bussières, existe une pierre sculptée, qu'on a incrustée dans un mur. Le sujet, qui est d'une très belle exécution, représente la Descente du Saint-Esprit sur les Apôtres. Ce morceau de sculpture provient, dit-on, de l'ancienne église de Saint-Vincent de Mâcon. Châteaux des

Esserteaux à M. Prunié ; du Grand-Bussières à Mme Boullay. Le concours de Mâcon 1893 a classé dans la troisième catégorie les vins de cette commune.

NOMENCLATURE

DES PRINCIPAUX VIGNOBLES ET LIEUX-DITS

Le Clos. — C. L., première classe.

PRINCIPAUX PROPRIÉTAIRES

M. Blanchard. | M. Dorry. | M. Revillon.

Les Devants. — C. L., première classe.

PRINCIPAUX PROPRIÉTAIRES

MM. Dorry.   MM. Maritain.
Lacroix   Trempier.

Fromenteaux. — C. L., première classe.

PRINCIPAUX PROPRIÉTAIRES

M. Moreau. | M. Perry.

Curtil-Bourdon. — C. L., première classe.

PRINCIPALE PROPRIÉTAIRE

Mme Boullay.

Varennes. — C. L., première classe.

PRINCIPAUX PROPRIÉTAIRES

Mme Boulay. | Mme des Tournelles.

Vigne du puits. — C. L., première classe.

PRINCIPALE PROPRIÉTAIRE

Mme Boullay.

Berrey. — C. L., deuxième classe.

PRINCIPALE PROPRIÉTAIRE

Mme des Tournelles.

Vigne de la Croix. — C. L., deuxième classe.

PRINCIPAUX PROPRIÉTAIRES

MM. Blanchard.	MM. Charvet.
Broyer.	Tarlet.

Vaux. — C. L., deuxième classe.

PRINCIPAUX PROPRIÉTAIRES

M. Blanchard.	M. Boyaud.	M. Broyer.

Magniens. — C. L., deuxième classe.

DIVERS PROPRIÉTAIRES

Terreaux. — C. L., deuxième classe.

PRINCIPALE PROPRIÉTAIRE

Mme des Tournelles.

Buttat. — C. L., deuxième classe.

PRINCIPAUX PROPRIÉTAIRES

Mme Boullay.	M. Maritain.

Prole. — C. L , deuxième classe.

PRINCIPAUX PROPRIÉTAIRES

M. Fichet.	Mme des Tournelles.

Les Beaudiers. — A. B., troisième classe.

A DIVERS

Domaine de Messieurs ROGER GALICHON & baron du TEIL DU HAVELT,
à Charnay-les-Mâcon (Saône-et-Loire)

Château de Champgrenon,
appartenant à M. le Baron LOMBARD DE BUFFIÈRES.

Ce vignoble étendu, composé de très anciennes propriétés de famille, produit
des vins blancs et rouges très appréciés.

CHARNAY-LEZ-MACON

Charnay-lez-Mâcon, arrondissement et canton de Mâcon
(sud), est situé à 3 kilomètres de Mâcon, 62 de Chalon et 1 de
la gare de Charnay-Condemine, sur la ligne de Mâcon à Moulins par Cluny et Paray-le-Monial. Bureau de poste et perception
de Mâcon.

1933 habitants. Superficie : 1273 hectares dont 570 en vignes,
la plupart reconstituées en gamay du pays sur riparia, et aussi
sur solonis. La valeur de l'hectare de vigne varie, selon les sols
et les crus, de 7,500 à 6,000 francs.

18

La récolte de 1889 a donné 2000 hectolitres de vin rouge valant 60 fr. l'hectolitre dans les meilleurs crus, 50 fr. dans les crus ordinaires, 45 fr. dans les crus inférieurs et 750 hectolitres de vin blanc vendu aux mêmes prix que le vin rouge.

La récolte de 1892 a produit 4250 hectolitres de vin rouge et 1100 hectolitres de vin blanc ; les prix de 1889 se sont maintenus à peu de chose près, malgré la qualité exceptionnelle des vins.

Sol généralement calcaire au sud et à l'est, terrain marneux au hameau de Levigny, partout ailleurs alluvions analogues à celles de la Bresse.

Charnay-lez-Mâcon produit un vin rouge assez estimé, d'une belle couleur, ferme, d'une durée de 5 à 6 ans.

Il faut les garder 3 ans avant de les mettre en bouteilles.

Le village est agréablement situé sur le coteau qui domine Mâcon à l'occident de cette ville ; il est traversé par la route nationale de Nevers à Genève.

Des hauteurs de Charnay-lez-Mâcon, vue magnifique dont l'horizon, d'un côté, n'est bordé que par les sommets neigeux des monts Jura et des Alpes. D'un autre côté, les regards se reposent délicieusement sur le gracieux vallon de la petite Grosne, vallon tout parsemé de villages, de clochers et de châteaux. Les agréments d'une aussi heureuse position ne pouvaient manquer d'y déterminer l'établissement d'une multitude de maisons de plaisance. Aussi, il n'est peut-être pas une seule commune du département qui en compte un plus grand nombre. Parmi les plus remarquables de ces élégantes villas, on distingue celle de Champgrenon, à M. le baron de Buffières, le château de Condemine, dont la terre fut la propriété du poète Bauderon de Sennecé ; Verneuil ; la Massonne ; le château moderne de Perthuis, à M. le baron du Teil et à M. Roger Galichon ; le château de Saint-Léger, dont un des anciens seigneurs est honorablement mentionné dans les *Annales de Mâcon* comme étant venu se joindre volontairement aux troupes royales, à la seconde reprise de cette ville sur les protestants. Ce château a soutenu plusieurs sièges durant les guerres de religion. On lit dans les

Distillerie de la Grange Saint-Pierre
MOMMESSIN, propriétaire, à Charnay-les-Mâcon (Saône-et-Loire).
Maison fondée en 1863

Annales de Mâcon que, le 1ᵉʳ juin 1594, le gouverneur et le capitaine de cette ville ayant été avertis que quelques troupes de la garnison de Thoissey avaient passé la Saône la nuit précédente et s'étaient emparées du château de Saint-Léger, y envoyèrent 40 chevaux et 80 arquebusiers pour les assiéger. Les paysans ayant pratiqué un grand trou dans la muraille, les assiégés, au nombre de 18, demandèrent à parlementer; mais, pendant ce temps, plusieurs soldats, ayant pénétré par cette brèche dans la place, tombèrent sur eux, en tuèrent 12 avec le capitaine Groux qui les commandait et firent les autres prisonniers. Les calvinistes eurent à la *Petite Coupée* un temple célèbre. Ce temple fut bâti en 1618, sur un terrain acquis des deniers d'un sieur Guichard, avocat, l'un des plus fermes soutiens du protestantisme dans le Mâconnais à cette époque d'exaltation religieuse. Au moment où fut publié le désastreux édit de Louis XIV, il fut acheté et converti en grange par le sieur de la Bâtie, qui le préserva ainsi de la destruction. En 1567, les paysans, fanatisés par les doctrines de Calvin, avaient fait des ravages affreux à Charnay, après avoir commis toutes sortes de cruautés à Mâcon. L'église avait déjà été pillée et brûlée par eux en 1566.

NOMENCLATURE

DES PRINCIPAUX VIGNOBLES ET LIEUX-DITS

La Lye. — A. B., troisième classe ; C. L., première classe.

PRINCIPAUX PROPRIÉTAIRES

MM. Ballandras.	MM. Lémonon.
Berger.	Manziat.

Les Pouzes. — A. B., troisième classe ; C. L., première classe.

PRINCIPAL PROPRIÉTAIRE

M. le baron du Teil du Havelt.

Levigny. — A. B., troisième classe; C. L., première et deuxième classes.

PRINCIPAUX PROPRIÉTAIRES

Mᵐᵉ Bonnard.

MM. J. Bernard, *aux Gérardes.*
  Charlet.
  Chaintron.

MM. Dubief.
  Ducôté.
  Revillon.

Champgrenon. — A. B., quatrième classe; C. L., première et deuxième classes.

SEUL PROPRIÉTAIRE

M. le baron L. de Buffières.

Saint-Léger. — A. B., troisième classe; C. L., première et deuxième classes.

PRINCIPALE PROPRIÉTAIRE

Mᵐᵉ Blondet.

Les Tournons. — C. L., première classe.

PRINCIPAUX PROPRIÉTAIRES

M. Crouzet.

M. Gautheron.

Le Perthuis. — C. L., première classe.

PRINCIPAUX PROPRIÉTAIRES

M. Berliat.

M. le baron du Teil du Havelt.

Les Chênes. — C. L., première classe.

PRINCIPAUX PROPRIÉTAIRES

M. de Belfort.

M. le baron du Teil du Havelt.

Carge-d'Arlais. — C. L., deuxième classe.

PRINCIPAL PROPRIÉTAIRE

M. de Belfort.

Les Giroux. — A. B., cinquième classe ; C. L., troisième classe.

PRINCIPAUX PROPRIÉTAIRES

MM. Bellicard.
Berthelot.
Bouilloux.
Giroux.

MM. Laneyrie.
Litaudon.
Maillet.

Le Bourg-de-Charnay. — C. L., première classe.

PRINCIPAUX PROPRIÉTAIRES

Mme Charobert. | M. de Roujoux.

La Feuillarde. — A. B., quatrième classe.

A DIVERS

La Louve. — A. B., quatrième classe.

A DIVERS

La Chevagnière. — C. L., première et deuxième classes.

PRINCIPAL PROPRIÉTAIRE

M. L. Galichon.

La Villye. — C. L., deuxième classe.

PRINCIPAUX PROPRIÉTAIRES

M. Desblanc. | M. Desrayaud. | M. Régnard.

Le Mérac. — C. L., troisième classe.

PRINCIPAL PROPRIÉTAIRE

M. Rubat du Mérac.

Les Gérardes. — C. L., deuxième classe.

SEUL PROPRIÉTAIRE

M. Joseph Bernard.

Le Voisinet. — A. B., cinquième classe ; C. L., deuxième classe.

PRINCIPAUX PROPRIÉTAIRES

M. Jaricot. | M. Neveu. | M. Vaudraix.

Le Beau Maréchal. — C. L., deuxième classe.

PRINCIPAUX PROPRIÉTAIRES

M. Gaudez. | M. Grollier.

La Croix-Madeleine. — C. L., deuxième classe.

SEUL PROPRIÉTAIRE

Le département de Saône-et-Loire.

Marboux. — C. L., deuxième et troisième classes.

PRINCIPAL PROPRIÉTAIRE

M. de Roujoux.

Verneuil. — A. B., quatrième classe ; C. L., troisième classe.

PRINCIPAUX PROPRIÉTAIRES

M. David. | M. Giroux. | M. le baron du Teil du Havelt.

Condemine. — A. B., troisième classe ; C. L., deuxième classe.

PRINCIPAL PROPRIÉTAIRE

M. Pitrat.

Malcus. — C. L., deuxième classe.

PRINCIPAL PROPRIÉTAIRE

M. Favre.

En Pierre à Feu.

PRINCIPALE PROPRIÉTAIRE

Mme d'Arlempdes.

J^H BERNARD

PROPRIÉTAIRE

aux GÉRARDES

Vins rouges et vins blancs renommés

DAVAYÉ

Davayé, arrondissement de Mâcon, canton et bureau de poste de Mâcon (sud), à 2 kilom. 1/2 de la gare de Charnay-Condemine, 8 de Mâcon.

Village agréablement situé sur le versant des montagnes de Vergisson et de Solutré, terrains calcaires très variés, alluvions à l'est.

Vins rouges très estimés, goût et bouquet excellents, se conservant bien.

Davayé possède encore quelques vignes françaises, d'une valeur de 5.000 fr. à 7.500 fr. l'hectare ; 100 hectares ont été détruits par le phylloxéra.

La reconstitution par les plants américains s'est faite en gamays du pays greffés sur riparia et sur solonis.

La récolte de 1889 a donné environ 3,000 hectolitres de vin rouge, 10 hectolitres de vin blanc. Le vin rouge vaut de 75 à 80 fr. l'hectolitre, le vin blanc de 80 à 90 fr.

Le bourg de Davayé est situé sur un coteau. Une partie de ce village dépendait de la justice de l'abbé de Cluny qui avait un château à Chevigne, où le célèbre Abeilard fit un long séjour pour le rétablissement de sa santé... On en a fait une très jolie habitation bourgeoise avec parc.

Château de Davayé à M. Michon ; de Chevigne à M. Piot.

Le concours de 1893 a classé dans la deuxième catégorie les vins de cette commune.

NOMENCLATURE

DES PRINCIPAUX VIGNOBLES ET LIEUX-DITS

Les Chailloux. — A. B., troisième classe.

En Paradis. — A. B., troisième classe.

Les Pommards. — A. B., troisième classe.

Les Poncétys. — A. B., troisième classe.

Aux Morats. — A. B., quatrième classe.

Divers Crûs. — A. B., cinquième classe.

PRINCIPAUX PROPRIÉTAIRES

MM. de Calonne.
    Evêché d'Autun.
    Gailleton.
    Luquet.

MM. J. Lapalus.
    Michon.
    Piot.

FUISSÉ

Fuissé, arrondissement, canton et bureau de poste de Mâcon (sud), à 4 kilomètres de la gare de Charnay-les-Mâcon, 8 de Mâcon ; 530 habitants.

Le territoire de Fuissé est formé de collines disposées en fer à cheval dont l'une des branches présente son versant au matin ; le terrain est argilo-calcaire ; l'autre branche présente un versant au soir, le terrain y est calcaire, granitique, schisteux ; au midi terrain calcaire siliceux.

Le vignoble de Fuissé compte environ 250 hectares de vignes ; la plupart reconstitués en chardonnet blanc et gamay rouge, greffés sur riparia et solonis.

L'hectare de terre à vigne vaut 3,000 fr.

En 1890 on a récolté 300 hectolitres de vin valant, le rouge, 50 fr. l'hectolitre et le blanc en moyenne de 100 à 120 fr. l'hectolitre.

C'est surtout le vin blanc qui fait la réputation et la richesse du vignoble.

Vins blancs très estimés de Pouilly. Les vins de Fuissé se ressemblent tous, ils se conservent bien et gagnent en vieillissant.

La récolte de 1892 a donné 100 hectolitres de vin rouge et 300 hectolitres de vin blanc.

Les prix ci-dessus se sont maintenus.

Le village est situé dans un vallon fermé au sud par une montagne à pentes rapides et boisées. — On découvre fréquemment, en fouillant le sol et les vestiges d'anciennes constructions, des tuiles et briques romaines, des débris de marbres et des médailles des empereurs. Une fontaine qui sort du pied de la montagne, au sud du village, porte le nom de Romanin. En 1471, les troupes du dauphin d'Auvergne, après avoir pris les châteaux de Tours, à Crèches, de Vinzelles et de Leynes, vinrent camper à Fuissé et communes circonvoisines. Elles envoyèrent de là deux hérauts pour sommer la ville de Mâcon de se rendre.

Château des Routets à Mme Varambon, de Vers-Châne à M. Bernard de Lavernette.

Le concours de Mâcon 1893 a classé dans la première catégorie les vins de cette commune.

A. B., vins blancs première et deuxième classes.

PRINCIPAUX PROPRIÉTAIRES

Mme Barbet.	MM. L.-A.-S. Frasson.
M. Claude Bulland.	de Lavernette frères, etc.

LOCHÉ

Loché, arrondissement et bureau de poste de Mâcon (sud), 239 habitants ; à 3 kilomètres de la gare de Charnay-Condemine, 7 de Mâcon. Sol généralement calcairé au sud, sud-est et nord, alluvions de la Bresse à l'ouest.

Vins rouges assez estimés ; couleur ordinaire, d'une durée de 10 ans.

Vins blancs de bonne qualité.

Coteaux exposés à l'est.

Loché a encore quelques vignes indigènes, d'une valeur de 2,500 fr. l'hectare. 69 hectares ont été détruits par le phylloxéra, 45 hectares ont été reconstitués en gamay et chardonnay blanc sur riparia et solonis.

En 1892, 200 hectolitres de vin rouge et 8 hectolitres de vin blanc ont été récoltés.

Les prix dans les meilleurs crus sont de 50 à 60 fr. l'hectolitre, et 40 fr. les crus inférieurs dans les vins rouges ; 70 et 80 fr. l'hectolitre de vin blanc.

L'église est, avec une partie du village, située sur la hauteur d'où l'on a une vue magnifique sur Mâcon et sur les plaines de la Bresse. L'église restaurée il y a quelques années déjà, puis rendue à l'exercice du culte, est du XIIIᵉ ou XIVᵉ siècle, du moins en partie. Ces réparations ont amené la découverte, sous le badigeon des voûtes de l'abside et du clocher, de fresques qui paraissent être de cette époque. Il est fait mention du village de Loché dans un acte cité dans le Cartulaire de Saint-Vincent de Mâcon comme ayant été passé sous l'épiscopat de Milon. Cet évêque administrait ce diocèse de 981 à 996. On rencontre fréquemment, dans le voisinage de ce lieu, des débris de tuiles romaines, cinéraires, des armes, des inscriptions tumulaires, des tombeaux formés de dalles ou taillés dans des pierres d'une seule pièce, puis des ossements de chevaux en assez grande quantité. Des découvertes de ce genre se font surtout en se rapprochant du plateau de Varennes, dans les vignes qui longent un ancien chemin dont les traces tendent de plus en plus à disparaître et que les habitants désignent encore sous le nom de chemin de Belleville à Mâcon.

Châteaux de la Vallée à M. Fournier et à Mme Pitrat; de Bourdans à Mme Genty.

Le concours de Mâcon 1893 a classé dans la première catégorie les vins de cette commune.

NOMENCLATURE

DES PRINCIPAUX VIGNOBLES ET LIEUX-DITS

Loché. — A. B., quatrième et cinquième classes.

Aux Mures. — C. L., première classe.

PRINCIPAL PROPRIÉTAIRE

M. Philibert Bérard.

Aux Barres. — C. L., deuxième classe.

PRINCIPAUX PROPRIÉTAIRES

Mme Delahaye. | M. Fournier.

Aux Longues-Tettres. — C. L., deuxième classe.

PRINCIPAL PROPRIÉTAIRE

M. Fournier.

Aux Telloys. — C. L., troisième classe.

PRINCIPALE PROPRIÉTAIRE

Mme Eck.

Les Scelley. — C. L., quatrième classe.

PRINCIPAL PROPRIÉTAIRE

M. Philibert Bérard.

Domaine de Collonges-Prissé, à M. J. SAVIN,
propriétaire à Prissé (Saône-et-Loire).

Maison Savin et ses fils, à Mâcon, rues Rambaud et Lacretelle.
Vins fins : Mâconnais, Beaujolais et Bourgogne. — **Spécialité :** Fleurie Mousseux.

PRISSÉ

Prissé, arrondissement, canton et bureau de poste de Mâcon
(sud) ; chemin de fer ; 1454 habitants, à 8 kilomètres ouest de
Mâcon.

Sol calcaire, très varié, marneux en plusieurs endroits, alluvions et gravier à silex sur la colline nord entre Prissé et
Mouhy. Nombreux coteaux exposés généralement à l'est.

Vins rouges d'assez bonne qualité.

Prissé possède 50 hectares environ de vignes indigènes,
d'une valeur de 3,000 fr. l'hectare ; 303 hectares ont été dé-

Vue du Château de la Combe
Commune de Prissé près Mâcon (Saône-et-Loire),
appartenant à Madame DES TOURNELLES.

truits par le phylloxéra ; 150 hectares ont été reconstitués en gamay sur riparias. En 1892 on a récolté à Prissé 2464 hecto-litres de vin rouge vendu au prix de 55 et 50 fr. l'hectolitre.

Situé dans un vallon agréable, arrosé par la petite Grosne, Prissé, jadis ville, fut dans un temps habité par un grand nombre de juifs, ce qui lui fit donner le nom de *Jéricho*, dit M. Puthod de Maison-Rouge. Les comtes et les évêques de Mâcon y eurent des maisons fortes qui, à l'époque des discordes civiles et religieuses, furent souvent prises et reprises. Les grandes compagnies d'*Ecorcheurs* y commirent des excès de tous genres, en 1360 et 1361. Chevigne eut anciennement un château, qui fut donné à l'abbaye de Cluny par Rodolphe, roi de la Bourgogne Transjurane. Ce château, qui avait un oratoire, reçut les reliques de saint Taurin, premier évêque d'Evreux, qu'on y transporta à l'approche des Normands. Il servit de retraite au célèbre Abeilard qui était venu se réfugier dans le cloître de Cluny, auprès de Pierre le Vénérable. Les Armagnacs s'emparèrent de cette maison forte en 1422. Le château de Montceau, qui était la résidence la plus habituelle de M. de Lamartine, dépend de la commune de Prissé.

Châteaux de Montceau à M. Virey ; de la Combe à Mme des Tournelles.

Le concours de Mâcon 1893 a classé dans la troisième catégorie les vins de cette commune.

NOMENCLATURE

DES PRINCIPAUX VIGNOBLES ET LIEUX-DITS

Montceau. — A. B., troisième classe; C. L., première classe.

PRINCIPAUX PROPRIÉTAIRES

M. O Brion. | M. Garnier.

Saint-Claude. — A. B., troisième classe ; C. L., première classe.

PRINCIPAL PROPRIÉTAIRE

M. Lutaud Charles.

Les Boutteaux. — A. B., troisième classe ; C. L., première et deuxième classes.

PRINCIPAUX PROPRIÉTAIRES

M. Chambard. | M. Chevrier. | M. Rogeat.

Chevignes. — A. B., troisième classe ; C. L., première et deuxième classes.

PRINCIPAUX PROPRIÉTAIRES

M. de Calonne. | M. Luquet

La Combe. — A. B., troisième classe ; C. L., première et deuxième classes.

SEULE PROPRIÉTAIRE

Mme des Tournelles.

Maison-Rouge. — C. L., première et deuxième classes.

PRINCIPAL PROPRIÉTAIRE

M. Durillon.

Bourg de Prissé. — A. B., troisième classe ; C. L., deuxième et troisième classes.

PRINCIPAUX PROPRIÉTAIRES

M. Durillon. | Mme Vve Lorain. | M. Ravier.

Collonges. — A. B., quatrième classe ; C. L., première et deuxième classes.

PRINCIPAUX PROPRIÉTAIRES

M. J. Savin de la maison Savin et ses fils, à Mâcon *(domaine* | *de Collonges).* M. Virey.

Montagny. — A. B., quatrième classe; C. L., deuxième classe.

PRINCIPAL PROPRIÉTAIRE

M. Thoviste.

La Feuillarde. — A. B., cinquième classe; C. L., deuxième classe.

PRINCIPAL PROPRIÉTAIRE

M. du Teil.

Aux Arènes. — A. B., cinquième classe; C. L., deuxième classe.

PRINCIPALE PROPRIÉTAIRE

Mlle Monestier.

La Beugnonne. —A. B., cinquième classe; C. L., deuxième classe.

PRINCIPAL PROPRIÉTAIRE

L'hospice de Mâcon.

La Tour. — A. B., cinquième classe; C. L., deuxième classe.

PRINCIPALE PROPRIÉTAIRE

Mme Vve Corsin.

Mouhy. — A. B., cinquième classe; C. L., troisième classe.

PRINCIPAUX PROPRIÉTAIRES

M. Margue. | M. Michel.

Citons parmi les autres propriétaires en différents lieux-dits:
M. Lémonon-Dubief.

LÉMONON-DUBIEF

PROPRIÉTAIRE-NÉGOCIANT

à Prissé, près Mâcon (Saône-et-Loire)

Possède le *Clos des Noyerets*, situé à Sommeré, commune de Saint-Sorlin
(SAÔNE-ET-LOIRE)

Domaine de M. RAVAT, propriétaire, à Pouilly
Commune de Solutré (Saône-et-Loire).

Vin blanc 1ʳᵉ cuvée
Médailles d'or et d'argent aux expositions universelles

SOLUTRÉ

Solutré, arrondissement de Mâcon, canton et bureau de Mâcon (sud), 600 habitants, à 4 kilomètres de la gare de Charnay-Condemine, 9 de Mâcon.

Sol généralement calcaire, marneux au pied des escarpements.

Vin rouge estimé, belle couleur, goût excellent, d'une durée de 12 à 15 ans.

Solutré possède encore quelques vignes indigènes d'une valeur de 4.000 fr. l'hectare. 150 hectares ont été reconstitués en

gamay et chardonnet sur riparia et solonis ; 50 hectares restent à planter.

La récolte de 1889 a donné 500 hectolitres de vin rouge valant 55 fr. l'hectolitre, et 1500 hectolitres de vin blanc valant
jusqu'à 150 fr. l'hectolitre dans les meilleurs crus et de 100 à
120 fr. dans les crus ordinaires.

Vin blanc renommé.

La récolte de 1892 a été de 2.250 hectolitres dont 1.500 hectolitres en blanc, vendus 150 fr. l'hectolitre dans les meilleurs
crus (Pouilly), et 120 fr. dans les grands crus ordinaires (Solutré).

La récolte en vin rouge a été de 75 hectolitres, vendus 60 fr.
l'hectolitre.

Le village de Solutré est agréablement situé au pied d'une
roche escarpée, ayant son inclinaison au nord-est. Une forteresse, dont il n'existe plus que quelques vestiges peu apparents,
occupait le sommet de cette roche. Le hardi constructeur en
avait assis les fondements sur le bord même de l'escarpement
occidental ; en sorte que les murs étaient le prolongement de
la perpendiculaire du rocher qui s'élève à pic à plus de cent
mètres au-dessus du fond de la vallée. On reconnaît encore les
deux fossés, à demi comblés, qui défendaient l'accès du château, du seul côté par où on pouvait y arriver. Ces fossés sont
taillés dans le roc, à une profondeur de deux mètres. On attribue la construction de cette forteresse à Raoul, duc de Bourgogne, qui devint roi de France en 923, au préjudice de
Louis IV, et l'on prétend qu'il voulait s'y assurer un asile
contre la haine des grands et la fureur des partis qui divisèrent
le royaume pendant tout le temps de son règne.

Ce château a dû, à raison de l'importance de sa position,
jouer un grand rôle dans les guerres civiles des XIVe et XVe siècles. En 1447, les Armagnacs, qui soutenaient le parti du
Dauphin et du duc d'Orléans contre le duc de Bourgogne,
s'en rendirent maîtres. Ils fatiguèrent horriblement le pays,
pendant tout le temps qu'ils l'occupèrent. Les Bourguignons
le reprirent l'année suivante. Les troupes qu'y avaient en-

voyées Girard de la Guiche, bailli de Mâcon, sous le commandement d'Antoine Rabutin, son lieutenant, pour en faire le siège, étaient en grande partie composées d'Allemands. La ville avait engagé la vaisselle d'argent au maître de la monnaie de Mâcon pour la solde de ces étrangers. Mais la place ne resta pas longtemps en la possession du duc. Au mois d'octobre 1419, le sieur de Lafayette occupait le village de Pouilly pour le Dauphin qui vint, au mois de novembre, l'appuyer en personne avec 3.000 chevaux. Ce prince conserva le château jusqu'en 1424. Au mois de septembre de cette même année le duc Philippe le Bon le fit assiéger par le bailly d'Alençon qui avait à sa solde 400 Anglais auquel se joignirent plusieurs gentilshommes du voisinage. La ville fournit 8 bombardes et 3 canons avec les munitions. Le duc lui-même était en marche pour s'y rendre avec 1.500 hommes d'armes et des gens de trait, lorsque le capitaine Jean Buffart, qui y commandait, lui rendit la place. Le château et la forteresse furent rasés en 1435, par ordre du duc, dans la crainte que ses ennemis ne vinssent à s'en emparer de nouveau.

Tout le pays avait eu à souffrir beaucoup, non seulement des combats qui se livrèrent autour de cette place, mais encore des troupes de la garnison même du château, qui fondaient continuellement sur la campagne et se livraient à un pillage affreux. Aussi l'ordre du duc fut-il reçu avec une grande joie.

L'existence du grand nombre de tombes, qu'on a découvertes à différentes époques, sur le penchant de la montagne, à peu de distance et au nord du château, ferait croire à une antiquité encore plus reculée que celle qui lui est communément assignée. Ces sépultures étaient construites en pierres en forme de murs, et rangées parallèlement, de deux en deux mètres. Parmi ces sépultures d'une construction uniforme, il s'en est trouvé une, d'une seule pièce, en forme d'auge, faite d'une pierre poreuse semblable à du grès, et scellée, dans sa partie supérieure, par une espèce de ciment très dur, qui paraissait être un mélange de plâtre et de briques pilées. Les champs situés un peu plus bas, sur la pente de la montagne, recèlent aussi une grande quantité d'ossements de chevaux. — En 1853, un propriétaire de cette commune a fait, dans l'emplacement du château, des fouilles qui ont permis de reconnaître les dispositions de diverses pièces. Il a aussi découvert au dehors une grande quantité de fers de lance, de javelots, de fers de chevaux appartenant à l'époque féodale et même des débris de vases romains, de tuiles à rebord et une médaille du haut empire. Il est incontestable que l'occupation de ce point important ne dut point être négligée dès les temps les plus anciens.

Le hameau de Pouilly est mentionné dans un jugement que rendit, en 1193, Henri VI, au sujet des différends du duc Eudes avec Othe Ier, comte palatin de Bourgogne, frère de cet empereur. Mâcon et Pouilly y sont déclarés fiefs relevant du duché de Bourgogne, jurables et rendables au duc et à ses successeurs.

Il y eut anciennement, au hameau de la Grange-du-Bois, un prieuré de l'ordre de saint Benoit.

Le concours de Mâcon 1893 a classé en première catégorie les vins blancs de Pouilly.

NOMENCLATURE

DES PRINCIPAUX VIGNOBLES ET LIEUX-DITS

Solutré (*Blancs*), grands ordinaires; A. B., première classe; C. L., première classe.

PRINCIPAUX PROPRIÉTAIRES

MM. Pierre Auvigne.
Claude Barrat fils.
Pierre Berthelot.
Charnay.
Claude Desroches.

MM. Pierre-Marie Lanier.
J. Lapalus(*Croix-Blanche*).
Jean-Marie Larochette.
Julien Larochette.

Les Gerbeaux (*Blancs*), grands ordinaires ; C. L., première classe.

PRINCIPAUX PROPRIÉTAIRES

M. Claude Béranger. | M. Jean-François Gaillardon.

Les Berthelots (*Blancs*), grands ordinaires ; C. L., première classe.

PRINCIPAUX PROPRIÉTAIRES

Mme Vve Berthelot. | M. Philibert Borjon-Piron.

Les Bulands (*Blancs*), grands ordinaires ; C. L., première classe.

PRINCIPAUX PROPRIÉTAIRES

MM. Auroux. | Mlle Morel.
docteur Garnier. | M. Joseph Souchal.
Mathieu Larochette. |

Pouilly (*Blancs*), grands crus ; A. B., première classe ; C. L., première classe.

MM. Béranger-Benoist. | MM. Jean-François Gaillardon.
Claude Béranger. | Pierre-Marie Lanier.
Calmel. | J. Lapalus (*clos de Chazy*).
Collin-Genty. | Henri Piot.
Mme Vve Dejoux. | Mme de Parsevalle.
M. Febvre-Chandon. | M. Ravat.

La Grange-Murger (*Rouges*). — C. L., deuxième classe.

PRINCIPAUX PROPRIÉTAIRES

M. Benoit Lassarat. | M. Joanny Métrat.

La Grange-du-Bois (*Rouges*). — C. L., deuxième classe.

PRINCIPAUX PROPRIÉTAIRES

MM. Jean-Jacques Commerson. | Mme Santé.
Jean-Marie Charnay. |

VERGISSON

Vergisson, arrondissement, canton de Mâcon (sud), et bureau de poste de Saint-Sorlin, 448 habitants, à 10 kilomètres de Mâcon, 5 des gares de Prissé et Charnay-Condemine.

Terrain et sol pierreux, calcaire très varié, marneux au pied des escarpements, granite ou porphyre à la limite ouest.

Vin rouge estimé, belle couleur, bon goût, d'une durée de 15 à 20 ans.

Vin blanc renommé.

Vergisson possède quelques hectares de vignes indigènes d'une valeur de 4.000 fr. l'hectare. 80 hectares ont été reconstitués en gamay et chardonnay blanc sur riparia et solonis. 50 hectares sont en reconstitution.

La récolte de 1889 a donné 1300 hectolitres de vin rouge valant 65 fr. l'hectolitre dans les meilleurs crus, 60 fr. dans les crus ordinaires et 50 fr. dans les crus inférieurs. 1200 hectolitres de vin blanc ont été récoltés. Le prix moyen de l'hectolitre est 110 fr. dans les meilleurs crus, 105 et 100 dans les crus ordinaires et inférieurs.

La récolte de 1892 a donné 1500 hectolitres de vin rouge et 1250 de vin blanc, valant comme ci-dessus.

Vergisson est situé dans un vallon, entre deux roches, celle de Vergisson au nord et celle de Solutré au sud, pays très accidenté.

Le concours de Mâcon 1893 a classé dans la deuxième catégorie les vins blancs de cette commune.

A. Budker les porte en 2ᵉ classe.

NOMENCLATURE

DES PRINCIPAUX VIGNOBLES ET LIEUX-DITS

Les Crays. — C. L., première classe.

A DIVERS

La Roche. — C. L., première classe.

A DIVERS

Les Charmes. — C. L., première classe.

A DIVERS

En Chatenay. — C. L., première classe.

A DIVERS

Les Chanserons. — C. L., première classe.

PRINCIPAUX PROPRIÉTAIRES

M. de la Vernette. | M. Jannaud. | M. Moiroud.

VINZELLES

Vinzelles, arrondissement, canton et bureau de poste de Mâcon (sud), 503 habitants ; à 3 kilomètres de la gare de Crèches, 7 de Mâcon.

Village situé sur un coteau dominant la vallée de la Saône et les plaines de la Bresse.

Dans la partie ouest et sous le village, colline calcaire ; dans la plaine à l'est, alluvions de la Bresse.

Vin rouge estimé, de goût agréable, couleur moyenne, durée de 20 à 25 ans.

Vinzelles possède un peu de vignes indigènes d'une valeur de 3,500 fr. à 5,000 fr. l'hectare. Environ 100 hectares ont été reconstitués en gamay sur riparia et quelques solonis.

10 hectares restent à planter.

La récolte de 1889 a donné 400 hectolitres de vin rouge valant 55 fr. l'hectolitre dans les meilleurs crus, 50 fr. dans les crus ordinaires et 45 fr. dans les inférieurs, 53 hectolitres de vin blanc ont été récoltés.

L'hectolitre de vin blanc vaut 70 fr. dans les meilleurs crus, 60 fr. dans les crus ordinaires et 55 fr. dans les crus inférieurs.

La récolte de 1892 a été un peu supérieure à celle de 1889 ; les prix sont restés les mêmes.

Il est fait mention de Vinzelles, *Vincella,* dans plusieurs chartes du x° et du xi° siècle, qui sont rapportées dans le Cartulaire de Saint-Vincent de Mâcon. C'était la première baronnie du Mâconnais. Eglise du xi° siècle. Le château, qui s'élève à peu de distance, et auquel on arrive par un chemin taillé dans le roc, a été, dit-on, construit peu d'années avant la révolution par

M. Chesnard de Layé, président au parlement de Dijon, dernier seigneur de Vinzelles, sur l'emplacement d'un ancien château fort dont on a conservé les fossés et un portail assez remarquable ainsi qu'un vieux corps de bâtiments qui sert de logement aux vignerons, à l'extrémité du parc. Des souvenirs historiques planent sur les ruines de cet antique manoir qui, au XIIᵉ siècle, relevait directement de nos rois. Gérard, comte de Mâcon, le tenait de Louis VII, sous la condition de foi et hommage. Quatre fois, en moins de vingt ans, ce grand usurpateur des biens de l'église avait forcé les sires de Beaugé, l'évêque de Mâcon et les abbés de Cluny et de Tournus à recourir à l'autorité royale pour mettre un terme à ses spoliations et à ses violences. Sur leurs pressantes instances, Louis vint, à cet effet, à son château de Vinzelles, où il rendit, contre ce comte, une sentence datée de 1172, actum Vinzeliaci in palatio nostro.

Cette forteresse fut prise en 1422 par les Armagnacs, qui soutenaient, contre le duc de Bourgogne, le parti de Charles VII, encore Dauphin. L'année suivante, le comte de Suffolk s'en empara après une vigoureuse résistance des 40 Lombards et Espagnols qui l'occupaient et qui, ne pouvant plus la défendre, s'étaient retirés dans le Donjon. En 1471, le château de Vinzelles tomba au pouvoir des troupes du Dauphin d'Auvergne, lors du siège de Mâcon, mais il fut presque aussitôt repris par les milices du pays soutenues par la garnison de Mâcon et qui y mirent le feu après l'avoir pillé.

NOMENCLATURE

DES PRINCIPAUX VIGNOBLES ET LIEUX-DITS

Les Méxiat. — A. B., quatrième classe.

A DIVERS

Le Château. — A. B., quatrième classe.

A DIVERS

Divers crus. — A. B., cinquième classe.

PRINCIPAUX PROPRIÉTAIRES

M. Cognet-Chapuis de Maubou. | M. Alamy

———————

CANTON DE MACON (NORD)

BERZÉ-LA-VILLE

Berzé-la-Ville, arrondissement et canton de Mâcon (nord), est situé à 1 kil. et demi de la gare de la Croix-Blanche et à 13 de Mâcon ; bureau de poste et perception de Saint-Sorlin ; 767 habitants.

Superficie : 553 hectares, dont 270 en vignes pour la plupart reconstituées en gamay rouge sur solonis et riparia. La valeur d'un hectare de vignes est de 3500 fr. environ.

La récolte de 1889 a donné 1300 hectolitres de vin rouge valant en moyenne 55 fr. l'hectolitre dans les meilleurs crus et de 50 à 52 fr. dans les crus moyens, et 10 hectolitres de vin blanc coté de 55 à 60 francs l'hectolitre. La récolte de 1892 a donné 1600 hectolitres de vin rouge vendu de 42 à 50 fr. l'hectolitre.

Le sol de Berzé-la-Ville est calcaire, argileux, granitique et d'alluvions. Il est exposé en fortes pentes tournées au sud et à l'ouest. Une carrière de plâtre y existe ; ce dépôt de gypse est un des plus puissants que renferme la formation des marnes irisées dans Saône-et-Loire ; la couche exploitée est de 16 mètres.

Berzé produit de bons vins rouges de table, ordinaires, d'une couleur foncée, d'un goût franc et agréable et qui se conservent assez bien.

Ce village est mentionné dans des titres de 1040, 1103, etc.

Ancien château qui fut souvent pris par les Armagnacs et repris par les troupes du duc de Bourgogne dans le commencement du xvᵉ siècle. La paroisse a aussi beaucoup souffert durant les troubles religieux. Dans l'information authentique qui fut faite à Mâcon en 1605, au sujet des ravages et violences que les huguenots avaient commis en l'année 1567, on lit la déposition d'un sieur Deville, notaire royal en cette ville, portant que, « s'étant échappé de Mâcon et se rendant à Cluny, il avait vu, en passant à Berzé-la-Ville, que ceux de la religion prétendue réformée brûlaient tout vif un prêtre devant l'église, avec ses habits sacerdotaux, ornements, livres et papiers concernant icelle ».

Il existe aujourd'hui deux châteaux sur le territoire de Berzé : Les Cochets à M. Pey et le château des Moines à M. Roux-Dubief.

NOMENCLATURE

DES PRINCIPAUX VIGNOBLES ET LIEUX-DITS

Mary. — A. B., troisième classe ; C. L., première classe.

PRINCIPAUX PROPRIÉTAIRES

MM. Bonnetain.
Bouchacourt.
Guillet.

MM. Poncet.
Turel.

Berzé. — A. B., quatrième classe; C. L., deuxième classe.

PRINCIPAUX PROPRIÉTAIRES

MM. Bénas.
Bonnetain.
Bouillard.
Chambard.
Cochet.
Gaillard.

MM. Guillet.
Litaudon.
Patissier.
Plumet.
Préaud.
Simonet.

Au **Château des Moines.** — A. B., quatrième classe; C. L., deuxième classe.

PRINCIPAUX PROPRIÉTAIRES

M. Armand. | M. Dutronc. | M. Roux-Dubief.

Le Péret. — A. B., quatrième classe.

DIVERS

Les **Vernay** et les **Chardigny.** — A. B., quatrième classe ; C. L., troisième classe.

PRINCIPAUX PROPRIÉTAIRES

MM. Aumonier. | M. Litaudon.
Besson. | Mmes Lacroix.
Garnier. | Protat.

Aux **Furtins.** — C. L., première classe.

PRINCIPAUX PROPRIÉTAIRES

M. Chantin. | M. Garnier. | M. Pierreclaud.

Citons parmi les principaux propriétaires dans différents lieux-dits :

M. J. Lapalus.

CHARBONNIÈRES

Charbonnières, arrondissement et canton de Mâcon (nord), est situé à 11 kil. de Mâcon, 49 de Chalon, et 5 de la gare de Senozan; bureau de poste de Mâcon, perception de Sennecé; 193 habitants.

Superficie, 417 hectares dont 45 en vignes reconstituées pour la plupart en gamay sur riparia. La valeur de l'hectare de vignes est de 4000 fr.

La récolte de 1889 a été détruite par la grêle. Celle de 1892 a été de 200 hectolitres de vin rouge, valant de 45 à 48 francs, et 50 hectolitres de vin blanc valant 50 francs.

Le village est situé partie sur la pente, partie au pied d'un coteau agréable et fertile. Le vallon est arrosé par la petite rivière la Mouge.

Le sol est calcaire à l'est de la vallée; partout ailleurs alluvions d'argile et silex à l'ouest.

Charbonnières produit des vins rouges très ordinaires, mais son vin blanc est assez estimé.

Ce bourg est très ancien : les religieuses carmélites de Mâcon étaient dames de Charbonnières et y avaient, avant la révolution, un château qui a subi quelques transformations. Un de ses propriétaires y a ajouté, il y a environ 40 ans, un belvédère.

En 1834, on a découvert plusieurs tombeaux en pierre, disposés presque verticalement. Les squelettes qu'ils renfermaient étaient encore debout. A 200 mètres environ de ce lieu, dans le domaine de Chaniot, des ouvriers ont retiré, en 1837, d'une source qu'ils nettoyaient, des fragments de vases étrusques.

NOMENCLATURE

DES PRINCIPAUX VIGNOBLES ET LIEUX-DITS

La Montagne *[blanc]*. — A. B., cinquième classe ; C. L., première classe.

Montlaville. — A. B., cinquième classe ; C. L., deuxième classe.

En Pain-Perdu. — A. B., cinquième classe ; C. L., troisième classe.

En Crétine. — A. B., cinquième classe ; C. L., quatrième classe.

PRINCIPAUX PROPRIÉTAIRES

MM. Blanchard.
Chambard.
Demigneux.
Guillot.

MM. Huet.
Mornand.
Ravier.

CHEVAGNY-LES-CHEVRIÈRES

Chevagny-les-Chevrières, arrondissement et canton de Mâcon (nord), est situé à 2 kilomètres 500 de la gare de Prissé,
7 de Mâcon et 60 de Chalon ; bureau de poste de Mâcon ; perception de Saint-Sorlin ; 293 habitants.

Superficie : 380 hectares dont 85 en vignes en partie reconstituées en gamay sur riparia. L'hectare de vigne atteint 3,500 fr.
dans les meilleurs terrains.

La récolte de 1889 a donné 106 hectolitres, dont 100 de vin
rouge, valant de 45 à 50 fr. ; le vin blanc vaut 60 fr. l'hectolitre.

En 1892, on a récolté 310 hectolitres dont environ 30 de vin
blanc. Les prix sont restés les mêmes.

Le village est situé sur le versant méridional d'une petite
montagne cultivée sur toutes les parties. Sol calcaire varié. Au
nord, colline de grès, gravier à silex.

Chevagny-les-Chevrières produit un vin rouge un peu dur,
mais bon, assez coloré, d'une durée de 10 à 12 ans.

Chevagny existait déjà au xve siècle. Son église, très petite,
date du xvie siècle. Aliénée, en 1793, au curé de la paroisse,
elle n'a été rendue à l'exercice du culte qu'en 1847, et a été
restaurée en 1852.

En 1594, le pays de Mâconnais était au pouvoir du duc de
Mayenne, qui avait son quartier général à Mâcon. Quarante
cavaliers de la suite de ce prince occupaient Chevagny. Dans
la nuit du 2 au 3 mars, la cavalerie du comte Alphonse d'Or-
nano, qui tenait pour le roi et qui était campée devant Thoissey,

passa la Saône et fit une course jusqu'à Chevagny où elle surprit les gens du duc et les battit. Elle emmena 25 prisonniers et 30 chevaux. Ce coup de main était une représaille de celui que ces 40 ligueurs avaient fait quelques jours avant, sous les murs de Villefranche, en s'emparant de quelques marchands et du vivandier du comte.

Actuellement il existe un château sur le territoire de Chevagny, celui de Mme veuve Bénier; il porte le nom de la commune.

NOMENCLATURE

DES PRINCIPAUX VIGNOBLES ET LIEUX-DITS

En Arène. — A. B., quatrième classe.

Le Bouro. — A. B., quatrième classe.

Clos du Château. — A. B., quatrième classe.

Les Condemines. — A. B., quatrième classe.

Aux Grattières. — A. B., quatrième classe.

Les autres crûs sont rangés en cinquième classe.

PRINCIPAUX PROPRIÉTAIRES

Mme d'Arlempdes (*clos de la Rochette*).	Mme Vve Bénier. M. Mestre fils.

Propriété morcelée.

FLACÉ

Flacé, arrondissement et canton de Mâcon (nord), est situé à 2 kilomètres de la gare de Mâcon et à 56 de Chalon. Bureau de poste de Mâcon ; perception de Sennecé-les-Mâcon ; 635 habitants.

Superficie : 590 hectares dont 74 en vignes, la plupart reconstituées en gamay sur riparia. La valeur de l'hectare de vigne est de 2,000 fr.

La récolte de 1889 a donné 60 hectolitres de vin rouge valant de 35 à 50 fr., et 140 hectolitres de vin blanc, valant de 30 à 40 fr. l'hectolitre.

La récolte de 1892 a donné environ 350 hectolitres dont 200 en vin blanc. Le prix du vin rouge n'a pas varié ; le vin blanc s'est élevé jusqu'à 45 fr. l'hectolitre.

Le sol est calcaire dans une grande partie du territoire ; à l'est nord-est des alluvions peu épaisses, souvent sablonneuses, couvrent le calcaire.

Flacé ne produit que des vins de qualité très ordinaire, assez colorés et d'une durée ne dépassant pas 8 ou 9 ans. Le vin blanc se conserve un peu moins ; il est assez bon et vendu généralement pour être bu comme vin doux. A. Budker range les vins blancs de Flacé en 4ᵉ classe.

Flacé est desservi par la route nationale de Mâcon à Lugny, qui traverse la partie du village la plus récemment construite. L'ancien Flacé étale ses maisons au bas et sur les premières assises de la Grisière, montagne autrefois boisée mais aujourd'hui complètement dénudée. Le jour de la fête patronale, qui tombe le lundi de Pâques, cette montagne, d'où l'on jouit d'une vue magnifique, présente un aspect très animé. Elle est envahie par la population de Mâcon et par une multitude d'habitants des communes circonvoisines.

La Grisière renferme des gisements de terre réfractaire qui sont activement exploités aux territoires d'Hurigny et de Flacé. On y rencontre plusieurs carrières de pierres à bâtir et à chaux. On en extrait aussi une belle pierre rouge susceptible de poli, dont on fait des tablettes de cheminée. Au bas, coule le ruisseau l'Abîme qui fait tourner plusieurs moulins à blé.

Des chartes du xe siècle, citées dans le Cartulaire de Saint-Vincent de Mâcon, font déjà mention d'une église à Flacé. Il en est aussi question dans un acte du roi Louis VII, en 1172, donné au château de Vinzelles. A cette époque, elle appartenait aux moines de Laizé. Sainte Ilie ou Eulalie, patronne du lieu, était en grande vénération dans le pays et les campagnes voisines. Les jeunes filles y venaient de fort loin en pèlerinage pour demander à cette sainte un époux selon leur cœur. Sa niche était garnie de rubans rouges et de rubans blancs que venaient prendre les filles chlorotiques ou les femmes dont les couches étaient trop prolongées. Cette coutume et cette croyance existaient encore il y a peu d'années. Aujourd'hui une église neuve existe à l'entrée du village, près de Mâcon ; elle ne paraît pas avoir hérité des vertus de l'ancienne chapelle, à en juger par le peu de jeunes filles et de femmes venant prier la sainte et désireuses de se marier ou de se guérir promptement à l'aide de son intercession. Les miracles ont d'ailleurs manqué ! La voie romaine, qui de Mâcon tendait à Autun, passait sur le territoire de Flacé.

En 1892, en creusant un champ, on a mis à découvert à un mètre de profondeur un sol en mosaïque multicolore, représentant un guerrier de grandeur naturelle, le tout très bien conservé.

A citer le château actuel de Mme Dubarry.

NOMENCLATURE

DES PRINCIPAUX VIGNOBLES ET LIEUX-DITS

La Grisière et Flacé. — A. B., cinquième classe.

PRINCIPAUX PROPRIÉTAIRES

Mᵐᵉ Dubarry. | M. Durand. | M. Siraudin.

Propriété morcelée.

HURIGNY

Hurigny, arrondissement et canton de Mâcon (nord), est situé à 6 kil. de la gare de Mâcon ; bureau de poste de Mâcon ; perception de Saint-Sorlin ; 997 habitants.

Superficie : 920 hectares dont 450 en vignes en grande partie reconstituées en gamay sur solonis et riparia ; quelques othellos appelés à disparaître sous peu.

L'hectare de vigne vaut environ 2500 francs dans les crus inférieurs et 3500 fr. dans les crus supérieurs.

La récolte de 1889 a été presque en totalité anéantie par la grêle. Celle de 1892 a donné 985 hectolitres de vin rouge valant de 40 à 50 francs l'hectolitre, et 100 hectolitres de vin blanc, valant environ 50 fr. l'hectolitre.

Sol calcaire très varié, marneux dans les parties basses du coteau à l'ouest du village ; terrain à silex, argile et gravier à l'est de la colline la Grisière.

On y récolte des vins rouges assez estimés, d'un goût agréable, assez colorés et d'une durée de 10 à 15 ans. Ils sont bons dès la première année, surtout ceux de Mont-Rouge et de la Foudre, connus depuis fort longtemps comme des meilleurs du Nord-Mâconnais.

Le village d'Hurigny est situé sur une colline à peu de distance de la route départementale de Mâcon à Lugny. Quelques châteaux ou habitations bourgeoises élégantes se font remarquer et occupent des positions agréables. Un château fort a existé à Salornay dès le IXᵉ siècle et a servi pendant longtemps de boulevard au pays d'alentour. Il fut brûlé par les troupes du dauphin, en 1471, dans les guerres que le duc de Bourgogne

Château et propriété de Madame la baronne d'ARLEMPDES,
à Salornay d'Hurigny, par Mâcon (Saône-et-Loire).

eut avec le roi de France : mais il ne tarda pas à être reconstruit et mis en état de soutenir des sièges. On voit encore ses
fossés profonds et l'avant-corps du bâtiment d'où s'abaissaient la
herse et le pont-levis. Parmi les gentilshommes du Mâconnais
qui, en 1567, se joignirent au duc de Nevers que Charles IX
envoya reprendre Mâcon sur les protestants, on cite un seigneur
de Salornay comme s'étant signalé dans ce siège, le plus mémo-
rable dont cette ville ait gardé le souvenir. Durant les guerres
des Anglais en France, le Mâconnais eut beaucoup à souffrir de
l'occupation du pays par les troupes des deux partis. Un More-
let de Salornay fut un des seigneurs que les états du Mâconnais
chargèrent de négocier une trève, en 1434, entre le duc Philippe le Bon et le bâtard de Bourbon.

On remarque à Hurigny quatre châteaux : celui de Salornay,
à Mme la baronne d'Arlempdes ; d'Hurigny, à M. le comte de
Leusse ; de Chazoux à M. Michoud ; l'ancien château fort de
Salornay, à M. Bénier.

NOMENCLATURE

DES PRINCIPAUX VIGNOBLES ET LIEUX-DITS

Chazoux. — A. B., troisième classe ; C. L., première classe.

PRINCIPAL PROPRIÉTAIRE

M. A. Michoud.

Franc-lieu. — A. B., troisième classe ; C. L., première
classe.

Salornay. — A. B., troisième classe ; C. L., première classe.

PRINCIPALE PROPRIÉTAIRE

Mme la baronne d'Arlempdes.

Les Guérêts. — A. B., quatrième classe ; C. L., première
classe.

Château et vignoble des Rousseaux, à Hurigny (Saône-et-Loire)

Propriété de M. J. JANNAUD.

Vignobles de la Foudre et du Mont-Rouge, à Hurigny, canton nord de Mâcon (Saône-et-Loire)
Propriété de M. JANNAUD.

Mont-Rouge. — A. B., quatrième classe; C. L., première classe.

PRINCIPAL PROPRIÉTAIRE

M. J. Jannaud.

Chante-Loup. — A. B., quatrième classe; C. L., deuxième classe.

La Foudre. — C. L., première classe.

PRINCIPAL PROPRIÉTARE

M. J. Jannaud, etc.

PRINCIPAUX PROPRIÉTAIRES

Mme d'Arlempdes (*clos de la Pourcelle*).

MM. Bénier.
    Desvignes.

MM. H. Jannaud (*les Rousseaux*).
de Larue.
Michoud

Château de Chazoux
Propriété de M. ALPH. MICHOUD, à Hurigny (Saône-et-Loire).

Habitation de date fort ancienne qui porte dans de vieilles chartes du Moyen Age, le nom de *villa Cascorum*, complètement restaurée en 18_0 par le propriétaire actuel.
Le vignoble, qui s'étend tout autour sur une surface d'environ 70 hect, fournit d'excellents vins de table.

M. LE COMTE DE LEUSSE

PROPRIÉTAIRE

à HURIGNY

(SAÔNE-ET-LOIRE)

SAINT JEAN LE PRICHE

Saint Jean le Priche, situé à 6 kilomètres de Mâcon et à 53 kilomètres de Chalon, fait partie de l'arrondissement et du canton Nord de Mâcon ; bureau de poste de Mâcon ; perception de Sennecé-les-Mâcon. Cette commune a un bureau télégraphique et le château est relié au réseau téléphonique de Mâcon ; 152 habitants ; à 7 kilomètres de la gare de Mâcon et à 4 de celle de Senozan.

Superficie : 85 hectares, dont 40 en vignes, pour la plupart nouvellement reconstituées en gamays du pays sur riparia, solonis et gamays coudercs.

La récolte de 1889, assez faible, par suite de la destruction du vignoble par le phylloxéra, n'avait atteint que 90 hectolitres de vin rouge environ ; mais celle de 1892 dépasse 200 hectolitres, ce qui ne représente encore que le quart environ de la production ancienne qui sera certainement dépassée un jour lorsque la reconstitution sera complète. Les prix varient de 50 à 60 fr. l'hectolitre.

On récolte aussi du vin blanc, mais en petite quantité.

La commune est située sur la rive droite de la Saône et son territoire s'étend depuis la rivière jusqu'aux collines de la Grisière. Sols très variés : calcaire dans les parties les plus élevées, alluvions riches à mi-côte et terrains à silex vers l'ouest. Le village est bâti sur le sommet et sur le penchant oriental d'un coteau dont le pied est baigné par les eaux de la Saône.

Saint Jean le Priche produit des vins dits ordinaires de bonne qualité, très corsés et pouvant se conserver de 8 à 12 ans ; ils

Château de Saint Jean le Priche, à M. le marquis DE BARBENTANE

sont un peu durs les deux premières années, mais deviennent très agréables ensuite et acquièrent du moelleux dès la première année de bouteille. Les vins rouges y sont supérieurs aux vins blancs. Les meilleurs crus sont ceux des Mollards, de la Frerie, des Pellourys, rangés par A. Budker en cinquième classe.

Saint Jean le Priche, Sanctus Joannes Priscus, existait dès le xᵉ siècle, et faisait partie des domaines de l'église de Saint-Vincent de Mâcon. En 1591, Saint-Sorlin, frère de Nemours, pour se venger d'une injure que lui avait faite Rochebaron, se rendit à Saint Jean le Priche, par où celui-ci devait passer pour se rendre à Joncy, et l'enleva avec sa femme et ses enfants, puis leur fit payer une forte rançon.

A peu de distance de Saint Jean le Priche on remarque l'île Saint-Jean dite aussi île de la Palme, qui fut donnée en 1233 à l'abbé de Saint-Philibert de Tournus, par Jean, comte de Mâcon. Il y existait autrefois un domaine dont on retrouve encore quelques rares vestiges.

Cette île est restée célèbre par les conférences que les trois fils de Louis le Débonnaire y tinrent en 842, pour le partage des États de leur père, et dans lesquelles furent posées les bases du traité qui fut consommé le 8 août, à Verdun-sur-Meuse.

Le nom de *Ansilla*, donné par Nithard, auteur contemporain des guerres que se livrèrent les fils de Louis le Débonnaire à l'île où eurent lieu ces conférences, ferait croire qu'il s'agirait plutôt de l'île de Saint-Romain d'*Ancelles* située à 15 kilomètres au-dessous de Mâcon.

Sur l'île de la Palme, une chapelle avait été fondée en 1231, par Bérard, abbé de Tournus. L'île appartenait alors à cette abbaye par la donation que Guillaume II, comte de Mâcon, lui en avait faite en 1210. Thomas Sèyvert, dans son pouillé du diocèse de Mâcon, mentionne cette chapelle et le domaine y attenant comme existant encore en 1513. Ils ont été pillés et détruits par les protestants en 1562. Peu de temps après, l'assemblée de Mâcon ordonna « que les masures qui restaient d'une église et d'un ermitage dans l'île de N.-D., et qui ser-

Domaine de M. J. MORÉTEAU-JANAN, à Saint Jean le Priche
(à 8 kilomètres de Mâcon)

La propriété de M. **J. MORÉTEAU-JANAN** est très agréablement située sur le versant Est du côt
de Saint Jean le Priche au bord de la Saône. Elle produit actuellement un excellent vin de table ord
naire blanc et rouge. La reconstitution viticole de ce joli domaine sera achevée et en plein rapport en 189.

vaient de refuge aux gens de guerre amis ou ennemis, pour percevoir des impôts sur les denrées qui passaient et pour commettre toutes sortes d'hostilités, seraient rasées ».

Des écrivains modernes ont avancé, mais sans appuyer leur assertion d'aucune preuve, que l'île de la Palme fut le lieu que choisirent les Helvétiens pour effectuer le passage de la Saône, lorsque, après avoir brûlé leurs villes et leurs 400 villages, ils quittèrent leurs montagnes au nombre de 368,000 dans le but d'aller s'établir dans la Saintonge.

Saint Jean le Priche possède aujourd'hui un beau château moderne situé dans une agréable position ayant une vue magnifique sur toute la vallée de la Saône qu'il domine et entouré d'un joli parc appartenant à M. le marquis de Barbentane.

Citons parmi les principaux propriétaires de vignobles :

M. le marquis de Barbentane. | M. Moréteau-Janan, etc.

LAIZÉ

Laizé, arrondissement et canton de Mâcon (nord), est situé à 11 kilom. de Mâcon, 51 de Chalon et 5 de la gare de Senozan ; bureau de poste de Mâcon ; perception de Sennecé-lès-Mâcon ; voiture de Lugny à Mâcon ; 673 habitants.

Superficie : 1044 hectares, dont 182, la plupart reconstitués en gamay sur riparia. L'hectare de vigne vaut environ 3,500 fr.

La récolte de 1889 a produit 200 hectolitres de vin rouge valant 45 fr., et 40 hect. de vin blanc valant 50 francs.

La récolte de 1892 a atteint près de 550 hectolitres de vin rouge et 80 hectolitres de vin blanc. Les prix ont peu varié.

Sol calcaire, très varié, alluvions dans quelques parties ; gravier à l'ouest du village.

Laizé produit un vin rouge assez bon, franc de goût, mais de peu de durée. Les divers crus sont à peu près les mêmes comme qualité.

Le village est situé sur la pente d'une forte colline, sur la route départementale de Mâcon à Lugny. La petite rivière la Mouge, qui prend sa source à l'ouest, dans la commune de Donzy-le-Pertuis, coule dans la partie nord du territoire de Laizé. Elle y reçoit les eaux de la Salle qui forme la limite à l'ouest. Il est fait mention de ce village dans une charte du xe siècle, rapportée dans le Cartulaire de Saint-Vincent, de Mâcon. Ce pays était alors couvert de bois. Les abbés de Cluny y possédaient des terres considérables. Ils y firent opérer de grands défrichements par une colonie d'ouvriers qui s'y établirent. Seigneurs hauts justiciers de cette paroisse, ils y avaient un château fort qui fut brûlé en 1474, dans les

guerres que Louis XI fit au duc de Bourgogne. Le château
actuel leur a appartenu jusqu'à la révolution. Quoique à peu
près désert au x° siècle, ce lieu avait été anciennement habité.
Sur plusieurs points du territoire, et notamment au lieu dit
en Bussières, on a rencontré les vestiges d'habitations qui
doivent avoir été construites à 'époque gallo-romaine, à en
juger par les débris nombreux de briques à rebord, amoncelées
dans le voisinage. Laizé était d'ailleurs placé sur la voie romaine
qui, de Mâcon, tendait à Autun. En 1837, les cantonniers, en
réparant la route départementale, ont fait disparaître les pavés
de cette ancienne voie sur un parcours de plusieurs centaines
de mètres depuis l'embranchement du chemin de la Planche au
chemin du château de Givry jusqu'au versant septentrional de
la montagne de Naisses, en tirant du côté de Laizé où elle
descendait par les champs situés en Bouton, laissant à l'est le
hameau de Givry et passant derrière l'église pour aboutir au
pont Taulin construit sur la Mouge ; mais on la retrouve dans
un très bon état de conservation au delà de ce pont, depuis le
Bois-Chapuis jusqu'à la limite des territoires de Saint-Maurice-
des-Prés et de Clessé.

Ce pont avait reçu des habitants le nom de *Pontolin* probablement à cause des premiers mots de l'inscription qu'il porte
et qui commence ainsi : *Hic pons olim confectus à Cæsare
et refectus ab episcopo Delingende*, etc. Mais, à moins que cette
inscription n'en ait déjà remplacé une pareille, cette supposi-
tion ne saurait se soutenir, attendu que l'évêque Delingende,
qui s'y trouve cité comme ayant fait réparer ce pont, n'a occupé
le siège de Mâcon que de 1660 à 1665 et que ce pont portait le
nom de Pontolin, ou plutôt *Pont Taulin*, bien antérieurement.
En effet, dans la description des fleuves de France, par Jean
Papire Masson, imprimée en 1618 (*Descriptio fluminum Gal-
liæ*), on lit ce qui suit : *Parrochia S. Mauricij ubi virentium
pratorum copia est, in diœcesi Matisconensi, distat duabus
leucis a Turnchio monasterio ordini D. Bened. juxta Ararim
sito, in alio tamen diœcesi : ad Cabilonensem enim pertinet.
Ad ejusdem parrochiæ templum fluit rivus ad pontem qui*

*separat juridictionem Mauricinam ab Vriniensi (Hurigny)
Regij iuris, indeque versus Sallon Castrum properans in
Ararim influit.*

Il n'y a rien d'invraisemblable à ce que la construction du
pont de l'évêque de Mâcon remonte aux premiers temps de
l'invasion romaine. La voie de Mâcon à Autun par Laizé était
en effet la plus directe, et César avait un grand intérêt à établir
des communications qui lui permissent de transporter rapidement ses légions d'Italie dans la capitale de la République des
Eduens, dont il avait fait la base de ses opérations pour la conquête des Gaules. Celle qui y conduisait par Chalon ne fut établie que sous le règne d'Auguste. Dans une vigne située dans
le voisinage de cette voie, à Laizé, un habitant a trouvé une
pierre tumulaire qu'on a employée aux réparations de l'église
il y a 80 ans. Elle portait l'inscription suivante : *Hic jacet
miles candidatus legionis Octavæ Cesaris Augusti.* Lorsqu'on élargit la route départementale, vis-à-vis cette église, les
cantonniers mirent à découvert plusieurs autres sépultures ;
une d'entre elles, formée de dalles, recélait le squelette d'un
guerrier de haute stature et quelques pièces de monnaie.

A citer deux châteaux : celui de Givry, à M. Réjaunier et celui
de la Tour à M. Quizard.

Les vins de cette commune sont rangés par A. Budker en
cinquième classe.

PRINCIPAUX PROPRIÉTAIRES

MM. Dubost.	MM. Réjaunier.
Quizard.	héritiers Siraudin.

Propriété assez morcelée.

Maison Faye & Copie (FAYE & Cie, Successeurs)

Siège social ou partie des celliers de la Maison Faye et Copie (FAYE & Cie, successeurs).

opriétaires de crûs dans les meilleurs vignobles de la région, ses relations très étendues n'ont lieu exclusivement qu'avec le commerce de gros qui lui accorde sa préférence en raison de la qualité supérieure de ses vins.

MACON (VILLE)

Mâcon, chef-lieu du département de Saône-et-Loire; bureau de poste et télégraphe; chemin de fer de Paris à Lyon, de Mâcon à Genève et de Mâcon à Moulins; 19,669 habitants, 401 kilomètres de Paris, 75 de Lyon, 58 de Chalon,

Ville située sur la Saône et le chemin de fer de Paris à Lyon, à l'embranchement des lignes pour la Suisse, l'Italie, le Charollais, etc.

Mâcon possède peu de vignes, environ 60 hectares, comprenant surtout les vignes à raisins de table cultivées dans les jardins. La récolte de vin ne compte pas pour le commerce.

Généralement terrain d'alluvion et calcaire avec sous-sol argileux ; une partie élevée de la ville, notamment la Préfecture, est sur un rocher calcaire qui fait saillie au milieu des alluvions de gravier ou limon marneux analogue au sol de la Bresse ; le même terrain reparaît à Saint-Clément (carrières et chemin de Bioux).

Nombreuses pépinières de plants greffés, grand commerce de vin et de tonnellerie.

La ville de Mâcon, *Matisco in Æduis*, chef-lieu du département de Saône-et-Loire, est, après Autun, la plus ancienne cité de cette partie de la Bourgogne. Elle était comprise dans la république des Eduens, et avait probablement, lors de la conquête des Gaules par les Romains, une étendue considérable, puisque l'on voit que César, après avoir établi ses légions à Autun, envoya à Mâcon Q. Tullius Cicero, et Publius Sulpicius, pour y organiser les magasins de grains de son armée. Sous Auguste, un chemin fut ouvert par Agrippa, son gendre, pour établir une communication directe entre ces deux villes. Mâcon prit, à cette époque, un grand développement ; les hauteurs qui dominent la ville actuelle se couvrirent de temples et d'édifices publics, dont on a retrouvé à plusieurs époques des débris précieux.

La notice sur les dignités de l'empire fait mention d'une manufacture de flèches et de javelots que les Romains y avaient établie, parce que les bois de son territoire étaient excellents pour cet usage.

Il paraît que c'est à l'invasion des barbares dans le vᵉ siècle qu'il faut attribuer la destruction de la première cité, et l'établissement de la seconde sur la rive même de la Saône, au lieu qu'elle occupe encore aujourd'hui. C'est aussi vers cette époque que la fondation de l'évêché lui rendit quelque peu de son ancienne importance. Toutefois les premiers siècles de la ville nouvelle furent marqués par tant de désastres que, malgré les avantages de sa situation, elle ne put jamais s'élever au rang qu'elle semblait devoir occuper.

Le premier des nombreux désastres qui anéantirent ces monuments eut apparemment lieu de 264 à 286. Cet intervalle de temps corespond à la révolte du tyran Posthume que l'empereur Gallien fit assiéger dans Autun, et encore au soulèvement des Bagaudes, à la tête desquels se montre Tétricus. Bien d'autres ruines s'amoncelèrent ensuite sur le sol de Mastico. Placée sur la grande voie voie militaire qu'Agrippa, gendre d'Auguste, fit ouvrir de Lyon à l'Océan, et sur celle qui la mettait en communication directe avec Bibracte, sa métropole, par Saint-Gengoux, cette ville ne dut, en effet, échapper à aucune des dévastations des peuples barbares qui débordèrent pendant plusieurs siècles sur les Gaules. Après l'irruption des Allemands sous le règne de Probus, vers l'an 280, reparurent les Bagaudes, une seconde fois révoltés sous l'empire de Dioclétien ; ensuite ce fut le tour des Burgundes, des Vandales et d'autres nations germaniques qui se succédèrent presque sans interruption dans nos contrées. Elle était à peine relevée de ses ruines que parut dans ses murs, en 451, avec ses hordes sanguinaires, le féroce roi des Huns, qui accomplit là, comme dans tous les lieux qui s'étaient trouvés sur son passage, la terrible mission d'extermination qu'il s'était donnée en s'annonçant lui-même comme le fléau de Dieu.

Sous les premiers rois Bourguignons dont la domination venait de s'étendre sur ce pays, il y eut pour Mâcon quelques années de trêve à tant d'infortunes, bien que ces courts instants de calme aient été de temps à autre interrompus par les guerres que firent les rois Francs à Gondebaud et à ses successeurs. Mais un des plus grands désastres qu'ait éprouvés cette ville est, sans contredit, celui qui accompagna l'invasion des Sarrasins, en l'année 732. Les habitants n'eurent rien de mieux à faire que de laisser passer le torrent auquel les peuples du Midi n'avaient pu réussir à opposer une digue, et qui avait successivement dévasté les villes d'Avignon, de Vienne et de Lyon. Comme l'avaient déjà fait leurs ancêtres, au temps d'Attila, ils se retirèrent dans les montagnes et n'en redescendirent qu'après la retraite de ce peuple redoutable ; mais ils n'y trouvèrent que les ruines encore fumantes de leurs foyers. La moitié de la ville avait été incendiée, et les églises, pillées et dévastées, avaient été livrées aux flammes. Ils se construisirent des habitations plus près de la Saône, au sud de l'ancienne ville, bâtie en amphithéâtre depuis la naissance du coteau. Ces maisons formèrent un nouveau quartier auquel ils donnèrent le nom de Bourgneuf.

Abbaye des Pères Minimes

Caves, Chaix et Bureaux de la Maison **CHARLES LANÉRY**, propriétaire à **Mâcon** (Saône-et-Loire).

Maison fondée en 1798

En 834, Lothaire, voulant tirer vengeance du comte Warin ou Guérin et du comte Bernard qui avaient contribué à rendre la liberté à son père Louis le Débonnaire, vint mettre le siège devant Mâcon où ils s'étaient renfermés. Le bourg Savoureux ou Saveron et l'église de Saint-Étienne, qui en faisait partie, éprouvèrent les premiers effets de sa fureur. La ville fut ensuite prise et livrée au pillage, puis en partie brûlée.

Louis et Carloman assiégèrent Mâcon en 880. Bozon, qui venait de se faire élire roi de Bourgogne et de Provence, et qui était alors dans le Dauphiné, s'avança à la tête d'une armée pour secourir cette ville ; mais il fut joint par les deux frères, entre Crèches et Romanèche, et entièrement défait. Louis et Carloman établirent, pour comte ou gouverneur de Mâcon, Bernard, surnommé plante velue, qui occupait déjà ce poste pour Bozon. Ce Bernard fut la tige des comtes de Mâcon qui s'élevèrent à un haut degré de puissance.

En 937, les Hongrois pillèrent et saccagèrent cette ville, qui fut encore ravagée par un violent incendie, vers l'an 960, sous l'épiscopat de Mainbode. Une famine affreuse vint, en 1030, mettre le comble à ces calamités. Voici ce qu'on lit dans les annales du temps : « Après avoir brouté l'herbe dans les prairies, rongé le feuillage et l'écorce des arbres, on alla chercher la nourriture dans les cimetières, et les morts assouvirent la faim des vivants. Les hommes allèrent à la chasse les uns des autres, et ces nouveaux cannibales s'attendaient sur les routes, non pour se dépouiller, mais pour se dévorer. La famine causa une mortalité si cruelle, qu'on laissa les morts sans sépulture. Les horreurs de la peste se joignirent à celles de la famine : les loups, accoutumés à se repaître de chair humaine, attaquèrent indistinctement les vivants et les morts. Tous ces fléaux ne disparurent qu'en 1033. Les mœurs devinrent d'une férocité sans exemple ; on vit les seigneurs châtelains voler et tuer les voyageurs. L'ignorance fut à son comble ; on brûla comme sorciers tous ceux qui savaient lire et écrire.

En 1140, Guillaume, comte de Chalon, fondit sur Mâcon avec une bande de Brabançons qui maltraitèrent horriblement les habitants et ruinèrent les fortifications. On sait que ce seigneur, qui fit toute sa vie une guerre acharnée aux moines et au clergé dont il enviait les immenses richesses, exerça à Mâcon de tels ravages qu'il est dit de cette ville, dans les lettres patentes de Louis le Jeune, données à cette occasion, qu'elle fut détruite

FRANÇOIS LANEYRIE, propriétaire et négociant,
rue Rambaud, à Mâcon (1).

---

(1) Cette maison fait l'exportation pour les vins du *Mâconnais,* du *Beaujolais* et de la *Haute-Bourgogne.*

AGENT GÉNÉRAL POUR LE CANADA :

Société d'approvisionnements alimentaires,

77, rue François-Xavier, à Montréal (Canada).

---

de fond en comble, *perfidorum hominum malignitate vastata et solo æquata.* On a raconté diversement la fin de ce redouté comte de Chalon. Duchesne pense que les moines de Cluny, qu'il molestait et affligeait sans cesse, le firent tuer ; mais le peuple était dans la croyance que le diable, sur un cheval noir, était venu l'enlever. Tout ce siècle fut un temps d'anarchie féodale, de spoliations et de calamités pour le peuple.

En 1161, Renaud III, sire de Baugé, avait fait un traité d'alliance avec Guerric de Coligny et les deux Archambaud de Bourbon, ses cousins, Gérard, comte du Mâconnais, ennemi du sire de Baujeu, s'était allié avec Guichard, archevêque de Lyon, Humbert III, sire de Beaujeu, ou plutôt Humbert IV, son fils, et d'autres seigneurs. Leur projet était de s'emparer des biens de l'évêque de Mâcon, qui était alors Etienne de Baugé, oncle de Renaud III, et de la sirerie de Baugé (Bâgé).

Le sire de Beaujeu et le comte de Mâcon traversèrent la Saône avec leurs troupes, et défirent un petit corps d'armée que Renaud III avait envoyé pour s'opposer à leurs ravages, Ulrich, son fils, qui en avait le commandement, fut fait prisonnier. Renaud III craignit d'être assiégé dans son château de Bâgé. Il écrivit alors à Louis le Jeune pour implorer son secours.

Cédant à ses pressantes sollicitations, le roi vint, en effet, à son château de Vinzelles et y fit comparaître, en la cour de ses barons, le comte Gérard et le sire de Beaujeu, qui furent obligés de donner toute satisfaction à Renaud et à l'évêque de Mâcon.

Othon, duc de Moravie, qui était aussi en difficulté avec le comte Gérard, investit la ville en 1180. Déjà il s'était rendu maître de quelques faubourgs, avait ruiné une partie des fortifications et dévasté le monastère de Saint-Pierre-hors-les-Murs, lorsque les troupes réunies de Josserand de Brancion et des sires de Joinville, accourus au secours du comte, tombèrent sur l'armée allemande et la mirent en déroute.

En 1182, ce même comte Gérard ayant renouvelé ses violences contre l'évêque de Mâcon, le roi Philippe-Auguste vint en personne réduire son turbulent vassal. Il fit démanteler plu-

sieurs de ses châteaux, notamment celui de la Roche de Solutré, qu'il donna au chapitre de Saint-Vincent, n'exceptant de
cette mesure que l'ancienne tour du château de Mâcon, qu'il
avait reçu de ses ancêtres ; puis il permit à l'évêque de fortifier
son cloître et son château de Saint-Vincent.

Durant tout ce siècle et le suivant, Mâcon eut énormément à
souffrir des ravages des gens de guerre. Une multitude d'aventuriers, qui ne vivaient que de pillage, ruinaient sans cesse les
campagnes et mettaient à contribution les villes. La nécessité
de se mettre à l'abri de ces brigandages détermina, en 1222,
les magistrats de Mâcon à rétablir les murs de la ville, qui, depuis l'irruption des Brabançons, n'avaient pas été relevés à
cause de la misère des temps ; on s'était borné à clore la ville
de palissades. Six portes furent pratiquées dans ces nouveaux
murs : celles du Pont, de Bourgneuf, de la Barre, de la Fontaine, de l'Héritan, de Guichard-Vigier et de Saint-Antoine.
Ces murs et ces portes existaient encore en très grande partie
à la révolution. Les religieux et le clergé se retranchèrent aussi
derrière les murs et les fortifications dont ils entourèrent les
couvents et les églises; les maisons même des chanoines furent
pourvues d'appareils de défense. L'évêché, le cloître et la cathédrale de Saint-Vincent prirent l'aspect d'une vaste citadelle.
Ces précautions ne furent d'ailleurs pas inutiles ; car plus d'une
fois, la ville fut menacée par toutes sortes d'ennemis. De 1360
à 1370, les Anglais firent des courses nombreuses dans le pays,
et les Grandes Compagnies, auxquelles on donnait le nom d'E-
corcheurs, s'acharnèrent pendant plusieurs années sur le Mâconnais. Le règne désastreux de Charles VI et une partie de
celui de Charles VII furent pour cette ville un temps de calamités sans cesse renaissantes. Les registres de la ville témoignent à chaque page de la préoccupation des magistrats à pourvoir à la sûreté des habitants écrasés par les taxes de guerre et
obligés nuit et jour à un service militaire que partageaient
même l'évêque et le clergé dans les moments d'imminent péril.
Tout en gémissant de l'alliance de Philippe le Bon avec les Anglais, durant les sanglantes luttes des maisons de Bourgogne et

L'*Hôtel-Dieu de Mâcon* construit par Soufflot, architecte du Panthéon, renferme, comme ce grand monument, des caves immenses avec couloirs superposés, se réunissant sous un dôme central, merveille d'architecture.

Ces caves remarquables, d'une grande étendue, peuvent contenir dix mille pièces de vin.

B. Delate, Sc Lyon

Vue des Caves et Entrepôts de la Maison LARDET, de Mâcon
Vins en gros. — Commission et exportation.

Elles ont une température toujours égale, condition des plus favorables, qui en font les caves les plus réputées et les meilleures de la région.

Ce vaste local est occupé entièrement par la **Maison LARDET**, qui possède aussi à Belleville-sur-Saône, de grands entrepôts pour les vins du Beaujolais.

d'Orléans, Mâcon n'en resta pas moins constamment attaché au
parti de ce prince, et eut beaucoup de peine à se défendre contre les attaques des Armagnacs et des Français qui s'étaient
emparés de la plupart des châteaux du voisinage. Le gouvernement de son successeur ne lui procura pas un sort plus heureux.

L'ambition et l'orgueil de Charles le Téméraire, la haine surtout qu'il portait à Louis XI, dont la politique tortueuse devait,
en effet, lui inspirer de justes défiances, attirèrent plusieurs
fois sur la Bourgogne les armées royales, qui vinrent assiéger
Mâcon, en 1470, sous la conduite du comte Dauphin d'Auvergne. C'est pendant ce siège que fut détruit l'antique monastère
de Saint-Pierre-hors-les-Murs, l'une des plus belles maisons de
France et que les moines avaient fortifiée.

Ce monastère existait déjà, à ce qu'il paraît, au commencement du VII⁰ siècle. Le concile dont Clotaire avait ordonné la
réunion à Mâcon, en 623 (in suburbio Matisconensis urbis, disent les actes de ce concile), se tint apparemment dans ce monastère car les abbayes de Saint-Clément, de Saint-Laurent et
de Saint-Etienne, auxquelles aurait pu s'appliquer cette citation, étaient déjà détruites à cette époque.

Le monastère de Saint-Pierre occupait une grande partie du
faubourg de la Barre. Ses dépendances comprenaient tout le
revers septentrional de ce faubourg. Le domaine des Neuf-Clés
et la Grange-Saint-Pierre leur appartenaient. Les habitants
exploitèrent longtemps comme une carrière les matériaux provenant de la démolition du couvent. Les échevins eux-mêmes
s'en servirent pour réparer les murs de la ville. Lorsqu'on
reconstruisit, en 1766, le mur qui est au nord de la maison du
marquis de Chevrier (aujourd'hui le Palais de justice), on aperçut plusieurs bas-reliefs brisés et mutilés, représentant des
saints et qui ne pouvaient avoir appartenu qu'à un cloître ou à
une église. En 1470, dans la crainte que l'ennemi ne s'établît
dans le monastère de Saint-Pierre-hors-les Murs pour battre la
ville en brèche, le sieur de Bellefond, qui commandait la place,
en ordonna la démolition. Les religieux s'étaient attiré l'inimi-
tié des habitants. Le peuple se porta avec une telle ardeur à

l'œuvre de destruction que trois jours suffirent à la consommer. Bâtiments, clochers, tours, pont-levis, mûrs et portes, tout fut renversé de fond en comble. Le duc apprit cet acte d'autorité avec un déplaisir d'autant plus vif que l'état de ses finances ne pouvait lui permettre de dédommager les religieux. Il leur donna pour se loger son hôtel de la Monnaie. Après la mort de

Château de Beaulieu (par Mâcon) bâti vers la fin du XVᵉ siècle, propriété appartenant à **M. le Comte de MAUBOU**.

(*Vins blancs estimés*)

ce prince, tué au siège de Nancy, en 1477, Mâcon et le comté du Mâconnais suivirent le sort du duché et furent irrévocablement réunis à la couronne.

Cet hôtel de la Monnaie des ducs de Bourgogne s'élevait en face du portail de l'église paroissiale de Saint-Pierre qui a été détruite à la révolution, c'est-à-dire à l'endroit qu'occupe actuel-

lement la Recette générale. Cette église avait son chevet tourné
à l'orient et non au sud, comme celle de Saint-Vincent qui a
été construite en 1810, sur une partie de son emplacement. La
grange de la Monnaie, que le duc Charles donna pareillement aux
moines, était située dans la rue de la Barre, vis-à-vis de la rue de
la Paroisse. Les ducs de Bourgogne jouissaient du droit de battre monnaie à Mâcon, en vertu de la concession qui en avait été
faite, en 1417, au duc Philippe le Bon par la reine Isabelle. Les
comtes de Mâcon avaient déjà eu ce privilège. La Monnaie avait
été transférée à Lyon en 1416.

Nous voici arrivés aux guerres religieuses, qui furent encore
pour cette ville une source féconde de désastres. Les doctrines
de Calvin y avaient été prêchées, d'abord en 1559, avec assez
peu de succès, par Dumoulin, qui, peu de temps après, fut arrêté
à Tournus, amené à Mâcon où s'instruisit sa procédure, et brûlé
vif à Paris ; puis, en 1561, par Jean Raymond, l'un des douze
ministres qui assistèrent au collogue de Poissy. La parole de ce
prédicant fut, dit-on, si puissante et si bien secondée par le zèle
fanatique des quatre frères Dagonneau, de Cluny, qui sont cités
dans les annales comme ayant pris une très grande part aux troubles de cette époque, qu'en moins d'une année la moitié de la
population avait embrassé le parti de la réforme, et que, lorsque
César de Guillerame, sieur d'Entragues, prit possession de la
ville, le 5 mai 1562, à la tête des troupes protestantes, les catholiques n'essayèrent pas même un simulacre de résistance.
Le 3 juin suivant, le comte de Tavannes se présenta devant
Mâcon, pour sommer, au nom du roi, la ville de se rendre ;
mais il se retira après quelques jours de siège. Le comte de
Brissoles ne fut pas plus heureux dans une seconde tentative
qu'il fit au mois de juillet. Ce ne fut que le 18 août que la ville
fut reprise par les troupes royales. Le comte de Tavannes, qui
était à Chalon, avait été averti que Ponsenac et d'Entragues
avaient quitté momentanément Mâcon, avec une bonne partie
de la garnison, pour s'emparer de Tournus ; il avait fait partir
secrètement quatre cornettes de cavalerie et huit cents hommes
d'infanterie. Cette petite troupe fit si grande diligence et prit si

bien ses mesures qu'elle arriva devant Mâcon pendant la nuit. A l'aube du jour, le capitaine Canteperdrix, ayant fait embusquer une vingtaine de soldats derrière le mur de la porte de la Barre, fit avancer plusieurs charrettes à bœufs, qui passèrent la première et la seconde porte; mais quand le premier bouvier fut arrivé sous la herse, il fit verser sa charrette, et, par cette action, arrèta celles qui suivaient. Sur-le-champ, les vingt soldats accoururent, et, après avoir égorgé les sentinelles, ils introduisirent dans la place le reste de la troupe. Les catholiques en demeurèrent maîtres pendant les quatre ans qui suivirent l'édit de pacification. En 1567, les calvinistes, dont l'armée se composait en grande partie de paysans accourus des villages de Pouilly, Solutré, Davayé, Pierreclos, Bussières, Vergisson et autres lieux voisins, sous la conduite du sieur de Loyse et du capitaine de Chaintré, s'en emparèrent de nouveau par surprise, le 29 septembre, dans la nuit; mais ils ne purent s'y maintenir que durant quelques mois. Le duc de Nevers vint les y assiéger le 25 novembre suivant avec 14,000 hommes composés de six régiments d'infanterie piémontaise, d'un régiment de cavalerie de la même nation, de deux régiments français et de 4,000 Suisses, soutenus par une bonne artillerie. Plusieurs gentilshommes du Mâconnais, notamment MM. de Chevrier, de Chizy, de Bissy, de Salornay, de Pierreclos, de Sennecé, de Saint-Léger et de Marbé s'empressèrent de se réunir à l'armée royale. Le duc de Nevers établit son quartier général à Saint-Clément. MM. de Maugiron et de Vernu occupèrent le hameau des Perrières, et les Suisses furent mis en réserve dans le village de Flacé.

On tira une ligne de circonvallation depuis la porte de Saint-Antoine jusqu'à la porte de Bourgneuf; on établit une batterie de canons entre la porte Saint-Antoine et la Saône et on dirigea le feu sur la tour de Marandon.

M. de Chambéry, commandant de la citadelle de Lyon, avait reçu l'ordre de se porter, par la Bresse, sur le faubourg de Saint-Laurent, pour en chasser les protestants qui l'occupaient. La Saône était débordée, la prairie couverte d'eau; mais ces obstacles ne retardèrent pas l'attaque. On combattit de part et d'autre avec un acharnement sans égal. Les troupes avaient de l'eau jusqu'au genou et quelquefois jusqu'à la ceinture. Les protestants furent débusqués de Saint-Laurent et repassèrent précipitamment le pont sur lequel M. de Chambéry établit aussitôt une batterie pour abattre les tours qui s'y trouvaient. Dès le lendemain, il y eut une brèche à l'une des tours. On y introduisit des grenadiers qui jetèrent l'alarme dans la ville, en tirant quelques coups de mousquet. La garde du pont prit la fuite et laissa les troupes royales maîtresses des deux tours. Ce poste était important, et les protestants se réunirent bientôt pour en chasser les catholiques. Un combat furieux s'engagea sur le pont ; la nuit seule put séparer les combattants. Tandis que M. de Chambéry attirait sur lui tous les efforts des assiégés, le duc de Nevers battit en brèche la tour de Marandon. Un pan de muraille allait s'écrouler, lorsque la ville, craignant un assaut, demanda à se rendre. La capitulation fut signée le 4 décembre 1567. Les protestants obtinrent la permission de sortir avec leurs effets, moyennant 30,000 livres de rançon. Après avoir prêté serment de ne plus porter les armes contre le roi, ils se retirèrent à Genève.

Nous n'essayerons pas de décrire tous les excès auxquels se portèrent les deux partis, chaque fois qu'ils devenaient maîtres de la ville. Les procès-verbaux qui furent dressés dans le temps donnent la triste nomenclature des abominations que commirent les religionnaires, du pillage et de la dévastation des églises et des monastères, de l'incendie des archives, de la profanation des tombeaux et des choses saintes, du massacre des prêtres et des religieux.

Le père Bossu, gardien du couvent des Cordeliers, fut traîné par les rues la corde au cou. Arrivé à la porte Saint-Antoine, on lui coupa l'oreille droite ; à celle de la Barre, on lui coupa l'oreille gauche. Conduit sur la place au Prévôt, on lui coupa le nez ; devant l'église des Cordeliers, on lui coupa les doigts ; à l'entrée du pont, on fit un grand feu, on lui attacha une corde à chaque poignet et on le fit passer plusieurs fois à travers les flammes. Succombant à tant de souffrances, il fut traîné au milieu du pont. On lui coupa les parties viriles qu'on lui mit dans la bouche, après l'en avoir frappé au visage et on le précipita dans la Saône. L'eau porta son corps sur la rive gauche du côté de Saint-Laurent ; un des bourreaux y courut, et, voyant qu'il respirait encore, lui donna un coup de pertuisane et le repoussa dans la rivière.

On peut croire que les représailles des catholiques ne furent pas moins barbares. Après la première reprise de la ville sur les religionnaires, on vit, pendant plusieurs jours, Guillaume de Saint-Point, gouverneur temporaire de Mâcon pour le roi, se donner le plaisir cruel de faire sauter les huguenots du haut du pont dans la rivière, pieds et poings liés et une pierre au cou. Il y faisait précipiter ceux qui se refusaient à faire le saut de bonne grâce. On voulait bien laisser la vie à celles de ces victimes qui parvenaient à regagner la rive ; mais on conçoit combien ces cas de rédemption devaient être rares. Chaque jour, lorsque tout était disposé pour ce barbare spectacle, on allait prévenir monsieur le gouverneur que la farce estoit preste : de là nous vient la locution proverbiale : farce de Saint-Point, qui retrace à la fois le souvenir de ces horribles noyades et les plaisanteries atroces qui les accompagnaient. La peste, qui durait encore lorsque Charles IX fit son entrée à Mâcon, où il arriva le 3 juin 1564, avec la reine-mère, suspendit à peine la fureur des partis, et si cette ville ne fut pas ensanglantée par les honteux massacres de la Saint-Barthélemy, on le dut certainement à la courageuse résistance que son bailli, Philibert de la Guiche, opposa aux ordres secrets de la cour. Les habitants luttèrent avec succès, jusqu'à la fin des troubles, contre les attaques réitérées des calvinistes du dehors qui firent d'énergiques efforts pour ressaisir une place à la possession de laquelle ils attachaient une importance aussi grande que les princes de l'union catholique. Le duc de Mayenne, qui l'avait entraînée dès le début à embrasser le parti de la Ligue, vint fréquemment ranimer par sa présence le zèle de ses défenseurs et n'épargna ni les envois d'hommes ni les secours en argent. Enfin la ville se soumit, en 1594, à l'obéissance du roi.

A partir de cette époque, aucun événement politique méritant une mention particulière ne s'est passé dans ses murs. La guerre contre les impériaux, qui avaient envahi le duché en 1636, et celle de la Fronde grondèrent quelques instants à ses portes, mais ne furent pour ses magistrats qu'une occasion de réparer ses remparts négligés et que devait bientôt rendre inutiles la réunion définitive à la couronne de la Franche-Comté, province qui était encore en la possession de l'Espagne.

L'époque où l'église de Mâcon fut érigée en évêché n'est pas connue, toutefois il est constant qu'il y avait un évêque dans cette ville au vie siècle. Les actes des conciles tenus à Orléans en 538, 541 et 549 font mention que Placide y occupait le siège épiscopal. M. Gabriel-François Moreau a été le dernier évêque de Mâcon, l'évêché supprimé à la révolution n'ayant pas été rétabli.

Il s'est tenu à Mâcon cinq conciles provinciaux, savoir en 581, 585, 620, ou 623, en 1153, et en 1286.

Avant la révolution, on comptait douze églises dans cette ville : Saint-Vincent, cathédrale et église paroissiale ; l'église collégiale et paroissiale de Saint-Pierre : elle touchait aux murs de la ville du côté de la place du Rempart ou de l'Hôpital. Son chevet était tourné à l'orient. C'était une des plus anciennes églises de Mâcon. On voit par une charte du 3 octobre 1338 que Philippe de Valois concéda aux habitants de Mâcon, pour la réparation de l'église paroissiale de Saint-Pierre, fort ancienne et tombant en ruines, le droit de barrage qui leur fut accordé autrefois pour les réparations du pont.

L'église paroissiale de Saint-Etienne. Il n'est point question de l'église Saint-Etienne-hors-les-Murs, qui était située au faubourg Saveron (les Perrières) et qui avait été détruite dans le ixe siècle, mais bien de l'église qui occupait, sur le quai, l'emplacement du café du Nord.

Les églises des couvents des Cordeliers, des Jacobins. Cet édifice, construit après la destruction que firent les protestants, en 1567, de la somptueuse église que les Frères Prêcheurs avaient bâtie, en 1255, avec les libéralités de saint Louis, n'avait rien de remarquable. On en voit encore les murs derrière le couvent des Saints-Anges.

Les bâtiments de l'ancien couvent des Minimes sont aujourd'hui la propriété d'un particulier. Ils sont situés entre le lycée Lamartine et la nouvelle église Saint-Pierre. Les bureaux des postes et télégraphes en occupent une partie.

La ville avait cédé à ces religieux, pour l'établissement de ce couvent, une partie de la place de la Porcherie, où l'on exécutait les criminels.

L'église de la Visitation était située quai de Saint-Antoine, près la tour de Crève-Cœur, dans l'emplacement qu'occupe actuellement le quartier général de la 29e brigade d'infanterie, et l'église de Saint-Nizier ou de la confrérie des Pénitents.

Lorsqu'on voulut rétablir le culte, de ces douze églises il ne s'en trouva qu'une, celle des Cordeliers, qui servait de magasin à fourrage, où on pût célébrer des offices divins. — On regrettera toujours la perte de la belle cathédrale de Saint-Vincent. De tous les monuments religieux que le moyen âge nous avait légués, c'était, avec l'église collégiale de Saint-Pierre, le seul que les guerres du xvie siècle avaient laissé debout. Mais cette superbe basilique, dont les fondations avaient été jetées dans le vie siècle, que les libéralités de plusieurs rois aidèrent à réparer ou à reconstruire après les désastres successifs que lui firent éprouver les Sarrasins, les armées de Lothaire, les Hongrois, les Brabançons et dont la dernière réédification avait eu lieu dans le xiiie siècle, ne devait point trouver grâce devant les démolisseurs de 1793. Dans les premiers temps de la révolution, on ouvrit au midi, et parallèlement à l'église, une rue pour la facilité des communications ; on aliéna le terrain occupé par les piliers des arcs-boutants, le vestiaire et la sacristie, à la charge de bâtir pour former un des côtés de la rue. Telle fut la première cause de la ruine de l'édifice. Les acquéreurs creusèrent des caves entre ces mêmes piliers, lesquels n'opposant plus la même résistance à la poussée de la voûte, le bras méridional, déjà relié en fer, éprouva des écartements considérables. Cependant, il eût été encore possible de sauver ce monu-

ment ; mais le sort en était prononcé et l'église fut renversée
pour ne plus se relever. Il n'en reste plus que la façade qui est
une œuvre du xvᵉ siècle et n'offre rien de remarquable ; le narthex qu'on restaura en 1855 et enfin les vieilles tours qui, quoique réduites aux deux tiers de leur hauteur primitive et privées,
l'une de son dôme, l'autre de sa belle flèche en pierre de taille,
dominent encore majestueusement tous les édifices de la ville.
Ces tours sont de deux époques : la partie supérieure, construite
en appareil moyen, date évidemment de la plus belle période du
xiiiᵉ siècle ; la base, qui est totalement dépourvue d'ornements, sauf les arcatures accouplées, dessinées en refouillement
de 30 cent. environ de profondeur sur les parements extérieurs
de la maçonnerie, est antérieure de deux siècles au moins à leur
sommet.

Plaqué contre ces tours, sans aucune liaison avec elles, le
narthex dont nous venons de parler est apparemment du xiiᵉ
siècle.

L'édilité mâconnaise a créé, il y a une trentaine d'années,
une vaste place publique sur les terrains qu'occupaient le vaisseau de l'église et le vieux palais épiscopal que les chanoines
de Saint-Vincent achetèrent dans le xviiᵉ siècle pour y établir
leur cloître, lorsque les évêques eurent transféré leur demeure
dans les bâtiments que Gaspard Dinet, l'un d'eux, venait de
faire construire (l'hôtel actuel de la préfecture).

A l'extrémité de la vieille place de Saint-Vincent, on voyait
encore il y a quelques années les sculptures qui décoraient l'abside de l'église. Cet abside, comme le mur du vieux cloître qu'on
démolit du côté de la rue Franche, reposait sur l'épaisse muraille
qui la protégeait contre les envahissements de la Saône. On croit
que la rue Franche et une partie des rues du quartier Saint-
Antoine n'existaient pas encore au viiiᵉ siècle. Les boucles en fer,
qui garnissaient de distance en distance la muraille dont il est
question, témoignent que les bateaux venaient s'y amarrer. Les
quais sont de construction moderne. Ils avaient été projetés dès
le xviiᵉ siècle. Le duc d'Epernon, gouverneur de Bourgogne,
avait fait commencer, en 1658, celui du sud vis-à-vis le Porche

Saint-Jean ou de Bourgneuf : mais les guerres de Louis XIV en firent suspendre l'exécution. Les travaux ne furent guère repris que vers l'année 1770 et ne furent achevés que pendant la révolution. Le quai du Breuil a été construit en 1817 et celui des Marans en 1837.

Aucun des nombreux édifices publics que renferme la ville de Mâcon n'est bien remarquable. Nous allons mentionner les principaux, en y comprenant quelques-uns des établissements religieux et en suivant l'ordre des dates de leur construction.

Couvent de la Visitation. — Cette maison, bâtie par les Pères Capucins, en 1605, a été occupée par ces religieux jusqu'à la Révolution et a servi pendant la Terreur à renfermer les prêtres insermentés. Les dames de la Visitation de Sainte-Marie ne s'y installèrent que dans les années qui suivirent le rétablissement du culte. Leur couvent était, avant 1792, sur le quai du Nord et rue de la Gravière.

Caserne de la gendarmerie. — C'est l'ancien couvent des Cordeliers. Ces religieux l'ont bâti sur l'emplacement de celui que les protestants avaient détruit en 1567.

Toutes les maisons religieuses de la ville avaient été dévastées à cette époque, les Pères Cordeliers furent longtemps, faute d'aumônes, dans un état extrême de pauvreté qui ne leur permit que lentement de réparer leurs désastres. Ils travaillèrent eux-mêmes à la reconstruction de leur couvent et de leur église.

Caserne des Ursulines (propriété de l'état). — Le couvent des Ursulines, qui a subsisté jusqu'à la Révolution, avait été fondé, de 1616 à 1621, par les soins de M. Gaspard Dinet, évêque, pour l'instruction des jeunes filles. La chapelle qui en dépendait et dont on voit encore les murs fut construite, en 1677, sur l'emplacement d'une antique chapelle de Saint-Jean-Baptiste.

Caserne des Carmélites (propriété de l'état). — Le couvent des Carmélites avait été fondé en 1626, par Mme Chandon née Guichard de Mézée. On voit dans les registres de la ville que le lieu choisi pour la construction de ce monastère s'appelait Sur-Pontjeu (Pont des Juifs).

Caserne de Bel-Air. — La nouvelle caserne d'infanterie, construite à Bel-Air, il y a huit ans, porte le nom de caserne Duhesme ; elle comprend plusieurs vastes bâtiments qui n'ont rien de remarquable mais sont parfaitement situés au point de vue de l'hygiène.

Hôtel de la préfecture. — C'est l'ancien palais épiscopal. L'évêque Gaspard Dinet habitait encore, en 1618, le vieil évêché contigu à la cathédrale ; mais, atteint d'une hydropisie, il crut que la situation humide et malsaine de cet édifice irrégulier contribuait à entretenir sa maladie et chercha à se loger ailleurs. Les terrains situés au midi de l'emplacement qu'il venait de procurer aux Pères Capucins lui parurent, à raison de la pureté de l'air, propres à la construction du nouvel évêché. Il acheta les masures qui encombraient ces terrains depuis la démolition que firent les habitants, en 1585, de la citadelle qu'ils avaient élevée treize ans auparavant. Après la mort de ce prélat arrivée en 1619, Louis Dinet, son petit-neveu et son successeur, continua les constructions qui ne furent complètement achevées qu'en 1631.

La préfecture a été considérablement agrandie il y a 30 ans ; c'est aujourd'hui un édifice remarquable entouré de vastes jardins et de magnifiques terrasses superposées et agrémentées de grottes et de rocailles du plus bel effet. Les étrangers admirent surtout la partie de la préfecture et des jardins suspendus qui donnent sur toute l'étendue de la rue de Strasbourg.

Depuis peu, environ 5 ans, les bureaux et archives de la chambre de commerce ont été installés dans le bâtiment de la préfecture faisant face à la vieille église Saint-Vincent ; ce local était occupé précédemment par les bureaux du télégraphe.

Lycée Lamartine. — Il occupe les bâtiments de l'ancien collège que les Jésuites firent construire de 1670 à 1676. Ces bâtiments ont été considérablement agrandis en 1840. L'établissement des Jésuites à Mâcon datait de 1650. Il avait éprouvé de très vives oppositions, et il ne fallut pas moins que l'insistance de la reine-mère Anne d'Autriche, secondée par une éloquente harangue de Brice Baudron de Senneçé, lieutenant-général au présidial, pour déterminer le conseil de la ville à donner son consentement. Lorsqu'il en fut question pour la première fois, en 1629, on objecta : « que la ville n'étant composée que de 1200 feux, elle ne pouvait supporter cette surcharge; que les diverses maisons religieuses établies depuis 20 ans avaient déplacé plus de 200 ménages, et qu'enfin l'évêque, 32 chanoines, 1 théologal, 50 prêtres séculiers, 30 capucins, 8 minimes, 12 jacobins, 15 cordeliers, 6 pères de l'oratoire, 25 ursulines et 15 carmélites suffisaient par leurs bons exemples et prédications pour ramener au giron de l'église le peu de dévoyés qui restaient au nombre de 10 ou 12 familles. » — Nous avons donné cette citation moins pour la solidité de l'opposition que parce qu'elle donne une idée de la situation de la ville à cette époque.

On remarque dans la première cour du lycée, à gauche, contre le mur de la Chapelle, une plaque en marbre portant les noms des anciens élèves tués ou morts de leurs blessures pendant la guerre de 1870-71.

Hospice de la Charité. — Cet hospice, où sont reçus les vieillards et les orphelins pauvres de la ville, ainsi que les enfants-trouvés, a été fondé en 1680.

Palais de justice. — Cet édifice qui fut, avant la révolution, l'hôtel du marquis de Chevrier d'Igé, a été construit en 1716 par l'abbé de Chevrier de Saint-Mauris, trésorier de l'église collégiale de Saint-Pierre, sur des terrains encore encombrés par les ruines de l'ancien couvent des Jacobins, détruit en 1567 par les protestants, et de l'église que Louis IX leur avait fait bâtir en 1255. La prison qui joint le tribunal a été construite en 1817, sur une dépendance du même hôtel.

Hospice de la Providence. — Cet hospice, situé rue Rambuteau, a été construit en 1736 pour recevoir les pauvres que des maladies incurables excluaient des autres maisons de la ville. L'abbé Agut, auteur de l'histoire des révolutions de Mâcon, est le fondateur de cette œuvre. Le corps du vénérable bienfaiteur des pauvres avait été mis dans un cercueil en plomb et placé dans les caveaux de l'hospice. En 1793, la société populaire demanda à grands cris qu'on lui livrât le *cercueil de ce prêtre fanatique pour en faire des balles.*

Hôtel de ville. — Cet édifice, qui renferme la mairie, la bibliothèque publique et le musée, ainsi qu'une salle de spectacle, était, avant la révolution, la propriété et la demeure de M. Labaume, comte de Montrevel, député de la noblesse du Mâconnais aux Etats généraux de 1789, qui l'avait fait bâtir en 1763. La ville en fit l'acquisition au prix de 166.000 fr., et le conseil général de la commune en prit possession le 10 mars 1793. L'ancien hôtel de ville était situé rue Philibert-Laguiche, depuis l'année 1459. Avant cette époque les assemblées générales se tenaient tantôt dans l'église Saint-Nizier, tantôt à l'hôpital, et plus anciennement au couvent de Frères Prêcheurs ou Jacobins, ou bien dans le vieux palais des comtes de Mâcon qui devaient fournir le local.

Hôpital. — Cet édifice a été construit sur les plans du célèbre Soufflot. Les malades de l'hôpital de Bourgneuf y ont été transférés au mois de septembre 1770. La construction a coûté 300.000 livres.

Un pont de douze arches réunit la ville au bourg de Saint-Laurent, qui appartient au département de l'Ain. Ce pont est très ancien; mais on ignore l'époque précise de sa construction. On présume qu'il a été bâti dans le XIe siècle par Othon Ier, comte de Mâcon et d'Auxonne, ou par son fils Geoffroy. La première preuve de son existence est la donation faite au chapitre de Saint-Vincent, par Odèle, en 1077, d'un four à l'entrée du pont sur lequel Guy, comte de Mâcon et de Scoding, cède toutes ses droits. Un autre titre qui en fait encore mention est une charte de 1338, par laquelle le roi Philippe de Valois octroie aux habitants, pour réparer l'église paroissiale de Saint-Pierre, la concession du droit de barrage qui leur avait déjà été accordée autrefois pour réparer leur pont.

Ce pont était jadis plus long qu'il ne l'est actuellement. Plusieurs arches ont été supprimées du côté de Mâcon. Il n'existe aucune arche de première construction ; toutes ont été reconstruites à différentes époques. Celle sur laquelle existait une chapelle dédiée à Saint-Nicolas tomba le 19 octobre 1423, à dix heures du soir ; les grandes eaux occasionnèrent sa chute. Dans ce temps, la France était en guerre avec la Savoie à laquelle la Bresse appartenait. Les habitants, pour prévenir une surprise, faisaient le service militaire dans la place. Le sieur de Vernet, capitaine de la ville, et quatre autres bourgeois de garde, se trouvant sur cette arcade au moment de sa chute, furent entraînés dans la rivière ; le capitaine et un bourgeois se noyèrent. La ville, épuisée par les guerres, ne pouvait suffire aux dépenses que nécessitait l'entretien de ce pont. Les évêques accordèrent des dispenses et des indulgences à ceux qui feraient des dons pour le réparer. En 1778, on s'aperçut qu'il était sur le point de s'écrouler. Les Etats du Mâconnais firent incruster dans de nouvelles constructions la partie du vieux pont. Cette réparation aussi hardie qu'ingénieuse, en lui donnant une grande solidité, lui procura plus de largeur. Une restauration non moins importante est celle que l'administration des ponts et chaussées a fait exécuter en 1843. Plusieurs arches du côté de Mâcon ont été entièrement reconstruites ; on supprima les lourds bahuts pour les remplacer par des balustrades en fer, et on augmenta sa largeur par l'établissement de trottoirs supportés par des consoles. La levée de la Madeleine à laquelle il aboutit a été construite en 1735.

Mâcon est le chef-lieu de deux cantons (nord et sud). La ligne qui les sépare dans la ville passe par le milieu des rues du Pont, Philibert Laguiche, de la Barre et de la rue Rambuteau.

En avril 1893, la Société d'agriculture et de viticulture de l'arrondissement de Mâcon a organisé une exposition et un concours des vins du Mâconnais et du Beaujolais. Près de soixante-dix viticulteurs et négociants choisis parmi les connaisseurs et les dégustateurs les plus connus et les plus renommés ont composé un jury qui a été chargé, entre autre, d'établir un nouveau classement des produits vinicoles de la région (arrondissements de Mâcon et Villefranche), classement devenu nécessaire à la suite de la reconstitution des vignobles à l'aide des plants américains et autres.

Les vins rouges et les vins blancs ont été classés chacun en trois catégories. Nous avons, dans le cours de cet ouvrage, indiqué, pour chaque commune intéressée, la catégorie dans laquelle les vins ont été rangés.

Ce classement constitue un document qui manquait dans notre région vinicole et qui fera autorité, du moins pendant quelques années, et jusqu'à ce qu'un nouveau travail du même genre soit refait quand la reconstitution sera tout à fait terminée et que les vignes, devenues plus vieilles, produiront une récolte peu variable au point de vue de la qualité.

Citons les principaux propriétaires et les négociants les plus importants de Mâcon :

MM. H^{to} Bernard.	MM. Bernardin Lapierre.
Faye et Cⁱᵉ.	Lardet.
Fromentin et Paillard.	Paul Martin.
Guillard et Laloy.	de Maubou.
Charles Lanéry.	Mazas-Dupasquier.
François Laneyrie.	Piguet frères.
Ambroise Lapierre.	S. Revillon, etc.

H^{TE} BERNARD

PROPRIÉTAIRE – NÉGOCIANT

à MACON

Vins fins et ordinaires de tous crûs

Maison PIOT HENRI

AMBROISE LAPIERRE

SUCCESSEUR

Propriétaire-négociant

VINS EN GROS

Mâcon et Romanèche - Thorins

(SAONE-ET-LOIRE)

23

PAUL MARTIN

NÉGOCIANT ET PROPRIÉTAIRE

à Mâcon

(SAÔNE-ET-LOIRE)

PIGUET FRÈRES

Maison principale à Mâcon

SUCCURSALE A CETTE

MAISON D'ACHAT A CONSTANTINOPLE

St-MARTIN-DE-SENOZAN

Saint-Martin-de-Senozan, arrondissement et canton de Mâcon (nord), est situé à 9 kilomètres de Mâcon, 50 de Chalon et 2 de la gare de Senozan ; bureau de poste de Mâcon ; perception de Sennecé ; 652 habitants.

Superficie : 454 hectares, dont 85 en vignes reconstituées en gamay sur riparia, elvira, viala, solonis et senasqua. Il reste environ 10 hectares à planter. La valeur de l'hectare de vigne atteint jusqu'à 5,000 fr.

La récolte de 1889, en vin rouge, a été à peu près détruite par la grêle ; elle a donné 12 hectolitres de vin blanc valant de 40 à 50 fr.

La récolte de 1892 a produit 890 hectolitres dont 350 de vin blanc ; ce dernier s'est vendu de 40 à 45 fr. l'hectolitre, en moyenne ; le vin rouge vaut de 35 à 45 francs, selon les crus.

Le village est situé sur le plateau d'une petite colline entre une montagne et la Saône. Sol calcaire et pierreux à l'ouest ; dans la plaine, alluvions couvrant le calcaire.

Saint-Martin-de-Senozan produit un vin rouge ordinaire estimé, ayant un bon goût, une belle couleur, agréable et se conservant bien pendant 12 ans et même 15 ans.

Le vin blanc qu'on récolte à Saint-Martin a aussi un certain renom, surtout le cru de « la Montagne ».

Ce village est ancien, mais il n'y existe plus rien rappelant son origine.

Pendant les troubles religieux du xvie siècle, le Mâconnais fut constamment ravagé par les troupes des deux partis. Après la soumission de Mâcon à l'autorité du roi, les armées du prince de Mayenne occupèrent tous les environs dans le dessein et l'espoir de s'emparer de cette ville où elles avaient des partisans. Ce chef des Ligueurs, se rendant à Tournus, le 9 juillet 1594, s'arrêta à Saint-Martin. « Ses troupes commirent, dans tous les lieux où elles passèrent, toutes sortes de brigandages, pillant, violant et tuant. Après avoir incendié les maisons, les fermes et les récoltes sur pied, elles chassèrent devant elles hommes, femmes et enfants, avec les bestiaux à grands troupeaux ; en sorte qu'on remarqua, disent les annales de Mâcon, que les Sarrasins et les Turcs n'auraient pas fait pis. »

Il existe à Saint-Martin-de-Senozan un château, celui de Maizod, à M. Jeannier.

Une carrière de pierres à bâtir, très vaste et dont les blocs sont très estimés, existe à Saint-Martin ; 80 ouvriers y sont employés.

Le concours de Mâcon 1893 a classé dans la troisième catégorie les vins blancs de Saint-Martin-de-Senozan.

NOMENCLATURE
DES PRINCIPAUX VIGNOBLES ET LIEUX-DITS

La Montagne (*blancs*). — A. B., quatrième classe.

DIVERS

Le Mortier (*blancs*). — A. B., quatrième classe.

DIVERS

Perrières (*blancs*). — A. B., quatrième classe.

DIVERS

Vigne de Bresse (*blancs*). — A. B., quatrième classe

DIVERS

Propriété morcelée.

MILLY

Milly, arrondissement et canton de Mâcon (nord), est situé à 13 kilomètres de Mâcon, 57 de Chalon et 2 et demi de la gare de Saint-Sorlin ; bureau de poste et perception de Saint-Sorlin ; 361 habitants.

Superficie : 288 hectares, dont 154 en vignes pour la plupart reconstituées en gamay sur solonis et riparia, d'une valeur de 5,000 francs l'hectare.

La récolte de 1889 a donné 425 hectolitres de vin rouge valant en moyenne 50 fr. l'hectolitre.

La récolte de 1892 a donné 1,500 hectolitres estimé de 45 à 55 francs.

Le village est situé à peu près au centre d'un pays montagneux où se trouvent plusieurs carrières, fours et moulins à plâtre. Ce plâtre, qui est renommé pour sa qualité et son éclatante blancheur, est très recherché pour les décors des appartements. Il s'en fabrique aussi des quantités considérables pour l'agriculture.

Le sol est généralement calcaire.

Le vignoble produit un vin rouge d'assez bonne qualité, assez estimé, un peu dur, franc de goût, d'une belle couleur et d'une durée moyenne de 10 ans.

Milly, *Milliacum*, dont il est fait mention dans plusieurs chartes du xe et du xie siècle, fut une des premières résidences de M. de Lamartine ; a été célébré dans les vers de l'illustre poète qui lui a consacré une de ses plus belles harmonies.

Sur un petit mamelon, au nord de cette commune, existent des murgers considérables, formés en partie de briques et tuileaux antiques. En fouillant ce terrain, on découvre fréquemment des médailles romaines. M. Ragut, dans sa statistique de Saône-et-Loire, en signalait une en or, de la valeur de 24 fr., à l'effigie de Constantin. Des débris nombreux de constructions, des fragments de mosaïques, des pierres sculptées ayant évidemment appartenu à des tombeaux, des cornets en plomb, des aqueducs en briques etc., trouvés dans le voisinage, témoignent que ce lieu fut couvert de riches villas au temps de la domination romaine. Au bas de cette éminence passe un chemin qui porte le nom de chemin *des Allemands,* et qui, partant de Crèches, traverse les territoires de Chaintré, de Charnay et de Prissé.

Le château de Milly appartient aujourd'hui à M. Sornay.

NOMENCLATURE

DES PRINCIPAUX VIGNOBLES ET LIEUX-DITS

La **Chize et la Rochette**. — A. B., quatrième classe; C. L., première classe.

PRINCIPAUX PROPRIÉTAIRES

M. Broyer. | M. Perron. | M. Protat.

Le **Bourg de Milly**. — A. B., cinquième classe; C. L., deuxième classe.

PRINCIPAUX PROPRIÉTAIRES

MM. Daux. | MM. Forest-Artaud.
Lambert Ducoté. | Sornay.

Citons parmi les propriétaires dans différents lieux-dits : M. J. Lapalus.

SANCÉ

Sancé, situé à 4 kilomètres de Mâcon et à 55 kilomètres de Chalon, fait partie de l'arrondissement et du canton de Mâcon (nord), bureau de poste de Mâcon ; perception de Sennecé-les-Mâcon ; 530 habitants ; à 5 kilomètres de la gare de Mâcon.

Superficie : 656 hectares, dont 100 hectares de vignes entièrement reconstituées en gamay du pays sur riparia et solonis.

La récolte de 1889 a donné 165 hectolitres de vin rouge, d'une valeur de 45 à 60 fr. l'hectolitre, et 210 hectolitres de vin blanc valant de 40 à 50 fr. l'hectolitre.

La récolte de 1892 a donné 900 hectolitres de vin rouge et 370 hectolitres de vin blanc. Elle sera plus que quadruplée lorsque la reconstitution sera complète ; les prix ont été sensiblement plus élevés cette année (1892), en raison de la qualité exceptionnelle des vins de Sancé, principalement pour les vins blancs.

La commune est située au pied de la Grisière ; sol calcaire, souvent caché par des alluvions plus ou moins épaisses, à l'ouest terrains à silex. Son territoire s'étend dans la plaine jusque sur le bord de la Saône.

Sancé produit un vin rouge assez estimé, tendre, fruité, possédant une belle couleur, d'une durée de 8 à 12 ans, gagnant à être mis en bouteilles au bout de 18 mois, et aussi un vin blanc de bonne qualité, très recherché par le commerce.

L'origine du bourg de Sancé remonte au xvie siècle. Il existait à cette époque un château fort, connu sous le nom de château du Parc, qui fut souvent pris et repris pendant les guerres de la Ligue. Le fils aîné du duc de Mayenne s'en empara en 1592.

Le 22 juillet 1594, le gouverneur de Mâcon, qui avait fait sa soumission à Henri IV, envoya pendant la nuit une partie de la garnison pour le reprendre. Le nommé Labrevert, qui y commandait les ligueurs, le rendit moyennant 250 écus.

C'est dans ce château que les officiers de la justice de Senozan tenaient leurs assises. Il ne reste aujourd'hui de cette maison forte qu'une des tours et quelques pans des murs d'enceinte.

On voit dans l'église, placée sous le vocable de la conversion de Saint-Paul, apôtre, une petite chapelle gothique où se trouvent la tombe du seigneur qui la fit bâtir et celle de sa femme; tous deux y sont représentés dans le costume du temps. On lit sur cette tombe l'inscription suivante : Ci-gist noble et puissant Seigneur messire Mareschal, chevalier, sieur de Senozan, fondateur de cette petite chapelle et N. dame de Busseul, sa femme, dame de Saint-Martin et de Prizy, et Claude Mareschal, leur fils, laquelle dame trépassa et son fils après elle, le x avril M. V. XII. Dieu veuille avoir leurs âmes.

Il existe actuellement six châteaux sur le territoire de Sancé : Celui de Vallières à M. Defranc; de la Besace, à M. le marquis de Barbentane; de Châtenay, à M. Robert; de la Tour-du-Pin, à M. le comte de Malartic; de la Roche, à M. Granjon; de Lapalus, à Mme Morin.

NOMENCLATURE

DES PRINCIPAUX VIGNOBLES ET LIEUX-DITS

Le Champ-Comtot (*rouge*). — A. B., cinquième classe; C. L., première classe (*extra*).

Le vin de ce cru est de beaucoup supérieur à ceux des autres crus rangés en 1re classe; il vaut ordinairement 15 francs par pièce de plus que ceux-ci.

PRINCIPAUX PROPRIÉTAIRES

MM. Curaillat.
Dandelot.

MM. Marin.
Richard-Genevois.

Le Château. — A. B., cinquième classe; C. L., première classe.

PRINCIPAUX PROPRIÉTAIRES

Divers.

La Grisière. — A. B., cinquième classe; C. L., première classe.

PRINCIPAUX PROPRIÉTAIRES

Divers.

Vallière (*rouge*). — A. B., cinquième classe; C. L., troisième classe.

PRINCIPAL PROPRIÉTAIRE

M. Defranc.

La Bérate (*rouge*). — C. L., première classe.

PRINCIPAUX PROPRIÉTAIRES

MM. Claude Blampoix.
François Blampoix.
Blampoix-Grandjean.

MM. Blampoix-Rat.
Courtadon.
Mme Vve Rivat.

La Besace (*rouge*). — C. L., première classe.

PRINCIPAUX PROPRIÉTAIRES

M. François Barbet. | M. Jean Barbet. | M. de Barbentane.

Le Champ du Lac (*blanc*). — C. L., première classe.

PRINCIPAL PROPRIÉTAIRE

M. Granjon.

En Corbet (*rouge*). — C. L., première classe.

PRINCIPAUX PROPRIÉTAIRES

M. Jean Blampoix. | Mme Vve Grégoire.

Les Devants (*rouge*). — C. L., première classe.

PRINCIPAUX PROPRIÉTAIRES

M. de Barbentane. | M. de Malartic.

La Grange-Aubel (*rouge*). — C. L., première classe.

PRINCIPAUX PROPRIÉTAIRES

M. Géravel. | M. Gobet.

La Grande-Mouche (*rouge*). — C. L., première classe.

PRINCIPAUX PROPRIÉTAIRES

M. Bichet. | M. Dessite.

Au Mont (*rouge*). — C. L., première classe.

PRINCIPAUX PROPRIÉTAIRES

M. de Barbentane. | M. Dandelot.

Mont-Richard (*blanc*). — C. L., première classe.

PRINCIPAL PROPRIÉTAIRE

M. Signoret.

Les Noyerets (*rouge*). — C. L., première classe.

PRINCIPAUX PROPRIÉTAIRES

M. le marquis de Barbentane. | M. Durand. | M. Rey.

La Petite-Mouche (*rouge*). — C. L., première classe.

PRINCIPAUX PROPRIÉTAIRES

M. Chevenet. | M. Serve.

Le Puits-Senaillet (*blanc*). — C. L., première classe; (*rouge*) deuxième classe.

PRINCIPAUX PROPRIÉTAIRES

M. de Barbentane. | M. Brosse. | M. Vincent.

Les Renardières (*rouge*). — C. L., première classe.

M. de Barbentane. | M. Courtadon. | Mme de Parseval.

La Roche (*rouge*). — C. L., première classe.

MM. Chachuat.
Granjon.

MM. Juillard.
J. de Malartic.

La Tour-du-Pin (*rouge*). — C. L., première classe.

M. Jean Blampoix. |. M. J. de Malartic.

Les Saugeys. — C. L., première classe.

Divers.

Vigne-Bateau (*blanc*). — C. L., première classe; (*rouge*) deuxième classe.

M. de Barbentane.

Ez Vignes-Derrière (*rouge*). — C. L., première classe.

MM. de Barbentane.
Brunet.
Curaillat.

MM. Landret.
Mornand.

Beau-Soleil (*rouge*). — C. L., deuxième classe.

MM. Michel Blampoix.
Dandelot.
Genevois.

Mme de Parseval.
M. Richard-Goyon.

Ez Combes (*rouge*). — C. L., deuxième classe.

PRINCIPAUX PROPRIÉTAIRES

MM. Balvay.
Barbet.
Claude Blampoix.

MM. Blampoix-Grandjean.
Richard-Genevois.

La Dîme (*rouge et blanc*). — C. L., deuxième classe.

PRINCIPAUX PROPRIÉTAIRES

M. Lardet.

M. Richard-Goyon.

Les Gaudrioles (*rouge*). — C. L., deuxième classe.

PRINCIPAUX PROPRIÉTAIRES

M. Barbet. | M. Chapuis. | Mᵐᵉ de Parseval.

Les Grands-Perrés (*rouge*). — C. L., deuxième classe.

PRINCIPAUX PROPRIÉTAIRES

M. de Barbentane. | Mᵐᵉ Vve Longepierre.

La Grange d'en haut (*rouge et blanc*). — C. L., deuxième classe.

PRINCIPAUX PROPRIÉTAIRES

M. Galichon. | Mᵐᵉ Vve Grégoire.

Les Levats (*rouge*). — C. L., deuxième classe.

PRINCIPAUX PROPRIÉTAIRES

M. Caille. | M. Lardet.

La Matrone (*blanc et rouge*). — C. L., deuxième classe.

PRINCIPAUX PROPRIÉTAIRES

MM. Blampoix-Rat.
Genevois.
Richard-Genevois.

Mᵐᵉˢ Vve Grégoire.
Vve Rivat.

Merdasson (*rouge*). — C. L., deuxième classe.

PRINCIPAL PROPRIÉTAIRE

M. de Barbentane.

Les Mulatières (*rouge*). — C. L., deuxième classe.

PRINCIPAUX PROPRIÉTAIRES

MM. de Barbentane.
    Barbier.
    de Lacretelle.

M. Morettot.
Mme de Parseval.

Châtenay (*rouge et blanc*). — C. L., troisième classe.

PRINCIPAUX PROPRIÉTAIRES

M. Joseph Barbet. | M. Galichon. | M. Janin.

SENNECÉ-LEZ-MACON

Sennecé-lez-Mâcon, situé à 6 kilomètres de Mâcon et à 52 kilomètres de Chalon, fait partie de l'arrondissement et du canton nord de Mâcon ; bureau de poste de Mâcon, chef-lieu de perception ; bureau télégraphique de Saint Jean le Priche, à 3 kilomètres, 588 habitants. A 6 kilomètres de la gare de Mâcon et 5 de la gare de Senozan.

Superficie : 803 hectares dont environ 60 hectares de vignes reconstituées en gamay sur riparia. Plus de 300 hectares sont susceptibles d'être replantés et la reconstitution se fait rapidement.

La récolte de 1889 avait donné seulement 75 hectolitres de vin rouge valant en moyenne 50 fr. l'hectolitre et 75 hectolitres de vin blanc à 45 fr. l'un.

La récolte de 1892 a donné 450 hectolitres de vin rouge et 180 hectolitres de vin blanc ; les prix en sont ainsi établis : vin rouge, 50 francs ; vin blanc, 45 francs. Avant peu Sennecé pourra fournir à la consommation comme autrefois plus de 3000 hectolitres de vin.

La commune est située au pied de la colline de la Grisière ; sol calcaire, recouvert par des alluvions riches analogues à celles de la Bresse, située sur la rive gauche de la Saône.

Sennecé-les-Mâcon produit un vin rouge de qualité moyenne parmi les bons ordinaires, tendre, suffisamment coloré, d'une durée de 9 à 12 ans. Le Clos des Teppes est le crû le plus estimé.

Le vin blanc produit dans la terre d'alluvion est très recherché ; une bonne partie est vendue au sortir du pressoir pour
être bue comme vin doux.

Sennecé, dont la véritable orthographe était Sencié et, plus
anciennement *Séneçai*, est très ancien. Les documents historiques manquent un peu sur cette petite commune. On sait toutefois que ses domaines (Grand et Petit) étaient érigés en marquisat
à trois fiefs ; le château était situé à une lieue de la Saône, sur
l'ancienne route de Lyon à Dijon et avait un chapitre desservi
par huit chapelains ; il passait pour une des principales forte-
resses de la Bourgogne ; il fut incendié sous la terreur.

Le nom de Sennecé a été porté par Antoine Bauderon, poète
français, né à Mâcon en 1643 et mort dans la même ville en
1737. Son grand-père Brice Bauderon était un savant médecin. Son père, magistrat à Mâcon, le destina à l'étude des lois ;
mais le jeune poète n'avait aucun goût pour la jurisprudence et
menait une vie très dissipée. A la suite d'un duel, à propos
d'un mariage projeté, il fut forcé de sortir de France et de se
réfugier en Savoie ; un autre duel le fit passer en Espagne. Ren-
tré en France après que sa première équipée eut été oubliée,
il acheta, en 1673, la charge de premier valet de chambre de
Marie-Thérèse, femme de Louis XIV, et, dix ans plus tard, entra
en la même qualité au service de la duchesse d'Angou-
lême.

Homme d'esprit et homme du monde, Sennecé n'avait cessé
de cultiver les lettres, mais il ne commença à publier ses œuvres que dans la seconde moitié sa vie. On cite principalement
de lui : *Lettre de Clément Marot touchant ce qui s'est passé
à l'arrivée de J.-B. Lulli aux enfers* (1688) ; ses *nouvelles en
vers*, contes versifiés avec esprit parmi lesquels on remarque
les *Travaux d'Apollon* et *le Serpent mangeur du Kaï-
mack*, etc.

Sennecé resta toujours un homme gai et aimable. Il se retira à
Mâcon, au décès de la duchesse d'Angoulème. Il avait alors 70
ans et vécut encore 24 ans, toujours enjoué et de bonne compagnie. Il mourut le 1er janvier 1737, à 94 ans.

Une rue de la ville de Mâcon porte encore aujourd'hui le nom de « Bauderon de Sennecé ».

Il existe à Sennecé-les-Mâcon un château appartenant à M. E. André du Hamel.

Les meilleurs crus sont les Belouses, les Perrières, rangés par Budker en cinquième classe et le Clos des Teppes, les Sommerets, Clos-Barot, les Tilles, le Catelinet, les Giroux, les Grandes-Teppes.

PRINCIPAUX PROPRIÉTAIRES

M. le marquis de Barbentane. | M. André du Hamel.

SENOZAN

Senozan, arrondissement et canton de Mâcon (nord), est situé à 12 kilomètres de Mâcon et 48 de Chalon ; bureau de poste de Mâcon ; perception de Sennecé-les-Mâcon ; gare de chemin de fer ligne P. L. M. ; 486 habitants.

Superficie : 486 hectares, dont 108 en vignes sur lesquels 70 sont reconstitués en gamay sur riparia et solonis. L'hectare de vigne atteint une valeur de 3,500 fr.

La récolte de 1889 a été anéantie par la grêle. Celle de 1892 a produit près de 100 hectolitres dont le prix moyen est de 40 francs.

Sol généralement calcaire, recouvert dans la plaine par des alluvions.

La commune produit un vin rouge assez ordinaire, bon à boire de suite et aussi un vin blanc (second ordinaire) rangé, par A. Budker, en quatrième classe.

Senozan, l'un des plus riants villages du Mâconnais, est situé à proximité de la route nationale de Paris à Chambéry, sur un plateau d'où l'on découvre, à l'ouest, la gorge pittoresque de La Salle avec ses teintes variées, et, à l'est, le cours de la Saône et les vastes prairies boisées de la Bresse avec le Mont-Blanc à l'horizon. Belle église construite en pierres de taille dans un style moderne. On y remarque des tableaux d'un grand prix, et, entre autres, une vierge attribuée à Rubens. David Olivier de Viriville la fit bâtir à ses frais, vers la fin du XVIIe siècle. Ce David Olivier, d'abord simple marchand colporteur de dentelles, fit une immense fortune en étendant son commerce au delà des mers. Au retour de ses expéditions, il acquit le château et les terres de Senozan de la veuve du comte de Briord, dont l'unique héritier venait de périr à la bataille de Malplaquet, en 1709. Madeleine-Henriette-Sabine Olivier de Viriville, dernier rejeton de cette famille, apporta ce château en dot à M. le comte de Talleyrand de Périgord (frère du fameux diplomate), avec une fortune de plus de sept millions de francs du temps. La tête de cette comtesse tomba sous la hache révolutionnaire, le 9 thermidor, le jour même de l'arrestation de Robespierre. Quelques heures de retard l'eussent sauvée de l'échafaud ; mais, dans la crainte que cette victime ne leur échappât, ses bourreaux l'avaient, dès la veille, inscrite comme morte sur le registre de la prison. Mme de Périgord figure sur une toile émouvante de Müller, admirée à l'Exposition universelle de 1855 et dont le sujet est l'*Appel des dernières victimes de la Terreur.* — Le château de Senozan avait été incendié, le 29 juillet 1789, par les paysans des environs, à la tête desquels s'était mis le fermier de la commanderie de Sainte-Catherine (commune de Montbellet). Ce château qui avait été bâti au milieu du xviie siècle, était d'une grande magnificence, et le célèbre peintre Lemoine en avait décoré les plafonds. Il ne reste de cette somptueuse demeure que les caves et les bâtiments qui étaient les communs du château, avec la jolie tour de l'horloge, aujourd'hui colombier, qui avait fait partie d'un château gothique antérieur dont elle est le dernier vestige.

PRINCIPAUX PROPRIÉTAIRES

MM. Courdioux.
    Hamon.
    Lacroix.

MM. Mazot.
    Siraudin.

Propriété morcelée. Pas de crus principaux.

SOLOGNY

Sologny, arrondissement et canton de Mâcon (nord), est situé à 14 kilomètres de Mâcon et 59 de Chalon ; bureau de poste de Saint-Sorlin ; perception de Saint-Sorlin ; gare de chemin de fer (ligne de Mâcon à Moulins), au hameau de la Croix-Blanche, dépendant de Sologny ; 842 habitants.

Superficie : 1066 hectares, dont 215 en vignes reconstituées pour la plupart, en gamay du pays greffés sur riparia, et valant environ 3.000 fr. l'hectare.

La récolte de 1889 a donné 5.500 hectolitres de vin rouge estimé de 40 à 45 francs l'hectolitre.

La récolte de 1892 a produit un peu moins, en raison de la gelée du printemps ; les prix sont restés les mêmes que précédemment, excepté pour les meilleurs crus dont quelques-uns ont été payés 50 fr. l'hectolitre.

Sologny est situé sur le versant est et au bas d'une montagne (560 mètres d'altitude), près de la route nationale de Nevers à Genève. Sol d'une grande variété, généralement calcaire ; argileux aux hameaux du Bois et de la Rue ; à l'ouest une grande partie formée de granite, porphyre avec grès arkose peu développé ; sous-sol rocailleux en plusieurs endroits.

Ce pays produit un vin rouge de qualité moyenne, assez coloré, d'un goût franc et agréable et d'une durée de dix ans.

Les documents historiques ne rapportent rien de bien intéressant sur cette commune. On sait cependant qu'elle était déjà mentionnée dans une charte du IXe siècle, rapportée dans le Cartulaire de Saint-Vincent de Mâcon. Par cette charte,

l'évêque de Mâcon Bernard ou Bernold accorde au prêtre Grun-
rin l'autorisation de bâtir, au village de Sologny, une église qui
fut dédiée à Saint-Vincent.

On remarque à Sologny trois châteaux modernes : celui du
Charnay, à M. Duréault ; des Bois, à M. Moreau ; de Biaune,
à Mme veuve Girard, et une belle maison de plaisance, avec joli
parc, qu'on restaure actuellement, et qui appartient à M. Lapalus, à la Croix-Blanche.

NOMENCLATURE

DES PRINCIPAUX PROPRIÉTAIRES ET LIEUX DITS

Le Charnay. — A. B., quatrième classe.

PRINCIPAL PROPRIÉTAIRE

M. Duréault.

La Roche. — A. B., quatrième classe.

PRINCIPAUX PROPRIÉTAIRES

MM. Bouillard.	MM. Pichet.
Philippe.	Revol.

Sologny. — A. B., quatrième classe.

PRINCIPAUX PROPRIÉTAIRES

MM. Balvay.	MM. Lafontaine.
Cropet.	Lanier.
Mme Flamand.	J. Lapalus.

Les Bois. — A. B., cinquième classe.

PRINCIPAL PROPRIÉTAIRE

M. Moreau.

Grande distillerie de M. J. LAPALUS, propriétaire-négociant à la Croix-Blanche
Commune de Sologny (Saône-et-Loire).

Maison fondée en 1858. — Spécialité d'Eau-de-vie de marc
Bureaux et Magasins en face la gare, à 14 kilomètres de Mâcon, au centre du vignoble.

Domaine de M. J. LAPALUS, viticulteur, à la Croix-Blanche
Commune de Sologny (Saône-et-Loire)
propriétaire de Grands Crus à **Pouilly-Solutré**.
(Vins blancs les plus appréciés du monde entier) *Clos de Chazy, Berzé-la-Ville, Milly, Prissé et Davayé.*

La Croix-Blanche. — A. B., cinquième classe.

DIVERS

Les Bottiers.

PRINCIPALE PROPRIÉTAIRE

Mme Vve Cochet.

SAINT-SORLIN

Saint-Sorlin, village coquettement assis sur le flanc ouest d'une montagne, fait partie de l'arrondissement et du canton de Mâcon (nord); 1253 habitants; bureau de poste, télégraphe, station du chemin de fer de Mâcon à Moulins (par Cluny et Paray-le-Monial), chef-lieu de perception; à 10 kilomètres de Mâcon. Service de voitures publiques deux fois par jour pour Azé, par Verzé et Igé.

Superficie : 1196 hectares.

Le vignoble de Saint-Sorlin comprenait avant l'invasion phylloxérique 400 hectares, dont 230 sont actuellement reconstitués en gamays greffés sur riparia et solonis. L'hectare de vigne varie de 6000 à 7.500 fr., selon les sols et les crus.

Vins rouges estimés, d'une belle couleur, fermes, se conservant très bien de 7 à 10 ans et très recherchés par le commerce. Il faut les garder au moins trois ans avant de les mettre en bouteilles.

Terrain et sol très variés, le plus souvent calcaire ; au sud du village, petite colline de grès arkose peu développé ; de même au nord du hameau de Gros-Mont; gravier à silex au nord-est, entre Nancelle et la Greffière.

La récolte de 1890 a donné environ 3000 hectolitres de vin valant de 45 à 55 francs l'hectolitre, selon les crus.

La récolte de 1892 a produit 1950 hectolitres de vin rouge, vendus dès le premier moment de 45 à 55 francs l'hectolitre, mais qui atteignent aujourd'hui, dans les bons crus, jusqu'à 60 francs l'hectolitre.

Saint-Sorlin est très ancien. Il a été détruit et reconstruit plusieurs fois ; mais les documents historiques traitant de ce pays sont rares et très incomplets. Un château fort y existait il y a longtemps : le cimetière en occupe l'emplacement.

Dans un tombeau construit en maçonnerie et en briques romaines, on a trouvé un anneau en or, garni d'une pierre rouge, et une médaille d'*Hadrien*.

L'histoire cite un sire de Saint-Sorlin au nombre des chevaliers qui périrent, aux côtés de Charles le Téméraire, dans la fameuse bataille de Granson, en 1453, gagnée par les Suisses.

Le concours de Mâcon 1893 a classé dans la troisième catégorie les vins de cette commune.

NOMENCLATURE

DES PRINCIPAUX VIGNOBLES ET LIEUX-DITS

La Belouze. — A. B., troisième classe ; C. L., deuxième classe.

PRINCIPAUX PROPRIÉTAIRES

Mme Vve Janoir.	Mme Versaut.

La Boisserolle. — A. B., troisième classe ; C. L., première classe.

PRINCIPAUX PROPRIÉTAIRES

M. Garnier.	Mme Maison.

Le Calvaire. — A. B., troisième classe.

PRINCIPAUX PROPRIÉTAIRES

Divers.

Les Goutelles. — A. B., troisième classe.

PRINCIPAUX PROPRIÉTAIRES

Divers.

Les **Marencys.** — A. B., troisième classe.

PRINCIPAUX PROPRIÉTAIRES

Divers.

Les **Rousettes.** — A. B., troisième classe.

PRINCIPAUX PROPRIÉTAIRES

Divers.

Somméré. — A. B., troisième classe; C. L., première classe.

PRINCIPAUX PROPRIÉTAIRES

M. de Béthune. | M. Prolat.

M. Lémonon-Dubief (*Clos des Noyerets*)

Les **Touziers.** — A. B., troisième classe; C. L., première classe.

PRINCIPAUX PROPRIÉTAIRES

MM. Arcelin. | MM. Dumont.
Bourat. | Revol.

La **Combe de Vau.** — A. B., quatrième classe.

PRINCIPAUX PROPRIÉTAIRES

Divers.

La **Greffière.** — A. B., quatrième classe; C. L., deuxième classe.

PRINCIPAL PROPRIÉTAIRE

M. Riballier.

Linde. — A. B., quatrième classe.

PRINCIPAUX PROPRIÉTAIRES

Divers.

Nancelles. — A. B., quatrième classe; C. L., troisième classe.

PRINCIPAL PROPRIÉTAIRE

M. Jacquier.

Gros-Mont. — A. B., cinquième classe; C. L., troisième classe.

PRINCIPAUX PROPRIÉTAIRES

M. Curtenelle. | M. Maillet. | M. Michoux.

Gros-Bois. — A. B., cinquième classe.

PRINCIPAUX PROPRIÉTAIRES

Divers.

Vers l'Eglise. — C. L., première classe.

PRINCIPAUX PROPRIÉTAIRES

M. Gaillard. | M. Joseph dit Monain

VERZÉ

Verzé, arrondissement et canton de Mâcon (Nord), est situé à 14 kilomètres de Mâcon, 51 de Chalon et 4 de la gare de Saint-Sorlin ; bureau de poste et perception de Saint-Sorlin ; 1080 habitants.

Superficie : 1984 hectares dont 412 en vignes sur lesquels 135 reconstitués en gamay sur riparia et solonis. L'hectare de vigne a une valeur de 3000 francs.

La récolte de 1889 a donné 80 hectolitres de vin rouge valant 50 francs dans les meilleurs crus, 40 fr. dans les crus ordinaires et 35 fr. dans les crus inférieurs.

Celle de 1890 a donné 1100 hectolitres vendus aux mêmes prix que ci-dessus.

La récolte de 1892 a produit 2900 hectolitres valant en moyenne 50 fr. l'hectolitre.

Sol de nature très variée où le calcaire domine ; vaste étendue de gravier ou d'argile à silex ; le terrain renferme aussi de la pierre à plâtre. Un ruisseau, le Talenchant, coule dans la vallée et fait mouvoir plusieurs moulins.

Verzé produit un vin rouge assez estimé, d'une belle couleur, agréable et d'une durée de 10 à 12 ans.

Le village est situé entre deux montagnes ; on y remarque les ruines d'un château-fort bâti par Simon de Sainte-Croix, doyen du chapitre de Saint-Vincent de Mâcon, vers l'an 1340. Il fut pris par les Armagnacs en 1421, puis repris par les Bourguignons peu de temps après. Durant les guerres de la Ligue, il fut également occupé tantôt par le parti royaliste et tantôt par le parti de l'union catholique, et enfin détruit après la soumission du pays à Henri IV.

NOMENCLATURE

DES PRINCIPAUX VIGNOBLES ET LIEUX-DITS

Ecole. — A. B., troisième classe.

DIVERS

Marigny. — A. B., troisième classe.

DIVERS

Verzé. — A. B., quatrième classe.

DIVERS

Vanzé. — A. B., cinquième classe.

DIVERS

Vaux-Verzé. — A. B., cinquième classe.

DIVERS

Verchizeuil. — A. B., cinquième classe.

DIVERS

PRINCIPAUX PROPRIÉTAIRES

M. le baron de Béost. | M. le comte de Murard. | Mlle Pochon.

CANTON DE CLUNY

SAINT-ANDRÉ-LE-DÉSERT

Saint-André-le-Désert, arrondissement de Mâcon, canton de Cluny et bureau de poste de Salornay ; 959 habitants, à 14 kilomètres de la gare de Cormatin, 38 de Mâcon.

Village arrosé par le ruisseau de Gras qui se jette dans la Guye à Salornay.

Sol granitique à l'ouest, de grès et calcaire à l'est.

Vin rouge assez estimé, goût agréable ; assez coloré, d'une durée de 9 à 10 ans.

Saint-André possède encore quelques vignes indigènes valant 1800 fr. l'hectare ; 50 hectares ont été reconstitués en gamay sur riparia, 10 hectares restent à planter.

La récolte de 1889 a donné 1100 hectolitres de vin rouge valant 50 fr. dans les meilleurs crus, 45 et 40 fr. dans les crus ordinaires et inférieurs, et 25 hectolitres de vin blanc valant 50 et 40 fr. l'hectolitre.

La récolte de 1892 a été à peu près semblable et les prix sont sensiblement restés les mêmes.

Un chemin de grande communication, tendant de Saint-Bonnet-de-Joux à Tournus, traverse le chef-lieu de cette commune. On a découvert, il y a quelques années, au hameau de Mazilly, des tombes anciennes, formées de quatre laves. Dans quelques-unes, il a été trouvé des ossements, avec quelques pièces d'or, des anneaux, des lames d'épées et autres débris d'armes. Saint-André était une prévôté royale et avait un prieuré de l'ordre de Saint-Benoît. Le château-fort, qu'on voit au hameau du Gros-Chigy, appartenait à la riche maison de Champier. Il est aujourd'hui la propriété de M. Ducrot. On y remarque un escalier tournant, par lequel on descendait autrefois dans un souterrain aujourd'hui fermé par des décombres. A l'extrémité est de la forêt communale, sur le revers de la colline de Rabutin, maison bourgeoise assez remarquable, ayant appartenu au même seigneur de Champier et antérieurement aux Rabutin. De ce lieu, on découvre, d'un côté, les vastes plaines et les riants coteaux de la Bourgogne; de l'autre, la chaîne des montagnes granitiques et incultes qui forment, à l'ouest et au nord, la limite du Charollais. Les étrangers qui viennent visiter la maison de Rabutin se plaisent à contempler ce paysage qui n'est pas un des moins pittoresques de la contrée. On lit sur le frontispice de la porte qui regarde l'occident, cette inscription : *Je porteray dans cette solitude les amertumes de mon cœur,* et au-dessus de celle tournée vers l'orient : *Haute et puyssante dame Antoinette-Louise de Rabutin, comtesse de Chigy, dame dudit lieu, Saint-André-le-Désert, Moroges et autres places, a faict bâtyr ceste mayson. 1690.*

Trois ans après la construction de cet édifice, le comte de Bussy-Rabutin mourait à Autun accablé de douleur d'être tombé dans la disgrâce de Louis XIV, et des chagrins que lui causaient les nombreux ennemis qu'il s'était faits par ses épigrammes et ses chansons.

NOMENCLATURE

DES PRINCIPAUX VIGNOBLES ET LIEUX-DITS

Les Cas. — A. B., cinquième classe.

La Grande-Vigne. — A. B., cinquième classe.

Rabutin. — A. B., cinquième classe.

Propriété morcelée

BERZÉ-LE-CHATEL

Berzé-le-Châtel, arrondissement de Mâcon, canton de Cluny et
bureau de poste de Saint-Sorlin; 178 habitants ; 3 kilomètres
500 de la Croix-Blanche, 16 de Mâcon.

Pays montagneux. Sol calcaire, avec grès tendre, porphyre
ou granite à l'est et à l'ouest.

Vin rouge de qualité moyenne, faible en couleur.

Berzé possède 6 hectares de vignes indigènes d'une valeur de
1000 fr. l'hectare, 28 hectares ont été reconstitués en gamay du
pays sur riparia et solonis ; 2 hectares restent à planter.

La récolte de 1892 a donné 450 hectolitres de vin rouge. Le
prix moyen de l'hectolitre est de 45 fr.

La commune ne produit pas de vin blanc.

L'ancien donjon de Berzé, l'un des plus forts châteaux du
Mâconnais, bien que ruiné par la main des hommes et par le
temps, présente encore aujourd'hui un aspect imposant, vu de
l'étroite vallée que commande la montagne sur laquelle s'élèvent ses fortes tours. Entourée de murs épais construits en
terrasses, cette sombre et lourde masse se dessine sur les pentes pittoresques des montagnes de Cluny, avec ses créneaux,
ses remparts et ses hautes galeries, dont une partie subsiste
encore. Dans l'épaisseur des murs, de longs corridors circulent
autour de la vieille forteresse, éclairés par de rares meurtrières
et percés de quelques étroites portes qui communiquaient à des
passages secrets, connus du seul maître de ce manoir. Dans
l'un des nombreux souterrains qui règnent sous le donjon, on

25

trouve la chapelle, dont la décoration sévère et l'obscurité rappellent les constructions de ce genre qui se remarquent dans les châteaux que le moyen âge sema avec profusion sur tous les rochers des bords du Rhin. D'autres souterrains, creusés sous ces premières voûtes, renfermaient les magasins, l'arsenal et les prisons; l'un d'eux, passant sous la montagne, aboutissait dans la vallée et servait aux services de la garnison en temps de siège.

C'est dans ces souterrains que la tradition du pays place le théâtre d'un fait tragique dont aucun monument écrit n'a consacré, du reste, le souvenir. On dit qu'un sire de Berzé, menacé par les barons du voisinage d'un siège long et sans miséricorde, voulut, tandis qu'il amassait en hâte des vivres de toute espèce, connaître combien de temps ses hommes d'armes pourraient vivre sans pain, et ses troupeaux sans fourrage. Les approvisionnements dépendaient de cette expérience. Un homme et un bœuf furent enfermés sans nourriture dans ces voûtes ténébreuses, et leur lente agonie fut mesurée avec soin. Tous deux moururent en même temps, assure-t-on. Cette légende, du reste, n'est pas particulière au donjon de Berzé; on la raconte, en termes semblables, au château de Montgilbert, près de La Palisse (Allier).

Les sires de Berzé, presque toujours en guerre avec leurs voisins pendant les XIVᵉ et XVᵉ siècles, se virent souvent attaqués dans leur forteresse qui, dit-on, ne put jamais être prise que par surprise ou trahison. Le duc de Bourgogne y avait placé, vers 1419, une forte garnison qui se rendit, en 1421, aux promesses plutôt qu'aux armes du dauphin, depuis Charles VII. Peu après les Bourguignons en chassèrent les Français, qui ne connaissaient pas l'entrée des souterrains, et ne furent pas peu surpris de voir le château envahi par des hommes qui semblaient sortir de terre. Quand vinrent les guerres de la ligue, le duc de Nemours ayant vainement sommé le sire de Joncy, qui y commandait, de le rendre à la Sainte-Union, il le fit battre en brèche par une puissante artillerie. Les défenses du château, quoique construites avant l'invention de la poudre,

soutinrent bravement pendant plusieurs mois ce genre d'attaque pour lequel cependant elles n'étaient pas faites. Mais à la
fin il fallut capituler et le 17 août 1591, le valeureux commandant, dont l'épouse avait voulu partager les dangers, remit aux
troupes du duc cette vieille citadelle dont les murs furent aussitôt démantelés. Aussi bien le temps de ces antiques manoirs
était fini, et leur destinée achevée avec celle de leurs seigneurs. C'est à cette époque que cessa aussi une étrange rede-
vance que les barons de Berzé devaient à l'église de Mâcon. En
1315, Geoffroy de Berzé avait battu, sans respect pour sa cler-
gie, Pierre de Montverdun, archidiacre de cette ville. En réparation de cette forfaiture, le parlement ordonna que Geoffroy
et ses successeurs, à perpétuité, feraient brûler tous les ans,
pendant l'octave de saint Vincent, dans le chœur de Mâcon, un
cierge du poids de cinquante livres.

NOMENCLATURE

DES PRINCIPAUX VIGNOBLES ET LIEUX-DITS

Berzé-le-Châtel. — A. B., cinquième classe; C. L., première et deuxième classes.

PRINCIPAUX PROPRIÉTAIRES

M. J.-M. Colin. | M. Antoine Bouchacourt. | Mme de Milly.

Blandos. — A. B., cinquième classe; C. L., première classe.

PRINCIPAL PROPRIÉTAIRE

M. Jean-Marie Colin.

Aux Murs. — A. B., cinquième classe; C. L., première classe.

PRINCIPAL PROPRIÉTAIRE

M. J. Lapalus.

Aux Thinous. — A. B., cinquième classe; C. L., troisième classe.

PRINCIPAL PROPRIÉTAIRE

M. Antoine Bouchacourt.

BLANOT

Blanot, arrondissement de Mâcon, canton et bureau de poste de Cluny, 446 habitants, à 11 kilomètres de la gare de Cluny, 23 de Mâcon.

Grottes à mi-côte de la montagne de Saint-Romain. Village situé dans une vallée étroite et profonde.

Terrains remarquablement bouleversés par deux soulèvements à l'ouest et à l'est : sol calcaire formant une bande nord-sud, et à l'est une bande de granit.

Vin rouge assez estimé, couleur passable, d'une durée de 5 à 6 ans.

Blanot possède 100 hectares environ de vignes reconstituées en gamay sur riparia et solonis. 150 hectares restent à planter. Il existe encore quelques vignes indigènes.

La récolte de 1889 a donné 40 hectolitres de vin rouge valant de 35 à 40 fr. l'hectolitre. La récolte de 1889 a donné environ 100 hectolitres de vin rouge vendus de 35 à 45 fr. l'hectolitre.

Blanot est situé non loin d'une fontaine surmontée d'une croix en pierre où les habitants de la contrée allaient autrefois en pèlerinage. L'église de Blanot semble avoir été construite au XIIe siècle ; elle est fort élevée et d'une architecture gothique remarquable.

Dans le hameau de Charcuble, on voit encore des vestiges d'une voie romaine qui a dû avoir sa direction sur Saint-Gengoux-le-National.

Les vins de Blanot appartiennent à la cinquième classe (A.B.).

PRINCIPAUX PROPRIÉTAIRES

M. Camby. | M. Louis Daillon. | M. Girardin.

BRAY

Bray, arrondissement de Mâcon, canton et bureau de poste de Cluny ; 329 habitants ; à 3 kilomètres de Massilly, 28 de Mâcon.

Sol généralement calcaire, granitique à l'ouest, sous-sol granitique.

Vin d'assez bonne qualité, couleur ordinaire, durée de 5 à 6 ans. Coteaux exposés à l'ouest.

Bray possède encore 50 hectares de vignes indigènes d'une valeur de 1,800 fr. l'hectare ; 65 hectares ont été reconstitués en gamay du pays sur riparia et solonis. Plusieurs hectares restent à planter.

La récolte de 1889 a donné 150 hectolitres de vin rouge valant environ 40 fr. l'hectolitre.

La récolte de 1892 a peu varié comme quantité et prix.

La commune de Bray est située dans le vallon de la Grosne. Elle a été distraite, en 1839, du canton de Lugny. En 1841, on a trouvé, sous les dalles de l'église, quarante pièces d'or à l'effigie de Charles VIII, Louis XII et François Ier.

Les vins de Bray appartiennent à la 5e classe (A. B).

PRINCIPAUX PROPRIÉTAIRES

MM. Bramas.
    F. Goin.
    L. Goin.

MM. Martin.
    P. Millon.
    Mugnier.

BUFFIÈRES

Buffières, arrondissement de Mâcon, canton et bureau de poste de Cluny ; 884 habitants ; à 6 kilomètres de la Chapelle-Meulin, 34 de Mâcon.

Pays de montagnes. Sol généralement granitique. Vin rouge passable, peu coloré, d'une durée de 1 à 2 ans.

Buffières possède encore 10 hectares de vignes indigènes d'une valeur de 1200 fr. l'hectare. 17 hectares ont été détruits et sont en partie reconstitués.

La récolte de 1889 a donné 100 hectolitres de vin rouge et 15 de vin blanc.

En 1892, même récolte à peu près. Le prix moyen de l'hectolitre, sensiblement le même pour le rouge et le blanc, est de 40 fr. l'hectolitre.

Le village est situé sur le penchant d'une montagne. La route la plus rapprochée est celle de Mâcon à Charolles. L'église paraît être du XVᵉ siècle.

Château du Fay à M. F. Giraud.

Les vins de Buffières appartiennent à la 5ᵉ classe (A, B).

Propriété morcelée. Pas de crus à citer.

CHATEAU

Château, arrondissement de Mâcon, canton et bureau de poste de Cluny ; 565 habitants ; à 6 kilomètres de la gare de Cluny et de celle de Sainte-Cécile-la-Valouze, 28 de Mâcon.

Village situé en partie sur une montagne. Sol calcaire assez variable ; grès tendre et marne du lias ; toute la partie ouest est de granite ou porphyre. Carrières.

Vin rouge de qualité moyenne, assez coloré, d'une durée de 10 ans.

Château possède encore 40 hectares de vignes indigènes d'une valeur de 3000 fr. l'hectare, 100 hectares ont été reconstitués en gamay sur riparia, solonis et viala ; 10 hectares restent à planter.

La récolte de 1892 a donné 1100 hectolitres de vin rouge d'une valeur de 45 fr. l'hectolitre, et 130 hectolitres de vin blanc variant de 48 à 50 fr. l'hectolitre.

Le territoire de cette commune n'est traversé par aucune route. Montagnes, vallées profondes, rochers, bois. Le nom qu'elle porte lui vient d'un très ancien château qui existait sur une petite montagne dite de la Garenne et dont on voit encore les fondations dans une terre appelée le *Clos*. A cent mètres, au midi de ces ruines, s'élève l'église de la paroisse. C'était la chapelle seigneuriale. Ce château existait encore en 1430. On lit dans les registres secrétariaux de la ville de Mâcon que les ennemis du duc de Bourgogne s'en étaient emparés dans le mois d'octobre de cette année. En travaillant la terre, on trouve fréquemment des médailles romaines et des monnaies à l'effigie de divers rois de France.

NOMENCLATURE

DES PRINCIPAUX VIGNOBLES ET LIEUX-DITS

Borde. — A. B., cinquième classe; C. L., première classe.

PRINCIPAL PROPRIÉTAIRE
M. Pelletrat de Borde.

Saint-Laurent. — A. B., cinquième classe; C. L., deuxième classe.

PRINCIPALE PROPRIÉTAIRE
Mme Vve Caplain.

Les Grandes Serres. — A. B., cinquième classe; C. L., deuxième classe.

PRINCIPAUX PROPRIÉTAIRES
M. Maire. | M. Potier, et divers.

CHÉRIZET

Chérizet, arrondissement de Mâcon, canton de Cluny et bureau de poste de Salornay; 129 habitants, à 10 kil. de la gare de Cormatin, 37 de Mâcon.

Village situé sur la pente d'une montagne. Sol calcaire à l'est, granitique à l'ouest.

Vin rouge assez estimé, belle couleur, d'une durée de 10 à 12 ans.

Chérizet possède encore quelques vignes indigènes d'une valeur de 1250 fr. à 2500 fr. l'hectare, 20 hectares ont été reconstitués en gamay du pays sur solonis.

La récolte de 1889 a donné 300 hectolitres de vin rouge valant 50 fr. dans les meilleurs crus, 40 dans les crus ordinaires et 35 dans les crus inférieurs. 10 hectolitres de vin blanc ont été récoltés.

La récolte de 1892 a été à peu près semblable et les prix n'ont pas varié.

Le prix moyen de l'hectolitre est de 55 fr. dans les meilleurs crus, 45 et 30 fr. dans les crus ordinaires et inférieurs. Coteaux exposés à l'est et au sud.

NOMENCLATURE

DES PRINCIPAUX VIGNOBLES ET LIEUX-DITS

Les Fromentaux. — A. B., cinquième classe.

Les Grillets. — A. B., cinquième classe.

Les Grandes Vignes. — A. B., cinquième classe.

Propriété assez morcelée.

CLUNY

Cluny, arrondissement de Mâcon, chef-lieu de canton, bureau de poste et télégraphe, chemin de fer; 4,450 habitants; à 23 kil. de Mâcon, 48 de Chalon ; gare importante où aboutissent les lignes de Mâcon, de Moulins, de Chalon, de Roanne.

Ecole d'ouvriers et de contre-maîtres récemment installée dans les bâtiments de l'ancienne abbaye, à la place de l'Ecole Normale spéciale supprimée en 1891.

Alluvions granitiques dans la vallée, granite et porphyre à l'est, calcaire varié à l'ouest.

Vins ordinaires, un peu durs, se conservent bien.

Le vignoble de Cluny comprenait 180 hectares sur lesquels 10 à peine résistent encore au phylloxéra.

La reconstitution en gamays greffés sur riparia, solonis et divers porte-greffes, comprend plus de 140 hectares.

Le prix de l'hectare de vignes vaut de 5,000 à 6.000 francs.

La récolte de 1890 a donné 1,000 hectolitres de vin rouge d'une valeur moyenne de 40 à 50 fr. l'hectolitre.

La récolte de 1892 a été à peu près semblable et les prix se sont maintenus.

Cluny n'était qu'un simple village lorsque, par une charte de l'an 801, Charlemagne en fit don à Léduard, 13ᵉ évêque de Mâcon, pour être réuni aux propriétés de la cathédrale de Saint-Vincent, dont l'entretien dépassait de beaucoup les revenus. En 825, il fut cédé, par l'évêque Hildebrald, à Warin, comte de Mâcon, et à la comtesse Eve, ou Albane, sa femme, qui le légua, en mourant, à Guillaume, duc d'Aquitaine, son frère. Ce seigneur, qui fut surnommé *le pieux,* y jeta les premiers fondements d'un monastère de Bénédictins, dont la célébrité se répandit bientôt dans toute la chrétienté. La direction de cet établissement fut donnée à Bernon, abbé de Gigny, qui y plaça douze moines. Dès le principe, Cluny ne fut soumis à aucune puissance séculière et fut affranchi de toute juridiction épiscopale. Dix-sept ans plus tard, cette congrégation était déjà chef d'ordre. La réputation de piété et de profonde science d'Odon y avait attiré une foule de religieux. Le nombre en devint même si considérable et le village prit un tel accroissement sous son administration, qu'il y eut nécessité de construire une seconde église et de nouvelles demeures pour les moines. Le pouvoir abbatial passa des mains d'Odon en celles non moins habiles d'Aymard, qui obtint des rois de France et des papes de nombreuses donations et de grands privilèges en faveur du monastère. Après lui saint Mayeul, surnommé, de son vivant, le *prince de la religion monastique et l'arbitre des rois*, puis saint Odilon, qui institua la touchante cérémonie de la commémoraison des morts, élevèrent bien haut la puissance de l'abbaye Le cloître de Cluny était devenu l'asile des lettres et le refuge des princes et des personnages les plus distingués de l'Europe. Il s'ouvrit en 1034 pour recevoir Casimir, chassé de ses états à la mort de son père, et qui, quelques années plus tard, remonta sur le trône de Pologne, à la sollicitation de ses sujets. Saint Hugues, qui succéda, en 1049, à Odilon, ne travailla pas avec moins de zèle ni avec moins de succès à augmenter l'éclat et le renom de la communauté. Trois de ses disciples en sortirent pour aller occuper la chaire de saint Pierre, sous les noms de Grégoire VII, d'Urbain II, et de Pascal II. Les richesses de l'abbaye, à cette époque, étaient immenses. Odilon avait dépensé des sommes énormes pour la construction d'un nouveau cloître, riche palais, où les marbres les plus rares furent prodigués. Nonobstant ces dépenses, saint Hugues trouva le moyen de construire peu de temps après, la superbe église, qui fit, pendant plus de huit siècles, l'orgueil de Cluny et l'admiration des étrangers. Après Hugues, dont la mort arriva en 1109 et à qui la ville de Cluny fut redevable de son affranchissement municipal, vint Pontius de Melgueil. Cet abbé se montra d'abord digne d'occuper le siège de ses prédécesseurs et de la confiante amitié de Calixte II qui avait été élevé au trône pontifical dans l'enceinte même de l'abbaye où était venu mourir le pape Gélase II ; mais un orgueil démesuré le perdit après une vie pleine d'agitation, et après s'être démis, entre les mains du souverain Pontife, du pouvoir abbatial, pour aller mourir, disait-il, dans la Terre-Sainte. Pontius se rendit à l'armée des Croisés. Son humeur inquiète le ramena bientôt en Europe. Ayant appris que les moines lui avaient donné un successeur, il résolut de se venger de cet outrage. A la tête de quelques soldats mercenaires réunis secrètement dans les environs de Cluny, et favorisé par quelques habitants, il fondit inopinément sur l'abbaye, qu'il prit en quelque sorte d'assaut, la dépouilla de ses trésors et de ses vases sacrés, de ses plus précieux ornements, puis en sortit pour aller dévaster successivement les autres maisons de l'ordre. Atteint enfin, dans le cours de ses sacrilèges spoliations, par les foudres pontificales, il fut pris et conduit à Rome, où il finit ses jours dans une étroite prison. La sage administration de Pierre le Vénérable eut bientôt fait disparaître la trace de ces déplorables événements. Vers ce temps eut lieu la double élection des papes Anaclet et Innocent II. Le premier était sorti du cloître de Cluny; on devait s'attendre que l'abbé prendrait parti pour lui. Il se décida en faveur d'Innocent II. Ce jugement, qui fut la règle de conduite des Conciles de France et des nations voisines, mit fin au schisme qui divisait l'Europe chrétienne. Reconnaissant de ce service, Innocent II fit, en 1131, le voyage de Cluny pour consacrer en personne la belle basilique de saint Hugues, qui venait d'être achevée. La construction de cette église, qui avait été commencée par saint Hugues en 1088, à l'aide des libéralités d'Alphonse, roi d'Espagne, ne fut complètement terminée qu'en 1135, avec les dons de Henri Ier, roi d'Angleterre, ainsi que nous l'apprend une lettre que Pierre le Vénérable adressa à toutes les maisons dépendant de l'abbaye, pour recommander à leurs prières la fille de ce prince, qui s'était montrée aussi bienfaisante que son père envers le monastère de Cluny.

Pierre, dont le nom se trouve mêlé à tous les grands événements de cette époque, assista à un grand nombre de conciles et fut chargé par le pape des négociations les plus délicates. Ami de saint Bernard et de Suger, il ne fut point éclipsé par ces deux illustres abbés de Saint-Denis et de Clairvaux. Il recueillit Abeilard dans son monastère et le consola dans ses malheurs. Lorsqu'il mourut, l'abbaye nourrissait dans ses murs 460 moines ; et plus de 2000 établissements religieux, disséminés dans toutes les contrées de l'Europe et même jusque dans la Palestine, obéissaient à son autorité.

Les bâtiments de l'abbaye, dont la construction remonte à 1750, sont remarquables par leur immense étendue. L'architecture en est simple, sans manquer néanmoins de noblesse. La façade de l'ouest se relie avec un reste de l'ancien cloître, qui semble avoir été conservé là comme un bel échantillon de la richesse que le catholicisme, au XI° siècle, déployait dans la construction de ses édifices.

Cluny possède deux églises paroissiales : celle de Notre-Dame et celle de Saint-Marcel.

Cette dernière, dont le vaisseau ne consiste qu'en une simple nef d'une nudité glaciale, n'a de remarquable que son clocher à flèche pyramidale, qui date de 1159. L'église de Notre-Dame lui est postérieure d'un siècle ou deux. On la désignait autrefois sous le nom de Notre-Dame-des-Panneaux, parce qu'on y conservait les étalons de toutes les mesures destinées à la vente des grains, et de celles qui devaient servir à fixer la dimension et le poids des pains. Elle se compose de trois nefs. La façade principale est décorée d'un riche portail, à voussures profondes. Malheureusement la plupart des délicates sculptures qui en font l'ornement ont subi de graves et nombreuses mutilations.

Il n'existe plus que quelques portions des murs de l'église Saint-Mayeul, la plus ancienne de toutes celles que possédait Cluny avant la révolution. C'est dans cette église que, selon Gollut, auteur des *Mémoires historiques de la république séquanaise*, fut baptisé Philippe le Bon, duc de Bourgogne, qu'il fit

naître à Cluny en 1396. Le curé de Saint-Mayeul était chapelain
de l'abbaye de Cluny, et avait, d'après un antique usage, le privilège de célébrer la messe, à certaines fêtes, décoré de la mître
et de la crosse.

L'hôpital, construit en partie par le cardinal de Bouillon, 63e
abbé de Cluny, n'a été achevé qu'en 1828. On y a placé les trois
statues et le bas-relief en marbre blanc qui devaient faire partie
d'un mausolée que le cardinal avait l'intention d'ériger à sa
famille, dans une chapelle de l'église abbatiale, et qu'il avait
fait exécuter à Rome.

On trouve encore à Cluny un grand nombre de maisons ornées de sculptures gothiques ou du moyen âge.

Les murs de la ville, que Thibault de Nanteuil, 15e abbé de
Cluny, fit commencer sur la fin du xie siècle, étaient percés de
huit portes et défendus par quinze tours. Ils étaient à peu près
intacts à la fin de l'empire, et ils ont servi, à cette époque, à
arrêter une colonne autrichienne qui voulait occuper la ville.
Ces murs sont aujourd'hui détruits en très grande partie.

Cluny a vu naître plusieurs hommes remarquables. Les
principaux sont : Jean Germain, sorti de la classe du peuple, et
qui, de porteur d'eau bénite, devient docteur en théologie, évêque de Nevers, puis de Chalon, chancelier de la Toison d'Or,
conseiller du duc Philippe le Bon et son ambassadeur au concile
de Bâle, mort au château de la Salle, le 2 février 1460, avec la
réputation d'avoir été l'un des plus célèbres docteurs de son
temps ; Michel de Guttery, versé dans les langues italienne et
espagnole, auteur de la vie de Marie Stuart (1589) ; Antoine
Dumoulin, valet de chambre de la reine de Navarre, sœur de
François Ier, auteur de divers ouvrages estimés. Benoit Dumoulin, né en 1713, botaniste et médecin distingué, auteur d'une
Histoire manuscrite de Cluny et de l'abbaye de cette ville ;
Clériade Vachier, né en 1727, auteur d'un Traité complet
de médecine en 14 volumes, publiés en 1791 ; Nicolas Chris-
tern Detty, comte de Milly, membre de l'Académie des Sciences de Madrid et de Harlem, associé libre de l'Académie des
Sciences de Paris, né en 1728, auteur de quelques essais

sur la chimie et la physique; Jacques Charles, de l'Académie des Sciences de Paris, mathématicien célèbre, mort à Paris en 1791 ; Pierre-Paul Prudhon, peintre, né à Cluny le 4 avril 1758 et mort à Paris, ayant mérité d'être surnommé le *Corrège français*.

Pas de principaux crus. Propriété morcelée

CORTAMBERT

Cortambert, arrondissement de Mâcon, canton et bureau de poste de Cluny, 461 habitants ; à 4 kilomètres de la gare de Massilly, 25 de Mâcon.

Sol calcaire, la plaine est d'alluvions.

Vin rouge de qualité moyenne, assez coloré.

Cortambert possède encore un peu de vignes indigènes d'une valeur de 2,000 fr. l'hectare. 115 hectares ont été reconstitués en gamay sur riparia, solonis, rupestris. 50 hectares restent à planter.

La récolte de 1892 a donné 600 hectolitres de vin rouge et 100 hectolitres de vin blanc valant 45 fr. l'hectolitre dans les meilleurs crus et 35 à 40 fr, dans les crus ordinaires.

Cortambert est situé à mi-côteau. Château de Boutavent, autrefois flanqué de quatre grosses tours dont une seule existe aujourd'hui. Cet ancien château féodal, qui devint plus tard la propriété des moines de Cluny, est situé au sommet d'une montagne d'où l'on jouit d'une vue magnifique et très étendue ; il appartient aujourd'hui à Mme la marquise d'Audiffret.

NOMENCLATURE
DES PRINCIPAUX VIGNOBLES ET LIEUX-DITS

Clos de Boutavent. — A. B., cinquième classe; C. L., troisième classe.

PRINCIPALE PROPRIÉTAIRE
Mme la marquise d'Audiffret.

Clos des Charlottes. — A. B., cinquième classe; C. L., deuxième classe.

PRINCIPAL PROPRIÉTAIRE

M. Vincent Dedienne.

La Grande Vigne. — A. B., cinquième classe; C. L., première classe.

PRINCIPAUX PROPRIÉTAIRES

M. Desbois. | M. Guillet.

La Montagne. — A. B., cinquième classe; C. L., troisième classe.

PRINCIPAL PROPRIÉTAIRE

M. Vincent Dedienne.

Les Rousseaux. — A. B., cinquième classe; C. L., troisième classe.

DIVERS PROPRIÉTAIRES

Vigne de Varanges. — A. B., cinquième classe; C. L., troisième classe.

PRINCIPAUX PROPRIÉTAIRES

M. Fay. | M. Fropier.

DONZY-LE-NATIONAL

Donzy-le-National, arrondissement de Mâcon, canton et bureau de poste de Cluny, à 10 kilomètres de Cluny, 34 de Mâcon, 11 de la gare de Cluny. Pays de montagnes où dominent les plateaux calcaires ; grès tendre et marnes irisées dans les vallées ou ravins, grès arkose au sud et à l'ouest.

La culture de la vigne est exposée au sud et à l'ouest.

Vins rouges de qualité ordinaire, d'une durée médiocre.

Le vignoble de Donzy, avant le phylloxéra, ne dépassait pas 70 hectares ; 11 sont encore maintenus, 40 sont reconstitués en gamay greffés sur solonis.

L'hectare de vigne vaut 3,000 francs.

La récolte de 1890 a donné 2.000 hectolitres environ de vin rouge et 45 de vin blanc, valant de 35 à 45 fr. l'hectolitre.

La récolte de 1892 n'a pas été supérieure et le prix du vin n'a pas varié.

Le bourg de Donzy, traversé par le chemin de grande communication de Cluny à Charolles, est situé sur le penchant septentrional d'une colline au pied de laquelle plusieurs petits ruisseaux alimentés par des fontaines servent à irriguer les prairies. — Ruines d'un ancien château. — L'église de Donzy remonte au moins au XIIe siècle. Près de là, au hameau de Ciergue, existait une ancienne église aujourd'hui démolie en partie et convertie en maison de ferme, autour de laquelle on a découvert de grandes tombes en pierre de grès. En fouillant près de cette église, on a trouvé, en 1854, plusieurs meules de moulins à bras et quelques amas d'anthracite.

NOMENCLATURE

DES PRINCIPAUX VIGNOBLES ET LIEUX-DITS

La Berge, le Mont, la Pras, Ramas.

PRINCIPAUX PROPRIÉTAIRES

M. Antoine Fumet.
Mᵐᵉ Vve Louis Fumet.

MM. François Grosjean.
Jean-Pierre Guyard.

FLAGY

Flagy, arrondissement de Mâcon, canton et bureau de poste de Cluny ; 389 habitants, à 4 kilom. de la gare de Massilly, 32 de Mâcon.

Village situé dans une gorge, entre deux monticules.

Sol généralement calcaire. Les coteaux sont exposés au nord, à l'est et ouest.

Vin rouge assez estimé, belle couleur, d'une durée de 10 à 12 ans, conservant sa couleur et son parfum en vieillissant.

Flagy possède encore un peu de vignes indigènes d'une valeur de 1500 fr. l'hectare, 200 ont été reconstitués en gamay et pineau sur riparia et rupestris. Quelques hectares restent à planter.

La récolte de 1889 a donné 300 hectolitres de vin rouge et 14 hectolitres de vin blanc, valant 50 fr. l'hectolitre dans les meilleurs crus, 45 fr. dans les crus ordinaires et 40 fr. dans les crus inférieurs. En 1892, la récolte a été d'environ 600 hectolitres de vin blanc. Les prix sont restés les mêmes.

NOMENCLATURE

DES PRINCIPAUX VIGNOBLES ET LIEUX-DITS

Les **Grands-Essarts, les Grandes-Vignes, Japon, la Roche, les Ronses, Tavazot, le Vigneau.**

Château de Sirot, à M. P. Lauras.

Seul principal propriétaire (154 hectares).

IGÉ

Igé, arrondissement de Mâcon, canton de Cluny et bureau de poste d'Azé; 1099 habitants; à 6 kilom. de la gare de Saint-Sorlin, 14 de Mâcon.

Sol généralement calcaire, marneux dans le bas de la vallée.

Vin rouge de qualité moyenne, assez coloré d'une durée de 10 à 12 ans.

Igé possède encore quelques vignes indigènes d'une valeur de 2500 fr. l'hectare, 300 hectares environ ont été reconstitués en gamay du pays sur riparia, solonis, viala, york-madeira, 50 hectares restent à planter.

La récolte de 1889 a donné 915 hectolitres de vin rouge valant 50 fr. l'hectolitre dans les meilleurs crus, 45 fr. dans les crus ordinaires, et 40 dans les crus inférieurs.

Le vin blanc récolté a été de 10 hectolitres; le prix de l'hectolitre est de 50 fr.

En 1892 la récolte a été de beaucoup supérieure et a produit un bon vin rouge, bien coloré. Les prix ont varié, selon les crus, de 55 à 45 fr. l'hectolitre. Le vin blanc est resté à 50 fr. l'hectolitre.

Le village d'Igé est situé dans un vallon très fertile.

L'église date du xᵉ et du xIᵉ siècles. Sa tour octogone est d'assez bon style. La sacristie renferme un encensoir fort curieux, qui est probablement du xvᵉ siècle. A Dommange, chapelle paraissant être du xIIᵉ siècle. Plusieurs châteaux-forts existaient dans cette commune, entre autres ceux de la Bruyère, de la Boutière et le Château-Gaillard. Le 18 avril 1456, le roi

Charles VII confirmait au seigneur de la Bruyère toute justice haute, moyenne et basse, sur les habitants d'Igé, qui s'étaient révoltés et avaient saccagé ses propriétés. Beau château ayant appartenu à M. le comte de Morangiés.

NOMENCLATURE

DES PRINCIPAUX VIGNOBLES ET LIEUX-DITS

Chabotte. — A. B., troisième classe.

A DIVERS

Dommange. — A. B., troisième classe.

A DIVERS

Martoret. — A. B., troisième classe.

A DIVERS

La Chassagne. — A. B., cinquième classe.

A DIVERS

Mont-Goubot. — A. B., cinquième classe.

A DIVERS

Le Munet. — A. B., quatrième classe.

Les Crais. — A. B., cinquième classes.

A DIVERS

Les Mouchettes. — A. B., cinquième classes.

A DIVERS

Poiseul. — A. B., cinquième classe.

A DIVERS

PRINCIPAUX PROPRIÉTAIRES

MM. Bouillard.
　　Chatel.
　　Dutruge.
　　Lauvergne.

MM. Miot.
　　Philippon.
　　Vachot.
　　de Villedey.

M. DUTRUGE

PROPRIÉTAIRE

à IGÉ (Saône-et-Loire)

JALOGNY

Jalogny, arrondissement de Mâcon, canton et bureau de poste de Cluny; 508 habitants; à 3 kilom. des gares de Cluny et de Sainte-Cécile-la-Valouze, 24 de Mâcon.

Sol calcaire, de grès au sud, de gravier à silex au sud-est.

Coteaux exposés à l'est et au sud-est.

Vin rouge assez estimé, couleur moyenne, d'une durée de 5 à 6 ans.

Jalogny possède encore quelques hectares de vignes indigènes d'une valeur de 2500 fr. l'hectare; 100 hectares environ ont été reconstitués en gamay du pays sur riparia, solonis, rupestris, viala; 50 hectares restent à planter.

La récolte de 1889 a donné 775 hectolitres de vin rouge valant 45 fr. l'hectolitre, et 25 hectolitres de vin blanc valant 40 fr. l'hectolitre.

La récolte de 1892 a donné 1000 hectolitres environ de vin rouge et 80 hectolitres de vin blanc; les prix ont peu varié.

Jalogny est situé sur le versant oriental d'une montagne, dans un vallon ayant sa direction de l'est à l'ouest. Vaux, l'un de ses hameaux, occupe le plateau d'un monticule au bas duquel coule, à l'est, la Grosne qui sépare le territoire de la commune de celui de Sainte-Cécile. Ces deux villages ont chacun une église; mais ces édifices n'ont de remarquable que leur antiquité.

Les vins de Jalogny appartiennent à la 5e classe (A. B).

Propriété assez morcelée.

LOURNAND

Lournand, arrondissement de Mâcon, canton et bureau de poste de Cluny ; 635 habitants ; à 5 kilomètres et demi de la gare de Cluny, 26 de Mâcon.

Village situé dans un vallon arrosé par un petit ruisseau, affluent de la Grosne.

Pays montagneux, sol calcaire, sous-sol argileux. Coteaux exposés au sud et au nord.

Vin rouge assez estimé, belle couleur, d'une durée de 5 à 6 ans.

Lournand possède encore plusieurs hectares de vignes indigènes d'une valeur de 3,000 à 4,000 fr. l'hectare. 47 hectares ont été reconstitués en gamay du pays sur riparia, viala et solonis, 100 hectares environ restent à planter.

La récolte de 1889 a donné 1,000 hectolitres de vin rouge valant 50 fr. l'hectolitre dans les meilleurs crus, 45 et 40 fr. dans les crus ordinaires et inférieurs.

Le vin blanc récolté a été de 70 hectolitres, les prix sont les mêmes.

La récolte de 1892 a été à peu près semblable et les prix n'ont pas varié.

Le village de Lournand est situé sur la route de Mâcon à Châtillon-sur-Seine. Il était dominé par le château de Lourdon, bâti par les moines de Cluny, vers le XIe siècle ; on le reconnaît encore à ses ruines qui s'élèvent sur une colline, et on juge qu'il était défendu par de nombreux ouvrages d'art.

Aujourd'hui il ne reste plus du château de Cluny que de

grands pans de murailles déchirées, et des décombres informes qui. avec leur petite tour aux armes des Guise, et les hautes piles d'un jeu de paume, témoignent encore de l'importance qu'avait, il y a deux cents ans, la forteresse de Lourdon.

Les vins de Lournand appartiennent à la 5ᵉ classe (A.B.).

Les meilleurs crus sont : le Parc et le clos de Sous-Lourdon.

La majeure partie de la propriété viticole est assez morcelée.

MASSILLY

Massilly, arrondissement de Mâcon, canton et bureau de poste de Cluny ; 403 habitants ; chemin de fer ; à 29 kilomètres de Mâcon.

Sol calcaire d'une grande fertilité. Coteaux exposés à l'est et à l'ouest.

Vin rouge estimé, belle couleur, d'une durée de 10 à 12 ans.

Massilly possède encore 5 hectares de vignes indigènes d'une valeur de 1,800 fr. l'hectare. 33 hectares ont été reconstitués en gamay sur riparia et solonis. 5 hectares restent à planter.

La récolte de 1889 a donné 650 hectolitres de vin rouge, valant de 35 à 40 fr. l'hectolitre, et 50 hectolitres de vin blanc au prix moyen de 50 fr.

La récolte de 1892 a été peu supérieure ; les prix n'ont pas varié.

Le village est situé en partie dans une gorge resserrée ; il est traversé par la route départementale de Chagny à Mâcon.

Les vins de Massilly appartiennent à la 5e classe (A. B.).

Château à M. Guyot-Guillemot.

PRINCIPAUX PROPRIÉTAIRES

M. Guyot-Guillemot. | M. P. Millon.

MASSY

Massy, arrondissement de Mâcon, canton et bureau de poste de Cluny; 176 habitants ; à 8 kilomètres de la gare de Cluny, 31 de Mâcon. Voiture de Salornay à Cluny.

Sol calcaire. Vin rouge assez estimé, goût agréable, assez coloré, d'une durée de 20 ans et plus.

Massy possède encore 5 hectares de vignes indigènes d'une valeur de 5,000 fr. l'hectare ; 28 hectares ont été reconstitués en gamay sur riparia et solonis, 6 hectares restent à planter.

La récolte de 1892 a donné 450 hectolitres de vin rouge valant de 40 à 45 fr. l'hectolitre.

Le village est situé dans une vallée. Les hauteurs sont couvertes de bois. Au-dessus du village passe la route nationale. Ruines d'un château fort appelé la *Tour du Blé.* Il reste encore de ce château un bâtiment carré où l'on remarque des machicoulis. Il était flanqué de quatre tours dont on ne voit que les fondations. Ce château et la seigneurie appartenaient à l'abbaye de Cluny, qui les avait acquis, en 1409, de la maison des du Blé, de Chalon. En travaillant, il y a quelques années, dans une partie récemment défrichée du bois de la Tour, on découvrit un vase de terre renfermant une grande quantité de pièces de monnaie aux effigies de plusieurs empereurs romains.

NOMENCLATURE

DES PRINCIPAUX VIGNOBLES ET LIEUX-DITS

Clos du Château. — A. B., cinquième classe; C. L., première et deuxième classes.

PRINCIPALE PROPRIÉTAIRE

Mme Eugénie Goyard, épouse Vast-Vimeux.

Clos de Fusenne. — A. B., cinquième classe; C. L., première classe.

PRINCIPAL PROPRIÉTAIRE

M. Ochier.

Clos des Grandes-Vignes. — A. B., cinquième classe; C. L., première et deuxième classes.

PRINCIPAL PROPRIÉTAIRE

M. Ochier.

MAZILLE

Mazille, arrondissement de Mâcon, canton et bureau de poste de Cluny ; 519 habitants ; à 3 kilomètres de la gare de Sainte-Cécile-la-Valouze, 25 de Mâcon.

Village situé sur la Grosne. Sol calcaire granitique et argileux au matin ; sous-sol argileux.

Vin rouge assez estimé d'une coloration moyenne, d'une durée de 7 à 10 ans.

Mazille possède 20 hectares de vignes indigènes d'une valeur de 2,500 l'hectare, 46 ont été reconstitués en pineau et gamay, sur solonis, riparia et othello. 4 hectares restent à planter.

La récolte de 1892 a donné 700 hectolitres de vin rouge d'une valeur de 40 à 50 fr. l'hectolitre, selon les crus.

Bons vins ayant quelque analogie avec les vins du Beaujolais, goût légèrement ferrugineux, couleur agréable.

La commune est traversée par la route nationale de Nevers à Genève, et par un chemin de grande communication. Le bourg est situé sur le penchant d'un coteau. — Beau château de Charly. — Cette commune était, dit-on, plus considérable qu'elle ne l'est aujourd'hui. La terre de Mazille était possédée par l'abbaye de Cluny qui y avait un prieuré. Il en reste un très ancien château, situé sur la hauteur, probablement celui qui figure dans les guerres du duc de Bourgogne et de la France, au commencement du XVe siècle, comme ayant été pris par les Armagnacs.

Châteaux de Charly à M. Paillard ; de Champ-Rouge à M. Barbet.

NOMENCLATURE

DES PRINCIPAUX VIGNOBLES ET LIEUX-DITS

Chapotut. — A. B., cinquième classe; C. L., deuxième classe.

PRINCIPAL PROPRIÉTAIRE

M. J.-B. Perrousset.

Champrouge. — A. B., cinquième classe; C. L., deuxième classe.

PRINCIPAUX PROPRIÉTAIRES

Mme Vve Barbet. | M. Claude Lamain. | M. Louis Raffin.

Chaumont. — A. B., cinquième classe; C. L., première classe.

PRINCIPAUX PROPRIÉTAIRES

MM. Bourgeois.
    Jean-Baptiste Boussin.
    Descombes-Gauthier.
    Jean-Baptiste Gressard.
Mme Vve Laffay.

MM. Martinot-Boussin.
    Martinot-Poncet.
    Alphonse Paillard.
    Poncet.

Néronde. — A. B., cinquième classe; C. L., deuxième classe.

PRINCIPAUX PROPRIÉTAIRES

Mme Vve Barbet. | M. Claude Lamain. | M. Louis Raffin.

SALORNAY-SUR-GUYE

Salornay-sur-Guye, arrondissement de Mâcon, canton de Cluny, bureau de poste et télégraphe ; 1032 habitants, à 8 kil. de la gare de Cormatin, 35 de Mâcon. Voiture publique de Salornay à Cluny tous les jours.

Village situé en grande partie sur un mamelon, au confluent de la Guye et de la Gande et entouré de montagnes.

Sol en moyenne partie calcaire ; alluvions de la Guye.

Vin rouge assez estimé, belle couleur, d'une durée de 8 à 10 ans. Coteaux exposés à l'est et à l'ouest.

Salornay possède 150 hectares de vignes nouvellement reconstituées en gamay du pays sur riparia. Environ 80 hectares restent à planter. La contenance avant l'invasion phylloxérique était de 234 hectares.

La récolte de 1889 a donné 300 hectolitres de vin rouge valant 45 fr. l'hectolitre.

La récolte de 1892 a été du double ; le prix du vin est resté le même.

Salornay est traversé par la route nationale de Mâcon à Châtillon-sur-Seine, ainsi que par le chemin de grande communication de Tournus à Saint-Bonnet-de-Joux.

Il a été trouvé fréquemment, sur le territoire de Salornay, des médailles à l'effigie des empereurs romains et des monnaies du moyen âge. Un grand nombre de tombes en pierre ont été découvertes sur la pente de la montagne, à l'est de la commune ; mais elles n'offraient rien de remarquable.

Les vins de Salornay appartiennent à la 5e classe (A. B.).

La propriété viticole est assez morcelée.

27

SAINT-VINCENT-DES-PRÉS

Saint-Vincent-des-Près, arrondissement de Mâcon, canton et bureau de poste de Cluny, 347 habitants; à 12 kilomètres de la gare de Cormatin, 15 de celle de Cluny, 36 de Mâcon.

Une partie du village est sur les bords de la petite rivière la Gande.

Sol calcaire, mélanges divers ; sous-sol granitique.

Coteaux exposés à l'ouest et au sud-ouest.

Vin rouge de qualité moyenne, peu de couleur, d'une durée de 3 à 4 ans.

Saint Vincent-des-Près possède encore 20 hectares de vignes indigènes d'une valeur moyenne de 2,500 fr. l'hectare, 75 hectares ont été reconstitués en gamay du pays sur riparia et solonis ; 12 hectares environ restent à planter.

La récolte de 1889 a donné 660 hectolitres de vin rouge valant 50 fr. l'hectolitre dans les meilleurs crus, 44 fr. dans les crus ordinaires et 30 fr. dans les crus inférieurs.

Le vin blanc récolté a été de 20 hectolitres, le prix de l'hectolitre est de 40 fr.

Même récolte et mêmes prix en 1892, à peu de chose près.

Le Cartulaire de Saint-Vincent de Mâcon relate une charte du XIᵉ siècle où il est fait mention de l'église de Saint-Vincent-des-Près.

La propriété viticole est assez morcelée.

LA VINEUSE

La Vineuse, arrondissement de Mâcon, canton et bureau de poste de Cluny ; 761 habitants ; à 9 kilomètres de la gare de Cluny, 32 de Mâcon.

Sol calcaire au nord, grès et granite au sud.

Coteaux exposés à l'est, l'ouest et au sud-est.

Vin rouge assez estimé, belle couleur, d'une durée de 10 à 12 ans.

La Vineuse possède encore 50 hectares de vignes indigènes d'une valeur de 2,500 fr. l'hectare ; 150 hectares ont été reconstitués en gamay sur riparia, viala et solonis ; 100 hectares environ restent à planter.

La récolte de 1889 a donné 5,000 hectolitres de vin rouge valant 45 fr. dans les meilleurs crus, 40 et 35 dans les crus ordinaires et inférieurs.

Le vin blanc récolté a été de 60 hectolitres vendu 40 francs l'un.

La récolte de 1892 a été à peu près semblable comme production et prix.

La Vineuse est située au sommet d'une montagne d'où l'on a une très belle vue. Son territoire est traversé à l'est par la route nationale de Mâcon à Châtillon-sur-Seine et au sud par le chemin de grande communication de Cluny à Génelard. Sur l'un des plateaux élevés de cette commune on aperçoit des vestiges d'un ancien camp. La chapelle attenant à l'église paraît être du xvᵉ siècle.

NOMENCLATURE

DES PRINCIPAUX VIGNOBLES ET LIEUX-DITS

Le Clos de Sous-l'Eglise. — A. B., cinquième classe.

La Côte. — A. B., cinquième classe.

Les Garets. — A. B., cinquième classe.

La Mondasse. — A. B., cinquième classe.

PRINCIPAUX PROPRIÉTAIRES

MM. B. Chachuat.
  François Chachuat.
  Danjon.

MM. Ferrand.
  Noirey.
  Hospice de Cluny.

VITRY-LES-CLUNY

Vitry-les-Cluny, arrondissement de Mâcon, canton et bureau de poste de Cluny ; 213 habitants ; à 12 kilomètres des gares de Cluny et de Cormatin, 33 de Mâcon.

Village situé sur le penchant d'une colline, sol généralement calcaire.

Vin rouge estimé, belle couleur, d'une durée de 12 à 15 ans.

Vitry possède encore un peu de vignes indigènes d'une valeur de 2,250 fr. l'hectare, 23 hectares ont été reconstitués en gamay du pays sur riparia, solonis, viala, 8 hectares restent à planter.

La récolte de 1889 a donné 60 hectolitres de vin rouge valant 40 fr. l'hectolitre. La récolte de 1892 a été peu supérieure en quantité et le prix du vin n'a pas varié.

NOMENCLATURE
DES PRINCIPAUX VIGNOBLES ET LIEUX-DITS

Les **Grandes-Vignes.** — A. B., cinquième classe.

Montoux. — A. B., cinquième classe.

Les **Vigne-Vernand.** — A. B., cinquième classe.

Propriété morcelée.

CANTON DE LUGNY

SAINT-ALBAIN

Saint-Albain, arrondissement de Mâcon, canton de Lugny, bureau de poste de Verizet ; 571 habitants ; à 2 kilomètres et demi de la gare de Fleurville, 14 de Mâcon.

Village situé partie sur un coteau et partie en plaine.

Colline calcaire, alluvions à l'est du chemin de fer ; sous-sol calcaire et granitique. Coteaux exposés à l'est et à l'ouest.

Vin rouge assez estimé, couleur moyenne, d'une durée de 10 à 12 ans.

Saint-Albain a encore quelques vignes indigènes d'une valeur de 4,000 fr. l'hectare. 50 hectares ont été reconstitués en pineau blanc sur riparia, solonis, viala ; 10 hectares restent à planter.

La récolte de 1889 a donné 50 hectolitres de vin rouge valant 45 fr. l'hectolitre dans les meilleurs, 40 et 35 fr. dans les crus inférieurs.

Le vin blanc récolté a été de 346 hectolitres.

Les prix sont sensiblement les mêmes que pour le vin rouge.

La récolte de 1892 a donné environ 100 hectolitres de vin rouge et 700 hectolitres de vin blanc, vendus en partie aux mêmes prix que ci-dessus.

Le nom de Saint-Albain n'apparaît guère dans l'histoire du pays qu'à l'occasion de querelles qui s'élevèrent au moyen âge entre les évêques de Chalon et de Mâcon, touchant la possession de ce village. Mais l'histoire n'est pas toute entière écrite dans les livres. Les fouilles faites en 1853, à Saint-Albain, pour l'établissement du chemin de fer, nous ont donné la preuve, qu'un centre d'agglomération assez considérable dut exister là bien antérieurement au Xe siècle, et très probablement avant que le nom chrétien que porte aujourd'hui cette commune ne lui fût donné. En ouvrant une tranchée au sud du village, les ouvriers ont mis au jour une certaine quantité de tombeaux de l'époque gallo-romaine; quelques-uns de ces tombeaux, la plupart en grès d'une seule pièce et recouverts d'une pierre convexe, avaient assez précieusement conservé les corps qui leur avaient été confiés, mais pas aussi bien les médailles, ornements ou armures qui auraient pu donner une date précise à ces sépultures, dont une, entre autres, a dû appartenir à un personnage de marque. Elle était entourée de débris de marbre sculpté, portant une inscription latine qui n'a pu être recueillie, de fragments de bas-reliefs et d'une statue qui surmontait sans doute le riche mausolée. Tout le terrain avoisinant recélait des ossements et des tombes en pierres brutes dressées sur champ et recouvertes d'une dalle. On a recueilli une médaille de *Severina Augusta,* au revers de Vénus. Puis une médaille d'Auguste, et une d'Antonin, trouvées dans les deblais. A quelques pas de cet antique *cœmeterium,* en creusant les fondations d'un petit aqueduc, entre le village de Saint-Albain et le lieu appelé le Quart-Barrot, le long de la route nationale, les travaux de la voie ferrée ont coupé, dans une partie de sa longueur, les vestiges bien conservés de la grande voie d'Agrippa, Lyon à Boulogne. Dans une tranchée ouverte au nord du village, la pioche a rencontré, à une profondeur de 10 mètres, dans une épaisse couche de sable fin, entre deux bancs de pierre calcaire, d'énormes ossements antédiluviens. Parmi ces fossiles se trouvaient une machoire entière et deux défenses d'éléphant mesurant 1 mètre 50 centimètres de longueur et 14 centimètres de diamètre à la base.

Un sieur Landric avait reçu du roi Charles le Chauve la terre et le château de Saint-Albain, en récompense de ses services militaires; ce seigneur en fit donation à l'église de Saint-Vincent de Mâcon pour la nourriture et le luminaire des chanoines. Gerbold, évêque de Chalon, prétendait à la juridiction de ce village et aux bénéfices qui y étaient attachés. L'autorité royale fut obligée d'intervenir pour mettre fin à ce démêlé. Charles donna gain de cause à Lambert Ier qui occupait alors le siège épiscopal de Mâcon.

Dans le siècle suivant, en 906, les religieux de Saint-Oyen suscitèrent aux chanoines de Saint-Vincent, à l'occasion des dîmes, une nouvelle difficulté qui fut encore tranchée en faveur de ces derniers. L'archevêque de Lyon et l'évêque de Mâcon, Gérard, qui alla peu de temps après fonder à Bourg un monastère où il mourut en odeur de sainteté, avaient été obligés de se rendre à Saint-Albain pour terminer ce différend. En 1562, une troupe de calvinistes, commandée par Poncenac, mit le feu au village après l'avoir pillé.

Le château, qui est sur la hauteur avec la partie la plus considérable et la plus ancienne du village, était autrefois fortifié. Il fut pris et repris plusieurs fois durant les guerres de la Ligue notamment en 1594. Les chanoines de Saint-Vincent étaient tenus de pourvoir à sa défense. Il ne reste plus de ces fortifications qu'une tour et des murs en terrasse d'où l'on a une vue magnifique.

Au bas du château s'élève l'église, avec sa tour octogone du XIIIᵉ siècle.

A. Budker range les vins blancs de Saint-Albain en quatrième classe (seconds ordinaires).

NOMENCLATURE

DES PRINCIPAUX VIGNOBLES ET LIEUX-DITS

Les Craies, la Garenne, les Molards, les Vercherons, appartenant à divers propriétaires.

AZÉ

Azé, arrondissement de Mâcon, canton de Lugny ; bureau de poste et télégraphe ; 1,208 habitants, à 10 kilomètres de la gare de Saint-Sorlin, 17 de Mâcon.

Sol calcaire varié, marneux dans le bas de la vallée. Gravier à silex à la limite Est.

Vin rouge assez estimé, bon bouquet, assez coloré, d'une durée de 10 à 12 ans.

Azé possède encore quelques vignes indigènes d'une valeur de 2,000 fr. l'hectare, 400 hectares environ ont été reconstitués en gamay du pays sur riparia, solonis, viala ; quelques hectares restent à planter.

La récolte de 1889 a donnné 1,800 hectolitres de vin rouge valant 45 fr. l'hectolitre dans les meilleurs crus, 35 et 40 fr. dans les crus inférieurs ; 20 hectolitres de vin blanc ont été récoltés. Le prix moyen de l'hectolitre est de 40 fr.

La récolte de 1892 a été un peu supérieure ; les prix n'on pas sensiblement varié.

Ce bourg, traversé par la route départementale de Mâcon à Lugny, et par le chemin de grande communication, de Cluny au port de Fleurville, est situé sur un petit mamelon, dans une vallée arrosée par la Mouge, rivière qui prend sa source à Donzy-le-Pertuis. Sept fontaines principales alimentent ce cours d'eau. La plus remarquable de toutes est celle du Grain qui sort au pied de la montagne de Rondaille. Elle a un flux et un reflux dont la pério'e revient toutes les 12 heures, à minuit et à midi. Pendant une heure l'eau s'élève d'une manière très visible et elle décroît ensuite insensiblement. — La fontaine de la Balme, située à Rizeralles, sort du pied de la montagne de Rochebain. Il paraît résulter, de quelques expériences faites, qu'elle provient du ruisseau souterrain de la Goulouse, qui a sa source à Saint-Gengoux-de-Scissé, et disparaît subitement après un très court trajet. A cinquante mètres environ au-dessus de cette fontaine, existe une grotte que peu de curieux visitent à cause des dangers qu'il y aurait à la parcourir. Les gens du pays prétendent qu'elle traverse toute la montagne de Rochebain et s'étend jusque sous la commune de Briançon. En ouvrant des carrières, on a découvert, il y a quelques années, une quantité considérable de squelettes rangés le long de cette montagne. Plusieurs étaient renfermés dans des tombeaux en pierre. A Vaux-sur-Aisne, exista jadis un château-fort. Il ne reste que quelques vestiges de l'ancienne chapelle qui en dépendait. On lit dans les annales de Mâcon que, durant les troubles de la Ligue, le capitaine de Vaux, fils de Gilbert de Vaux-sur-Hennes, qui tenait le parti du roi, étant allé avec sa compagnie à Romenay pour surprendre cette ville par escalade, et n'ayant pu réussir, fut lui-même attaqué dans un village voisin, le 16 septembre 1590, et fait prisonnier avec dix hommes de sa troupe par la garnison de Mâcon. Ce capitaine figure dans plusieurs sièges et combats qui eurent lieu dans cette province.

L'église d'Azé est ancienne ; elle doit être antérieure au xvᵉ siècle. En 1809, on a trouvé, dans l'intérieur du grand autel, les reliques de saint Etienne, contenues dans une boîte en plomb. D'après l'inscription latine qu'elle contient, ces reliques y auraient été placées lors de la consécration que fit de cet autel, en 1610, M. Gaspard Dinet, évêque de Mâcon.

Château d'Aisne à M. le comte de Murard.

NOMENCLATURE

DES PRINCIPAUX VIGNOBLES ET LIEUX-DITS

Aisne. — A. B., troisième classe.

Burchère. — A. B., troisième classe.

Conflans. — A. B., troisième classe.

Aux **Vignaux**. — A. B., troisième classe.

Bouzolles. — A. B., quatrième classe.

La **Michaude**. — A. B., quatrième classe.

Rizerolles. — A. B., quatrième classe.

Vaux-sur-Aisne. — A. B., quatrième classe.

PRINCIPAUX PROPRIÉTAIRES

MM. Amic, de Davayé *(domaine de Montaigre).* de Lavernette.

MM. le comte de Murard. de Tavernost.

DOMAINE DE MONTAIGRE

(Commune d'Azé)

Propriété de **M. AMIC**, de Davayé (Saône-et-Loire)

Comprend environ 20 hectares de vignes d'un seul tenant

La bonne exposition, les soins culturaux et les qualités du sol concourent à la production d'un vin recherché par le commerce.

Le **Vigneau** et le **Champgelin**, en dehors du domaine proprement dit, donnent des têtes de cuvées très recommandables.

BISSY-LA-MACONNAISE

Bissy-la-Mâconnaise, arrondissement de Mâcon, canton et bureau de poste de Lugny ; 269 habitants ; à 9 kilomètres de la gare de Pont-de-Vaux-Fleurville, 23 de Mâcon. Courrier de Lugny à Mâcon.

Village situé sur le versant d'un coteau. Sol calcaire, marneux dans le bas de la vallée.

Vin rouge assez estimé, belle couleur, d'une durée de 10 à 12 ans.

Bissy possède encore un peu de vignes indigènes d'une valeur de 2.500 fr. l'hectare ; environ 80 hectares ont été reconstitués en gamay du pays sur riparia et solonis ; 10 hectares restent à planter. La récolte de 1890 a donné 80 hectolitres de vin rouge valant de 45 à 50 fr. l'hectolitre dans les meilleurs crus, et 4 hectolitres de vin blanc dont le prix varie de 45 à 50 fr.

La récolte de 1892 a produit plus du double de la précédente ; mêmes prix.

La voie romaine d'Autun à Mâcon passait par Charcuble, hameau de Bissy, venant de Fragne. Vieille tour qui dépendait sans doute du château fort de Bissy. Ce château appartenait au vicomte de Tavannes, au temps de la Ligue. On a découvert, il y a quelques années, dans une teppe communale appelée le *Grand-Creux*, un grand nombre de tombeaux dont plusieurs, formés de laves brutes, renfermaient jusqu'à trois squelettes.

NOMENCLATURE

DES PRINCIPAUX VIGNOBLES ET LIEUX-DITS

Le Clou. — A. B., cinquième classe; C. L., première et deuxième classes.

PRINCIPAUX PROPRIÉTAIRES

MM. Bernard
Bleton.
Gilardin.
Lerouge.

MM. Michon.
Pannetier.
Piguet.

Fontenailles. — A. B., cinquième classe; C. L., deuxième classe.

PRINCIPAUX PROPRIÉTAIRES

MM. Bouilloud.
Cochet.
Gilardin.
Guichard.
Guillemaud.

Mme V.ve Guillemaud.
MM. Guyot.
Lerouge.
Piguet.
Sologny.

Le Gros-Buisson. — A. B., cinquième classe; C. L., première classe.

PRINCIPAUX PROPRIÉTAIRES

MM. Brunet.
Cochet.
Després.
Guichard.

MM. Guyot.
Lerouge.
Piguet.

En Grenier. — A. B., cinquième classe; C. L., première et deuxième classes.

PRINCIPAUX PROPRIÉTAIRES

MM. Abeille.
    Bouilloud.
Mme Duret.
M. Guigue.

MM. Janin.
    Piguet.
    Poncet.
    Savot.

La Rochette. — A. B., cinquième classe; C. L., première classe.

PRINCIPAUX PROPRIÉTAIRES

MM. Bleton.
    Brunet.
    Lerouge.

MM. Pannetier.
    Piguet

Les Segauds. — A. B., cinquième classe; C. L., troisième classe.

PRINCIPAUX PROPRIÉTAIRES

Mme Duret.
MM. Després.
    Guyot.

MM. Janin.
    Lambret.

Les Tarterets. — A. B., cinquième classe; C. L., première et deuxième classes.

PRINCIPAUX PROPRIÉTAIRES

MM. Bouilloud.
    Brunet.
Mme Duret.
M. Janin.

MM. Moreau.
    Pérusset.
    Piguet.

BURGY

Burgy, arrondissement de Mâcon, canton et bureau de poste de Lugny ; 220 habitants ; à 6 kilomètres de la gare de Pont-de-Vaux-Fleurville, 21 de Mâcon.

Pays montagneux, sol calcaire, grès à l'ouest.

Vin rouge ordinaire, assez coloré, d'une durée de 4 à 5 ans.

Burgy possède encore plusieurs vignes indigènes ; environ 100 hectares ont été reconstitués en gamay du pays sur riparia, quelques hectares restent à planter.

La récolte de 1889 a été de 20 hectolitres de vin rouge valant environ 40 fr. l'hectolitre.

En 1892, la récolte a été de beaucoup supérieure ; le prix du vin a peu varié.

A. Budker place la généralité des vins de cette commune en cinquième classe.

La propriété est assez morcelée.

CHARDONNAY

Chardonnay, arrondissement de Mâcon, canton de Lugny ; bureau de poste d'Uchizy ; 438 habitants ; à 4 kilomètres de la gare d'Uchizy, 26 de Mâcon.

Pays montagneux, sol calcaire, marneux sous le village ainsi que dans les vallées de Plottes et de Champvent, couches peu épaisses d'alluvions dans la vallée entre Chardonnay et Gratay. Vin rouge estimé, goût agréable, couleur moyenne, d'une durée de 10 à 12 ans.

Chardonnay possède deux ou trois hectares de vignes indigènes d'une valeur de 1,000 à 3.750 fr. l'hectare. 150 hectares ont été reconstitués en gamay sur riparia et solonis ; plusieurs hectares restent à planter.

La récolte de 1892, en partie détruite par la grêle, a donné 275 hectolitres de vin rouge au prix moyen de 50 fr. l'hectolitre. On n'a pas récolté de vin blanc.

L'existence de tombes en pierre, au sommet de l'une des montagnes qui dominent cette commune, la découverte qui a été faite, en 1839, d'une médaille en argent de Philippe père (au revers *Sæculares Aug.*), d'un anneau de chevalier, en cuivre, de vestiges assez considérables d'anciennes constructions sur la pente d'un coteau, et de quelques débris de belle poterie romaine attestent que cette petite vallée a été occupée, dans des siècles très reculés.

Le village de Chardonnay n'a pas été, plus que les autres

communes du Mâconnais, exempt des ravages des gens de guerre durant les troubles de la Ligue, et nous voyons, dans les annales de Mâcon, qu'au mois d'octobre 1590, une compagnie de troupes royales, qui y était logée, fut battue par le capitaine Labalme, du parti de l'Union. Une vingtaine de royalistes restèrent sur le carreau ; 12 furent faits prisonniers et emmenés à Mâcon avec 20 chevaux et 2 pétards.

Les chanoines de l'ancien chapitre de Saint-Vincent de Mâcon étaient seigneurs justiciers de ce lieu et y avaient un château qui a été aliéné pendant la révolution.

NOMENCLATURE

DES PRINCIPAUX VIGNOBLES ET LIEUX-DITS

Hameau de Champvent. — A. B., quatrième classe.

DIVERS

Vignes du bourg de Chardonnay. — A. B., quatrième et cinquième classes.

DIVERS

Beauvois. — C. L., première classe.

PRINCIPALE PROPRIÉTAIRE

Mme Nicot.

Le Bois-du-Banc. — C. L., première classe.

DIVERS

Bonchamp. — C. L., première et deuxième classes.

PRINCIPAUX PROPRIÉTAIRES

M. Jean-Baptiste Baloux. | M. Mondange.

Les Buis. — C. L., première et deuxième classes.

DIVERS

Les Busserettes. — C. L , première classe.

DIVERS

Les Combettes. — C. L., première classe.

DIVERS

La Crochette. — C. L., première classe.

DIVERS

La Fleurette. — C. L., première classe.

DIVERS

Les Pendaines. — C. L., première classe.

PRINCIPAUX PROPRIÉTAIRES

M. Létourneau. | M. Perronnet.

Les Petoux. — C. L., première classe.

DIVERS

Les Pommerays. — C. L., première et deuxième classes.

DIVERS

Nécuge. — C. L., première classe.

Les Beluzes. — C. L., deuxième classe.

DIVERS

Butry. — C. L., deuxième classe.

DIVERS

Les Chézeaux. — C. L., deuxième classe.

DIVERS

Les Combes. — C. L., deuxième classe.

DIVERS

Laveau. — C. L., deuxième classe.

DIVERS

Marnay. — C. L., deuxième classe.

PRINCIPAL PROPRIÉTAIRE

M. Mouchet.

Les Perrines. — C. L., deuxième classe.

DIVERS

Les Truffières. — C. L., deuxième classe.

DIVERS

Le Banry. — C. L., troisième classe.

DIVERS

Les Cerisiers. — C. L., troisième classe.

DIVERS

Champ-Bourlin. — C. L., troisième classe.

DIVERS

Les Crays. — C. L., troisième classe.

DIVERS

Les Croix et les **Maix.** — C. L., troisième classe.

DIVERS

La Garde. — C. L., troisième classe.

DIVERS

Préole. — C. L., troisième classe.

DIVERS

Les Ranches. — C. L., troisième classe.

DIVERS

Les Tires. — C. L., troisième classe.

DIVERS

Vers-Saules. — C. L., troisième classe.

DIVERS

La propriété est très morcelée

CLESSÉ

Clessé, arrondissement de Mâcon, canton et bureau de poste de Lugny ; 885 habitants ; à 6 kilomètres de la gare de Senozan, 13 de Mâcon.

Les deux collines sur lesquelles sont bâtis les hameaux sont calcaires ; alluvions analogues à la Bresse à l'est et à l'ouest.

Vin rouge d'un goût légèrement acidulé, peu coloré, d'une durée de 8 à 10 ans.

Vin blanc assez estimé.

Clessé possède encore quelques hectares de vignes indigènes d'une valeur de 3.750 fr. l'hectare. Environ 200 hectares ont été reconstitués en gamay et pineau sur riparia, viala, yorck, solonis ; plusieurs hectares restent à planter.

La récolte de 1889 a donné 50 hectolitres de vin rouge valant 50 fr. l'hectolitre dans les meilleurs crus, 45 fr. dans les crus ordinaires et 40 fr. dans les crus inférieurs, 80 hectolitres de vin blanc ont été récoltés. Le prix moyen de l'hectolitre est de 55, 50 et 45 fr., selon les crus.

La récolte de 1892 a été de beaucoup supérieure ; les prix sont restés à peu près les mêmes.

La commune est située sur une montagne dont l'accès est difficile du côté de l'ouest ; elle est traversée par le chemin de grande communication de Fleurville à Cluny.

Ancienne voie romaine bien conservée, à la limite occiden-tale du territoire. Dans le voisinage de cette route pavée, des *lieux-dits* portent la dénomination suivante : *La Troupe, les*

Caves Font-Drut. L'église est remarquable surtout par son clocher octogone, de style roman. La date de cet édifice ne paraît pas être postérieure au xe siècle.

Le concours de Mâcon 1893 a classé dans la troisième catégorie les vins blancs de cette commune.

NOMENCLATURE

DES PRINCIPAUX VIGNOBLES ET LIEUX-DITS

La **Bangrand**, la **Bussière**, **Champ-Chollet**, le **Chaudron**, le **Mont**, le **Murger**, sont rangés par A. Budker en quatrième classe.

Propriété assez morcelée.

CRUZILLES

Cruzilles, arrondissement de Mâcon, canton et bureau de poste de Lugny ; 529 habitants, à 12 kilomètres de la gare de Pont-de Vaux, 26 de Mâcon.

Voiture publique de Lugny à Mâcon.

Village situé dans un vallon ouvert au sud et à l'est.

Territoire entouré de montagnes et très sain.

Sol calcaire très varié, marneux à l'est au bord de la petite vallée de Fragne ; grès et granite à l'ouest.

Vin rouge assez estimé, belle couleur d'une durée de 10 ans.

Cruzilles possède encore un peu de vignes indigènes d'une valeur de 3,000 à 6,000 fr. l'hectare.

Environ 100 hectares ont été reconstitués en gamay sur riparia, solonis, rupestris, jacquez, yorck-madeira.

110 hectares restent à planter.

La récolte de 1889 a donné 40 hectolitres de vin rouge valant 45 fr. l'hectolitre dans les meilleurs crus, 40 fr. dans les crus ordinaires et 35 fr. dans les crus inférieurs.

La récolte de 1892 a donné 125 hectolitres de vin rouge vendus aux mêmes prix que ci-dessus.

L'ancien château de Cruzilles, dont on voit encore les ruines sur la montagne, au milieu de la belle forêt dite *des Buis*, que possédait ce village, appartenait à des seigneurs du même nom. L'un d'eux, Hugues de Cruzilles, était bailli de Mâcon en 1262. Cette terre passa plus tard à la puissante famille des Beaufremont, et fut érigée en comté l'an 1582, pour Georges de Beaufremont. Elle passa, par mariage, à Gaston de Foix, comte de Flaix.

Le château actuel, flanqué de quatre tours, paraît aussi fort ancien ; il appartenait, en 1789, au comte de Montrevel.

Cruzilles fut assiégé, en 1589, par les ligueurs de Mâcon, qui le prirent d'assaut, et massacrèrent le capitaine et cinquante soldats qui le défendaient. L'année suivante le marquis de Treffort reprit ce château, qui tomba encore au pouvoir des ligueurs en 1592. Les protestants avaient un prêche à Cruzilles au XVIe siècle. On y voit des vestiges d'une voie romaine et des débris d'antiquités.

NOMENCLATURE

DES PRINCIPAUX VIGNOBLES ET LIEUX-DITS

Les Barres. — A. B., cinquième classe.

DIVERS

Le Clos du Maine. — A. B., cinquième classe.

DIVERS

Collonges. — A. B., cinquième classe.

DIVERS

Les Essards. — A. B., cinquième classe.

DIVERS

La Molle-Pierre et Nuzeray. — A. B., cinquième classe.

PRINCIPAUX PROPRIÉTAIRES

M. A. Guigue. | MM. Thurisset frères.

En **Nay**. — A. B., cinquième classe.

PRINCIPAUX PROPRIÉTAIRES

M. Barraud. | M. A. Guigue.

Sagy. — A. B., cinquième classe.

DIVERS

Les **Vignes-Devant**. — A. B., cinquième classe.

PRINCIPAL PROPRIÉTAIRE

M. Abeille-Barriard.

SAINT-GENGOUX-DE-SCISSÉ

Saint-Gengoux-de-Scissé, arrondissement de Mâcon, canton et bureau de poste de Lugny ; 647 habitants ; à 9 kilomètres de la gare de Pont-de-Vaux-Fleurville.

Voiture de Lugny à Mâcon.

Hautes montagnes à l'est et à l'ouest.

Sol calcaire très varié, marneux dans le bas de la vallée, gravier à silex à l'est.

Vin rouge assez bon, d'une belle couleur. Il peut se mettre en bouteilles au bout d'un an et conserve sa belle couleur une douzaine d'années.

Superficie, 1089 hectares dont 125 en vignes, la plupart reconstituées en gamay du pays sur riparia, viala et solonis.

La valeur de l'hectare de vigne varie de 4,000 à 5,000 fr., selon les crus.

La récolte de 1892 a donné environ 1,200 hectolitres de vin rouge valant 45 fr. l'hectolitre dans les meilleurs crus, 40 fr. dans les crus ordinaires, et 20 hectolitres environ vendus au prix de 55 fr. l'hectolitre.

Les meilleurs vins récoltés sont ceux de 1878, 1881, 1885 et 1892.

Le bourg est situé sur la pente d'un coteau ; hautes montagnes à l'est et à l'ouest.

A différentes époques, on a trouvé, en ouvrant des carrières au hameau de Bassy, des tombeaux la plupart creusés dans le roc et recouverts d'une dalle. On reconnaît, sur toute l'étendue du territoire, la voie romaine qui tendait de Mâcon à Autun. Il est déjà question de cette paroisse dans une charte de Charlemagne. Cet empereur donna Saint-Gengoux-de-Scissé à l'église Saint-Vincent de Mâcon, dont Léduard, son archichancelier, était évêque.

NOMENCLATURE

DES PRINCIPAUX VIGNOBLES ET LIEUX-DITS

Bonzon. — A. B., quatrième classe.

PRINCIPAL PROPRIÉTAIRE

M. J.-M. Baguet.

Boyes. — A. B., quatrième classe.

PRINCIPAL PROPRIÉTAIRE

M. Antoine Jousseaud.

La Verzée. — A. B., cinquième classe.

PRINCIPAL PROPRIÉTAIRE

M. Prosper Bouillaud.

Bussy.

PRINCIPAL PROPRIÉTAIRE

M. Jean Dumoulin.

Saint-Gengoux.

PRINCIPAL PROPRIÉTAIRE

M. J.-M. Thévenon.

Paille-Rouge.

PRINCIPAL PROPRIÉTAIRE

M. Bouilloud-Guenebaut.

La Tour des Buis.

PRINCIPAL PROPRIÉTAIRE

M. Théodore Billioud.

GREVILLY

Grevilly, arrondissement de Mâcon, canton de Lugny et bureau de poste d'Uchizy ; 147 habitants ; à 10 kilomètres de la gare de Pont-de-Vaux-Fleurville, 27 de Mâcon.

Village situé sur la pente d'un coteau. Sol calcaire, alluvions au nord, marnes sous la partie est du village.

Vin rouge assez estimé, peu coloré, d'une assez longue durée.

Grevilly possède 75 hectares de vignes reconstituées en gamay sur riparia, solonis, rupestris et quelques vignes indigènes. Le reste est à reconstituer.

La récolte de 1889 a donné 50 à 60 hectolitres de vin rouge valant de 35 à 40 fr. l'hectolitre.

La récolte de 1892 a rendu 150 hectolitres de vin rouge vendus de 38 à 42 fr. l'hectolitre.

A. Budker range les vins de Grevilly en 5e classe.

Propriété assez morcelée.

LUGNY

Lugny, arrondissement de Mâcon, chef-lieu de canton, bureau de poste et télégraphe; 1175 habitants, à 7 kilomètres et demi de la gare de Pont-de-Vaux-Fleurville, 22 de Mâcon. Voitures de Lugny à Mâcon et de Lugny à Fleurville (gare), tous les jours.

Petite ville située dans un vallon. Territoire montagneux arrosé par la Bourbonne, affluent de la Saône. Sol généralement calcaire, calcaire marneux dans le bas des vallées de Vermillat et de Fissy, gravier et argile à silex dans les bois du sud.

Lugny possède 280 hectares de vignes reconstituées en gamay sur riparia, solonis, york, rupestris. Le reste est en reconstitution ou à reconstituer.

La récolte de 1890 a produit 130 hectolitres de vin rouge valant de 40 à 45 fr. l'hectolitre.

La récolte de 1892 a été de beaucoup supérieure, le prix du vin a été légèrement augmenté.

La route départementale n° 21, partant de Mâcon, aboutit à Lugny. Ce bourg a été plus considérable qu'il ne l'est aujourd'hui. Les compagnies d'écorcheurs le dévastèrent en 1368, et la population fut plusieurs fois décimée par la peste et par la famine. Le comte de Montrevel possédait à Lugny un château qui avait appartenu successivement aux maisons de Lugny, de Polignac, de Baufremont et de Tavannes. Cette belle habitation, qui était meublée avec une grande magnificence, a été brûlée par les paysans en 1789. Le château avait essuyé plusieurs sièges.

NOMENCLATURE

DES PRINCIPAUX VIGNOBLES ET LIEUX-DITS

Collongette. — A. B., cinquième classe.

PRINCIPAUX PROPRIÉTAIRES

MM. Claude-Louis Baboud.
Bouilloud, *percepteur*.
Mme Vve Crepeau.
M. Claude Humbert.

MM. Philibert Guichard.
Claude Guyonnet.
Antoine Legrand.
Jean Luquet.

Fissy. — A. B., cinquième classe.

PRINCIPAUX PROPRIÉTAIRES

MM. Bouillin fils.
Jacob Cotessat.
Charles Galland.

MM. Claude Gambut.
Benoît Guyonnet.
Charles Jacquelin.

Le Grand-Bois. — A. B., cinquième classe.

PRINCIPAL PROPRIÉTAIRE

M. Blanc-Dumoulin.

Lugny-Bourg. — A. B., cinquième classe.

PRINCIPAUX PROPRIÉTAIRES

MM. Antoine Baboud.
Etienne Banc.
Jules Blanc.
Bouilloud-Maillet.
Ducrot, *docteur*.

MM. Philibert Gaudet.
Pierre Lambret.
Mme Vve Léger.
MM. Philibert Massu.
Etienne Seinseine.

Mâcheron. — A. B., cinquième classe.

PRINCIPAUX PROPRIÉTAIRES

MM. Jean-Marie Janaud.
Raphaël Janaud.

M. Auguste Poncet.
Mme Vve Thimel.

St-MAURICE-DE-SATONNAY

Saint-Maurice-de-Satonnay, arrondissement de Mâcon, canton de Lugny, bureau de poste d'Azé ; 397 habitants ; à 10 kilomètres de la gare de Senozan, 11 de celle de Fleurville, 9 de Lugny, 14 de Mâcon. Service de voitures de Mâcon à Lugny, passant par la commune.

Cette commune avait nom *Saint-Maurice-des-Prés,* avant la réunion de Satonnay qui a eu lieu en 1861.

Terrains d'alluvions et calcaires, sous-sol calcaire.

Vins rouges de goût et de bouquet ordinaires ; peu de couleur, peu de durée.

Saint-Maurice avait 150 hectares de vigne avant le phylloxéra, tout a été détruit, 130 hectares sont reconstitués en gamay rouge, portugais bleu, et petit bouschet greffés sur riparia et solonis.

L'hectare de vigne vaut de 3,500 fr. à 4,000 fr. En 1890 la récolte a produit environ 250 hectolitres de vin rouge (plus des deux tiers sur plants greffés), dont le prix de vente varie entre 30 et 40 fr. l'hectolitre. Le vin blanc, représenté par 50 à 60 hectolitres, ne dépasse guère les prix de 25 à 35 fr.

La récolte de 1892 a été légèrement supérieure ; prix semblables à 1890.

NOMENCLATURE
DES PRINCIPAUX VIGNOBLES ET LIEUX-DITS

Champagne, aux Grillières, aux Mollards, Satonnay, non classés et appartenant à divers propriétaires.

A. Budker range en quatrième classe les vins blancs de Saint-Maurice-de-Satonnay (seconds ordinaires).

Propriété très morcelée.

MONTBELLET

Montbellet, arrondissement de Mâcon, canton de Lugny et bureau de poste de Vérizet ; 1210 habitants ; à 3 kilomètres de la gare de Pont-de-Vaux-Fleurville, 20 de Mâcon.

Sol calcaire sur les deux rives du ruisseau venant de Lugny, alluvions de la Bresse.

Vin rouge assez estimé, belle couleur, d'une durée de 5 à 6 ans.

Montbellet possède encore quelques hectares de vignes indigènes d'une valeur de 2,000 fr. l'hectare, 150 hectares ont été reconstitués en gamay sur riparia, viala, solonis ; plusieurs hectares restent à planter.

La récolte de 1892 a donné 180 hectolitres de vin rouge valant de 45 à 50 fr. l'hectolitre et 760 hectolitres de vin blanc valant de 55 à 60 fr. l'hectolitre.

Le village est situé dans la plaine qui s'étend jusque sur le bord de la Saône ; ce pays est borné à l'ouest par des montagnes. La route nationale n° 6, de Paris à Chambéry, traverse Saint-Oyen, un de ses hameaux, qui était autrefois une paroisse annexe de Montbellet et possédait un prieuré de religieux de l'ordre de Saint-Benoit, qui fut uni au chapitre de Saint-Claude (Jura). Au hameau de Mercey était l'église Sainte-Catherine, qui appartint à l'ordre des Templiers, et ensuite à une commanderie de l'ordre de Malte.

Il y avait à Montbellet un château, fort qui fut rasé, au rapport de Saint-Julien de Balleure, par ordre du parlement de Paris, en punition des vexations et des crimes que commit Allard de la Tour, baron de Montbellet. Ce seigneur n'obtint la permission d'en reconstruire un autre que dans le lieu le plus marécageux de ses terres. Il mourut en 1305. Il avait reçu, de son temps, la qualification de haut, cruel et redouté baron.

NOMENCLATURE

DES PRINCIPAUX VIGNOBLES ET LIEUX-DITS

Château-Vieux. — A. B., cinquième classe.

PRINCIPAL PROPRIÉTAIRE

M. de Saint-Maurice.

Clos de Mercey. — A. B., cinquième classe.

PRINCIPAL PROPRIÉTAIRE

M. Le Grand de Mercey.

Clos du Temple. — A. B., cinquième classe.

PRINCIPAUX PROPRIÉTAIRES

M. Boussin. | M. Vitteau.

Côte de la Cure. — A. B., cinquième classe.

PRINCIPAL PROPRIÉTAIRE

M. Moreau-Bouget.

Côte de Jonc. — A. B., cinquième classe.

PRINCIPAL PROPRIÉTAIRE

M. Joseph Moreau.

Mirande. — A. B., cinquième classe.

PRINCIPAUX PROPRIÉTAIRES

M. Jean Chevrier. | M. François Protat.

Au Mont. — A. B., cinquième classe.

PRINCIPAUX PROPRIÉTAIRES

M. de Ballore. | M. Jean Bouilloud. | M. Jean Guenebaud.

Montfracon. — A. B., cinquième classe.

PRINCIPAL PROPRIÉTAIRE

M. Joseph Moreau.

Plaine. — A. B., cinquième classe.

DIVERS PROPRIÉTAIRES

En Préau. — A. B., cinquième classe.

PRINCIPAUX PROPRIÉTAIRES

M. Etienne Chevrier. | MM. Moreau-Bouget.

PÉRONNE

Péronne, arrondissement de Mâcon, canton et bureau de poste de Lugny ; 637 habitants ; à 7 kilomètres et demi de la gare de Pont-de-Vaux-Fleurville, 17 de Mâcon.

Sol calcaire, alluvions de la Bresse, à l'ouest, terrains à silex.

Vin rouge assez estimé, belle couleur, d'une durée de 6 à 8 ans.

Péronne possède un peu de vignes indigènes d'une valeur de 2,500 fr. l'hectare, 250 hectares ont été reconstitués en gamay sur riparia et solonis, 50 hectares restent à planter.

La récolte de 1889 a donné 120 hectolitres de vin rouge valant 50 fr. l'hectolitre dans les meilleurs crus, 45 fr. dans les crus inférieurs et 40 fr. dans les crus ordinaires.

30 hectolitres de vin blanc ont été récoltés ; le prix de l'hectolitre varie de 50 à 30 fr.

La récolte de 1892 a été d'environ 300 hectolitres de vin rouge et 120 hectolitres de vin blanc vendus aux mêmes prix que ci-dessus.

Péronne est situé au sommet d'une colline très fertile, dominant une belle vallée, au sud-ouest, arrosé par un ruisseau qui prend naissance sur le territoire de la commune. On y remarque deux châteaux, un ancien et un moderne. L'ancien château a été construit dans le XVII° siècle, par les moines de Cluny, sur l'emplacement de celui que Gontran y avait fait bâtir. C'est dans cet ancien château que ce pieux roi de Bourgogne rendit une célèbre ordonnance pour l'observation des dimanches et fêtes, qui était négligée, elle enjoignait aussi aux évê ques d'instruire le peuple par leurs discours et par leur exemple, et aux juges royaux d'être exacts à suivre dans leurs jugements les règles de la justice. On reconnaît, sur cette commune, les vestiges de la voie romaine de Mâcon à Autun.

Le concours de Mâcon 1893 a classé dans la troisième catégorie les vins de cette commune.

NOMENCLATURE

DES PRINCIPAUX VIGNOBLES ET LIEUX-DITS

Aux Martins. — A. B., quatrième classe.

DIVERS

Les Michauds. — A. B., quatrième classe.

DIVERS

Le Carruge. — A. B., cinquième classe.

DIVERS

En Mortier. — A. B., cinquième classe.

DIVERS

Saint-Pierre. — A. B., cinquième classe.

DIVERS

LA SALLE

La Salle, arrondissement de Mâcon, canton de Lugny, bureau de poste de Vérizet ; 519 habitants ; à 1 kilomètre de la gare de Senozan, à 12 kilomètres de Lugny, 14 de Mâcon.

Sol calcaire sous le village et dans la montagne à l'ouest ; ailleurs alluvions. sous-sol généralement argilo-calcaire ; exposition des coteaux à l'est et au sud.

Vins rouges et blancs d'assez bonne qualité, tendres de goût, bouquet agréable, couleur passable, durée assez longue.

La Salle possédait 80 hectares de vignes avant l'apparition du phylloxéra, quelques vignes résistent encore ; 70 hectares ont été replantés en gamay rouge, pineau, gamay d'Auvergne, gamay blanc, chardonnay et portugais bleu ; les porte-greffes habituels sont : le viala, le riparia et le solonis.

En 1890 cette commune a produit environ de 400 à 500 hectolitres de vins dont les prix varient de 35 à 45 fr. l'hectolitre, pour le rouge et de 35 à 50 fr. pour le blanc.

La récolte de 1892 a été un peu supérieure mais sans variations de prix.

L'hectare de vignes vaut actuellement 2,500 fr.

Le hameau de Mouge, dépendant de La Salle, est traversé par la route nationale de Paris à Lyon. Derrière la montagne, à l'ouest, ruines du château de La Salle. La tour principale, de forme carrée, avait six étages. Le corps du bâtiment est entièrement détruit, sauf le mur faisant face à l'occident, ainsi que deux tourelles en grande partie ruinées. Le style de son architecture annonce qu'il fut contemporain de l'époque des croisades. Louis VII le donna, sous la condition de foi et hommage, à Gérard, comte de Mâcon.

Les meilleurs crus sont ceux de la Montagne, du Chazeau, de la Boulaize.

PRINCIPAUX PROPRIÉTAIRES

M. Dubaut. | M. Philippe.

VÉRIZET

Vérizet, arrondissement de Mâcon, canton de Lugny; bureau de poste et chemin de fer à Fleurville; 714 habitants; à 18 kilomètres de Mâcon. Voiture pour Pont-de-Vaux et pour Fleurville.

Territoire montagneux dans la partie ouest ; des alluvions de la Bresse, peu épaisses, recouvrent le calcaire.

Vin rouge assez bon, de coloration un peu faible.

Vin blanc estimé, bon goût, d'une assez longue durée.

Vérizet possède encore quelques vignes indigènes, valant 2,000 fr. l'hectare; 90 hectares ont été reconstitués en gamay sur riparia, plusieurs hectares restent à planter.

La récolte de 1889 a donné 80 hectolitres de vin rouge et 700 hectolitres de vin blanc. Le prix moyen de l'hectolitre de vin rouge est 40 fr. ; celui de vin blanc, 60 fr.

La récolte de 1892 a rendu 150 hectolitres de vin rouge, à 40 fr., et 850 hectolitres de vin blanc valant de 50 à 60 fr. l'hectolitre.

Le territoire de cette commune est traversé par la route nationale de Cluny à Pont-de-Vaux et par le chemin de fer de Paris à Lyon, qui a une station au hameau de Fleurville. Les tranchées ouvertes en 1853 pour l'établissement de ce chemin, au-dessous du château de M. Chalot, ont traversé, sur une étendue de plus de 30 mètres, un terrain jonché de tuiles et briques romaines et de débris de marbre qui recouvraient les fondations d'un vaste édifice ; deux salles de bains et un hypocauste dont

toutes les dispositions intérieures, avec les tuyaux qui distri-
buaient la chaleur dans les appartements, étaient très reconnaissables et encore en place. Le pavé de l'une des salles était
formé de larges dalles en marbre et en schiste, disposées en
damier. Plusieurs aqueducs aboutissaient à cette partie de
l'édifice. Les champs qui s'étendent en face de cette *villa*, jusqu'à la route nationale, recèlent de nombreux vestiges de constructions. Il est à croire que là exista très anciennement une
agglomération d'habitations. Une terre porte encore le nom de
Champ-de-la-Ville. A la surface des débris antiques dont nous
venons de parler, on a trouvé des pièces de monnaie des règnes
de Henri II, de Louis XIII et de Louis XIV. La présence de ces
monnaies s'explique par le voisinage du petit château féodal qui
couronne le bord du coteau et qui fut souvent assiégé dans les
guerres civiles. Il était possédé avant la révolution par un des
membres de la famille de Marigny.

L'intérêt qui s'attache à ces fouilles acquiert une plus grande
importance par le souvenir de la découverte que fit dans ce
même lieu, en 1705, M. de Tilladet, évêque de Mâcon, de plusieurs sépultures dans l'une desquelles se trouvait le squelette
d'une très grande femme, portant une coiffure singulière que
Dom Martin, qui l'a décrite dans sa *Religion des Gaulois*, suppose être celle d'une femme franque. M. D. Monnier, du Jura,
croit qu'elle a appartenu à une des prophétesses venues à la
suite des armées de Septime Sévère, et qui aurait été consultée
par cet empereur avant la bataille qu'il livra à Albain dans les
plaines voisines de Tournus.

Sur un autre point de la commune existait un château-fort
que possédaient de toute ancienneté les évêques de Mâcon. Ce
fut dans ce château qu'en 1315, Pierre de Montverdun, archidiacre de Mâcon, reçut de Geoffroy de Berzé l'outrage dont il
est fait mention dans l'histoire de Berzé-le-Châtel. On voit encore les ruines de ce château qui fut souvent pris et repris dans
les guerres religieuses. En 1576, les calvinistes s'en emparèrent une première fois. Il tomba encore au pouvoir du parti
royaliste en 1589, à la suite du siège qu'en fit le comte de Cru-

zilles, qui y laissa une garnison et fit réparer les fortifications. Les Ligueurs le reprirent en 1594 et les paysans le démolirent en 1793.

NOMENCLATURE

DES PRINCIPAUX VIGNOBLES ET LIEUX-DITS

Le **Grand-Molard** (*vin blanc*). — A. B., quatrième classe.

DIVERS

Le **Petit-Molard** (*vin blanc*). — A. B., quatrième classe.

DIVERS

Les **Pendants** (*vins blancs*). — A. B., quatrième classe.

DIVERS

PRINCIPAUX PROPRIÉTAIRES

MM. Chapuis.
Côte.
Ducloud pèro et fils, *à Pont-de-Vaux* (Ain).

MM. Dumoulin.
Guénebaud.
Penillard.

VIRÉ

Viré, arrondissement de Mâcon, canton de Lugny et bureau de poste de Vérizet ; 784 habitants ; à 3 kilomètres 1/2 de la gare de Pont-de-Vaux-Fleurville, à 17 de Mâcon.

Village situé au pied d'une colline. Sol calcaire et alluvions à l'ouest.

Vin rouge assez bon, un peu faiblement coloré, d'une durée de 5 à 6 ans.

Vin blanc estimé, de bonne qualité.

Viré ne possède plus de vignes indigènes, 225 hectares ont été reconstitués en pineau blanc et gamay rouge sur riparia, solonis, viala et york ; quelques hectares restent à planter.

La récolte de 1889 a donné 100 hectolitres de vin rouge valant de 50 à 60 fr. l'hectolitre et 150 hectolitres de vin blanc valant de 50 à 60 fr l'hectolitre.

La récolte de 1892 a été de beaucoup supérieure ; le prix du vin rouge n'a pas varié ; mais le vin blanc de quelques crus a atteint 80 fr. l'hectolitre.

L'hectare de vigne vaut en moyenne 6,000 fr. ; ce prix se justifie par la renommée des vins blancs de Viré.

Le chemin de grande communication tendant de Pont-de-Vaux à Cluny et celui de moyenne communication tendant à Lugny traversent le territoire de Viré. Il est fait mention de ce village dans plusieurs chartes des xe et xie siècles, rapportées au Cartulaire de Mâcon.

Le concours de Mâcon 1893 a classé dans la troisième catégorie les vins blancs de cette commune.

NOMENCLATURE

DES PRINCIPAUX VIGNOBLES ET LIEUX-DITS

Chapitre. — A. B., deuxième classe ; C. L., première classe.

Chazelle. — A. B., deuxième classe ; C. L., première classe.

PRINCIPAUX PROPRIÉTAIRES

MM. Bouilloud.
Desbois.
Ducloud père et fils.
Ferret.

MM. Feyeux.
Lardy.
Michel.
Micollier.

Messieurs DUCLOUD Père et Fils

PROPRIÉTÉ DU CHAPITRE

à VIRÉ (Saône-et-Loire)

La propriété du Chapitre a appartenu à l'abbaye de Cluny qui l'a cultivée pendant plusieurs siècles et y a récolté des vins fameux.

La famille Dubuc a ensuite possédé cette propriété et MM. Ducloud l'ont acquise de M. Jean Dubuc, rentier à Viré, en 1888.

Entièrement reconstituée en deux années par les nouveaux propriétaires qui ont planté les 4/5 en Chardonnay ou Pinot blanc sur Riparia et Solonis et le reste en Gamay rouge ou du Beaujolais, elle fournit aujourd'hui les meilleurs vins de Viré.

La propriété du Chapitre a une superficie totale de 18 hectares dont les principales parcelles sont :

Sur la commune de Viré. — En Chapitre, *la Forétille*, la Mazure, *en Longchamps, sur l'Orme, en l'ommelain, en Chapotin, en Vercheron, au Coin, en Channaux, la Creuseronne, en Chaprond, aux Ménards, en Pelouzan, sur Coin, à l'Élix, en Bréchen, aux Teppes, aux Mares, la Perrière, derrière les Prés du Bue, le Chailloux, en Saugey, aux Tremblets, en Chazette, en Gelé, sur le Bue.*

Sur la commune de Vérizet : *La Reine, en grande Borne, le Ratillon, la Férotière.*

CANTON DE TOURNUS

BRANCION

Brancion, arrondissement de Mâcon, canton et bureau de poste de Tournus ; 574 habitants, à 12 kilomètres de Tournus, 32 de Mâcon.

Le village est situé sur le point culminant d'une montagne, vue magnifique.

Château-fort aujourd'hui en ruines.

Sol calcaire extrêmement varié, marneux sur la partie nord-ouest du hameau de Martailly et à l'est ; grès arkose à l'ouest.

Vins de qualité ordinaire, peu de durée.

Brancion possédait 250 hectares de vignes avant l'invasion ; 5 hectares à peine résistent encore et 100 hectares sont reconstitués en gamays rouges du pays greffés sur riparia.

La récolte n'a pas dépassé, en 1890, 800 à 850 hectolitres de vin, dont un sixième en blanc.

Le cours ordinaire des prix est de 40 fr. l'hectolitre.

La récolte de 1892 a atteint 1200 hectolitres de vin rouge et 180 hectolitres de vin blanc, vendus en moyenne de 35 à 42 fr. l'hectolitre.

Brancion était jadis une châtellenie dont les comtes de Montrevel ont été engagistes.

Philippe le Bon rebâtit sur la montagne l'ancien château-fort de Brancion qui maintenant n'existe plus qu'à l'état de ruines ; il appartient à M. le comte de Murard.

Brancion a donné son nom à une ancienne et illustre famille.

Des dalles de marbre, trouvées dans un champ du hameau de Martailly, font supposer qu'un temple de construction romaine a existé dans ce lieu.

A. Budker range la généralité des crus de Brancion en 5e classe.

La propriété est très morcelée.

LA CHAPELLE-SOUS-BRANCION

La Chapelle-sous-Brancion, arrondissement de Mâcon, canton de Tournus, bureau de poste de Cormatin ; 562 habitants; à 10 kilomètres de Tournus, 32 de Mâcon.

Le village est situé sur un tertre entre deux collines.

Sol argileux-calcaire ; dans la partie ouest, arkose et granite; dans la plaine à l'ouest, alluvions de la Bresse et même alluvions modernes.

Vins ordinaires.

La Chapelle-sous-Brancion a produit, en 1890, environ 400 hectolitres de vin rouge dont le prix moyen est de 40 fr. l'hectolitre.

Avant le phylloxéra le vignoble s'étendait sur 260 hectares ; 170 hectares sont replantés en gamays rouges greffés sur riparias et solonis ; quelques plantations d'othello.

L'hectare de vigne vaut actuellement 2000 fr. mais tend à augmenter.

Capella ad Brancidunum. L'ancienne chapelle qui a donné son nom à ce village se voit encore près de l'église. — Le hameau de *Pierre Levée* possède une pierre brute de 4 mètres de hauteur, que l'on suppose être un monument celtique.

On découvrit au hameau de Noble, il y a 50 ans, entre autres squelettes humains, quelques-uns qui présentaient cette particularité remarquable qu'ils avaient la tête tournée vers l'occident. Le château de Noble appartient au comte de Murard. Les réparations qu'on y a faites depuis 1789 ont détruit les vestiges des fortifications qui l'entouraient.

Les vins de ce pays sont rangés en 5e classe par A. Budker.

PRINCIPAUX PROPRIÉTAIRES

M. Dejussieu. | M. le comte de Murard.

FARGES

Farges, arrondissement de Mâcon, canton de Tournus, bureau de poste d'Uchizy, 422 habitants. A 3 kilomètres de la gare d'Uchizy, 7 de Tournus, et 25 de Mâcon.

Terrain calcaire, sol pierreux dans la partie ouest; alluvions de la Bresse à l'est; sous-sol argileux, calcaire et marneux; carrières de pierre oolithique.

Farges produit un vin de ménage, de goût agréable, avec un léger bouquet, couleur moyenne.

Les vignes sont généralement situées à l'exposition du levant.

Le vignoble s'étendait sur 90 hectares; tout a été détruit par le phylloxéra, 65 hectares sont replantés en gamays greffés sur riparia, sur York et sur Black-Pearl.

Le prix de l'hectolitre de vigne est de 3,000 fr. environ.

La récolte de 1890, très réduite, n'a pas compté.

Celle de 1892 a été d'environ 300 hectolitres de vin rouge.

Les vins de Farges se vendent de 30 à 35 fr. l'hectolitre.

Le village est bâti sur le penchant d'une montagne d'où l'on découvre le cours de la Saône sur une étendue de plusieurs myriamètres, les vastes prairies arrosées par la Seille, les montagnes du Jura, le Mont-Blanc et les Alpes.

La route nationale n° 6, de Paris à Chambéry, traverse la partie est de son territoire.

Restes d'une voie romaine dans le bois Boulay. Des monnaies d'or ont été trouvées à Farges, dans la démolition d'une maison; elles dataient de 4 ou 5 siècles.

Pas de crus spéciaux. La généralité des crus est rangée, par A Budker, en cinquième classe.

Propriété viticole très morcelée.

LACROST

Lacrost, arrondissement de Mâcon, canton et bureau de poste de Tournus; 657 habitants; à 2 kilomètres est de Tournus, 3 de la gare; sur la rive gauche de la Saône. Collines de calcaire très varié, passant sous le village avec sol pierreux; sable siliceux sur le plateau de Cuiserey, alluvions modernes dans la vallée, belles carrières.

Vins ordinaires de bon goût, peu de bouquet, assez colorés. Exposition au Nord, à l'Ouest, et sur terrain plat.

Sur 90 hectares de vignes que possédait Lacrost il en reste à peine 2 encore debout. 70 hectares ont été reconstitués en gamays de Bourgogne greffés sur riparia, york et solonis.

L'hectare de vigne ne vaut guère plus de 2,000 à 3,000 fr.

La récolte de 1890 a donné 50 hectolitres de vin rouge dont le prix varie de 40 à 45 fr. l'hectolitre.

La récolte de 1892 a atteint 200 hectolitres, mêmes prix qu'en 1890.

Le village de Lacrost faisait partie du territoire de Préty. La loi qui l'a érigé en commune est du 9 juillet 1852.

Pas de crus spéciaux.

Propriété viticole très morcelée. Non classée.

OZENAY

Ozenay, arrondissement de Mâcon, canton et bureau de poste de Tournus ; 807 habitants ; à 6 kilomètres de Tournus, 31 de Mâcon, 34 de Chalon.

Village situé dans un vallon ; calcaire très varié, sol d'alluvions dans quelques baisses.

Vins rouges ordinaires, durs d'abord, d'une couleur foncée, se bonifiant avec le temps.

Coteaux au levant et au soir.

Ozenay comptait 360 hectares de vignes dont la destruction est à peu près totale Environ 250 hectares sont reconstitués en gamays du pays, sur viala et sur solonis.

L'hectare de vigne vaut de 2,500 à 4000 francs.

La récolte moyenne des trois dernières années, en partie atteinte par la grêle, a été de 600 hectolitres environ.

Les vins d'Ozenay sont ordinairement cotés de 40 à 45 francs l'hectolitre.

On lit dans la Statistique de Ragut qu'il est déjà fait mention d'Ozenay dans une bulle de 1180, adressée par le pape Alexandre III au doyen et aux chanoines de Chalon, pour leur annoncer qu'il prenait sous sa protection et celle de saint Pierre tous les biens de leur église, et qu'en 1379 les habitants d'Ozenay refusèrent d'aller monter la garde dans le fort de l'abbaye de Saint-Philibert de Tournus, en disant qu'étant obligés de se garder eux-mêmes, ils ne pouvaient aller au secours des autres. Des bandes de brigands infestèrent alors tout le pays.

A. Budker range les vins d'Ozenay en cinquième classe.

Pas de crus spéciaux.

Les principaux propriétaires sont : M. le Marquis d'Ozenay, Mme de Saint-Preux, M. Jourdan.

30

PLOTTES

Plottes, arrondissement de Mâcon, canton et bureau de poste de Tournus ; 675 habitants ; à 6 kilom. ouest de la gare de Tournus, 28 de Mâcon et 34 de Chalon.

Village situé dans un vallon arrosé par un ruisseau qui se perd à un kilom. du bourg, pour reparaître à 2 kilomètres.

Sol argilo-calcaire très varié, marneux dans le bas de la vallée, alluvion dans la baisse qui est à l'est.

Bon vin rouge ordinaire durant une dizaine d'années.

Avant l'invasion phylloxérique, cette commune possédait près de 600 hectares de vigne ; 40 environ résistent encore, 60 à 80 sont reconstitués en gamays du pays greffés sur riparia et solonis ; le surplus est complètement détruit.

Les vignes replantées valent environ 2.000 fr. l'hectare ; celles qui sont détruites ne dépassent pas 3000 à 4000 fr. l'hectare.

La récolte de 1890 a donné environ 500 hectolitres de vin rouge d'une valeur de 45 à 50 fr. l'hectolitre, suivant la qualité, et 30 hectolitres de vin blanc d'une valeur à peu près égale.

Situé à proximité de la route nationale de Paris à Chambéry. En 1562, cette commune a été pillée et brûlée par Poncenac, chef des calvinistes.

Châteaux de Saint-Autin de Dalivet.

NOMENCLATURE

DES PRINCIPAUX VIGNOBLES ET LIEUX-DITS

La Côte de Goy. — A. B., cinquième classe ; C. L., première classe.

La Côte de Berland. — A. B., cinquième classe; C. L., deuxième classe.

La Côte des Crêts. — A. B., cinquième classe; C. L., deuxième classe.

La Côte de la Garde. — A. B., cinquième classe; C. L., deuxième classe.

PRINCIPAUX PROPRIÉTAIRES

MM. Béranger.
Chardonnay-Dode.
Benoît Chardonnay-Perrin.
Ferrouillat.
Pierre Gaillard.
Legeindre.
Francis Legros.
Claude Mercier.

MM. Philibert Mercier.
Michel.
Ninot.
Eustache Perrin.
Rouillot-Thevenet.
Claude Ruet.
François Thevenet.

PRÉTY

Préty, arrondissement de Mâcon, canton et bureau de poste de Tournus; 828 habitants; à 4 kilomètres de la gare de Tournus, 34 de Mâcon, 32 de Chalon.

Sur la rive gauche de la Saône, sol calcaire, granitique et argileux à peu près en proportions égales. Coteaux du vignoble exposés au sud et à l'ouest.

Vins d'assez bonne qualité; peu d'alcool (7°), ne manque pas de bouquet, belle couleur, d'une durée moyenne de 5 à 6 ans.

Sur les 120 hectares qui composaient le vignoble de Préty, il en reste à peine 2 hectares debout. 80 hectares sont replantés en gamays du pays et en portugais bleu, greffés sur riparias, sur solonis, sur viala, sur nohah. Quelques plants directs aussi : othello, huttington, canada nohah, corbeaux.

L'hectare de vigne vaut de 2,000 à 4,000 fr.

La récolte de 1890 n'a donné que 60 hectolitres de vin rouge et 5 de vin blanc.

La récolte de 1892, très réduite par la grêle, a néanmoins été supérieure en quantité.

Les prix, suivant les crus, varient entre 40 et 50 francs l'hectolitre.

Le hameau de Lacrost, qui dépendait de Préty, en a été distrait par la loi du 9 juillet 1852, pour être érigé en commune.

Les Romains durent avoir dans ce lieu des établissements considérables; à en juger par la grande quantité de marbres, de pavés mosaïques, de chapiteaux et de pilastres trouvés dans l'emplacement et aux environs de l'ancien château de Préty.

On y a également découvert les vestiges de plusieurs fours et un nombre considérable de meules de moulins à bras, n'ayant pour la plupart que 1 mètre 20 centimètres de diamètre et une épaisseur de 22 centimètres.

Les meilleurs crus sont : Les Crots, le Paluet, les Guérets, et ceux du coteau entre Préty et Lacrost.

Propriété viticole très morcelée. Non classée.

ROYER

Royer, arrondissement de Mâcon, canton et bureau de poste de Tournus ; à 8 kilomètres de Tournus, 32 de Mâcon, 29 de Chalon.

Sur le versant sud d'une montagne ; sol calcaire, argileux, pierreux, alluvions dans quelques baisses.

Vins ordinaires, peu de bouquet, forte couleur, d'une durée de 8 à 10 ans ; exposition des vignes à l'est et à l'ouest.

Le vignoble de Royer, qui comprenait 150 hectares, a été complètement détruit par le phylloxéra.

110 hectares sont reconstitués en gamay sur riparia.

La récolte de 1890 a été de 150 hectolitres d'une valeur moyenne de 40 fr.

La récolte de 1892 a été un peu supérieure ; mêmes prix.

L'hectare de vignes, qui se vendait 3.500 fr. avant la destruction du vignoble, vaut actuellement un peu moins.

Pas de crus spéciaux. A. Budker range les vins de Royer en cinquième classe.

Les principaux propriétaires sont MM. Grachet et Boyaud.

TOURNUS

Tournus, chef-lieu de canton, arrondissement de Mâcon, bureau de poste et télégraphe, chemin de fer sur la ligne de Paris à Lyon ; 5.025 habitants ; à 30 kilomètres de Mâcon, 28 de Chalon, 371 de Paris, 100 de Lyon ; station des bateaux à vapeur de Lyon à Chalon.

Sol calcaire dans la partie ouest du territoire, vaste plateau à l'est, accidenté, formé d'alluvions de la Bresse (limon, graviers, même cailloux roulés) couvrant le calcaire.

Vignoble important généralement exposé à l'est et au sud-est.

Bons vins ordinaires, s'alliant facilement à tous les vins ; belle couleur se conservant de 7 à 10 ans.

Tournus comptait 750 hectares de vignes dont 470 sont reconstitués en gamay du pays, petits-bouschets, portugais bleu, greffés sur riparia, solonis, viala, jacquez, clinton et rupestris, et en quelques producteurs directs.

La valeur de l'hectare de vigne est de 6,000 fr. environ.

On évalue la récolte de 1892 à 12,000 hectolitres de vin rouge de qualité très bonne, valant de 38 à 40 fr. l'hectolitre pour les vins ordinaires et 45 à 48 francs pour les crus cités.

Les vins blancs sont actuellement en faible quantité, mais la récolte tend à prendre de l'importance.

La gelée de 1891 a ravagé le vignoble de Tournus et a compromis la récolte de 1892 qui aurait atteint un nombre bien supérieur d'hectolitres de vin.

Tournus, Tinurtium, servit de magasin d'approvisionnement aux Romains dans le pays Chalonnais. Il paraît du moins avoir eu cette destination vers l'année 177, époque à laquelle saint Valérien y fut martyrisé par Priscus, chef de la justice romaine à Chalon.

Une chapelle dédiée à ce saint quelque temps après sa mort, ne tarda pas à se transformer en une basilique, auprès de laquelle on bâtit un monastère qui fit partie de la dotation accordée en 875, par le roi Charles le Chauve, aux moines de Saint-Philibert.

Ces moines, qui avaient été chassés par les Normands de l'île de Noirmoutier, viurent d'abord se réfugier à Saint-Pourçain en Auvergne, et de là se transportèrent, avec les reliques de leur saint patron, à Tournus, dont la munificence de leur royal protecteur venait de les pourvoir.

Les Hongres mirent la ville et l'abbaye de Tournus au pillage, vers 937. Quelques années plus tard, c'est-à-dire vers 946, les moines persécutés par Gilbert, comte de Chalon, se retirèrent à Saint-Pourçain, où ils restèrent jusqu'à ce qu'un concile, réuni à Tournus, en 949, pour leur faire rendre justice, les eût rappelés au chef lieu de l'ordre.

La nouvelle église de l'abbaye, commencée par l'abbé Etienne vers 960, fut consacrée le 29 août 1019, par Geoffroy, évêque de Chalon, et Gaustein, évêque de Mâcon.

Messire Guillaume de Tournus, chevalier, reconnut, en octobre 1349, tenir en fief de l'abbé Girard la prévôté de Tournus et le siège de son moulin de Nantoux. D'après cet acte d'hommage qui renferme le dénombrement des droits de sa charge, il avait dans la justice du chambrier, c'est-à-dire dans les rues Saint-André, de la Boucherie et dans le finage des Boz et de Manon, le tiers des lods et des amendes, des ventes des biens meubles et immeubles des criminels, du droit de bichenage et des choses trouvées dont on ne connaissait pas le maître, etc. Il prélevait en outre certains tributs sur les foires et les marchés Les pieds de porcs et les langues de grosses bêtes tués à certains jours lui appartenaient. Il veillait, de plus, à l'exécu-

tion des formalités pour l'entrée et l'élargissement des prisonniers, et de tout ce qui concernait la justice criminelle.

L'abbaye de Tournus avait une sorte de majordome qui portait le titre de maréchal saint; il était chevalier, l'abbé devait
lui fournir l'habillement.

Il lui devait, comme à ses autres écuyers, la nourriture, celle
de ses domestiques et de son cheval ; les chevaux de l'abbé qui
se trouvaient hors de service lui appartenaient avec leurs har-
nais. Les habits et le chaperon dont les chevaliers bannerets
étaient revêtus lorsqu'ils faisaient hommage à l'abbé, devaient
lui être remis et devenir sa propriété Ceux qui n'étaient pas
nobles lui donnaient une livre de poivre en cette occasion. Il
retirait quatre sous parisis de chaque visiteur de l'abbaye, per-
cevait un *salignon* de sel sur la distribution faite aux pauvres,
de cette denrée, le premier dimanche de carème et une obole
parisis sur chaque muid de vin acheté à Tournus et destiné à
l'exportation (1334).

Les Armagnacs surprirent la ville de Tournus, et s'en emparèrent dans la nuit du 22 au 23 novembre 1422. Le duc de
Bourgogne l'assiégea deux ans plus tard et la fit capituler.

A l'occasion d'une querelle survenue entre les moines et les
habitants de Tournus, le bailli de Mâcon, agissant pour le duc
de Bourgogne, avait élu quatre échevins, chargés de faire des
fortifications à Tournus. L'abbaye s'en émut, eut recours au
parlement de Paris, qui, par un arrêt du 23 juillet 1468, dé-
clara que les habitants ne faisaient pas *corps et communauté,*
et leur interdit toutes assemblées et impositions n'ayant pas
obtenu la sanction de l'abbé. Le procureur du duc de Bourgogne, à Chalon interjeta appel de cet arrêt ; mais les choses
en restèrent là pendant les querelles de Louis XI et de Charles
le Téméraire. Ce dernier fit saisir, le 19 mai 1471, par son
lieutenant-général de Mâcon, tous les revenus du monastère.
Cette ville retourna sous la puissance du roi, le 19 février 1477,
par la remise solennelle des clefs de la ville et du château entre
les mains des commissaires de sa majesté.

Louis II, cardinal de Guise, fut pourvu de l'abbaye de Tournus, le 14 juillet 1562. Il s'en défit au bout de quelques années en faveur de François II, cardinal de La Rochefoucauld. Vers 1562 eut lieu l'installation des prèches et des cérémonies des huguenots à Tournus. Ce fut, comme dans les autres villes de la Bourgogne, le signal d'une lutte entre les deux cultes en présence. Montbrun, envoyé par le seigneur des Adrets et sollicité par ses coreligionnaires, s'empara de Tournus. Les propriétés et les églises catholiques furent mises au pillage ; l'abbaye fut saccagée et presque entièrement détruite. L'approche du maréchal de Tavannes, se dirigeant sur Chalon, mit fin à cet état de choses, en forçant les huguenots à battre en retraite.

Tournus joua un certain rôle pendant les guerres de la Ligue. En 1589, les habitants s'étant mis en révolte contre les moines tenant pour la sainte union, et ayant ouvert leurs portes au comte de Cruzilles et à ses gens, le duc de Nemours y pénétra avec trois cents hommes, et le laissa pendant trois jours exposé à la violence et au désordre.

Les partisans de Mayenne et ceux du roi s'en disputèrent ensuite la possession, à son grand préjudice, jusqu'à la conclusion de la paix qui mit fin aux guerres de la Ligue.

La ville de Tournus portait *de gueules, au château sommé de trois tours d'argent, maçonnées de sable, au chef d'azur chargé de trois fleurs de lis d'or rangées en faisceau.*

Les armes de l'abbaye étaient *de gueules à une crosse d'or et une épée d'argent en pal, la garde étant d'or et en pointe.*

NOMENCLATURE

DES PRINCIPAUX VIGNOBLES ET LIEUX-DITS

La Carcassonne, Beaufer, les Justices, Belney, Bout, la Preste, Saint-Clair, Serre, l'Ormoy, Lormeteau, la Condemine, **Saint-Jean, la Croix-Léonard, Maritan, Manan**, tous rangés par A. Budker en quatrième et cinquième classes.

PRINCIPAUX PROPRIÉTAIRES

MM. de Beaufort.
Alexis Bessard.
A. Bonnière.
Dode.
Duchêne.
Jean-Marie Gaudez.

MM. de Ladhuye.
Mathey.
Thibaudet.
Tramoy.
Les Hospices.

UCHIZY

Uchizy, arrondissement de Mâcon, canton de Tournus, bureau de poste et télégraphe, gare de chemin de fer ; 1431 habitants ; à 9 kilomètres de Tournus, 24 de Mâcon. Pont construit par la commune, sur la Saône.

Sol calcaire, sous-sol argilo-calcaire ; à l'est à partir du village et même au sud, vaste plateau accidenté formé d'alluvions de la Bresse couvrant le calcaire ; alluvions modernes dans la plaine.

Vins de moyenne qualité, bonne couleur, du bouquet, durée de 5 à 6 ans ; exposition des vignes généralement à l'est.

Uchizy avait 350 hectares de vignes ; tout a été détruit ; 280 hectares sont reconstitués en gamays de Bourgogne, greffés sur riparias et solonis.

L'hectare de vigne vaut de 2000 à 4250 fr. selon les crus.

La récolte de 1890 n'a guère donné plus de 200 hectolitres de vin rouge. Celle de 1892 a rendu plus du double. Les prix varient de 35 à 45 fr. l'hectolitre.

Le vin blanc est encore en petite quantité ; il est vendu au même prix que le vin rouge.

Le bourg est situé à peu de distance de la route nationale de Paris à Chambéry, et du chemin de fer de Paris à Lyon. — On attribue communément l'origine d'Uchizy *Ulcasiascus, Olcasiacum, Uchisicum*, à une peuplade de Sarrasins qui se seraient établis dans ce pays, après leur défaite par Charles-Martel, vers l'an 733. M. D. Monnier, du Jura, a combattu cette opinion ; il fait descendre les habitants de cette commune d'une colonie d'Illyriens et de Pannoniens, qui, venus dans les Gaules à la suite des armées de Septime-Sévère, se fixèrent dans cette contrée après l'issue de la première bataille que cet empereur livra, l'an 197 de J.-C., à Albin, son compétiteur au trône, événement qui, d'après cet auteur, se serait passé dans les plaines voisines de Tournus Il appuie ce sentiment d'une foule d'inductions tirées soit de la dénomination des lieux, soit des mœurs, des usages et de l'ancien costume des habitants qui, par suite de l'isolement auquel ils se seraient condamnés, ont conservé longtemps sans altération, à travers les siècles et les révolutions, leur caractère primordial. Quoi qu'il en soit, il est constant que les habitants d'Uchizy, qui ne contractaient pas même d'alliance avec ceux des communes voisines, pouvaient encore être considérés, il y a 60 ans, comme un peuple à part. — En démolissant, en 1840, l'escalier du donjon de l'ancien château-fort d'Uchizy, on a découvert des médailles d'Alexandre Sévère, de Commode et de Faustine.

Les Chizerots eurent au xve siècle, avec les habitants d'Arbigny, des démêlés, au sujet de la propriété de quelques communaux situés au delà de la Saône, et sur la valeureuse résistance qu'ils opposèrent aux troupes du duc de Nemours durant les guerres de la Ligue, lorsque, pour se soustraire aux ravages continuels des gens de guerre, ils s'étaient réfugiés dans leur île, en 1591, avec leurs bestiaux, leurs meubles et ce qu'ils avaient de plus précieux. Ils s'y étaient fortifiés.

Eglise ancienne assez remarquable.

NOMENCLATURE
DES PRINCIPAUX VIGNOBLES ET LIEUX-DITS

Le Château. — A. B., quatrième classe.
Les Rivières. — A. B., quatrième classe.
Les autres crus, selon A. Budker, sont en cinquième classe.
Propriété viticole assez morcelée.

LE VILLARS

Le Villars, arrondissement. de Mâcon, canton et bureau de poste de Tournus ; 386 habitants ; à 4 kilomètres de Tournus, 27 de Mâcon.

Sol granitique, argileux et calcaire; alluvions de la Bresse dans la partie sud.

Vin de table ordinaire.

Le vignoble du Villars s'étendait sur 80 hectares ; il en reste 3 hectares vivant encore, 45 hectares ont été reconstitués en gamay rouge sur riparia.

L'hectare de vigne coûte environ 1500 fr.

En 1892 la récolte a été nulle par suite de la grêle.

La récolte de 1893 se présente bien et parait devoir atteindre 1000 hectolitres.

Les vins du Villars se vendent en temps ordinaire 40 fr. l'hectolitre ; le blanc, 30 fr.

Le village est situé sur une éminence, près les bords de la Saône. La route nationale n°6, de Paris à Chambéry, et le chemin de fer de Paris à Lyon traversent cette commune.

Autrefois il y existait un prieuré dont les religieuses suivaient la règle de saint Benoit. Elles furent réunies à celles de Tournus, en 1640, afin de les soustraire aux mauvais traitements des gens de guerre. Le comte de Cruzilles, qui tenait le parti du roi dans les guerres de la Ligue, s'en empara en 1589

Église du XIIe siècle, dont le portail mérite d'être remarqué.

Une hache de druide, en pierre, d'un vert brun foncé, bonne à éprouver l'or, a été trouvée, en 1820, dans la Saône. Les dé-

couvertes de ce genre sont d'ailleurs fréquentes dans cette rivière et dans la Seille.

Un des hameaux du Villars porte le nom de *Pierre-Aiguë*.
On a recueilli, en 1841. sur le territoire de Villars, près les
bords de la Saône, huit médailles romaines, dont 5 consulaires,
et 3 impériales ; les plus récentes ne sont pas postérieures à
l'empereur Commode. Il est fait mention du Villars dans une
bulle du pape Calixte II, de 1119, rapportée par Juenin.

Les meilleurs crus sont :

Le Mont de Plattes, Pierre-Aiguë, la Roche-Maillard, la Clu-
nette, rangés, ainsi que la généralité des crus, par A. Budker,
en cinquième classe.

Les principaux propriétaires sont :

M. Lamain. | M. Tussaud. | M. Vernay.

CANTON DE St-GENGOUX-LE-NATIONAL

AMEUGNY

Ameugny, arrondissement de Mâcon, canton de Saint-Gen-goux-le-National; bureau de poste de Cormatin ; 279 habitants. Près de la gare de Cormatin et à 34 kilomètres de Mâcon.

Village situé sur une montagne au sommet de laquelle est un plateau de près de 2 kilomètres de longueur.

Sol argilo-calcaire, sous-sol rocheux.

Vin rouge d'assez bonne qualité, couleur passable ; durée de 20 à 25 ans.

Ameugny possède encore un peu de vignes indigènes, 4 hectares ont été reconstitués en gamay sur riparia, solonis, rupestris; 90 hectares restent à planter.

Le prix de l'hectolitre de vin rouge vaut en moyenne 35 fr. ; le vin blanc, 40 fr.

A. Budker place les vins d'Ameugny en cinquième classe.

Un quart de la reconstitution, soit environ un hectare, a seul produit du vin en 1892. On ne peut encore établir ni classement, ni prix.

Propriété morcelée.

BISSY-SOUS-UXELLES

Bissy-sous-Uxelles, arrondissement de Mâcon ; bureau de poste de Saint-Gengoux-le-National ; 264 habitants ; à 6 kilomètres de la gare de Cormatin, 36 de Mâcon.

Sol calcaire avec alluvions analogues à celles de la Bresse.

Vin rouge assez estimé, goût agréable, belle couleur, d'une durée de 5 à 6 ans.

Bissy possède environ 70 hectares de vignes reconstituées en gamay du pays sur riparia et solonis. Deux ou trois hectares restent à planter.

Le prix moyen de l'hectare de vigne est de 2,500 fr.

La récolte de 1889 a donné 6 hectolitres de vin rouge valant de 45 à 50 fr. l'hectolitre.

La récolte de 1892 a été d'environ 350 hectolitres vendus de 35 à 45 fr. l'hectolitre.

La commune est située sur le revers oriental d'une colline qui, depuis Uxelles jusqu'à Bresse-sur-Grosne, remplit une partie de la vallée formée par les hautes montagnes qui se partagent, au-dessus de Cluny, en deux chaînes principales. Cette colline sert de limite, d'un côté au bassin du Grison, et de l'autre à la riante vallée de la Grosne. Cette position, à une certaine distance des montagnes qui forment l'horizon, préserve généralement le territoire de cette commune de la grêle, les nuages qui la produisent étant ordinairement attirés par les sommets dont elle est suffisamment éloignée pour qu'elle n'en ressente que peu les atteintes.

Jolie église construite en 1789.

La route départementale de Tournus à Bourbon-Lancy traverse le hameau de Colombier, dépendant de Bissy. Chemin de grande communication, de Tournus à Saint-Bonnet-de-Joux. Une ancienne voie romaine, dont on aperçoit encore quelques traces, traverse la portion nord-est du territoire, se dirigeant d'Autun à Mâcon.

Châteaux de Bissy, à M. de la Bussière ; de Colombier, à M. Nuzillat.

Les meilleurs crus sont : le clos Métreux, la rue Boira, les Oras, Chevagny. Coteaux exposés à l'est et à l'ouest.

A. Budker place les vins de Bissy dans la 5ᵉ classe.

Propriété morcelée.

BONNAY

Bonnay, arrondissement de Mâcon, canton et bureau de poste de Saint-Gengoux-le-National ; 730 habitants ; à 5 kilom. de la gare de Cormatin, 38 de Mâcon.

Village situé au pied d'un coteau.

Sol calcaire. Coteaux exposés à l'est.

Vin rouge assez estimé, couleur ordinaire, un peu acide, gagnant beaucoup en vieillissant.

Bonnay possède 60 hectares de vignes indigènes d'une valeur de 1,800 fr. l'hectare, 25 hectares ont été reconstitués en gamay et moreau sur riparia, solonis, jacquez, rupestris. 300 hectares restent à planter.

La récolte de 1892 a donné 150 hectolitres de vin rouge valant de 40 à 45 fr. l'hectolitre.

Belnadum fut donné à l'abbaye de Tournus l'an 981, sous le règne de Lothaire, par Narduin et sa femme.

En 1257, Henri de Brancion ajouta à ce don les droits de justice qu'il avait conservés sur ce village.

Jean de Montbelet, abbé de Tournus, ainsi que son couvent, cédèrent à un habitant de Bonnay, en viager, la jouissance du prieuré qu'ils avaient dans le lieu, moyennant 500 livres (janvier 1271).

Château de Besanceuil à Mme Guérin ; de Chassignolles, à M. Perras.

NOMENCLATURE
DES PRINCIPAUX VIGNOBLES ET LIEUX-DITS

Besanceuil. — A. B., cinquième classe; C. L., première classe.

PRINCIPALE PROPRIÉTAIRE

Mme Vve Guérin.

Le Vigny. — A. B., cinquième classe; C. L., première classe.

PRINCIPAUX PROPRIÉTAIRES

Mme Vve Guérin. | Mme Guyennot.

Propriété assez morcelée.

BURNAND

Burnand, arrondissement de Mâcon, canton et bureau de poste de Saint-Gengoux-le-National ; 325 habitants ; à 4 kilomètres de la gare de Saint-Gengoux, 44 de Mâcon.

Pays montagneux. Sol calcaire, granitique à l'ouest.

Coteaux exposés à l'Est et à l'Ouest. Vin rouge estimé, belle couleur, d'une durée de 8 à 10 ans.

Burnand possède environ 175 hectares de vignes reconstituées en gamay sur riparia.

La valeur de l'hectare est d'environ 3,000 fr. Quelques hectares restent à reconstituer.

La récolte de 1889 n'a donné que quelques hectolitres de vin rouge valant 45 fr. dans les meilleurs crus, 40 dans les crus ordinaires.

La récolte de 1892 a atteint environ 500 hectolitres ; les prix n'ont pas varié.

A Burnand existe un ancien château qui fut converti, vers le milieu du xviie siècle, en un prieuré de religieux de l'ordre de Saint-Augustin. Cette habitation a été aliénée en 1794.

Château de Burnand à M. de Lavernette-Saint-Maurice.

Principal cru Le Bec d'oiseau.

Propriété morcelée.

CHAPAIZE

Chapaize, arrondissement de Mâcon, canton de Saint-Gengoux-le-National, et bureau de poste de Cormatin ; 532 habitants; à 6 kilomètres de la gare de Cormatin, 34 de Mâcon.

Village situé en plaine. Sol d'alluvions analogues à celles de la Bresse ; vignes exposées au Sud-Sud-Est et à l'Est.

Vin rouge assez estimé, belle couleur, peu d'alcool.

Chapaize possède encore un peu de vignes indigènes d'une valeur de 1,500 fr. l'hectare, 25 hectares ont été reconstitués en gamay sur riparia et solonis. 60 hectares restent à planter.

La récolte de 1889 a donné 98 hectolitres de vin rouge, valant environ 40 fr. l'hectolitre.

La récolte de 1892, la première pour ainsi dire provenant de la reconstitution, a été détruite par la grêle ; on n'a pu, par suite, fixer ni qualité, ni prix.

Cette commune dépendait du bailliage de Mâcon et du marquisat d'Uxelles. Les bénédictins de Saint-Pierre de Chalon avaient leur noviciat à Chapaize ; il ne reste de ce monastère que des écuries et des masures. L'église de Chapaize se compose de trois nefs ; elle est assez vaste et semble appartenir au XIᵉ siècle.

Le hameau d'Uxelles, *Uxellæ, Ussellæ,* a donné son nom à une ancienne famille qui s'est illustrée sous les rois Henri IV, Louis XIII et Louis XIV. Le château d'Uxelles, avec titre de marquisat, appartint d'abord aux sires de Brancion ; mais l'un deux, Henri de Brancion, rendit, en 1259, au duc de Bourgogne Hugues IV, cette terre qui passa ensuite aux Du Blé d'Uxelles! Au sud de Chapaize on remarque le Pont-Joyeux, sur lequel passait une voie romaine ; à l'est était une autre voie militaire croisant la première et tendant de Chalon à Mâcon par Cluny. Sur le mont d'Ougy, on voit les vestiges d'un temple et de quelques anciens édifices.

Château d'Uxelles à M. le vicomte de la Chapelle.

Château de Chapaize à M. le baron de la Chapelle.

Les principaux crus sont ceux de la Côte d'Uxelles.

A. Budker place les vins de Chapaize en cinquième classe.

PRINCIPAUX PROPRIÉTAIRES

MM. Cadouz.
Mazoyer.
Pertuizot.

MM. Petitjean.
Touillon.

CHISSEY-LES-MACON

Chissey-les-Mâcon, arrondissement de Mâcon, canton de Saint-Gengoux-le-National, bureau de poste de Cormatin ; 695 habitants ; à 6 kilomètres de la gare de Cormatin, 30 de Mâcon.

Du village situé sur la pente nord-ouest de la montagne de Monterin on a une très belle vue sur la riche vallée de la Grosne.

Sol calcaire, très variable cependant dans la majeure partie, alluvions de la Bresse à l'ouest de Lys ; granite à l'est du Grison et même sous Prayes et Culey.

Vin rouge de qualité médiocre, plat, peu coloré, d'une durée de deux à trois ans.

Coteaux exposés à l'est et au sud.

Chissey n'a plus de vignes résistant au phylloxéra sur 120 hectares qui existaient avant l'invasion ; la plupart ont été reconstituées en gamay sur riparia.

Le prix moyen de l'hectare de vigne est de 2000 fr.

La récolte de 1889 a été de 50 hectolitres de vin rouge valant environ 35 fr. l'hectolitre.

Celle de 1892 a été de beaucoup supérieure ; les prix moyens ont été de 30 à 35 fr. l'hectolitre.

La section de Chissey paraît avoir eu autrefois une assez grande importance. Sur plusieurs points de son territoire, on trouve des traces de constructions anciennes, qui, par la nature de leurs débris, doivent appartenir à l'époque de la domination romaine. L'emplacement de ces constructions embrasse une très grande étendue de terrain. Des fouilles ont mis aussi à dé-

couvert une quantité considérable de tombeaux et des aqueducs
dont quelques-uns ont été faits avec le plus grand soin.
Sur tout l'espace qu'ont occupé les constructions anciennes se
trouve, à une certaine profondeur, un lit de cendres et de charbon, ce qui fait croire que les habitations qui existaient à cette
époque ont été détruites dans un incendie général.

Deux voies romaines, dont on aperçoit les vestiges dans
plusieurs endroits, traversaient la commune de Chissey.

PRINCIPAUX PROPRIÉTAIRES

| M. Labry. | M. Teillard. |

A. Budker range les vins de cette commune en cinquième
classe.

Propriété morcelée.

CORMATIN

Cormatin, arrondissement de Mâcon, canton de Saint-Gengoux-le-National ; bureau de poste et télégraphe, gare de chemin de fer.

881 habitants, à 36 kilomètres de Mâcon.

Sol calcaire dans toutes ses collines. Coteaux exposés à l'Est et à l'Ouest.

Vin rouge assez estimé, assez coloré, d'une durée de 10 à 12 ans.

Cormatin possède 80 hectares de vignes, d'une valeur de 3000 fr. environ, reconstitués en gamay et petit bouschet sur riparia, solonis, jacquez.

La récolte de 1889 a donné 70 hectolitres de vin rouge valant de 40 à 45 fr. l'hectolitre.

En 1892 on a récolté environ 300 hectolitres vendus de 35 à 42 fr. l'hectolitre, selon les crus.

Le village est sur le penchant d'une petite montagne et sur les bords de la Grosne. — Le château de Cormatin passe pour avoir été construit vers le milieu du XVIIIᵉ siècle, par Henri-Camille de Béringhen, héritier du maréchal marquis d'Uxelles ; mais il y a tout lieu de croire que l'époque de cette construction est plus reculée. La forme de l'édifice, le style de l'architecture dont, malgré les démolitions et les mutilations, on saisit encore tous les caractères, semblent devoir le faire remonter à la Renaissance ; il est sans doute contemporain de Chambord, avec lequel il a, du reste, plus d'un trait de ressemblance. Il occupe une île formée par les eaux de la Grosne. Une ancienne tradition, conservée dans le pays, rapporte que Henri IV y vint à un rendez-vous de chasse et a passé une nuit dans une chambre où on voit encore aujourd'hui un vaste tableau le représentant avec sa meute et sa suite. — En 1789, une bande de 150 incendiaires se porta sur ce château pour y mettre le feu. Le propriétaire, M. Desoteux, chercha à les gagner en leur faisant donner à boire et à manger à discrétion, et en se dépouillant de tout l'argent qui était en sa possession. Mais il ne serait point parvenu à sauver ce bel édifice, si un détachement de la milice bourgeoise de Tournus, qui était à la poursuite de ces brigands, ne fût accouru en toute hâte. Ils furent attaqués dans la cour du château. Plusieurs furent tués ou blessés. D'autres se noyèrent dans les fossés en voulant prendre la fuite ; le reste fut dispersé.

Eglise à trois nefs, style du xiie siècle, construite en 1855.

Château de Cormatin, à M. Henri de Lacretelle.

Les vins de Cormatin sont placés par A. Budker en cinquième catégorie.

Propriété assez morcelée.

BINEAU Fils

PROPRIÉTAIRE

à CORMATIN (Saône-et-Loire)

A. BONNIÈRE

PROPRIÉTAIRE-RENTIER

à CORMATIN (Saone-et-Loire)

Vins de table rouge et blanc

Vignobles dans les cantons de Tournus et de Saint-Gengoux-le-National

---

M. MALICIER

PROPRIÉTAIRE

à CORMATIN (Saône-et-Loire)

CORTEVAIX

Cortevaix, arrondissement de Mâcon, canton de Saint-Gengoux-le-National, bureau de poste de Cormatin ; 750 habitants, à 4 kilomètres de la gare de Cormatin, 36 de Mâcon.

Sol calcaire au sud et au nord-est, alluvions de la Guye à l'ouest. Coteaux exposés à l'est.

Vin rouge assez estimé, belle couleur, d'une durée de 12 à 14 ans.

Cortevaix possède environ 100 hectares de vignes reconstituées en gamay et petit Bouchet sur riparia, solonis, rupestris, york-madeira.

La valeur de l'hectare de vigne est d'environ 1500 fr.

La récolte de 1889 a donné 40 hectolitres de vin rouge valant 45 fr. dans les meilleurs crus, 40 fr. dans les crus ordinaires, 35 fr. dans les crus inférieurs.

La récolte de 1892 a été de beaucoup supérieure ; les prix antérieurs se sont maintenus.

Cette commune se compose de trois forts hameaux, savoir : Cortevaix, sur le penchant d'une colline, près la rivière de Guye, et dans une belle position ; Confrançon, à l'est de Cortevaix et à l'extrémité de la colline, la majeure partie en plaine ; Mont, au sud, tant sur le sommet et sur la pente d'une montagne que dans le vallon.

Cortevaix et Confrançon sont traversés par un chemin de grande communication de Saône-et-Loire, par les routes de Cormatin, et de Saint-Bonnet-de-Joux.

Les ruines d'un château fort ayant appartenu aux ducs de

Bourgogne existaient encore à Cortevaix en 1810. Les matériaux ont été employés à la construction de l'église.

Les meilleurs crus sont les Brulés et Urcy.

A. Budker place les vins de Cortevaix en cinquième classe.

Propriété morcelée.

Citons parmi les principaux propriétaires :

M. P. Millon.

CURTIL-SOUS-BURNAND

Curtil-sous-Burnand, arrondissement de Mâcon, canton et bureau de poste de Saint-Gengoux-le National.

Sol généralement calcaire. Coteaux exposés au sud et à l'est. Vin rouge assez estimé, belle couleur, mais de peu de durée.

Curtil possède encore un peu de vignes indigènes d'une valeur de 2500 fr. l'hectare. 100 hectares environ ont été reconstitués en gamays du pays sur riparia.

La récolte de 1889 a donné 40 hectolitres de vin rouge valant 35 à 40 fr. l'hectolitre.

En 1892, la récolte s'est élevée à 350 hectolitres vendus de 32 à 35 fr. l'hectolitre.

Curtil-sous-Burnand est situé sur une pente douce, entre trois montagnes, le Montenard, le Montrachet et le Montpejus. Beau château de la Serrée, ayant anciennement appartenu aux seigneurs de Drée de Gorze, puis aux Mucie, aux de Lavernette, à M. le marquis d'Authumes, puis à M. le comte E. Perrault de Jotemps. Ce château, jadis ceint de fossés larges et profonds, était flanqué de huit tours irrégulières, liées entre elles par de fortes murailles supportant des terrasses. Cinq de ces tours subsistent encore avec leurs meurtrières. Au-dessus du hameau de Munat, en creusant le roc pour établir le chemin de desserte de Bonnay à Saint-Gengoux, on a trouvé plusieurs tombeaux formés de quatre petits murs recouverts de dalles et rangés très régulièrement, à 1 mètre de distance environ les uns des autres. Dans quelques-uns étaient placées des amphores contenant une liqueur noire.

Château de la Serrée à M. de Lavernette Saint-Maurice.

Les meilleurs crus sont le Bec d'Oiseau, les Poiseuils, Derrière le Four, la Garenne.

Propriété assez morcelée.

SAINT-GENGOUX-LE-NATIONAL

Saint-Gengoux-le-National, arrondissement de Mâcon, chef-lieu de canton, bureau de poste et télégraphe, gare de chemin de fer sur la ligne de Chalon à Roanne, 1900 habitants, à 46 kilomètres de Mâcon, 29 de Chalon.

Terrain calcaire, argilo-calcaire ; grès arkose au nord.

Bons vins rouges ordinaires qui rivalisent, dans les bonnes expositions, avec ceux de la côte chalonnaise.

Le vignoble de Saint-Gengoux, qui comptait environ 400 hectares, a été complètement détruit par le phylloxéra. Le plus grand nombre a été reconstitué en gamay ordinaire, gamay-Moreau et en petit Bouschet, greffés sur viala, riparia, solonis, rupestris, jacquez et york.

La récolte de 1889 n'a donné que 200 hectolitres de vin rouge dont les prix, dans les meilleurs crus, ont atteint 70 fr. l'hectolitre, et 40 fr. dans les crus inférieurs.

La récolte de 1892 a été de beaucoup supérieure ; les prix ont varié de 35 fr. à 65 fr. l'hectolitre.

Saint-Gengoux-le-National, situé à la naissance d'un coteau qui produit de bons vins, est traversé par la route départementale de Bourbon à Tournus. Cette ville doit son existence aux moines de Cluny, et son histoire est essentiellement liée à celle de la puissante abbaye de ce nom. Elle fut pillée par les Brabançons qui étaient à la solde de Guillaume, comte de Chalon. Lorsque Louis le Jeune eut purgé le pays de ces brigands, l'abbé Etienne donna par reconnaissance au roi la moitié de la seigneurie de Saint-Gengoux. Ce prince y établit un bailliage

**Domaine du Buet, près St-Gengoux-le-National (Saône-et-Loire),
habitation de M. DUNOYER-BERTHONNIER**

Ce domaine, actuellement reconstitué par les vignes américaines, peut fournir
au commerce de bons vins ordinaires en rouges et blancs.

La Sachette, ferme convertie en vastes pépinières de vignes américaines
des meilleures variétés destinées à la vente des bois américains pour la confection
des plants greffés.

M. DUNOYER-BERTHONNIER, propriétaire

où se jugeaient les cas royaux, et auquel ressortissaient la ville de Lyon, le duché de Bourgogne, le comté du Forez et la terre de Beaujeu. Transféré en 1238 par saint Louis, à Mâcon, il y fut réintégré en 1359, puis fixé définitivement à Mâcon, lors de la réunion du duché à la couronne, en 1476. Les xv⁰ et xvi⁰ siècles furent pour cette ville, comme pour beaucoup de localités, une époque féconde en calamités de tous genres. En 1652 les protestants, qui venaient de saccager Cluny, prirent Saint-Gengoux, dont ils achevèrent la ruine. Entre autres horreurs qu'ils y commirent, ils brûlèrent six prêtres avec leurs missels, devant le portail de l'église.

Saint-Gengoux a pris à la révolution le nom de Jouvence, et l'a conservé jusqu'à la restauration. L'église, qui n'a rien de remarquable que son ancienneté, est le seul monument qui attire l'attention de l'étranger. La tour qui sert actuellement de presbytère faisait anciennement partie du château que possédèrent dans cette ville les ducs de Bourgogne.

La voie romaine de Mâcon à Autun passait à Saint-Gengoux-le-National. On en voit encore des vestiges au nord-ouest, dans la direction de Culles. Des médailles du Haut-Empire, des briques et de nombreux fragments de marbres ont été trouvés dans les environs.

Les meilleurs crus sont ceux de Mongoubot, la Chassagne, placés par A. Budker en troisième classe; Poiseul, les Crais, les Mouchettes — et ceux de Saint-Roch de Champin, de Vernay, de la Fosse), placés par A. Budker en quatrième et cinquième classes.

Propriété assez morcelée.

Citons parmi les principaux propriétaires :

M. A. Bonnière.

32

SAINT-HURUGE

Saint-Huruge, arrondissement de Mâcon, canton de Saint-Gengoux le-National ; bureau de poste de Joncy ; 205 habitants; à 8 kilomètres de la gare de Genouilly, 10 de celle de Saint-Gengoux-le-National, 43 de Mâcon.

Sol calcaire à l'Est, alluvions à l'Ouest. Vin rouge assez bon, peu coloré, de peu de durée.

Saint-Huruge possède 25 hectares de vignes d'une valeur de 2000 fr. l'hectare, reconstitués en othello et gamay sur riparia et solonis.

La récolte de 1889 a donné 200 hectolitres de vin rouge valant 35 fr. l'hectolitre dans les meilleurs crus, 25 à 30 fr. dans les crus ordinaires et inférieurs.

La récolte de 1892 a atteint environ 400 hectolitres vendus en moyenne 30 fr. l'hectolitre.

Le village est situé sur le penchant d'un coteau, au bas duquel coule la Guye.

Château de Saint-Huruge à M. Perraud.

Les meilleurs crus sont : La Terre-du-Bois et Chasse-Mines.

Propriété morcelée.

MALAY

Malay, arrondissement de Mâcon, canton de Saint-Gengoux-le-National, bureau de poste de Cormatin ; 630 habitants ; à 4 kilomètres de la gare de Cormatin, 39 de Mâcon.

Plaine, sol calcaire dans le massif montagneux à l'est ; alluvions de la Bresse dans la plaine à l'ouest.

Vin rouge bon, très agréable, d'une belle couleur, se conservant très longtemps.

Malay possède encore un peu de vignes indigènes, d'une valeur de 1,500 fr. l'hectare ; 50 hectares ont été reconstitués en gamay sur riparia, solonis, Jacquez ; 225 restent à planter.

La récolte de 1889 a donné 20 hectolitres de vin rouge valant 40 fr. l'hectolitre.

La récolte de 1892 a donné quelques hectolitres de vin, la plupart provenant des othellos. Pas de prix établi.

La commune est située en plaine ; elle est traversée par la route départementale n° 11, de Chagny à Mâcon.

Vestiges d'une voie romaine qui aboutit, dans la direction de Malay, à un ancien pont construit sur la Grosne, à 1 kilomètre au-dessus du village.

Les meilleurs crus étaient autrefois : la Montagne, le Poirier-Chanin.

A. Budker place les vins de Malay en cinquième classe.

Propriété morcelée.

PASSY

Passy, arrondissement de Mâcon, canton de Saint-Gengoux-le-National ; bureau de poste de Jancy ; 235 habitants ; à 13 kilomètres de la gare de Genouilly, 41 de Mâcon.

Terrains d'alluvions entourés de granite, vin rouge de qualité moyenne, dur, résistant.

Passy a encore un peu de vignes résistant au phylloxéra, le prix moyen de l'hectare de vigne est de 2,000 fr. ; 19 hectares ont été reconstitués en gamay-moureau, sur riparia, solonis.

La récolte de 1889 a donné 150 hectolitres de vin rouge valant 40 fr. dans les meilleurs crus, 35 fr. dans les crus ordinaires.

La récolte de 1892 a été un peu supérieure comme quantité; les prix n'ont pas varié.

Le bourg est situé dans un vallon arrosé par deux ruisseaux, celui de Sainte-Colombe et celui de Chevagny sur lequel on compte dix ponts, dans la traversée du bourg.

Les meilleurs crus sont : le Paris, le Rompay, les Crets.

Propriété viticole morcelée.

SAILLY

Sailly, arrondissement de Mâcon, canton de Saint-Gengoux-le-National, bureau de poste de Salornay, à 11 kilomètres de la gare de Cormatin, 14 de Saint-Gengoux; 343 habitants.

Sol calcaire ; alluvions dans la plaine arrosée par la Guye, granite à l'ouest.

Les coteaux produisent un assez bon vin ordinaire, goût agréable, couleur brillante, peu foncée.

Le vignoble de Sailly ne dépasse pas 40 hectares dont la plupart sont reconstitués en gamay sur riparia.

La récolte de 1890 a produit 150 hectolitres de vin, valant le rouge, 40 fr. l'hectolitre, le blanc, 45 fr.

En 1892, la récolte a atteint 280 hectolitres de vin rouge et 160 hectolitres de vin blanc. Les prix n'ont pas varié.

Sailly est situé sur un coteau, dans la vallée de la Guye, et traversé par la route nationale n° 80.

Source d'eau thermale exhalant une légère odeur de soufre.

Château de Sailly à M. Beaulieu.

Les meilleurs crus sont, pour le vin blanc : la Châtre, Galopin, Grasset.

Propriété morcelée.

SAVIGNY-SUR-GROSNE

Savigny-sur-Grosne, arrondissement de Mâcon, canton et bureau de poste de Saint-Gengoux-le-National; 431 habitants; à 4 kilomètres de la gare de Saint-Gengoux, 42 de Mâcon.

Village situé en plaine; le hameau de Notre-Dame de Grâce occupe une position agréable sur un coteau dominant la Grosne.

Sol calcaire. Coteaux exposés à l'Est.

Vin rouge estimé; belle couleur, d'une conservation parfaite et acquérant en vieillissant un bouquet assez fin.

Savigny possède 150 hectares de vignes d'une valeur de 1,800 à 2,500 fr. l'hectare, reconstitués en gamay, petit bouschet, sur riparia, solonis, rupestris.

La récolte de 1892 a donné 120 hectolitres vin rouge valant de 25 à 40 fr. l'hectolitre.

Le meilleur cru est celui de Poiseuil pour le vin rouge et le clos de Montrachet pour le vin blanc.

Le château de Savigny, dont on ne voit aujourd'hui que quelques ruines, a appartenu à Mme de Larochefoucault, duchesse de Crussol, puis au duc de Rohan-Chabot. On prétend que la voie romaine de Mâcon à Autun aboutissait à l'un des ponts qui existèrent jadis sur la Grosne, près le hameau de Messeugne.

NOMENCLATURE

DES PRINCIPAUX VIGNOBLES ET LIEUX-DITS

Poiseul. — A. B., cinquième classe; C. L., première classe.

PRINCIPAUX PROPRIÉTAIRES

M. Augros. | M. Lebeau.

Clos de **Montrachet**. — A. B., cinquième classe; C. L., deuxième classe.

PRINCIPAUX PROPRIÉTAIRES

| M. Degivry. | M. Dubois. |

SIGY-LE-CHATEL

Sigy-le-Châtel, arrondissement de Mâcon, canton de Saint-Gengoux-le National ; bureau de poste de Joncy ; 371 habitants : à 12 kilomètres de la gare de Cormatin, 40 de Mâcon.

Le village est situé sur une éminence, dans un riant vallon bordé à l'est et à l'ouest par de hautes collines.

Sol calcaire à l'ouest ; granitique à l'est, vin rouge estimé, belle couleur, d'une durée de 12 à 14 ans.

Sigy possède encore un peu de vignes indigènes d'une valeur de 2,000 fr. l'hectare ; 60 hectares ont été reconstitués en gamay sur riparia, solonis, vialla, Jacquez.

La récolte de 1889 a donné 180 hectolitres de vin rouge valant 45 fr. l'hectolitre dans les meilleurs crus, 40 fr. dans les crus ordinaires, et 35 fr. dans les crus inférieurs.

La récolte de 1892 a été un peu supérieure à celle de 1880 comme quantité ; l'hectolitre de vin s'est vendu 45 francs en moyenne.

La commune de Sigy-le-Châtel est traversée par la route nationale n° 80 de Mâcon à Châtillon-sur-Seine, et par le chemin de grande communication tendant de cette route à Saint-Gengoux. La Guye, grossie par plusieurs ruisseaux, arrose son territoire.

Ruines d'un ancien château fort au sommet de la montagne. L'église dépendait autrefois du prieuré de Saint-Nicolas.

NOMENCLATURE

DES PRINCIPAUX VIGNOBLES ET LIEUX-DITS

Le Champ Thion. — A. B., cinquième classe; C. L., première classe.

PRINCIPAL PROPRIÉTAIRE

M. Grosjean.

Les Coupières. — A. B., cinquième classe; C. L., première classe.

PRINCIPAL PROPRIÉTAIRE

M. L. Monnier.

Les Grandes-Terres. — A. B., cinquième classe; C. L., première classe.

PRINCIPAUX PROPRIÉTAIRES

M. Gailleton. | M. L. Monnier.

La Guinasse. — A. B., cinquième classe; C. L., première classe.

PRINCIPAL PROPRIÉTAIRE

M. L. Monnier.

TAIZÉ

Taizé, arrondissement de Mâcon, canton de Saint-Gengoux-le-National ; bureau de poste de Cormatin.

167 habitants ; à 2 kilomètres de la gare de Massilly et 3 de celle de Cormatin.

Sol calcaire, argilo-calcaire et siliceux dans certaines parties ; exposition au midi, au sud-est et au sud-ouest.

Vins ordinaires se conservant très longtemps.

Le vignoble de Taizé s'étendait sur 50 hectares avant l'invasion phylloxérique ; tout a été détruit. Environ 45 hectares sont replantés en gamay Moureau et en petit Bouschet greffés sur riparia, rupestris et solonis.

Les vins de Taizé se vendent de 35 à 40 fr. l'hectolitre.

Cette commune est située au sommet d'une montagne, près la route départementale de Chagny à Mâcon. Elle dépendait de la Châtellenie de Saint-André-le-Désert et de la justice de l'abbé de Cluny. Elle est mentionnée dans des chartes du IXᵉ et du Xᵉ siècle.

Château à M. de Brie.

A. Budker place les vins de cette commune en cinquième classe.

Propriété morcelée.

Clos Saint-Pierre (6 hect. 1/2) à M. Labry.

M. LABRY

à TAIZÉ (Saône-et-Loire)

PROPRIÉTAIRE DU CLOS SAINT-PIERRE

6 hectares 1/2, produisant vin rouge et vin blanc, bons ordinaires
d'une très longue garde ; situé sur la commune de Taizé, par Cormatin, arrondissement de Mâcon (Saône-et-Loire).

SAINT-YTHAIRE

Saint-Ythaire, arrondissement de Mâcon, canton et bureau de poste de Saint-Gengoux-le-National ; 588 habitants ; à 8 kilomètres des gares de Cormatin et de Saint-Gengoux, 41 de Mâcon.

Sol calcaire, grès au Nord.

Vin rouge assez bon, goût agréable, belle couleur, d'une durée de 15 à 20 ans.

Saint-Ythaire a encore un peu de vignes indigènes, d'une valeur de 1750 fr. l'hectare. 200 hectares ont été reconstitués en gamay, sur riparia, viala, solonis. Quelques hectares restent à planter.

La récolte de 1889 a donné 300 hectolitres de vin rouge, valant 40 fr. l'hectolitre et 5 hectolitres de vin blanc ; le prix de l'hectolitre de vin blanc étant sensiblement le même.

La récolte de 1892 a donné environ 900 hectolitres de vin rouge et 65 hectolitres de vin blanc, vendus de 35 à 45 fr. l'hectolitre, selon les crus.

Ce village qui occupe le sommet d'un coteau, portait jadis le nom de Mont-Aynard, et était bâti, dit-on, sur un autre coteau où existe aujourd'hui un bois au milieu duquel se trouvent les ruines d'un vieux château dit château d'Aynard. Il fut depuis désigné dans les chartes anciennes sous le nom de *Sanctus Ilerius* ou *Hilarius.*

Château à M. Girard.

Les meilleurs crus sont : les Grandes Vignes, Montenard, Vaux.

PRINCIPAUX PROPRIÉTAIRES

Mme Degivry.	M. Durand.	M. Martin.

CANTON DE SENNECEY-LE-GRAND

BEAUMONT-SUR-GROSNE

Beaumont-sur-Grosne, arrondissement de Chalon, canton et bureau de poste de Sennecey ; 354 habitants ; à 4 kilomètres de la gare de Sennecey, 15 de Chalon.

Plaine un peu accidentée, sol fertile, alluvions de la Bresse, alluvions modernes au nord, calcaire mélangé d'argile et de silice.

Vins ordinaires ; assez bon goût.

Les 40 hectares de vigne de Beaumont-sur-Grosne ont été complètement détruits ; 14 hectares sont reconstitués avec des gamays greffés sur riparias.

La récolte en vin y est encore peu élevée ; on pourra récolter dans quelques années 800 hectolitres.

L'hectare de vigne valait autrefois 4000 fr.; peu de transactions depuis la disparition de la vigne.

A. Budker place les vins de cette commune en quatrième et cinquième classes.

Pas de crus principaux.

Propriété morcelée.

BOYER

Boyer, arrondissement de Chalon, canton et bureau de poste de Sennecey ; 1096 habitants ; à 5 kilomètres des gares de Sennecey et Tournus, 24 de Chalon.

Au pied d'un coteau ; sol calcaire très varié à l'est, alluvions de la Bresse dans la plaine de l'ouest, terrains à silex au sud-ouest.

Vins estimés, de bon goût, forte couleur, appréciés pour les mélanges, se conservant bien, bouquet agréable en bouteilles.

Les 250 hectares dont se composait le vignoble de Boyer ont été détruits.

La reconstitution actuelle s'étend sur environ 140 hectares plantés en gamays greffés sur riparia et solonis et en producteurs directs, othellos et nohas.

L'hectare de vigne vaut 1,500 fr.

La récolte de 1890 a donné 250 hectolitres de vin rouge valant de 40 à 45 fr. l'hectolitre.

La récolte de 1892 a donné 680 hectolitres vendus au même prix.

Ce village est situé au pied d'un coteau, sur les bords de la Nantouse, qui se jette dans la Saône. La route nationale n° 6, de Paris à Lyon, traverse les hameaux du Jonchet, de Pimont et de Perrière. A Boyer, ancien château ayant appartenu au chapitre de Saint-Vincent de Chalon ; au hameau de Pimont, autre château restauré en 1854, dans le style gothique. Saint Loup, évêque de Chalon, qui vivait au commencement du vii⁰ siècle, est né à Boyer. Une fontaine à laquelle les habitants attribuent une vertu miraculeuse pour la guérison de la fièvre et des douleurs porte le nom de ce saint qui est resté en grande vénération dans le pays. Elle y attire encore un grand nombre de paysans de toutes les communes voisines. Dans la prairie située au territoire de Venière, entre la Saône et la montagne de Montrond, on remarque deux menhirs ou *pierres levées*. Le plus remarquable a cinq mètres d'élévation et un peu moins de deux mètres de largeur à sa base. Ses dimensions ont dû être plus grandes, à en juger par les débris qui l'entourent. Ces monolithes sont placés à 15 m. 62 cent. de distance l'un de l'autre. Il est raisonnable de penser qu'ils ont été érigés par les Celtes, dans la vue de perpétuer le souvenir d'une grande bataille qui se serait donnée dans ce lieu. Non loin de là, dans les bois de la Vesvre, on voit une levée qu'on nomme encore dans le pays la *Levée des Romains :* elle a sa direction de l'ouest à l'est. Sur la rive droite de la Saône, il existe aussi des fossés dans un endroit appelé le *Défend*, que les gens du pays prétendent avoir été jadis fortifié. En fouillant la terre, on a trouvé dans ce lieu quantité de fers de javelots.

Châteaux de Venières, à M. Defranc ; à M. Goy ; de Pimont, à M. de Varax ; de l'Arvolot, à M. Genissieux ; de la Roche.

Les meilleurs crus sont ceux de Venière, des Justices et de Boiry, placés par A. Budker en quatrième et cinquième classes.

PRINCIPAUX PROPRIÉTAIRES

MM. Emile Defranc.
Eugène Genissieu.

MM. Lucien Goy.
J. de Varax.

Château de Bresse sur Grosne (Canton de Sennecey-le-Grand)
Arrondissement de Chalon-sur-Saône
Appartenant à M. le Comte de Murard

Château d'Aisne (Commune d'Azé)
Canton de Lugny. — Arrondissement de Mâcon.
Appartenant à M. le Comte de Murard

Propriétés de M. le Comte de Murard

(Saône-et-Loire — Rhône)

Château de Bresse-sur-Grosne (20 vignerons)

Crus renommés : *Le Clos Dumont, le Troncy, les Chicottes.* | *La Grand Vigne.*
Les Perrières.

Château de Noble (12 vignerons)
Commune de La Chapelle-sous-Brancion

Crus renommés : *Sur le Pressoir, les Planchettes.* | *Sur le Four.*
En Mangot.

Chateau d'Aisne (27 vignerons)
Commune d'Azé

Crus renommés : *Le Vignaud,* | *Les Platières,*
Sur les Villes, | *En Mialoup.*
Aux champs, | *Aux Molards.*

Château de Vaux (25 vignerons)
Commune de Verzé

Crus renommés : *La Bergère.* | *La Sagotte.*
Sur le Mont. | *Les Varennes.*
La Gremière. | *Le Clou.*

Commune de Julliénas (Rhône), 2 vignerons
Ancien Clos des Évêques de Mâcon
Crus renommés : *Les Mouilles de Julliénas.*

BRESSE-SUR-GROSNE

Bresse-sur-Grosne, arrondissement de Chalon, canton de Sennecey-le-Grand ; bureau de poste et télégraphe ; 425 habitants ; à 8 kilomètres de la gare de Saint-Gengoux, 14 de Sennecey, 27 de Chalon. Voiture de Bresse à Sennecey.

Terrain presque entièrement composé d'alluvions, sol calcaire au sud et au sud-ouest, coteaux au nord et à l'est.

Vins de bonne qualité, goût franc et agréable, très colorés.

Bresse comptait 60 hectares de vigne, totalement détruits.

La reconstitution s'étend sur 25 hectares, elle est faite en gamays et en gamays-moureaux greffés sur solonis et rupestris.

L'hectare de vigne vaut 3,500 fr.

Les meilleurs crus sont le clos Dumont, les Cordeaux, les Pins, placés par A. Budker en quatrième et cinquième classes.

PRINCIPAL PROPRIÉTAIRE

M. le comte de Murard.

CHAMPAGNY-SOUS-UXELLES

Champagny-sous-Uxelles, arrondissement de Chalon, canton de Sennecey-le-Grand, bureau de poste de Bresse-sur-Grosne ; 387 habitants ; 8 kilomètres de la gare de Saint-Gengoux-le-National, 17 de Sennecey, 29 de Chalon ; voiture de Sennecey-le-Grand à Bresse.

Sur le penchant ouest et sud-ouest d'une montagne. Alluvions de la Bresse à l'ouest du village ; calcaire léger sur sol pierreux, sur les coteaux.

Vin très ordinaire, peu coloré, assez délicat de goût. Les meilleurs crus sont ceux de Colombier et de l'Argilier.

Le vignoble de Champagny se composait de 1000 hectares avant l'invasion ; tout a été détruit. La reconstitution s'étend déjà sur environ 200 hectares. On plante des gamays Moreau greffés sur riparias.

L'hectare de terrain à vigne vaut 800 fr. Le prix de l'hectare planté et en rapport n'est pas déterminé encore.

Les vins se vendaient autrefois, 30, 40 et 45 fr. l'hectolitre ; ils ont peu varié actuellement.

Les vins de Champagny ne sont pas classés.

ETRIGNY

Etrigny, arrondissement de Chalon, canton de Sennecey, bureau de poste de Bresse-sur-Grosne ; 914 habitants ; à 10 kilomètres de la gare de Sennecey, 28 de Chalon.

Voiture de Sennecey à Bresse.

Région calcaire très variée à l'est d'Etrigny et de Balleure ; bande de grès et de granite altéré à l'ouest.

Vins ordinaires, de bonne qualité, bonne couleur acquérant de la valeur et du bouquet en vieillissant.

Etrigny comptait 240 hectares de vignes avant le phylloxéra ; il en reste à peine 4 hectares résistant encore ; 150 hectares ont été reconstitués en gamays et moureaux greffés sur riparias, vialas, et solonis. La reconstitution continue. L'hectare de vignes non replanté ne dépasse pas le prix de 1,000 francs.

La récolte de 1890 n'a donné que 235 hectolitres de vin rouge ; les prix se tiennent entre 40 et 50 fr. l'hectolitre.

La récolte de 1892 a été un peu supérieure ; mêmes prix.

Le village est situé sur le penchant d'une colline. Deux châteaux anciens, l'un à Balleure et l'autre à Saugerée. Il exista jadis, sur une éminence, au lieu dit la Varenne, un hameau considérable dont on voit encore quelques vestiges entre Etrigny et le hameau de Tallade. Il passe dans le pays pour avoir été abandonné depuis la peste de 1438. Le hameau de Balleure a donné le jour à l'un des plus anciens historiens de Bourgogne, Pierre de Saint-Julien de Balleure, qui fut d'abord curé d'Etrigny, en 1521, puis successivement doyen de Cuisery et du chapitre de Saint-Vincent de Chalon, mort en 1593. Dans les bois de Bragny et aux Reppes d'Etrigny, vestiges bien conservés de la grande voie romaine de Mâcon à Chalon.

Depuis 1790 jusqu'en 1802, cette commune a été chef-lieu d'un canton qui était composé de 8 communes dont 7 ont été réunies au canton de Sennecey et une au canton de Buxy.

Les meilleurs crus sont ceux de la Varenne, de la Pendure, des Grandes-Vignes placés par A. Budker en quatrième classe.

PRINCIPAUX PROPRIÉTAIRES

M. Favéro. | M. Guyonnet. | M. Tarut.

JUGY

Jugy, arrondissement de Chalon, canton et bureau de poste de Sennecey-le-Grand ; à 4 kilomètres de la gare de Sennecey-le-Grand et 22 de Chalon, sur le chemin d'intérêt commun n° 82 de Marnay à Brancion ; 434 habitants.

Région calcaire, très accidentée à l'ouest, calcaire marneux dans la baisse ; alluvions de la Bresse, dans la partie au nord et à l'est.

Superficie, 769 hectares dont 80 environ en vignes nouvellement reconstituées en othello, gamay greffés sur riparia et noah.

La reconstitution s'activera en raison de la création d'une pépinière communale plantée en mars 1893 et de l'ouverture d'un cours de greffage sous la direction de M. J.-L. Desbois. Ce cours, ouvert seulement de l'hiver 1892-93, a donné pour résultat neuf élèves diplômés au concours de Chalon.

La récolte de 1892 a donné 550 hectolitres de vin rouge valant 40 fr. l'hectolitre.

La récolte de vin blanc a donné 70 hectolitres, valant 40 fr. l'hectolitre.

Avant l'invasion du phylloxéra, en 1880, Jugy récoltait un vin renommé et recherché, la vente en était facile. On pense que le vin provenant des nouvelles plantations ne perdra rien de son ancienne réputation.

Cette commune est située au pied d'une montagne, à l'aspect du levant.

En déblayant, dans l'intérieur du village, le sol d'un chemin

vicinal, on a rencontré les fondations de bâtiments considérables, des monnaies de cuivre en assez grande quantité, mais
dont l'état d'oxydation n'a pas permis de reconnaître le millésime, et enfin des lingots de plomb, ce qui donne à penser que
ce village a été détruit par un incendie. Ruines d'une ancienne
église, au sommet de la montagne de Saint-Germain-des-Buis.
Maison bourgeoise bâtie sur l'emplacement d'un ancien château entouré de fossés.

NOMENCLATURE

DES PRINCIPAUX VIGNOBLES ET LIEUX-DITS

Champ-Try et la Garenne. — A. B., quatrième classe;
C. L., première classe.

PRINCIPAL PROPRIÉTAIRE

M. Pinette.

Scivolières. — A. B., quatrième classe; C. L., deuxième
classe.

PRINCIPAL PROPRIÉTAIRE

M. d'Entraigues.

Le Bizier. — A. B., cinquième classe; C. L., deuxième et
troisième classes.

PRINCIPAUX PROPRIÉTAIRES

M. Claude Porcher. | M. Rochas.

Le Clos. — A. B., cinquième classe; C. L., deuxième et
troisième classes.

PRINCIPAL PROPRIÉTAIRE

M. Claude Berthier.

Les Mâts. — A. B., cinquième classe ; C. L., troisième classe.

PRINCIPAUX PROPRIÉTAIRES

M. Philippe. | M. Antoine Vincent.

Montceau. — A. B., cinquième classe ; C. L., deuxième et troisième classes.

PRINCIPAUX PROPRIÉTAIRES

M. Jean-Baptiste Lamain. | M. Millon.

LAIVES

Laives, arrondissement de Chalon, canton et bureau de poste de Sennecey-le-Grand ; 1,084 habitants ; à 2 kilomètres de la gare de Sennecey, 20 de Chalon.

Région calcaire à l'est du village, calcaire marneux dans les baisses, alluvions dans les plaines.

Le vignoble de Laives, sur le coteau ouest, s'étendait sur 112 hectares ; tout a été détruit par le phylloxéra. Actuellement une cinquantaine d'hectares sont reconstitués en gamays greffés sur riparia, en plants directs : othellos et noahs. La reconstitution continue.

L'hectare de vigne non reconstituée ne vaut guère plus de 2,000 fr.

La récolte de 1890 n'a donné que 50 hectolitres. Celle de 1892 a atteint 350 hectolitres.

Le vin de Laives se vend en moyenne 50 fr. l'hectolitre.

Fort village, situé au pied d'une montagne. Très ancienne église au sommet de la montagne de Saint-Martin. Elle faisait partie d'un monastère dont il ne subsiste plus rien. Un des chemins qui y conduisent est appelé chemin des Templiers.

NOMENCLATURE

DES PRINCIPAUX VIGNOBLES ET LIEUX-DITS

Les **Rosiers**. — C. L., première classe.

PRINCIPAUX PROPRIÉTAIRES

M. Girardon-Guy. | M. Lévêque. | M. Vernachet.

Les Vignes-Rouges. — C. L., deuxième classe.

PRINCIPAUX PROPRIÉTAIRES

M. Ladame-Bressand. | Mme Régnier.

Sous la Faille. — C. L., troisième classe.

PRINCIPAUX PROPRIÉTAIRES

M. Ferry-Dard | M. Guy-Blondeau. | M. Perrier-Duprey.

Sous Saint-Martin. — C. L., troisième classe.

PRINCIPAUX PROPRIÉTAIRES

M. Ceuzin-Jacob. | M. Jacob-Legay | M. Michel-Jacob.

Les Carrières. — C. L., quatrième classe.

PRINCIPAUX PROPRIÉTAIRES

M. Dupuis. | M. Munot.

Clos de la Motte. — C. L., cinquième classe.

PRINCIPAUX PROPRIÉTAIRES

M. Ladame. | M. Lévêque. | M. Passerat.

Les Buissenots. — C. L., cinquième classe.

PRINCIPAUX PROPRIÉTAIRES

M. Ceuzin-Jacob. | M. Perrier-Duprey.

A. Budker place la généralité des vins de Laives en quatrième et cinquième classes.

MANCEY

Mancey, arrondissement de Chalon, canton et bureau de poste de Sennecey ; 572 habitants ; à 5 kilomètres ouest de la gare de Tournus, 9 de Sennecey, 27 de Chalon.

Coteaux exposés à l'est et à l'ouest, sol calcaire très varié, marneux dans les baisses, près du village ; alluvions et silex du côté de Vers et d'Ozenay.

Vins de table ordinaires se conservant bien.

C'est à Mancey que le phylloxéra fut découvert pour la première fois, dans le département de Saône-et-Loire, le 23 juin 1875 : c'est là aussi que furent faits les premiers essais de traitement au sulfocarbonate de potassium et au sulfure de carbone.

Avant l'invasion phylloxérique, Mancey comptait 250 hectares de vignes ; il en reste à peine 10 hectares végétant. 80 hectares ont été reconstitués en gamays greffés sur riparia.

L'hectare de vignes, qui était tombé au prix dérisoire de 800 fr., tend beaucoup à augmenter.

La récolte de 1890 a donné 1050 hectolitres de vin rouge valant en moyenne 40 fr. l'hectolitre.

Celle de 1892 a été supérieure ; même prix.

Une partie de Mancey, ainsi que l'église, sont situées sur la hauteur. Au hameau de Dulphey, que traverse la route départementale n° 8, de Tournus à Bourbon, ruines de l'ancien château fort que fit construire, vers l'an 1529, messire Pierre de Cergyé, sieur de Dulphey, de Royer, de Flacé, etc. : « œuvre que ceux qui l'auront bien visitée, dit Saint-Julien de Balleure, trouveront de louable desseing, mais, au reste, si massif et de telle coustange que peu de seigneurs plus avantagés en biens que luy oseraient entreprendre en faire bastir un pareil ». On lit dans l'histoire des Révolutions de Mâcon : « M. de Biron, maréchal de Bourgogne, après le siège de Beaune qui tenait pour la Ligue, s'étant rendu à Saint-Gengoux-le-Royal où il arriva le 3 avril 1593, vint faire le siège du château de Dulphey, qu'il emporta d'assaut le 9 du même mois. Une partie de la garnison y périt ; l'autre fut pendue aux fourches.

Un très petit nombre évita, par la fuite, la juste punition de leur révolte. » Les ruines de cette construction féodale sont encore imposantes.

Château de Dulphey à Mme veuve Guillaume.

A. Budker range en quatrième et cinquième classes les vins de cette commune.

Pas de crus principaux.

Propriété morcelée.

MONTCEAUX

Montceaux, arrondissement de Chalon, canton et bureau de poste de Sennecey; 86 habitants, à 3 kilomètres de la gare de Sennecey, 21 de Chalon.

Sur le versant d'une montagne, sol calcaire très varié, marneux à l'est, traces de grès tendres donnant un sable siliceux.

Vins ordinaires de bon goût.

Le vignoble de Montceaux, peu important, s'étendait sur 65 à 70 hectares; tout a été atteint; il reste cependant encore une dizaine d'hectares en végétation. La reconstitution comprend quelques othellos, sur une surface de 3 hectares environ; elle se poursuit activement en gamay du pays sur divers portegreffes.

L'hectare de vigne vaut 2000 fr.

On a récolté, en 1892, 450 hectolitres de vin d'une valeur moyenne de 40 fr.

A. Budker place les vins de la commune de Montceaux en quatrième et cinquième classes.

NANTON

Nanton, arrondissement de Chalon, canton et bureau de poste de Sennecey-le-Grand ; 1020 habitants ; à 6 kilomètres de Sennecey, 24 de Chalon.

Sur la pente ouest d'une montagne ; coteaux exposés à l'ouest, au sud-ouest et à l'est.

Terrain calcaire à l'est, bande de grès arkose et granite très altérable de Vincelle à Talant, alluvions dans la plaine.

Vins assez bons, durs, goût de terroir très prononcé.

Avant l'invasion du phylloxéra, 130 hectares étaient plantés en vignes. Aujourd'hui 35 hectares environ sont reconstitués, 30 hectares en plants directs, othello et noah, et 5 hectares en plants greffés sur riparia en gamay du pays.

En 1875 on avait récolté dans la commune de Nanton 7,150 hectolitres de vin. En 1892 la récolte a été évaluée à 345 hectolitres valant 40 fr. l'hectolitre. Autrefois les vins blancs de la Reclaine et des Sablons étaient renommés.

La valeur de l'hectare de vigne varie de 1,800 fr. à 2,500 francs.

Le village est situé près les bords du Grison, à l'ouest d'une montagne très boisée, qui se prolonge depuis Sennecey-le-Grand jusqu'à Brancion. Le hameau de Corlay, entre deux montagnes, possède une jolie chapelle bâtie en 1781 par Antoine Barbier et Françoise Passerat, sa femme, qui y ont attaché une rente perpétuelle, à charge de services religieux. — Cette chapelle est sous le vocable de Saint-Antoine. — L'ancien chemin des Romains, signalé à la Chapelle-de-Bragny, limite une partie du territoire à l'ouest.

Château à M. le général de Ricaumont.

NOMENCLATURE

DES PRINCIPAUX VIGNOBLES ET LIEUX-DITS

Corlay. — A. B., troisième et quatrième classes.

PRINCIPAUX PROPRIÉTAIRES

M. Victor-Eugène Alin. | M. Victor Passerat. | M. Pierre Virey.

Les Sablons (*vins blancs*). — A. B., troisième classe.

PRINCIPAUX PROPRIÉTAIRES

M. Pierre Chanut. | M. Charles Lamain. | M. Jean Rabut.

Sous-Fouilloux. — A. B., quatrième et cinquième classes.

PRINCIPAUX PROPRIÉTAIRES

M. Jean-Louis Ferrey. | M. Claude Goujon. | M. Charles Lamain.

Les Grandes-Vignes. — A. B., quatrième et cinquième classes.

PRINCIPAUX PROPRIÉTAIRES

M. Barbier-Goujon. | M. Alfred Ducrotverdun. | M. Louis Duriand

La Pérelle. — A. B., quatrième et cinquième classes.

PRINCIPAUX PROPRIÉTAIRES

M. Pierre Chanut. | M. le général de Ricaumont.

La Réclaine. — A. B., quatrième et cinquième classes.

PRINCIPAUX PROPRIÉTAIRES

M. Jean-Louis Chanut. | M. Charles Lamain.

SENNECEY-LE-GRAND

Sennecey-le-Grand, arrondissement de Chalon, chef-lieu de canton, bureau de poste et télégraphe ; chemin de fer sur la ligne P.-L.-M., à 18 kilomètres de Chalon, 40 de Mâcon ; 2437 habitants.

Alluvions de la Bresse dans la plaine qui entoure Sennecey ; région montagneuse, calcaire à l'ouest et au sud.

Vins ordinaires de bonne qualité, assez durs, se conservant bien.

Le vignoble de Sennecey, qui autrefois s'étendait sur 200 hectares, a été détruit presque complètement par le phylloxéra.

La reconstitution, principalement en gamays du pays sur riparias et solonis, se poursuit activement.

La récolte de 1890 a donné 800 hectolitres de vin rouge d'une valeur moyenne de 40 à 50 fr. l'hectolitre.

La récolte de 1892 a été un peu supérieure ; les prix sont restés les mêmes.

Sennecey est traversé par la route nationale de Paris à Chambéry et par le chemin de fer de Paris à Lyon. Au hameau de Sens, les travaux de la culture ont souvent ramené au jour des médailles, des fragments de colonnes, des statuettes en bronze, des tombeaux, des urnes cinéraires, des meules de moulins à bras, des plaques de marbre ayant servi de décors et une grande quantité de briques à rebord. Mais la découverte la plus importante est celle qui a été faite de deux riches mosaïques, en 1840 et en 1852. Les dessins de ces mosaïques, dont l'une n'a pu être conservée, ont été reproduits dans les Mémoires de la Société d'Histoire et d'Archéologie de Chalon, avec une notice de

M. Canat. Elles formaient le pavé de deux salles contiguës. Quelques squelettes trouvés dans l'une de ces salles font présumer que *la Villa* dont elles faisaient partie a éprouvé le même sort que celle de Noiry, hameau de la commune d'Ormes. Cette partie du territoire de Sennecey a été évidemment couverte d'habitations considérables à l'époque gallo-romaine. Les vestiges d'anciens chemins romains sont encore très apparents sur la commune de Gigny, voisine de Sennecey. Château de Ruffey, en ruines. Autre château, dit Tour-Vieil-Enfant. Un troisième château, qui appartint en dernier lieu à la famille de Noailles par les Talleyrand de Périgord, avait été fortifié par Jean de Toulongeon, maréchal de Bourgogne, qui avait employé à la construction des tours dont il était flanqué le prix de la rançon du comte de Boucan, connétable d'Ecosse, fait prisonnier à la bataille de Cravant, en 1422. La commune de Sennecey en a fait l'acquisition, et l'a fait démolir en 1823. L'église paroissiale actuelle s'est élevée sur son emplacement. A Ruffey, on voit encore la chapelle des sires de Lugny, dépendant de l'église de Saint-Julien. Elle a été classée parmi les monuments historiques. Le gouvernement y a fait faire, en 1854, des réparations pour la conservation des peintures qui décorent cette partie de l'édifice.

Châteaux de la Tour, à M. Servais Bouchard de Beaune ; de Ruffey, à M. Virey-Desjardins.

Les principaux crus sont : Saint-Julien et Ruffey, placés, par A. Budker, en troisième et quatrième classes.

Propriété assez morcelée.

Clos de la Tour à M. Servais Bouchard, de la maison Bouchard aîné et fils de Beaune.

Résidence de la famille Bouchard (Branche aînée),
rues St-Martin et Ste-Marguerite, à Beaune (1).

(1) Cette famille, qui a commencé à s'occuper du commerce des vins en 1730, compte sept générations du même nom, s'étant occupées traditionnellement de tout ce qui se rattache à la viticulture et aux vins en Bourgogne.

Ce fait est assez rare dans les annales du haut commerce de notre pays pour que nous croyions devoir le consigner ici en donnant l'ordre de succession de ses divers membres.

MICHEL BOUCHARD, né en 1684, décédé le 7 avril 1755.

JOSEPH BOUCHARD, fils de Michel Bouchard, né le 27 novembre 1720, décédé le 14 mai 1804 (fut le premier président lors de la création du tribunal de commerce de Beaune).

ANTOINE BOUCHARD, fils de Joseph Bouchard, né le 3 avril 1759, décédé le 27 janvier 1860 ; Président du tribunal de commerce et Administrateur des hospices de Beaune.

THÉODORE BOUCHARD, fils de Antoine Bouchard, né le 6 juillet 1783, décédé le 4 mai 1848 ; Juge au Tribunal de commerce de Beaune.

PAUL BOUCHARD, fils de Théodore Bouchard, né le 23 juillet 1814, actuellement maire de Beaune, conseiller général du département de la Côte-d'Or, administrateur des hospices de Beaune, chevalier de la Légion d'honneur.

La Maison est actuellement dirigée par Messieurs :

SERVAIS BOUCHARD, né le 8 décembre 1835,
ERNEST BOUCHARD, né le 17 mars 1845,   Fils de Paul Bouchard.
ADOLPHE BOUCHARD, né le 6 juillet 1847,

CHARLES BOUCHARD, fils de Servais Bouchard, né le 11 février 1886.

Domaine de la Tour (Clos et Château), à Sennecey-le-Grand.

Propriété de M. Servais Bouchard, de la Maison Bouchard aîné et fils, à Beaune (Côte-d'Or).

VERS

Vers, arrondissement de Chalon, canton et bureau de poste de Sennecey ; 176 habitants ; à 5 kilomètres de la gare de Tournus, 7 de Sennecey, 25 de Chalon.

Sol calcaire très varié, gravier à silex à l'est et vers le sud ; coteaux exposés à l'ouest et à l'est.

Vins rouges de bonne qualité.

Le vignoble de Vers s'étendait sur 100 hectares ; le phylloxéra a terminé son œuvre de destruction, 50 hectares environ sont reconstitués en gamays greffés sur riparias.

La récolte de 1892 a produit environ 250 hectolitres de vin, valant environ 40 fr.

Le prix du terrain est difficile à apprécier en ce moment ; il atteignait autrefois 3000 fr. l'hectare de vignes.

A. Budker place les vins de cette commune en quatrième et cinquième classes.

Pas de crus principaux.

Propriété morcelée.

Domaine de La Brosse (1), **par Buxy** (Saône-et-Loire)
Propriété de **MM. VACHET et DAVANTURE,** *viticulteurs-pépiniéristes.*

---

(1) Le domaine de La Brosse est situé sur la commune de Bissey-sous-Cruchaud ; les vignes sont partie sur cette commune et partie sur celle de Buxy. Ce domaine, siège de l'exploitation, comprend 24 hectares, dont 16 hectares complètement reconstitués en vignes greffées : Pineau noir et blanc et Gamay ; 5 hectares complantés en porte-greffes et 3 hectares servant à l'établissement de pépinières.

Pépinières et plantations de porte-greffes à Saint-Boil et Messey-sur-Grosne.

Propriété à Montagny-les-Buxy, produisant d'excellents vins rouges et blancs.

CANTON DE BUXY

BISSEY-SOUS-CRUCHAUD

Bissey-sous-Cruchaud, arrondissement de Chalon, canton et bureau de poste de Buxy ; 557 habitants, à 3 kilomètres de la gare de Buxy, 18 de Chalon.

Sol calcaire argileux.

Vins blancs et rouges ordinaires.

Le vignoble de Bissey se compose de 200 hectares dont la plus grande étendue a résisté au phylloxéra. 16 hectares sont replantés en gamay greffés sur riparia et viala.

L'hectare de vignes vaut 2,500 francs.

La récolte de 1892 a donné 2,000 hectolitres de vin rouge dont les prix varient de 40 à 46 fr. l'hectolitre ; et 200 hectolitres de vin blanc, à 60 fr. l'hectolitre.

Le village est situé dans un vallon. Site pittoresque. Le fond de cette gorge est recouvert d'un sable formé de grains de quartz, de feld-spath et de quelques paillettes de Mica que les gens du pays prennent pour de l'or. M. Millon père, qui s'est livré, il y a quelques années déjà, à des recherches minéralogiques sur la montagne de la Bruyère, a recueilli divers échantillons de cuivre, de fer, de soufre et de plâtre. Le territoire est traversé par les routes départementales de Chalon à Charolles et de Chagny à Mâcon.

NOMENCLATURE

DES PRINCIPAUX VIGNOBLES ET LIEUX-DITS

Les Torpins. — A. B., troisième classe.

Combes, les Morajoux, le Rougeon, Saugy (*vins blancs*) **la Galère, Chante-Perdrix.**

PRINCIPAUX PROPRIÉTAIRES

Mme Vve Baudot.
MM. Dutartre-Fourneret.
Nicolas Gaillard-Bouchard.
Gautheron, *notaire*.
Mme de la Genardière.

MM. Ménagé-Dutartre.
Prudon-Bordet.
Vachet et Davanture (*Domaine de La Brosse*).

BISSY-SUR-FLEY

Bissy-sur-Fley, arrondissement de Chalon, canton de Buxy et bureau de poste de Saint-Boil; 340 habitants, à 3 kilomètres de la gare de Genouilly, 11 de Buxy, 27 de Chalon.

Sur le versant d'une montagne; sol généralement calcaire; exposition des coteaux au sud et au sud-est.

Vins de bonne qualité; peu de couleur, se conservant bien.

La commune possédait 50 hectares de vigne dont la majeure partie a été détruite.

La reconstitution se fait en gamay rouge greffé sur riparia et solonis.

L'hectare de vigne se vend 2,400 fr.

La récolte de 1890 a donné 1,800 hectolitres dont la valeur moyenne est de 40 fr. l'hectolitre.

En 1892 on a récolté 1,500 hectolitres de vin vendu de 35 à 40 fr. l'hectolitre.

Il existe à Bissy l'ancien château de Bissy de Thiard, qui a fait place à une ferme. Ponthus de Thiard, évêque de Chalon, y est né en 1521. Il s'adonna de bonne heure à la poésie, aux mathématiques, à la philosophie, et, plus tard, à l'étude de la théologie. Il fut surnommé dans son temps l'*Anacréon* français. Charles IX l'appela au parlement, et Henri III le nomma, en 1578, à l'évêché de Chalon. Mais ce prélat s'était attiré la haine du clergé, en soutenant l'autorité royale contre le parti de la Ligue. Voyant les Ligueurs dominer à Chalon et les moines acharnés à décrier sa modération et son attachement au souverain, il se démit de son évêché, en 1593, et alla mourir à Bragny.

Voie romaine dont on retrouve des vestiges en différents endroits, sur le finage de Fley et de Bissy. On la nomme encore le chemin ferré.

Château de Bissy à M. Laurent.

PRINCIPAUX PROPRIÉTAIRES

M. Rozan. | Mᵐᵒ Delangle.

BUXY

Buxy, arrondissement de Chalon, chef-lieu de canton, bureau de poste et télégraphe ; 2,025 habitants ; chemin de fer sur la ligne de Chalon à Roanne, à 16 kilomètres de Chalon, 58 de Mâcon.

Situé au bas et sur la pente d'une montagne au centre de ses principaux hameaux, partie du sol en plaine et partie en montagne.

Terrain généralement calcaire en montagne, argilo-calcaire et argileux en plaine.

La vigne est cultivée sur les coteaux.

Vins rouges classés dans les bons ordinaires se tenant bien jusqu'à 6 et 7 ans.

Vins blancs très estimés.

Le vignoble de Buxy comprend environ 350 à 400 hectares ; sur cette contenance totale, 50 hectares résistent encore au phylloxéra ; 300 hectares sont déjà reconstitués en gamay et moureau sur riparia, solonis et rupestris.

L'hectare de vigne vaut actuellement 6,000 fr. (le double avant l'invasion).

La récolte de 1890 a donné environ 3,000 hectolitres de vin rouge et 60 de blanc.

Le vin rouge vaut 40, 45, 50 fr. l'hectolitre, suivant les crus ; le vin blanc se tient entre 45, 55 et même 70 fr. l'hectolitre, suivant le choix.

La récolte de 1892 a été un peu supérieure à celle de 1890 et de 1891 ; les prix du vin ont peu varié.

Buxy est situé sur la route départementale n° 11, de Mâcon

à Chagny. Le bourg de Buxy fut autrefois environné de murs flanqués de tours et ceints de fossés. Il fut souvent ravagé par la peste, notamment par celles de 1438 et 1628, ainsi que par les guerres de religion. Les Reîtres le pillèrent et l'incendièrent en partie, dans l'année 1576. Les protestants étaient très nombreux à Buxy et y avaient un prêche. Il s'y tint un synode en 1671.

Au nord-ouest du bourg, ruines d'un ancien château. Eglise ancienne.

Châteaux des Raveaux, à M. Galopin; de Chenevelle, à Mme de Varennes; de Buxy, à M. G. de Laboulay; de Davenay, à M. de Valence; du Cray, à Mme Perret.

NOMENCLATURE
DES PRINCIPAUX VIGNOBLES ET LIEUX-DITS

Bonneveaux, Vieux-Château, les Condemines, Davenay, Montcuchot, placés par A. Budker en deuxième classe.

Les autres crus rouges en troisième et quatrième classes et les crus blancs en deuxième, troisième et quatrième classes.

PRINCIPAUX PROPRIÉTAIRES

Mme Vve Forêt.
MM. Nicolas Fricaud.
G. de Laboulay.
Matial-Perret.

MM. Ernest de Valence.
V. de Valence.
de Varennes.
Armand Vitteaux.

M. G. DE LABOULAY
PROPRIÉTAIRE
à BUXY (Saône-et-Loire).

SAINT-BOIL

Saint-Boil, arrondissement de Chalon, canton de Buxy ; bureau de poste et chemin de fer, ligne de Chalon à Roanne ; 805 habitants ; à 7 kilomètres de Buxy, 23 de Chalon, situé au pied d'un coteau ; plaine ondulée à l'est, chaîne de montagnes à l'ouest ; sol calcaire et siliceux ; exposition des coteaux à l'est et au nord-est.

Bons vins ordinaires, de goût agréable, belle couleur.

L'hectare de vignes ne dépasse pas, comme prix, de 1,500 à 1,800 fr.

Le vignoble de Saint-Boil, composé de 130 hectares, a été complètement détruit.

100 hectares environ ont été reconstitués en gamay et moureau, greffés sur riparia, solonis et rupestris.

100 hectolitres de vin environ ont été récoltés en 1890, et 250 en 1892.

Les prix varient de 35 à 50 fr. l'hectolitre suivant les choix.

Saint-Boil est sur le penchant d'une colline, traversé par la route départementale de Chagny à Mâcon. Fontaine très abondante dans l'intérieur du village. Il en existe aussi une à Collouges, qui a sa source au pied d'un rocher, fait mouvoir immédiatement trois moulins et donne naissance à la petite rivière la Goutteuse.

NOMENCLATURE

DES PRINCIPAUX VIGNOBLES ET LIEUX-DITS

Etivaux. — A. B., troisième classe.

Les Taches. — A. B., troisième classe.

Les Chailloux. — A. B., quatrième classe.

Les Crays. — A. B., quatrième classe.

Propriété morcelée.

Pépinières et plantations de porte-greffes importantes à MM. Vachet et Davanture.

CERSOT

Cersot, arrondissement de Chalon, canton et bureau de poste de Buxy ; 330 habitants ; à 6 kilomètres de Buxy, 23 de Chalon ; territoire montagneux ; sol calcaire ; sous-sol marneux.

Vins légers, peu colorés, très tendres, d'une faible durée.

Le vignoble de Cersot ne comprend guère que 25 hectares dont la moitié est détruite par le phylloxéra ; 12 hectares sont reconstitués en gamay et moureau sur riparia, york et solonis. Quelques plantations d'othello.

La récolte de 1892 a donné de 550 à 600 hectolitres de vins, avec une faible proportion de blanc. Les prix se tiennent entre 35, 40 et 45 fr. l'hectolitre, suivant les crus.

Cette commune, située sur une éminence ayant son inclinaison à l'est, est traversée par la route départementale n° 3, de Chalon à Charolles, et par le chemin de grande communication n° 18, des Baudots à Saint-Germain-du-Plain. La Guye et le ruisseau de Malenne arrosent son territoire. Ancien château fort dont deux tours subsistent encore en partie. Portions de voie romaine dans la direction de l'est au nord-ouest. On a découvert, sur plusieurs points, des tombeaux en grès d'une seule pièce, recouverts d'une dalle. Dans quelques-uns se trouvaient des pièces de monnaie, mais qui ne portaient ni effigie ni millésime.

Château à M. René Febvre.

NOMENCLATURE

DES PRINCIPAUX VIGNOBLES ET LIEUX-DITS

Neuilly. — A. B., troisième classe; C. L., première classe.

PRINCIPAL PROPRIÉTAIRE

M. René Febre.

Les Violata. — A. B., troisième classe; C. L., première classe.

PRINCIPAUX PROPRIÉTAIRES

MM. François Berthoux.
    Desplaces.
    Jérôme Dillien.
    Jean Dupuis.

MM. Pierre Dupuis.
    Ernest Poizet.
Mme Vve Longueville.

Les Bligny. — A. B., quatrième classe; C. L., deuxième classe.

PRINCIPAUX PROPRIÉTAIRES

Mme Vve Berthault.
MM. Berthenet-Maréchal.
    Antoine Derain.

MM. Lambert-Davanture.
    Parize-Drillien.

Les Bois Ducloux. — A. B., quatrième classe; C. L., deuxième classe.

PRINCIPAUX PROPRIÉTAIRES

M. Etienne Bourbonnet.

M. François Girardot.

M. François Joblot.

CHENOVES

Chenôves, arrondissement de Chalon, canton de Buxy, bureau de poste de Saint-Boil ; 580 habitants ; à 3 kilom. de la gare de Saint-Boil, sur la ligne de Chalon à Roanne ; sol calcaire et siliceux d'une grande fertilité. Coteaux exposés au levant.

Avant l'invasion phylloxérique, Chenôves comptait 180 hect. de vignes, 20 hectares sont encore debout, 90 sont reconstitués en gamays ordinaires et gamays moureau greffés sur riparias, solonis et viala. L'hectare de vigne ne vaut guère plus de 2500 francs.

La récolte de 1892 a donné 3000 hectolitres de vin rouge valant 50 fr. l'hectolitre, et 200 hectolitres de vin blanc vendu au même prix que le vin rouge.

Les meilleurs crus sont les Preilles, les Poteux, les Vignes devant, le clos de Chenôves, les Grandes Vignes.

Chenôves est situé sur le penchant d'une montagne, dans une exposition agréable. La route départementale de Chagny à Mâcon traverse son territoire. Au hameau du Thil, joli château avec terrasse d'où l'on jouit d'une belle vue, appartenant à M. de Lavernette Saint-Maurice ; pas de classement local.

NOMENCLATURE

DES PRINCIPAUX VIGNOBLES ET LIEUX-DITS

Les **Beauregards.** — A. B., troisième classe.

PRINCIPAL PROPRIÉTAIRE

M. Ruault.

La Ronjère. — A. B., troisième classe.

PRINCIPAL PROPRIÉTAIRE

M. Perrault.

Laboutière. — A. B., quatrième classe.

PRINCIPAL PROPRIÉTAIRE

M. Pensa.

Le Thil. — A. B., quatrième classe.

PRINCIPAL PROPRIÉTAIRE

M Désir de Fortunet.

CULLES

Culles, arrondissement de Chalon, canton de Buxy ; bureau de poste de Saint-Boil, chemin de fer sur la ligne de Chalon à Roanne ; à 9 kilom. de Buxy, 25 de Chalon ; 410 habitants.

Territoire montagneux. Du sommet du Mont-Bouzu (464 mètres d'altitude), vue magnifique, avec perspective s'étendant jusqu'aux Alpes.

Sol argilo-calcaire au levant, granitique au sud-est.

Très bons vins ordinaires, goût franc, riches en couleur, très corsés, d'une durée de 8 à 12 ans. Ces vins peuvent s'expédier sous tous les climats.

Culles possédait 250 hectares de vigne avant le phylloxéra, 30 hectares résistent encore, 170 ont été reconstitués en gamay sur riparia et solonis.

L'hectare de vigne varie de 7,000 fr. à 4,000 fr., selon les sols et les crus.

La récolte de 1892 a donné 1500 hectolitres de vin rouge valant 60 fr l'hectolitre dans les meilleurs crus et 45 fr. dans les crus inférieurs.

Culles est situé sur le sommet et le penchant d'une montagne. Sites très pittoresques. Les ruisseaux qui arrosent le territoire de cette commune s'engouffrent ensemble dans un pré, et leurs eaux ne reparaissent qu'à une distance de deux ou trois kilomètres. Grotte naturelle à mi-côte d'un rocher. Au sommet du Mont-Bouzu, exista jadis une tour dont on voit encore les vestiges. Non loin de là passait la voie romaine d'Autun à Mâcon, qu'occupe actuellement le chemin de grande communication n° 28 de Saint-Gengoux à Montcenis.

NOMENCLATURE

DES PRINCIPAUX VIGNOBLES ET LIEUX-DITS

La Roche des Culles. — A. B., troisième classe; C. L., première classe.

En Chaponnière. — A. B., troisième classe; C. L., deuxième classe.

Le Mont-Bouzu. — A. B., quatrième classe; C. L., troisième classe.

La propriété étant très morcelée à Culles il n'y a pas de clos particulier ni spécial.

FLEY

Fley, arrondissement de Chalon, canton et bureau de poste
de Buxy; 729 habitants, à 3 kilom. de la gare de Culles; sur
la ligne de Chalon à Roanne; à 9 kilom. de Buxy, 25 de
Chalon.

Sol calcaire pour la plus grande partie, le surplus siliceux
et argileux, coteaux au levant et au sud-ouest.

Vins ordinaires, peu de bouquet, couleur moyenne.

Sur 80 hectares dont se composait le vignoble de Fley on en
compte 15 encore en végétation. La reconstitution a lieu en
gamays-moureaux greffés sur riparia, viala et rupestris.
Quelques plantations de Cornucopia et d'othello.

L'hectare de vigne vaut de 3,000 à 4,000 fr.

La récolte de 1892 a donné 1160 hectolitres en vin rouge et
40 hectolitres en vin blanc, dont les prix se tiennent entre 45
et 50 fr.

Le village de Fley est construit à la naissance du mont Bou-
zu, dans une position agréable. La voie romaine de Mâcon à
Autun, dont on suit les traces à mi-côte de la montagne de la
Roche, passe par le hameau de Rimont et sépare les territoires
de Fley et de Bissy.

Châteaux de Fley, à M. Maugein; de Rimont, à M. Perruchet
de la Bussière.

NOMENCLATURE
DES PRINCIPAUX VIGNOBLES ET LIEUX-DITS

Rimont. — A. B., troisième classe (*vins blancs*).

Les **Garraudes**, les **Sermelles**.

PRINCIPAUX PROPRIÉTAIRES

M. G. Bordeaux. | M. de Labussière.

SAINTE-HÉLÈNE

Sainte-Hélène, arrondissement de Chalon, canton et bureau de poste de Buxy ; 611 habitants; à 6 kilomètres de la gare de Saint-Désert, sur la ligne de Chalon à Roanne, 9 de Buxy, 22 de Chalon.

Sol de gneiss dans la partie ouest se rattachant à la montagne ; terrain liassique dans la plaine, calcaire et granitique dans les coteaux ; exposition à l'est, au sud, au sud-est et au sud-ouest.

Vins ordinaires, de peu de bouquet.

Sur 100 hectares de vignes que possédait cette commune avant l'invasion phylloxérique, 15 hectares résistent encore, 55 sont reconstitués en moureaux greffés sur riparias. Le surplus est détruit.

L'hectare de vignes est en moyenne de 2,000 fr.

La récolte de 1892 a donné 1,800 hectolitres de vin rouge dont les prix varient entre 35 et 40 fr. l'hectolitre.

Village situé sur un terrain accidenté, entouré de montagnes, excepté au midi. Son territoire est traversé par la route départementale n° 9, de Chalon à Digoin. Les registres de la commune constatent que, en 1602, une épidémie a enlevé le tiers de ses habitants.

Château à M. Gautherot.

La propriété est très morcelée.

NOMENCLATURE

DES PRINCIPAUX VIGNOBLES ET LIEUX-DITS

———

La **Côte de Vallerat.** — A. B., troisième classe.

La **Creuse.** — A. B., troisième classe.

PRINCIPAUX PROPRIÉTAIRES

M. de Clavière. | M. Méray-Coste.

JULLY-LES-BUXY

Jully-les-Buxy, arrondissement de Chalon, canton et bureau de poste de Buxy, à 3 kilomètres de Buxy, 19 de Chalon ; 650 habitants.

Sol siliceux, sablonneux et argileux ; coteaux exposés au sud et à l'est.

Le vignoble de Jully-les-Buxy comprenait 240 hectares de vigne, il en reste à peine 10 hectares résistant au phylloxéra ; 130 sont reconstitués en gamays, moureaux greffés sur riparia, viala, solonis.

La récolte de 1892 a donné 195 hectolitres de vin rouge et 50 de blanc. Le vin rouge vaut de 40, 45 à 50 fr. l'hectolitre ; le blanc atteint les prix de 55, 65 et 70 fr. l'hectolitre, suivant les crus. L'hectare de vigne ne vaut actuellement que 2400 fr.

Village bâti en amphithéâtre, sur la pente d'un coteau peu élevé, au sommet duquel sont situés l'église, la cure et la maison commune. La route départementale n° 11, de Chagny à Mâcon, le chemin de grande communication n° 18 et un chemin de moyenne communication traversent son territoire qu'arrose le ruisseau de la Corne. — Jully, Jullicum, Julleyum dans les chartes latines, puis Juley et Juille, dans le moyen âge, eut un prieuré que fondèrent les Bénédictins de Cluny, auxquels Manassès, archevêque d'Arles, avait donné ce village, en 949. Cette donation ayant été attaquée dans la suite, une transaction, passée en 1288, entre l'abbé de Cluny et le duc Robert II, adjugea la haute justice de Jully au duc de Bourgogne et la basse aux moines de Cluny. Un des hameaux de Jully a conservé la dénomination de *Temple.* Le nom de cette commune paraît indiquer une origine romaine. — On trouve fréquemment, dans les terres appelées les *Houillères*, des tuiles à rebord et des médailles, parmi lesquelles on en a remarqué une en or, de la valeur de 24 fr., à l'effigie de Jules César. Sur différents points du territoire, on a également découvert des tombeaux en grès de nature très tendre.

Château de Ponneau à M. Adenot.

NOMENCLATURE

DES PRINCIPAUX VIGNOBLES ET LIEUX-DITS

Les Chamiots. — A. B., deuxième classe.

PRINCIPAL PROPRIÉTAIRE

M. Beaubernard.

Les Corbaisons. — A. B., deuxième classe.

M. Cornudet.

Les Couères. — A. B., deuxième classe.

PRINCIPAL PROPRIÉTAIRE

M. Guénot.

Les Chaux. — A. B., quatrième classe.

PRINCIPAUX PROPRIÉTAIRES

| M. Come. | M. Labry. |

Les Plantats. — A. B., troisième classe.

PRINCIPAUX PROPRIÉTAIRES

| M. Belgrand. | Mᵐᵉ Buffe. |

MARCILLY-LES-BUXY

Marcilly-les-Buxy, arrondissement de Chalon, canton de Buxy, poste et télégraphe; 1007 habitants; à 4 kilomètres de la gare du Puley, 10 de Buxy, 26 de Chalon.

Territoire très accidenté; exposition à l'est et au sud principalement.

Sol argilo-calcaire, calcaire et granitique.

Vins ordinaires, un peu durs, goût franc, belle couleur; un peu de bouquet en vieillissant.

Le vignoble de cette localité s'étend sur 100 hectares environ, dont quelques-uns tiennent encore devant le phylloxéra; 80 hectares sont reconstitués en gamays rouges et moureaux greffés sur viala, solonis et riparia.

L'hectare de vigne vaut 2400 fr. en moyenne.

On a récolté en 1890 environ 1000 hectolitres de vin dont 150 en vin blanc. Les prix pour le rouge se tiennent entre 40 et 50 fr. et pour le blanc 40 fr. l'hectolitre environ.

La récolte de 1892 a été à peu près semblable; mêmes prix.

Un château, avec chapelle, et titre de baronnie, existait à Marcilly. Il fut porté aux Damas de Cosan, vicomtes de Chalon, par Jeanne de Bourgogne, en 1200. Robert, sire de Marcilly, affranchit ce village en 1266, moyennant 5 sous de cens par feu. La terre et le chastel de Marcilly passèrent, au commencement du xviie siècle, à Anne-Bernard de la Madeleine, marquis de Ragny, baron d'Epiry; ses descendants les ont possédés jusqu'à la révolution.

Pas de crus principaux.

PRINCIPALE PROPRIÉTAIRE

Mme Vve Gabut.

SAINT-MARTIN-DU-TARTRE

Saint-Martin-du-Tartre, arrondissement de Chalon, canton de Buxy, bureau de poste de Saint-Gengoux-le-National ; à 4 kilomètres de la gare de Genouilly, sur la ligne de Saint-Gengoux à Montchanin, 14 de Buxy, 30 de Chalon.

Village situé sur un plateau élevé entouré de montagnes.

Sol calcaire, sous-sol argileux ; exposition au sud-ouest.

Sur 70 hectares de vigne 40 sont détruits, le reste se maintient ; la reconstitution est commencée et en bonne voie.

L'hectare de vigne vaut 3500 fr. La récolte de 1890 a donné 1500 hectolitres de vin rouge dont les prix se tiennent entre 40 et 45 fr. l'hectolitre.

L'église de Saint-Martin est très belle. Le clocher renfermait autrefois trois grosses cloches. — Le vieux château en ruines de Maizeray appartenait à l'abbaye de Cluny, qui avait la justice du hameau de ce nom. L'acquéreur ayant fait fouiller, il y a quelques années, les fossés qui l'entourent, a découvert un puits bien conservé, d'où il a retiré deux pièces de monnaie romaines, l'une en argent, de très petit module, l'autre en bronze, d'Antonin. Dans la vallée au nord, proche la fontaine Vaillot, existe un champ appelé la *Maladière*. On y découvre souvent des débris de briques anciennes.

NOMENCLATURE

DES PRINCIPAUX VIGNOBLES ET LIEUX-DITS

Champvent. — A. B., troisième classe ; C. L., première classe.

Tronges. — C. L., première classe.

SAINT-MAURICE-DES-CHAMPS

Saint-Maurice-des-Champs, arrondissement de Chalon, canton de Buxy, bureau de poste de Saint-Gengoux-le-National; 191 habitants; à 5 kilomètres de la gare de Saint-Gengoux.

Terrains de plusieurs formations, argileux dans la plus grande partie, calcaire pour un quart, granitique dans la même proportion.

Coteaux exposés au midi et à l'ouest.

Vins de qualité ordinaire, durs au début, d'une durée de 10 à 20 ans.

Cette commune comptait 70 hectares de vigne avant le phylloxéra.

La reconstitution se poursuit au moyen de gamays moureaux greffés sur riparia.

L'hectare de vigne vaut 2000 fr.

En 1890 on a récolté 600 hectolitres de vin rouge et 15 de vin blanc.

Les prix varient de 35 à 45 fr. l'hectolitre pour le rouge; le blanc se vend en moyenne 40 fr.

La récolte de 1892 a été à peu près semblable comme rendement et prix.

La commune est située sur une montagne. Au hameau de la Rochelte, château construit sur une petite éminence, d'où l'on jouit d'une très jolie vue; il appartient à M. de Lavernette.

NOMENCLATURE

DES PRINCIPAUX VIGNOBLES ET LIEUX-DITS

Chauvent, les Craies, les Clous, les Rues-Chevriers.

PRINCIPAUX PROPRIÉTAIRES

M. François Claveau. | M. Lemonde. | M. de Lavernette.

MONTAGNY-LES-BUXY

Montagny-les-Buxy, arrondissement de Chalon, canton et bureau de poste de Buxy; 390 habitants; à 3 kilom. de la gare de Buxy, 19 de Chalon.

Sol calcaire, argileux et argilo-calcaire; exposition des coteaux au midi, à l'est et au nord pour une petite partie.

Vins rouges bons ordinaires, belle couleur, bon bouquet augmentant à la longue.

Montagny possède 225 hectares de vignoble dont 150 sont détruits; 25 résistent encore; la reconstitution s'étend sur 95 hectares environ; elle comprend du gamay, gamay-moureau greffés sur solonis et riparia.

L'hectare de vigne vaut 5000 fr. environ.

La récolte de 1892 a donné 4500 hectolitres de vin rouge et 500 hectolitres de vin blanc. Le rouge se vend de 45 à 50 fr. et le blanc se tient comme prix entre 55 et 60 fr. l'hectolitre.

Le village, situé entre trois montagnes, est bâti en amphithéâtre sur le versant de deux d'entre elles. Au climat dit Chante-Oiseau, sur le penchant de la montagne de Davenay, on a découvert, en 1828, les fondations d'un édifice de construction romaine, une douzaine de pièces de monnaie en argent et en bronze, à l'effigie de Gordien Pie, des fragments de carreaux en marbre, des débris de poterie et d'urnes, une quantité considérable de tuiles romaines et divers autres objets.

Le château de la Tour-Baudin, qu'on remarque dans cette commune, est une construction du xvᵉ siècle ; propriétaire, M. V. de Valence de Minardière.

NOMENCLATURE

DES PRINCIPAUX VIGNOBLES ET LIEUX-DITS

Les Burnins. — A. B., deuxième classe (*vins blancs*).

Les Chaniots. — A. B., deuxième classe.

Les Cloux. — A. B., deuxième classe.

Les Couères. — A. B., deuxième classe.

Les Garchères. — A. B., deuxième classe.

Montcuchot. — A. B., deuxième classe.

Les Pindards. — A. B., deuxième classe.

Les Platières. — A. B., deuxième classe.

Les meilleurs crus en vins rouges sont :

Les Burnins. — A. B., troisième classe.

Les Creux de Beauchamps. — A. B., troisième classe.

Les Marais de l'Epaule. — A. B., troisième classe.

Les Platières. — A. B., troisième classe.

PRINCIPAUX PROPRIÉTAIRES

MM. Arnaud-Thevenin.
Bourgeon.
Mazoyer.

MM. Vachet-Davanture.
de Valence.

MOROGES

Moroges, arrondissement de Chalon, canton et bureau de poste de Buxy ; 904 habitants, à 4 kilomètres et demi de la gare de Saint-Désert et 5 kilomètres et demi de celle de Buxy, sur la ligne de Chalon à Roanne, à 17 kilomètres de Chalon.

Village situé sur un coteau dominé par trois montagnes : le mont Bragny, le Mont-Cœur, et le Mont-Avril.

Sous-sol et sol arénacés (terrains primaires) mélangés dans la partie inférieure avec les terrains jurassiques ; dans ce sol la vigne résiste, peu de taches phylloxériques ; sous-sol, marne irisée, sol argilo-calcaire ; beaucoup de taches dans ce sol, vignes non encore détruites ; sous-sol, calcaire à gryphées. Marnes du lias, sol argilo-calcaire ; la vigne y est en grande partie détruite.

L'exposition est d'environ moitié au midi, moitié au nord, un peu au matin et à l'ouest.

Sur les 400 hectares dont se composait le vignoble, 250 ont été détruits et en partie reconstitués. Quelques hectares résistent encore ; 200 hectares sont replantés en gamays et gamays moureaux greffés sur riparia et solonis principalement.

En 1890, la commune de Moroges a produit 7,500 hectolitres de vin dont les prix varient de 40 fr. l'hectolitre, derniers crus, à 52 fr., premiers crus.

En 1892, récolte un peu supérieure, mêmes prix.

Ce village, bâti sur le versant d'une montagne, est très ancien. Saint Arige, qui fut évêque de Gap, sous le roi Gontran, avait été curé de Moroges.

Château de Moroges à M. de Chanay.

A. Budker place les vins de Moroges en troisième et quatrième classes.

PRINCIPAUX PROPRIÉTAIRES

M. E. de Chanay.

Mme Vve Ducel.

M. Emile Duréault.

Mmes Vve Ed. Duréault.

Vve Grillot.

M. Xavier Grillot.

M. Labry.

Mlle Henriette Laurent.

MM. Petitjean.

Renaudin.

Antoine Venot.

M. LE COMTE E. DE CHANAY

PROPRIÉTAIRE

A MOROGES

(SAÒNE-ET-LOIRE)

SAINT-PRIVÉ

Saint-Privé, arrondissement de Chalon, canton de Buxy, bureau de poste de Marcilly ; 221 habitants ; à 2 kilomètres de la gare du Puley, 10 de Buxy, 26 de Chalon.

Pays montagneux ; sol calcaire, argilo-calcaire, siliceux, exposition des coteaux à l'ouest.

Vins de qualité moyenne.

Saint-Privé possédait un vignoble d'environ 100 hectares, 4 seulement résistent encore.

L'hectare de vigne vaut 2,400 fr.

La reconstitution se fait en gamays rouges et moureaux greffés sur solonis et riparia.

La récolte de 1890 n'a donné que 200 à 220 hectolitres de vin rouge d'une valeur moyenne de 40 fr. l'hectolitre.

La récolte de 1892 a été un peu supérieure ; le prix du vin n'a pas varié.

Pas de crus principaux. Propriété morcelée.

PRINCIPAUX PROPRIÉTAIRES

M. Beaubernard. | M. Commerçon.

SASSANGY

Sassangy, arrondissement de Chalon, canton et bureau de poste de Buxy ; 328 habitants ; à 7 kilomètres de Buxy, 23 de Chalon.

Sol calcaire et argileux et mélanges divers, coteaux au sud et à l'ouest. Bons vins ordinaires, assez colorés, pouvant durer de 15 à 20 ans.

Sassangy comptait 45 hectares de vignes avant le phylloxéra ; 30 résistent encore ; 4 hectares sont reconstitués en gamays-moureaux greffés sur riparia, york et solonis.

La récolte de 1892 a donné 900 hectolitres de vin rouge et 40 hectolitres de vin blanc.

Les prix se tiennent entre 40 et 45 fr. l'hectolitre, suivant les crus.

L'hectare de vigne vaut 3,500 fr.

Sassangy est situé sur le penchant d'une colline près la route départementale n° 3, de Chalon à Charolles, et le chemin de grande communication n° 18. Cette commune est mentionnée dans une charte de 1218, sous le nom de *Chassengeia*. Le hameau de Lys, dans le fond d'une gorge, est entouré de trois côtés par des masses énormes de rochers. Au nord de ce hameau, dans un lieu où existaient autrefois de vastes pâturages, on a découvert, en 1838, une grande quantité de tombeaux en pierre. Quelques-uns renfermaient des squelettes avec des fragments de casques en cuivre et de sabres. Le château de Sassangy, qui date du XVe siècle, a été construit en partie vers le milieu du xviiie siècle. Près de l'église, vestiges des ruines de l'ancien château d'Astille.

Château de Mme la comtesse de Fleurieu.

NOMENCLATURE

DES PRINCIPAUX VIGNOBLES ET LIEUX-DITS

La **Charbouillotte.** — A. B., troisième classe; C. L., première classe.

PRINCIPAUX PROPRIÉTAIRES

Mme la Ctesse Claret de Fleurieu.
MM. Gambut-Boisson.
Grivaux-Pernin.

MM. Vallot-Joblot.
François Réthy.

Les **Violettes.** — A. B., troisième classe; C. L, première classe.

PRINCIPAUX PROPRIÉTAIRES

Mme la Ctesse Claret de Fleurieu. | M. Gambut-Boisson.
M. Vallot-Joblot.

Le **Clos-Vert.** —A. B., quatrième classe; C. L., deuxième classe.

PRINCIPALE PROPRIÉTAIRE

Mme la Ctesse Claret de Fleurieu.

Lys. — A. B., quatrième classe; C. L., troisième classe.

PRINCIPAUX PROPRIÉTAIRES

MM. Antoine Gaillard.
Grivaux-Boutheculet.
Claude Lambert.
Claude Lebeau-Gandré.
Jean Lebeau-Gandré.

MM. Lebeau-Joblot.
Lebeau-Petit.
Philippe Petit.
Mme Pelé.

SAULES

Saules, arrondissement de Chalon, canton de Buxy et bureau de poste de Saint-Boil ; 205 habitants, à 2 kilomètres de la gare de Saint-Boil, 23 de Chalon.

Situé sur un petit coteau autrefois couvert de vignes. Sol calcaire et de mélanges divers.

Vins rouges de bonne qualité, goût et bouquet agréables, de belle couleur ; on cite ceux de la Roche, de la Basse Côte.

Vins blancs agréables au climat des Tendus et de l'Absolution.

Sur les 75 hectares dont se composait le vignoble, il en reste à peine quelques parcelles.

La reconstitution s'étend sur environ 50 hectares ; on plante des gamays moureaux greffés sur riparia.

La récolte de 1892 n'a été que de 90 hectolitres. Les prix se tiennent entre 40 et 50 fr.

PRINCIPAL PROPRIÉTAIRE

M. de Lavernette.

SERCY

Sercy, arrondissement de Chalon, canton de Buxy, bureau de poste de Saint-Gengoux-le-National ; 276 habitants ; à 3 kilomètres de la gare de Saint-Gengoux, 13 de Buxy, 26 de Chalon.

Sol argilo-calcaire et siliceux, caillouteux ; coteaux exposés à l'est.

Vins de bonne qualité, très tendres, bons à boire de suite, couleur assez vive et brillante ; vieillissant vite.

Le vignoble de Sercy, qui ne s'étendait pas au delà de 20 à 25 hectares, a été totalement détruit ; 10 hectares environ sont reconstitués en gamays, pineaux et petit Bouschet, greffés sur riparia et solonis.

L'hectare de vigne a baissé comme prix de 7,000 à 2,500 fr.

La récolte de 1892 a donné 200 hectolitres de vin rouge et 2 hectolitres de vin blanc.

Les meilleurs endroits sont le Bourgeot et le Vernet.

La route départementale n° 11, de Chagny à Mâcon, s'embranche sur cette commune avec celle n° 8, de Bourbon à Tournus, qui traverse la Grosne sur le pont d'Epinay. — On remarque, au sommet de la montagne du Bourgeot, les ruines d'un ancien château fort qu'on prétend n'avoir jamais été achevé. Sercy paraît avoir été, à une époque reculée, un lieu très important. On signale la découverte, faite en différents temps, d'anciens vestiges de monuments, de statues, de briques romaines, de sépultures, de médailles à l'effigie de Gordien, de Germanicus, de Crispin-Auguste, etc. On doit peut-être attribuer à ce village la dénomination de *Villa vallis sive Umageriola,* qu'on trouve dans un acte de 1031, par lequel un sieur Wiod Clerc donne à l'abbaye de Cluny une propriété située dans ledit lieu, au territoire de Chalon, avec toutes ses appartenances et les esclaves de l'un et l'autre sexe, ainsi que l'église de Saint-Gengoux dans le Mâconnais, etc. En 1166, les religieux de ce monastère aliénèrent, en faveur de Louis VII, la moitié de leurs droits et de leurs possessions sur Saint-Gengoux et pays environnants, sous la condition que le roi les ferait jouir de l'autre moitié, en les mettant à l'abri des ravages causés par les barons voisins. Les sires de Sercy occupèrent à la Cour de Bourgogne des charges importantes. En 1393, Josserand de Sercy était bailli de Charollais pour le duc Philippe le Hardi. De 1430 à 1450, Guillaume de Sercy remplit les mêmes fonctions à Chalon pour le duc Philippe le Bon. Marguerite de Sercy fut nommée, en 1147, gouvernante de Charles le Téméraire, alors comte de Charollais. Cinq membres de cette puissante famille suivirent ce prince dans les guerres qu'il soutint contre Louis XI, et périrent à ses côtés. La terre de Sercy passa aux barons de Semur, en 1541, par le partage qui se fit des biens de cette maison entre les deux filles de Claude de Sercy, mort sans enfant mâle.

Châteaux de M. de Contenson et de M. Duréault.

NOMENCLATURE

DES PRINCIPAUX VIGNOBLES ET LIEUX-DITS

Le Bourgeot. — A. B., troisième classe.

PRINCIPAL PROPRIÉTAIRE

M. de Contenson.

Le Vernet. — A. B., troisième classe.

PRINCIPAL PROPRIÉTAIRE

M. de Contenson.

Les Brosses. — A. B., quatrième classe.

PRINCIPAL PROPRIÉTAIRE

M. de Contenson.

Le Brûlefer. — A. B., quatrième classe.

DIVERS

Le Clouseau. — A. B., quatrième classe.

DIVERS

Les principaux propriétaires des autres crus sont :

MM. Benoit
de Contenson.
Desplaces.
Duréault.

MM. Flamand.
Lenoble.
Millot.
Vernanchet.

SAINT-VALLERIN

Saint-Vallerin, arrondissement de Chalon, canton et bureau de poste de Buxy; à 4 kilomètres des gares de Saint-Boil et Buxy, 20 de Chalon ; 490 habitants.

Sur le versant oriental de la chaîne de montagnes qui séparent le bassin de la Guye de celui de la Saône.

Terrain presque exclusivement calcaire ; exposition à l'est. Vins estimés, durs et très noirs étant jeunes ; acquièrent en vieillissant un bouquet très agréable ; se conservent longtemps.

Saint-Vallerin compte 320 hectares de vignes, dont 80 complètement détruits, ont en partie été replantés en gamays et moureaux greffés sur riparia et sur solonis.

L'hectare de vigne vaut 5,000 fr.

La récolte de 1892 a donné 3,000 hectolitres de vin rouge et 200 hectolitres de vin blanc. Les prix varient de 45 à 55 fr. l'hectolitre, suivant les crus. Le vin blanc se vend en moyenne 55 fr. l'hectolitre.

On découvre fréquemment, dans les champs de cette commune, des tombeaux de l'époque gallo-romaine et des armes antiques. La peste de 1530 fit de si grands ravages dans cette paroisse que la plupart des fonds se trouvaient sans possesseur.

Il existe actuellement plusieurs châteaux notamment celui de Collonges, à Mme de Chiseuil ; de Mme la Chaise ; de la Tour, à Mme Ségalas.

NOMENCLATURE

DES PRINCIPAUX VIGNOBLES ET LIEUX-DITS

Les **Chaniots.** — A. B., troisième classe.

DIVERS

Les **Couëres.** — A. B., troisième classe.

DIVERS

La **Bouthière.** — A. B., quatrième classe.

PRINCIPAL PROPRIÉTAIRE

M. Pensa.

Collonges. — A. B., quatrième classe.

PRINCIPALE PROPRIÉTAIRE

Mme de Chiseuil.

Congé. — A. B., quatrième classe.

PRINCIPAUX PROPRIÉTAIRES

M. Drillien. | M. Rivière.

Les **Près.** — A. B., quatrième classe.

PRINCIPAL PROPRIÉTAIRE

M. Lagrange.

La **Tour.** — A. B., quatrième classe.

PRINCIPALE PROPRIÉTAIRE

Mme Ségalas.

Saint-Vallerin. — A. B., quatrième classe.

PRINCIPAUX PROPRIÉTAIRES

MM. Bellenand.
Bordet.
Bourgeon.
Mme de la Chaise.

MM. Corne.
Lamain.
Lenud.

CANTON DE GIVRY.

BARIZEY

Barizey, arrondissement de Chalon, canton de Givry, bureau de poste de Bourgneuf ; 294 habitants ; à 7 kilomètres de Givry, 16 de Chalon.

Sol calcaire et granitique ; exposition des coteaux au nord-est, à l'ouest et au midi.

Le vignoble de Barizey se compose de 140 hectares environ dont quelques-uns résistent encore au phylloxéra ; 80 sont reconstitués en gamays greffés sur riparias et solonis.

La récolte de 1890 a donné 1140 hectolitres de vin rouge dont le prix moyen est de 36 fr. l'hectolitre.

La récolte de 1892 a été de 1,000 hectolitres vendus de 35 à 40 fr. l'hectolitre.

Ce village est bâti sur le penchant d'une montagne et sur le bord de la petite rivière d'Orbise. Sol granitique et calcaire. On prétend qu'il renferme des bancs de gypse et de la houille. Belle église voûtée, avec trois autels en beau marbre, construite vers 1778, par les soins du curé qui y consacra sa fortune.

PRINCIPAUX PROPRIÉTAIRES

M. J. Bertrand. | M. Chaumont. | M. E. Masse.

A. Budker place les vins de la commune de Barizey en quatrième et cinquième classes.

Pas de crus principaux

St-BERAIN-SUR-DHEUNE

Saint-Berain-sur-Dheune, arrondissement de Chalon, canton de Givry, bureau de poste de Saint-Léger-sur-Dheune; 1154 habitants; chemin de fer, télégraphe à la gare; à 17 kilom. de Givry, 22 de Chalon.

Mines de houilles. Terres granitiques au nord, calcaires et argileuses au sud.

Vins rouges ordinaires. ;

Le vignoble de Saint-Berain s'étend sur 75 hectares dont quelques-uns résistent encore; 20 hectares ont été plantés en gamays, gamays-moureaux et portugais bleus, greffés sur viala, riparia et solonis.

L'hectare de vigne vaut 3500 fr.

La récolte de 1890 a donné 1100 hectolitres de vin rouge et 20 de vin blanc. Les prix varient de 45 à 50 fr. l'hectolitre.

Récolte un peu inférieure en quantité en 1892 ; mêmes prix.

Le village est situé en plaine, dans la vallée de la Dheune, sur le canal du Centre.

La Dheune, qui limite au nord et au nord-ouest son territoire, forme sur ce point la séparation des arrondissements de Chalon et d'Autun. L'église de cette commune a été construite en 1834.

Château de la Motte à M. Chagot; des Lauchères, à M. Pont-Simonnot.

Les meilleurs vins rouges de la commune sont récoltés aux Chardenières, et à l'ancienne Verrerie.

PRINCIPAL PROPRIÉTAIRE

M. Petiot.

Propriété assez morcelée.

CHARRECEY

Charrecey, arrondissement de Chalon, canton de Givry, bureau de poste de Saint-Léger-sur-Dheune ; 587 habitants ; à 4 kilomètres de la gare de Saint-Léger, 12 de Givry, 17 de Chalon. Pays montagneux, sol calcaire, très varié, argileux et sablonneux, schisteux sur quelques points. Vins un peu durs, se conservant indéfiniment.

Charrecey a 200 hectares de vignes ; quelques-uns résistent encore au phylloxéra. 50 hectares environ ont été replantés en gamays ordinaires, gamays moureaux, greffés sur riparias, vialas et solonis.

L'hectare de vignes vaut 2,500 fr. La récolte de 1892 a donné 700 hectolitres de vin rouge et 20 hectolitres de vin blanc (de mi-année moyenne) d'une valeur moyenne de 40 fr. l'hectolitre pour le vin rouge et de 45 fr. pour le vin blanc.

Ce village est traversé par la route nationale n° 78, de Nevers à Saint-Laurent. Voie romaine tendant de Chalon à Autun. Elle sert de limite aux territoires d'Aluze et de Charrecey. En 1833, on a découvert dans une terre, en un lieu dit *en Saint Etienne,* proche la croix, des voûtes formées de briques, des tuiles de fabrication romaine et une assez grande quantité de meules de moulins à bras.

NOMENCLATURE

DES PRINCIPAUX VIGNOBLES ET LIEUX-DITS

Les Ouches. — C. L., première classe.

PRINCIPAUX PROPRIÉTAIRES

Mme Chandelux.	MM. Pautet.
M. Narjollet.	Perraud.

Les Vignes-Derrières. — C. L., deuxième classe.

M. Eugène Pion.

Champstaillons. — C. L., troisième classe.

DIVERS

Colombière. — C. L., quatrième classe.

TRÈS MORCELÉ

Les Mouillères. — C. L., quatrième classe.

TRÈS MORCELÉ

Les Vernets. — C. L., quatrième classe.

TRÈS MORCELÉ

Les Noirets. — C. L., cinquièmeclasse.

TRÈS MORCELÉ

Chatte-Vache. — C. L., sixième classe.

TRÈS MORCELÉ

A. Budker range la généralité des crus en quatrième et cinquième classes.

SAINT-DENIS-DE-VAUX

Saint-Denis-de-Vaux, arrondissement de Chalon, canton et bureau de poste de Givry; 435 habitants; à 8 kilom. de Givry, 13 de Chalon. Voiture de Saint-Jean-de-Vaux à Chalon; terrain liassique.

Vins estimés, durs au début, bonne couleur, d'une longue conservation.

Sur 240 hectares dont se composait le vignoble il en reste encore 50 environ non détruits.

La récolte totale de vin rouge, en 1892, a été de 1673 hectolitres, chiffre le plus inférieur qu'on ait atteint depuis longtemps, à cause de la gelée et du phylloxéra.

La reconstitution se fait assez rapidement en gamays moureaux et moureaux teinturiers Fréaux, greffés sur riparias et solonis, et d'ici à quelques années la récolte pourra atteindre les chiffres d'autrefois, soit à 7 à 8000 hectolitres de vin rouge.

L'hectare de vigne vaut encore 4000 fr.

Le prix moyen de l'hectolitre de vin rouge a été en 1892 de 42 fr.

Il n'y a pas de vin blanc.

Saint-Denis est situé dans un vallon, sur le penchant d'une montagne. — L'église de Saint-Denis n'était autrefois qu'une chapelle des moines qui eurent un prieuré dans cette commune. On voit encore les cintres en pierre de taille des portes qui de l'église communiquaient avec les bâtiments du monastère. Ces bâtiments appartenaient à l'évêché d'Autun depuis l'acquisition

que fit, dans le XIII° siècle, l'évêque Girard de la Roche de Beau-
voir de presque tous les fonds de la seigneurie de Saint-Denis-
de-Vaux. Avant la révolution, la commune possédait trois cloches. L'harmonie de la sonnerie était remarquable.

Au bas de Saint-Denis coule l'Orbize dont les écrevisses sont
renommées.

NOMENCLATURE

DES PRINCIPAUX VIGNOBLES ET LIEUX-DITS

L'Evêché. — A. B., troisième classe ; C. L., première classe.

PRINCIPAUX PROPRIÉTAIRES

M. Clair. | M. Claude Juillet.

La Garenne. — A. B., troisième classe ; C. L., deuxième
classe.

PRINCIPAUX PROPRIÉTAIRES

M. Mathey. | M. Hippolyte Verpiot.

La Beaune. — A. B., troisième classe ; C. L., troisième
classe.

PRINCIPAUX PROPRIÉTAIRES

Mme Vve Célestine de Flaccelière. | M. Alphonse Monestier.

Citons parmi les principaux propriétaires en différents autres
lieux-dits :

M. Renaudin fils, de Chalon.

SAINT-DÉSERT

Saint-Désert, arrondissement de Chalon, canton de Givry, bureau de poste, télégraphe, chemin de fer sur la ligne de Chalon à Roanne; 1950 habitants; à 5 kilom. de Givry, 14 de Chalon.

Sol de lias, argilo-calcaire, argileux et mélanges divers.

Vin de bonne qualité, franc de goût, bonne couleur, bouquet agréable après quelques années.

Sur les 300 hectares dont se composait le vignoble de Saint-Désert, 250 sont complètement détruits, quelques-uns résistent encore et la reconstitution s'étend sur 180 hectares. On plante des variétés de gamays greffés sur viala, riparia et solonis.

L'hectare de vigne est tombé comme prix de 7000 à 2500 fr. Le prix tend à augmenter.

La récolte de 1892 a produit 1400 hectolitres de vin rouge et 20 hectolitres de vin blanc. Le vin rouge vaut de 40, 45, 50 fr. l'hectolitre, le blanc se tient entre 40 et 45 fr.

Ce village, pittoresquement assis au pied de la montagne, à l'entrée d'un riant vallon, s'annonce au loin par l'église qui le domine. Il est traversé par la route départementale de Chalon à Charolles. Il est peu de communes dont le nom ait plus varié que celui de Saint-Désert. Les anciens titres où il en est fait mention désignent ce village sous le nom de Saint-Isidore ou Isidoire, saint sous le patronage duquel l'église fut dédiée. D'autres plus récents l'ont appelé Saint-Izaire, Saint-Serre, Saint-de-Serre et Saint-Desserre. L'église est très ancienne, M. Marcel Canat, dans une très remarquable notice publiée en 1846, dans *les mémoires de la société d'Histoire et d'Archéologie de Chalon*, en fait remonter la construction au commen-

37

cement du xive siècle et celle des deux chapelles formant transept
à la fin du même siècle. Cet édifice a conservé quelques restes des
fortifications dont il fut revêtu pour le mettre à l'abri des ravages des gens de guerre. La façade est encore flanquée de deux
tours, et sa porte centrale est surmontée de corbeaux et machicoulis ; mais les créneaux qui couronnaient ses murs et les
murailles qui les reliaient à celles dont l'esplanade était ceinte
ont disparu. A part l'aspect guerrier que lui donne cet appareil
de défense, l'église de Saint-Désert n'offre rien de remarquable
à l'extérieur. L'intérieur serait également dépourvu de tout intérêt, si M. l'abbé Repey, qui était curé de Saint-Désert en 1844,
n'avait eu l'heureuse idée de faire enlever l'épaisse couche d'enduit qui recouvrait les peintures dont le moyen âge avait décoré
les murs et la voûte de l'une des chapelles. Ces curieuses peintures murales, décrites par M. Canat, reproduisent plusieurs
scènes du martyre de saint Vincent, un épisode de la vie de
saint Marcel, diverses visions de l'enfer et du paradis, ainsi
que des sujets allégoriques. Elles semblent être l'œuvre des
premières années du xve siècle, à en juger par le costume que
le peintre a donné à ses personnages et le style architectural
des monuments qui y sont représentés. M. Jos. Bard croit avoir
reconnu dans cette église les armes de la famille des Bernardon, originaires de Demigny où ils avaient des domaines considérables et où ils fondèrent un hôpital qui fut réuni au grand
Hôtel-Dieu de Beaune. Le maréchal Thibaud de Neufchatel,
grand bailli de Bourgogne, octroya aux habitants de Saint-Désert, en 1462, le privilège de faire quelques constructions pour
la sûreté de leurs biens et de leurs familles. Il s'agissait sans
doute du rétablissement des murailles délabrées qui enveloppaient l'esplanade. Les lettres du comte de Neufchatel reconnaissent que « de si longtemps qu'il n'est mémoire du contraire,
l'église de Saint-Serre a été fortifiée pour servir de retraite aux
manants durant les guerres et éminents périls pendant lesquels on voit qu'ils désertèrent l'endroit ». Cette précaution
n'empêcha point que l'église ne fût prise et pillée en 1591 par
les Ligueurs.

NOMENCLATURE

DES PRINCIPAUX VIGNOBLES ET LIEUX-DITS

Montbogre. — A. B., troisième classe; C. L., première classe.

PRINCIPAUX PROPRIÉTAIRES

M. de Chardonnet. | M. Demontfaucon. | M. de la Serve.

Cocloy. — A. B., troisième classe; C. L., deuxième classe.

PRINCIPAUX PROPRIÉTAIRES

Hôpital de Chalon. | M*me* Vve Visseaut-Pernin.

Chasseigne. — C. L., première classe.

PRINCIPAUX PROPRIÉTAIRES

Hôpital de Chalon.

Saint-Désert. — C. L., troisième classe.

PRINCIPAUX PROPRIÉTAIRES

M. Benoît. | M. Hédin. | M*me* Vve Visseaut.

DRACY-LE-FORT

Dracy-le-Fort, arrondissement de Chalon, canton et bureau
de poste de Givry ; 659 habitants ; à 2 kilomètres de Givry, 8 de
Chalon. Sol calcaire en général argileux avec mélange siliceux.
Vins estimés, excellent bouquet, belle couleur.

Des 180 hectares comprenant le vignoble de Givry, il reste
80 hectares résistant encore. La reconstitution très active s'étend
sur 100 hectares environ ; elle a lieu en gamays, moureaux et
fréaux (?) greffés sur riparias, vialas et solonis.

L'hectare de vigne vaut environ 3,600 fr.

La récolte de 1892 a donné 3,000 hectolitres de vin rouge et
50 hectolitres de vin blanc. Les prix sont très variés : depuis
40 fr. et 50 fr. pour les crus ordinaires, jusqu'à 80 fr. l'hectolitre pour les vins rouges de choix ; les vins blancs se tiennent
entre 30, 40 et 50 fr. l'hectolitre.

Les crus de Claveaux, Fordeveaux, Gorgère, Varennes, Crays,
rivalisent avec les meilleures cuvées de Givry.

Dracy est bâti dans une position agréable, sur le versant oriental d'une colline au bas de laquelle coule la petite rivière d'Orbize, et traversé par la route départementale n° 11 de Chagny à
Givry. Au bas du village et au levant, il existe un ancien château fort dont on voit encore les fondations. On y a recueilli, à
différentes époques, des monnaies et des médailles dont quelques-unes romaines. — Eglise du XIIe siècle, selon M. Joseph
Bard.

Château de Dracy à M. Colombet.

NOMENCLATURE

DES PRINCIPAUX VIGNOBLES ET LIEUX-DITS

Gorgère. — A. B., troisième classe ; C. L., première classe.

PRINCIPAL PROPRIÉTAIRE

M. Guichard.

Champ-Lolot. — A. B., troisième classe ; C. L., deuxième classe.

PRINCIPALE PROPRIÉTAIRE

Mᵐᵉ Colcombet.

Claveaux. — A. B., troisième classe ; C. L., quatrième classe.

A DIVERS

Les Vignes Rouges. — A. B., troisième classe.

A DIVERS

Fort-de-Vaux. — C. L., troisième classe.

A DIVERS

GIVRY

Givry, arrondissement de Chalon, chef-lieu de canton, poste
et télégraphe, chemin de fer sur la ligne de Chalon à Roanne ;
2,773 habitants ; à 9 kilomètres de Chalon, 63 de Mâcon.

Sol calcaire, argileux et sablonneux, sous-sol marneux ; coteaux exposés au sud et à l'est.

Vins renommés ; ceux qui proviennent des plants de pineaux
rivalisent avec les grands crus de la Côte-d'Or ; durée 20 ans,
les vins rouges sont surtout recherchés.

Le vignoble de Givry s'étendait sur 550 hectares avant l'invasion phylloxérique, 100 résistent encore et 300 autres ont été
reconstitués en pineaux blanc et noir, en gamays fins, moureaux, etc., greffés sur riparias, solonis et vialas, yorks ; quelques essais de plants Couderc.

L'hectare de vigne non reconstitué ne vaut guère plus de 500 f.

La récolte de 1892 a donné 4000 hectolitres de vin rouge et
350 hectolitres de vin blanc.

Les prix varient suivant les crus depuis 80 fr. jusqu'à 150 fr.
l'hectolitre.

La petite ville de Givry, traversée par les routes départementales de Chalon à Charolles et de Chagny à Mâcon, est bâtie au
pied d'une côte couverte de riches vignobles. Ses vins étaient
déjà en grande réputation dans le xive siècle. Une ordonnance
de Philippe de Valois, de 1349, porte qu'un tonel de vin de Givry
payera six sous d'entrée à Paris. Celui de la Loire ne payait
que deux sous. Henri IV faisait du vin de Givry sa boisson ordinaire. Givry était anciennement fortifié. Par une charte de
1310, Guillaume de Mello avait permis aux habitants de clore

de murs leur ville. Les trois tours et les quelques pans de murailles dont on voit encore les ruines faisaient partie de ces fortifications. Malgré ces précautions, en 1360, la ville fut prise et saccagée par les compagnies d'écorcheurs ou tard-venus ; en 1525 par des partis de robeurs, et en 1576, par les reîtres, qui pillèrent l'église et incendièrent la majeure partie des habitations.

L'église paroissiale actuelle, bâtie d'après les dessins de M. Gauthey, a été commencée en 1770. Elle est remarquable par sa singularité de construction.

Les Templiers eurent une commanderie à Givry.

Cette ville a donné le jour à M. le baron Denon, l'un des hommes les plus distingués qui firent partie de l'expédition d'Egypte.

Château de Cortiamble à M. Carre.

NOMENCLATURE

DES PRINCIPAUX VIGNOBLES ET LIEUX-DITS

Barraude. — A. B., première classe ; C. L., deuxième classe.

PRINCIPAUX PROPRIÉTAIRES

M. Daligny. | M. Guichard.

Boix-Chevaux. — A. B., première classe ; C. L., première classe.

DIVERS

Clos Saint-Paul. — A. B., première classe ; C. L., première classe.

PRINCIPAL PROPRIÉTAIRE

M. Guillaume-Giraud.

Clos Saint-Pierre. — A. B., première classe; C. L., première classe.

PRINCIPALE PROPRIÉTAIRE

Mme la baronne Thénard.

Clos Salomon. — A. B., première classe; C. L., première classe.

PRINCIPAUX PROPRIÉTAIRES

M. de Chanay.

Cellier aux Moines. — A. B., deuxième classe; C. L., deuxième classe.

PRINCIPAUX PROPRIÉTAIRES

M. Fayard de l'Isle. | M. Nivert. | Mme la baronne Thénard.

Les Chauvary, la Corvée. — A. B., deuxième classe; C. L., deuxième classe.

DIVERS

Clos Charlieux. — A. B., deuxième classe.

DIVERS

Clos Marolle. — A. B., deuxième classe; C. L., deuxième classe.

PRINCIPAUX PROPRIÉTAIRES

M. Bontemps. | M. Fayard de l'Isle. | M. Guérin.

Cortiamble. — A. B., deuxième et troisième classes.

DIVERS

Les Parades. — A. B., deuxième classe.

DIVERS

Poncey. — A. B., deuxième et troisième classes.

DIVERS

Les Prétauts. — A. B., deuxième classe; C. L., deuxième classe.

DIVERS

Servoisine. — A. B., deuxième classe; C. L., deuxième classe.

DIVERS

Russilly. — A. B., troisième et quatrième classes.

DIVERS

Clos Marceaux. — C. L., deuxième classe.

MM. les héritiers Berthaux.

Plante-Genlis. — C. L., deuxième classe.

PRINCIPAL PROPRIÉTAIRE

M. Mairet.

GRANGES

Granges, arrondissement de Chalon, canton de Givry, bureau de poste de Saint-Désert ; 320 habitants ; à 3 kilom. de la gare de Saint-Désert, 6 de Givry et 15 de Chalon.

Voiture publique de Buxy à Chalon.

Territoire en plaine ; sol d'alluvions, calcaire et argileux, d'une grande fertilité.

La récolte de 1890 n'a donné que 200 hectolitres de vin rouge d'une valeur moyenne de 35 fr. l'hectolitre.

Celle de 1892 a été à peu près semblable.

Cette commune ne possède plus que quelques hectares sur les 40 dont se composait son vignoble.

La reconstitution est encore nulle, mais s'affirmera bientôt.

Le prix de l'hectare de vigne est d'environ 3500 fr.

Il est fait mention de Granges, dès le VIᵉ siècle, dans une donation qu'en fit la reine Brunehaut à l'abbaye de Saint-Martin d'Autun, qu'elle venait de fonder.

M. de Chardonnet, propriétaire du château de Granges, est le seul qui ait encore une certaine étendue de vignes.

Pas de crus principaux.

JAMBLES

Jambles, arrondissement de Chalon, canton et bureau de poste de Givry ; 767 habitants ; à 4 kilomètres de Givry, 14 de Chalon.

Sol calcaire à l'est, liassique à l'ouest, mélanges divers.

Le vignoble de Jambles s'étend sur 320 hectares, près de la moitié du territoire de la commune ; quelques hectares résistent encore, 160 sont reconstitués en gamays et moureaux greffés sur riparia et solonis.

L'hectare de vigne vaut 4800 fr.

La récolte de 1890 a donné 3480 hectolitres de vin rouge dont les prix varient entre 35, 40 et 50 fr. l'hectolitre, suivant la qualité.

La récolte de 1892 a été d'environ 3000 hectolitres vendus aux mêmes prix que ci-dessus.

Jambles est situé dans une gorge, entre deux côtes élevées, très rapprochées, l'une au nord et l'autre au sud du village qui est adossé à l'ouest à une troisième montagne. Il ne possède de communication facile qu'avec Givry, par le chemin vicinal n° 1. Son territoire est arrosé par un ruisseau qui fait mouvoir des moulins.

Château de Charnailles à M. Ch. Gros.

NOMENCLATURE

DES PRINCIPAUX VIGNOBLES ET LIEUX-DITS

Charnaille. — A. B., troisième classe.

Les Cloux. — A. B., troisième classe.

Meix au Roi. — A. B., troisième classe.

PRINCIPAUX PROPRIÉTAIRES

MM. Barrault-Vachet.
Coulon-Renaudin.
Gillibert.

MM. Gressot.
Gros.
Nolet.

SAINT-JEAN-DE-VAUX

Saint-Jean-de-Vaux, arrondissement de Chalon, canton de Givry, bureau de poste de Bourgneuf ; 528 habitants ; à 6 kilomètres de la gare de Givry, 14 de Chalon.

Sol calcaire, riche, sous-sol argileux mélangé ; les bons coteaux sont exposés au sud et à l'est.

Vins estimés, goût franc, un peu durs au début, bouquet agréable, couleur prononcée, d'une très longue durée. Peu de différence dans les cuvées.

Le vignoble de Saint-Jean s'étendait sur 200 hectares dont quelques-uns résistent encore au phylloxéra et 110 sont reconstitués en gamays, moureaux et fréaux, sur riparias, solonis et quelques vialas.

L'hectare de vigne vaut en moyenne 4,800 fr.

On a récolté en 1890, 3,000 hectolitres de vin rouge d'une valeur moyenne de 40 fr. l'hectolitre.

En 1892 la récolte a été un peu moindre ; le prix est resté le même.

Dans un terrain vague de la commune, lieu dit *aux Teux-Blancs,* qui signifie en patois *Rochers-Blancs,* et dans un lieu isolé, autrefois couvert de bois, des bergers ont découvert, en 1845, une grande quantité de tombeaux. Ces sépultures, disposées sur deux rangs dans le flanc de la montagne, sont toutes formées de laves non cimentées, à l'exception de l'une d'elles qui est creusée dans une belle pierre de grès de forme prismatique. Quelques-unes renfermaient deux squelettes. Aucune inscription, aucune pièce de monnaie n'ont pu révéler la date

de ces tombeaux. Sur le cimetière de l'église, belle croix roga-
toire de la seconde période de la Renaissance. Autre croix roga-
gatoire du même âge, sur la grande place du village.

A. Budker place les vins de cette commune en troisième et
quatrième classes.

PRINCIPAUX PROPRIÉTAIRES

Mme Vve Juillet | M. Renaudin fils. | M. Roussot-Pillot.

SAINT-MARD-DE-VAUX

Saint-Mard-de-Vaux, arrondissement de Chalon, canton de Givry, bureau de poste de Bourgneuf ; 377 habitants ; à 7 kilomètres de la gare de Saint-Berain-sur-Dheune, 15 de Chalon.

Voiture de Chalon à Saint-Jean-de-Vaux.

Deux coteaux principaux, le premier à l'exposition est comprend du granit avec sous-sol argileux siliceux et dans la partie nord du grès de l'étage infra lias avec sous-sol argileux ; le second coteau est composé de terrain jurassique inférieur avec sous-sol argileux. Au nord de la commune le mamelon dit fourneau est en plein dans le lias, avec bancs de calcaires à gryphées à fleur de terre.

Vins de bonne qualité, même fins, se conservant parfaitement ; ils sont spécialement recherchés pour coupage avec les vins fins de la Côte-d'Or.

Des 125 hectares qui composaient le vignoble de Saint-Mard, 20 hectares résistent encore, 40 sont reconstitués en gamays et gamays moureaux, greffés sur vialas, riparias et solonis.

L'hectare de vigne vaut 3,000 fr.

La récolte de 1892 a donné 2,000 hectolitres de vin rouge dans les prix de 45, 50 et 55 fr. l'hectolitre, suivant les crus.

Le nom ancien de cette commune était *Saint-Médard*. Ce nom est celui du patron de la paroisse dont la fête s'y célèbre encore le 8 juin. C'est par contraction qu'il s'est prononcé et s'est écrit Saint-Mard, ainsi qu'on le voit dans un procès-verbal de la visite que fit de l'église, en 1744, Monseigneur François de Madot, évêque de Chalon. Le bourg est situé au pied de la montagne de Montabon qui l'abrite du côté N.-O. Château de Blaizy. Petite église assez élégamment ornée.

Château de Blaizy à M. Cautin de Blaizy.

NOMENCLATURE

DES PRINCIPAUX VIGNOBLES ET LIEUX-DITS

Les Bataillards. — C. L., première classe.

PRINCIPAUX PROPRIÉTAIRES

M. Jean-Marie Grachet. | M. Le Grix.

Les Chaumottes. — C. L., première classe.

PRINCIPAL PROPRIÉTAIRE

M. Landrey.

Le Clos Brenot. — C. L., première classe.

PRINCIPAUX PROPRIÉTAIRES

M. Dennevert. | M. Grachet.

Les Grandes-Vignes. — C. L., première classe.

PRINCIPAUX PROPRIÉTAIRES

M. Dodey. | Jean-Marie Grachet.

Le Meix. — C. L., première classe.

PRINCIPAL PROPRIÉTAIRE

M. Le Grix-Thaveriot.

Le Passerat. — C. L., première classe.

PRINCIPAUX PROPRIÉTAIRES

M. Boiret. | M. Dennevert. | Mme Desmarches.

Citons parmi les principaux propriétaires en différents autres lieux-dits :

M. Renaudin fils.

A. Budker place la généralité des crus de Saint-Mard-de-Vaux en troisième et quatrième classes.

Sᵗ-MARTIN-SOUS-MONTAIGU

Saint-Martin-sous-Montaigu, arrondissement de Chalon, canton de Givry, bureau de poste du Bourgneuf ; 311 habitants ; à 7 kilomètres de la gare de Givry, 13 de Chalon, voiture pour et de Chalon.

Sol calcaire et argilo-calcaire. Vins de très bonne qualité ayant la finesse et une longue durée.

Sur 200 hectares de vigne, 80 seulement résistent encore, 50 sont reconstitués en gamays et pineaux greffés sur riparia, solonis et rupestris.

L'hectare de vignes vaut de 5,000 fr. à 6,000 fr.

On a récolté en 1892, 700 hectolitres de vin rouge et 700 hectolitres de vin blanc dont les prix varient de 80 à 100 fr.

Le village est situé au pied d'une montagne. Roches du Châtelet formant un demi-cercle, à une hauteur de 20 à 30 mètres, d'un aspect pittoresque.

NOMENCLATURE

DES PRINCIPAUX VIGNOBLES ET LIEUX-DITS

Les Atres. — A. B., première classe.

PRINCIPAL PROPRIÉTAIRE

M. de la Rochette-Sancy.

38

La Chassière. — A. B., première classe.

PRINCIPALE PROPRIÉTAIRE

Mme Saverot.

Les Fourneaux. — A. B., première classe.

PRINCIPALE PROPRIÉTAIRE

. Mme Saverot.

Les Libertins. — A. B., première classe.

PRINCIPAL PROPRIÉTAIRE

M. de la Rochette-Sancy.

Le Paradis. — A. B., première classe.

PRINCIPAL PROPRIÉTAIRE

M. Coin.

La Roche. — A. B., première classe.

PRINCIPAL PROPRIÉTAIRE

M. Coin.

En Ruelle. — A. B., première classe.

PRINCIPAL PROPRIÉTAIRE

M. Emile Petiot.

Les Chagnès. — A. B., deuxième classe.

A DIVERS

Châteaubeau. — A. B., deuxième classe.

PRINCIPALE PROPRIÉTAIRE

Mme Vve Champion.

Montaigu. — A. B., deuxième classe.

A DIVERS

Retroi. — A. B., deuxième classe.

A DIVERS

Citons parmi les principaux propriétaires en différents lieux-dits :

M. Renaudin fils.

MELLECEY

Mellecey, arrondissement de Chalon, canton et bureau de poste de Givry ; 940 habitants ; à 5 kilomètres de Givry, 11 de Chalon.

Sol calcaire et granitique.

Bons vins ordinaires, tendres.

Sur les 250 hectares qui composaient le vignoble de Mellecey, il en reste un certain nombre qui résistent encore au phylloxéra. Environ 100 hectares ont été reconstitués en gamays moureaux et plants rouges greffés sur riparias, solonis et vialas.

L'hectare de vigne vaut actuellement 2,000 fr.

La récolte de 1890 a produit 1,000 hectolitres d'une valeur de 40 à 50 fr. l'hectolitre.

Celle de 1892 a été à peu près semblable ; mêmes prix.

Situé dans un vallon traversé par la rivière d'Orbize. Pays d'un aspect varié et pittoresque. La route nationale n° 78, de Nevers à Saint-Laurent et la route départementale n° 11, de Chagny à Mâcon, se croisent sur le territoire de cette commune qui est desservie par le chemin de moyenne communication de Mellecey aux Baudots.

Château de Germolles, situé au pied du Mont-à-Dieu, à 200 mètres de la route n° 11. Cet édifice, qui date de 1383, a appartenu aux ducs de Bourgogne. Philippe le Hardi y reçut, en 1389, le roi Charles VI. Agnès et Anne de Bourgogne l'habitèrent en 1412 et 1413. Diane de Poitiers y fit aussi plusieurs séjours. Enfin Henri IV vint y passer quelques jours avec Gabrielle. — Pendant la peste de 1564 et pendant les troubles de la Ligue, le bailliage de Chalon y tint ses séances. — Un château-fort exista jadis à Mellecey. Il ne reste que des ruines de cette forteresse. La voie romaine de Chalon à Autun passait près de Mellecey, par la forêt de Marloux.

Châteaux à M. Leschenault du Villard ; de Germolles, à M. Jeannin, neveu.

A. Budker range les vins de Mellecey en troisième et quatrième classes.

Pas de crus principaux.

Propriété morcelée.

MERCUREY

Mercurey, arrondissement de Chalon, canton de Givry, bureau de poste et télégraphe au hameau de Bourgneuf; 750 habitants; à 8 kilomètres des gares de Chalon et de Fontaines.

Exposition au sud et au sud-est. Sol calcaire, argileux et de mélanges divers.

Les vins de Mercurey sont très renommés : bouquet très fin, belle couleur, d'une durée de 20 ans.

Le phylloxéra a terminé son œuvre de destruction dans le vignoble de Mercurey. Sur 300 hectares, il en reste à peine 4 ou 5 donnant des fruits, 80 seulement sont reconstitués en pinots et gamays greffés sur riparias, solonis et rupestris.

La récolte de 1892 a donné 280 hectolitres de vin rouge et 10 hectolitres de vin blanc. Les prix du vin rouge varient entre 70 et 75 fr. l'hectolitre suivant les choix ; le vin blanc ne va guère au delà de 50 à 60 fr. l'hectolitre.

Le prix de l'hectare de vigne vaut 4000 fr.

Mercurey est situé sur un coteau. La route nationale n° 78, de Nevers à Saint-Laurent, traverse les hameaux de Bourg-Bassot et de Bourgneuf, dont une partie est sur Touches. — Mercurey paraît avoir tiré son nom d'un temple dédié à Mercure. La voie romaine de Chalon à Autun longe la route nationale, à la sortie de Bourgneuf. On a découvert, à différentes époques, divers objets antiques dans le voisinage, et notamment, en 1770, une urne en terre d'une belle forme et parfaitement conservée. — En 1849, un propriétaire, en reconstruisant un vieux mur de clôture lieu-dit en Montelong, a mis à découvert

plus de cent médailles en bronze, appartenant pour la plupart
au règne de Constance, et une petite statue d'environ 6 centimètres de hauteur, représentant un jeune enfant tenant d'une
main une guirlande de fleurs. Il y a lieu de croire que cette
statue est un petit Cupidon, attendu qu'on remarque par derrière, à la hauteur des épaules, une brisure d'où pourrait bien
avoir été détaché le carquois.

Château de Mipont à M. Lacombe.

NOMENCLATURE

DES PRINCIPAUX VIGNOBLES ET LIEUX-DITS

Champs-Martin. — A. B., première classe; C. L., deuxième classe.

PRINCIPAL PROPRIÉTAIRE

M. Lecourbe.

Les Crées. — A. B., première classe; C. L., deuxième
classe.

PRINCIPAUX PROPRIÉTAIRES

M. Benoît. | M. Ridard.

Les Nagues. — A. B., première classe; C. L., première
classe.

PRINCIPAUX PROPRIÉTAIRES

M. Bonneau. | M. de Loisy.

Les Vasées. — A. B., première classe; C. L., deuxième
classe.

PRINCIPAUX PROPRIÉTAIRES

M. Boissenot. | M. Leconte.

Les Voyens. — A. B., première classe ; C. L., première classe.

PRINCIPAUX PROPRIÉTAIRES

M. Bessy. | M. Naltet.

Les Chazeaux. — A. B., deuxième classe ; C. L., deuxième classe.

PRINCIPAL PROPRIÉTAIRE

M. Rédard.

Le Clos Lévêque. — A. B., deuxième classe ; C. L., première classe.

PRINCIPAUX PROPRIÉTAIRES

M. de Labrely. | M. Tramier.

La Criode. — A. B., deuxième classe ; C. L., deuxième classe.

PRINCIPAUX PROPRIÉTAIRES

M. Lacombe. | M. Tramier.

Croichot. — A. B., deuxième classe ; C. L., deuxième classe.

PRINCIPAUX PROPRIÉTAIRES

M. Barault. | M. Benoît.

Tonnerre. — A. B., deuxième classe ; C. L., deuxième classe.

PRINCIPAL PROPRIÉTAIRE

M. Forêt.

Vignes Blanches. — A. B., deuxième classe ; C. L., deuxième classe.

PRINCIPAL PROPRIÉTAIRE

M. Lecombe.

Citons parmi les principaux propriétaires en différents lieux-dits :

MM. Perrault père et fils.

ROSEY

Rosey, arrondissement de Chalon, canton de Givry, bureau de poste de Saint-Désert; 316 habitants; à 2 kilom. de la gare de Saint-Désert, sur la ligne de Chalon à Roanne, 6 de Buxy et 15 de Chalon.

Sol calcaire dans les coteaux à l'est, argileux en plaine, argilo-calcaire au centre et au sud; granitique ou plutôt siliceux à l'ouest.

Vins estimés, très tendres, agréables, très colorés, se conservant de 12 à 15 ans. Sur 185 hectares, étendue du vignoble, 10 résistent encore, 90 sont reconstitués en gamays-moureaux, pineaux et fréauds (?) greffés sur riparia, viala et solonis.

L'hectare de vigne non replanté vaut 3000 fr., reconstitué 5000 fr.

En 1892 on a récolté à Rosey 1000 hectolitres de vin rouge et 40 de vin blanc.

L'hectolitre de vin rouge vaut de 40 à 45 fr. l'hectolitre et le vin blanc de 40 à 50 fr., suivant la qualité.

Rosey est situé sur le penchant d'une colline entre la route départementale nº 3, de Chalon à Charolles, et celle nº 11, de Chagny à Mâcon. Ce village est mentionné dans une charte de Louis le Gros, de 885, comme appartenant à l'abbaye de Saint-Marcel. — Château à la moderne, bâti en 1750 par messire Clerguet de Loisey, chef de la grande fauconnerie de France, lieutenant du roi en la province de Bourgogne et seigneur de Rosey. Ce château, dévasté pendant la révolution, a été récemment réparé.

Châteaux de MM. Vitteaux et Chevrier.

Les meilleurs crus sont ceux de Champ-Martin, du Clos et de Chauvelotte (ce dernier en vin blanc).

PRINCIPAUX PROPRIÉTAIRES

Mme Chevrier.
MM. de la Cuisine de Fontaines.
Galopin.

MM. Girard de Labrely.
Roussin.

A. Budker range les vins de cette commune en troisième et quatrième classes.

TOUCHES

Touches, arrondissement de Chalon, canton de Givry, bureau de poste et télégraphe au hameau de Bourgneuf; 1320 habitants; à 6 kilomètres de la gare de Fontaines, 8 de Givry, 12 de Chalon.

Les vignes sont plantés en terrain calcaire pour la plus grande partie, une autre partie en terrain argilo-calcaire et une partie en terrain d'alluvion : les coteaux les plus renommés sont à l'exposition du midi en terrain avec sous-sol argilo-calcaire, marneux ou calcaire seulement, ce sont les plus résistants au phylloxéra ; d'autres coteaux sont exposés à l'est et à l'ouest.

Les vins sont moins renommés. Les vins de Touches sont confondus comme qualité avec ceux de Mercurey, ils sont tendres et prennent le bouquet de noisette en vieillissant; la couleur est légèrement foncée; durée d'environ 20 ans et même plus dans les bonnes années; bons à mettre en bouteilles au bout de trois ans.

Cette commune comptait 555 hectares de vignes avant le phylloxéra, 80 résistent encore et 25 sont reconstitués, le surplus est détruit complètement. On essaye de tous les porte-greffes, mais les solonis paraissent les plus résistants ; on greffe des pineaux rouges, des gamays rouges, des pineaux de Pernand, des gamays blancs. L'hectare de vignes est descendu comme valeur au prix de 1,600 fr.

On a récolté, en 1892, 460 hectolitres de vin rouge et 70 de blanc.

Les meilleurs crus pour le rouge valent 100 fr. l'hectolitre, les crus ordinaires 70 fr. et les crus inférieurs 40 fr.

Pour le vin blanc cette proportion est de 60, 50 et 45 fr. l'hectolitre.

Touches est situé sur une éminence, à l'ouest de la route nationale n° 78, de Nevers à Saint-Laurent. Ce pays présente un aspect varié et pittoresque. Des vestiges de la voie romaine d'Autun à Chalon se font remarquer à l'entrée du Bourgneuf. Entre Touches et Saint-Martin, au sommet d'une roche escarpée, sont les ruines du château de Montaigu dont la construction date du xie siècle. C'était une forteresse à double enceinte de murs flanqués de 12 tours, avec chemins couverts et souterrains. Elle a appartenu, pendant 400 ans, aux sires de Montaigu, branche puinée de la première maison de Bourgogne. Le duc de Nemours s'en empara en 1591, et Henri IV la fit démanteler, sur les représentations des magistrats de Chalon qui avaient eu beaucoup à se plaindre des excès de tous genres auxquels se livrait la garnison. Ces ruines avaient encore un aspect imposant avant la révolution. Dans le voisinage, il existe un puits de 45 mètres de profondeur, taillé dans le roc.

Châteaux de Chamirey à M. Petiot et à M. Benoit ; de Champrenard à M. Chevrier ; de Bourgneuf à M. de Suremain ; d'Etroyes à M. Brintet et à M. Menand-Suchet ; de Touches à M. Ladey.

NOMENCLATURE

DES PRINCIPAUX VIGNOBLES ET LIEUX-DITS

Les **Charmées**. — A. B., première classe ; C. L., deuxième classe.

PRINCIPAL PROPRIÉTAIRE

M. Louis Brintet.

Clos Rigland. — A. B., première classe ; C. L., première classe.

PRINCIPAL PROPRIÉTAIRE

M. de Suremain.

Clos Thourot. — A. B., première classe.

A DIVERS

Les Grands Champs. — A. B., première classe.

A DIVERS

Le Marcilly. — A. B., première classe ; C. L., deuxième classe.

PRINCIPAL PROPRIÉTAIRE

M. Pingeon.

Sazenier. — A. B., première classe ; C. L., première classe.

PRINCIPAUX PROPRIÉTAIRES

M. de Suremain. | M. de Verchère.

Les Velay. — A. B., première classe ; C. L., première classe.

PRINCIPAUX PROPRIÉTAIRES

MM. Barault frères. | M. Maufont.

Champ-Renard. — A. B., deuxième classe ; C. L., troisième classe.

PRINCIPAUX PROPRIÉTAIRES

M. Barault. | M. Boissenot. | M. Vernaobet.

Les Couderoyes. — A. B., deuxième classe ; C. L., deuxième classe.

PRINCIPAUX PROPRIÉTAIRES

M. Gros. | M. Ladey.

Poisot. — A. B., deuxième classe; C. L., deuxième classe.

PRINCIPAUX PROPRIÉTAIRES

M. Boussin. | M. Tremeau.

Les Carabys. — C. L., première classe.

PRINCIPAUX PROPRIÉTAIRES

M. Benoît. | M. Berthault. | M. Cottier.

Le Clos du Roi. — C. L., première classe.

PRINCIPAL PROPRIÉTAIRE

M. Petiot.

Les Pandoches. — C. L., première classe.

PRINCIPAL PROPRIÉTAIRE

M. de Verchère.

Le Roussillon. — C. L., première classe.

PRINCIPAL PROPRIÉTAIRE

M. de Suremain.

Vignes de Theurot. — C. L., première classe.

PRINCIPAUX PROPRIÉTAIRES

MM. Barault. | MM. Maufoux.
Boissenot. | de Verchère.

Les Chavances. — C. L., deuxième classe.

PRINCIPAL PROPRIÉTAIRE

M. Cottier.

Le Clos Rond. — C. L., deuxième classe.

PRINCIPAL PROPRIÉTAIRE

M. Cautin.

Les Grandes Vignes. — C. L., deuxième classe.

PRINCIPAL PROPRIÉTAIRE

M. Peliot.

Les Marcœurs. — C. L., deuxième classe.

PRINCIPAL PROPRIÉTAIRE

M. Convers.

Le Meix-frappé. — C. L., deuxième classe.

PRINCIPAL PROPRIÉTAIRE

M. Tupinier.

Le Meix-Sadot. — C. L., deuxième classe.

PRINCIPAUX PROPRIÉTAIRES

M. Levert. | M. Maufoux.

Les Musseaux. — C. L., deuxième classe.

PRINCIPAL PROPRIÉTAIRE

M. Petitjean.

Les Ormeaux. — C. L., deuxième classe.

PRINCIPAL PROPRIÉTAIRE

M. Menand-Galopin.

Sous-Musseaux. — C. L., deuxième classe.

PRINCIPAL PROPRIÉTAIRE

M. Duparay.

Les Clos de Marloux. — C. L., troisième classe.

PRINCIPAUX PROPRIÉTAIRES

M. Beury. | M. Lereuil. | M. Roquillet.

La **Corvée**. — C. L., troisième classe.

PRINCIPAL PROPRIÉTAIRE
M. Brintet.

La **Croix Rouge**. — C. L., troisième classe.

PRINCIPAL PROPRIÉTAIRE
M. Menand-Suchet.

Derrière Sazenay. — C. L., troisième classe.

PRINCIPAUX PROPRIÉTAIRES
M. Toussaint. | M. Valot-Grachet.

Les **Noiterons**. — C. L., troisième classe.

PRINCIPAUX PROPRIÉTAIRES
MM. Poissons frères.

Les **Retraits**. — C. L., troisième classe.

PRINCIPAL PROPRIÉTAIRE
M. Menand-Galopin.

Les **Varennes**. — C. L., troisième classe.

PRINCIPAUX PROPRIÉTAIRES
M. Menand-Galopin. | M. Morin-Mittanchez.

Les **Chaumes**. — C. L., quatrième classe.

PRINCIPAUX PROPRIÉTAIRES
M. Bidault. | M. Marot. | M. Valot.

Vignes de Blaizy. — C. L., quatrième classe.

PRINCIPAUX PROPRIÉTAIRES
M. Cautin. | M. Guérin.

CHALON (VILLE)

La fertilité du pays au centre duquel s'élève aujourd'hui la ville de Chalon, et surtout les grands avantages que présentait le voisinage de la Saône, fixèrent en ce lieu, dès les temps les plus reculés de l'antiquité, une population nombreuse, dont le commerce et l'agriculture avaient, même avant d'être romaine, placé la cité au nombre des villes les plus importantes des Gaules. Embellie par les Romains, elle acquit encore, sous les empereurs, une étendue et une richesse plus considérables. La culture de la vigne mit, sous le règne de Probus, le comble à sa prospérité. Constantin, en mémoire de la vision miraculeuse qu'il eut aux portes de Chalon, et qui plaça le Labarum sur les enseignes impériales, accorda à cette ville une protection particulière ; il s'y arrêta plusieurs fois, au milieu de ses courses victorieuses, et c'est dans ses murs qu'il rendit la loi par laquelle il proscrivit l'usage barbare de marquer au front les criminels. Après cette période d'heureuse fortune, Chalon partagea le sort des autres cités des Gaules, sur lesquelles fondirent, tour à tour, les ravages des Huns, des Sarrasins, des Normands, des Hongres et de tous ces flots de barbares, que le nord, pendant cinq siècles, vomit sur le midi et l'ouest de l'Europe.

Les guerres civiles, dont l'époque féodale fut témoin, ne respectèrent pas cette riche cité, que les ressources inépuisables de son commerce purent seules sauver d'une ruine complète. Plus tard elle eut aussi à subir sa part des malheurs qui marchaient à la suite des troubles religieux. Entraînée par Mayenne dans la faction de la Ligue, elle maintint longtemps ce parti dans sa citadelle, que la prévoyance de Charles IX avait fait élever en 1563, afin, dit l'édit de construction, « de tenir en cervelle les habitants et manans d'icelle ». La guerre de la Fronde eut aussi ses retentissements sur les bords de la Saône ; les bons marchands de Chalon se fusillèrent bravement, pour de misérables intrigues de cour, où ils n'avaient que faire de dépenser leur poudre et leur argent.

Cependant Chalon, traité avec faveur par les ducs de Bourgogne, et plus tard par les rois de France, s'efforça en plus d'une occasion de se concilier leurs bonnes grâces, par de riches cadeaux, ou de pompeuses réceptions. En 1377, la ville fit présent à Philippe le Hardi de deux pièces de canon, dont l'une était du prodigieux calibre de 450. En 1494, Charles VIII, entrant à Chalon, trouva les rues tendues de tapisseries, les places ornées de théâtres, sur lesquels étaient représentés des *mistères* et *moralités* « et en ung pravillon de drap d'orfèvrerie, accoutrée d'un manteau de soye, la plus belle et sage jeune fille de Chalon, Mademoiselle de Beuvrand, qui offrit au sire roy, avec un chapel de fleurs, ung cueur d'or fin du prix de cent escus ». L'augmentation toujours croissante de la population, le défaut de police et surtout le malheur des temps, contribuèrent, plus encore peut-être que la situation même de Chalon, aux fréquentes épidémies qui, à diverses reprises, décimèrent ses habitants. Ce fut pendant l'une de ces cruelles maladies, en 1494, que les magistrats, désespérant du salut public, vinrent en corps vouer à l'autel de la cathédrale, pour la cessation de la peste, une bougie dont la longueur était égale à la circonférence de la ville. On ne trouve aucun détail sur l'exécution de cet étrange vœu, qui sans doute fut racheté par quelque acte de dévotion plus facile. Quoi qu'il en soit, l'année suivante le fléau continuant ses ravages, on eut recours à un autre moyen, qui paraîtrait plus singulier encore, si l'on ne se rappelait les jeux religieux des anciens, dont le moyen âge avait introduit les rites dans la gravité du culte chrétien. Le corps de ville décida que « pour guérir les pauvres malades et sauver la ville, il fallait incontinent

39

Gevrey-Chambertin : M g sins et Caves de la Maison
GUICHARD POTHERET & Fils, ✳,
de Chalon-sur Saône et Gevrey-Chambertin (1).

---

(1) Maison fondée en 1815.

Récompenses aux principales expositions de France et de l'Etranger :

Seuls Diplômes d'honneur

Amsterdam 1883. — Nice 1883-84. — Londres 1884. —
Anvers 1885. — Vienne 1894.

Médailles

Londres 1862. — Vienne Mérite 1873. — Philadelphie 1876. —
Paris, médaille d'or 1878. — Melbourne, médaille d'or 1880-81. —
Chalon-sur-Saône, médaille d'or 1881. — Bordeaux, médaille d'or
1882. — Barcelone, médaille d'or 1888.

Membre du Jury hors concours

Paris 1885. — Le Havre 1887. — Bruxelles 1887. — Paris 1889. —
Chicago 1893.

Fournisseurs brevetés de la Cour royale de Grèce.

Cuverie et Caves à Gevrey-Chambertin de la Ma.son
GUICHARD-POTHERET & Fils, ❄,
de Chalon sur-Saône et Gevrey-Chambertin (1).

---

(1) Propriétaire dans les communes de :

Gevrey-Chambertin : *Chambertin, Clos de Bèze* (tête de cuvée),
Saint-Jacques, — *Mazy*, — *Castiers* (1re cuvée),
— *Les Gemeaux*, — *Les Latricières*, — *Le Clos
Prieur*, — *Combe aux Grisards*.

Chambolle-Musigny : *Les Musigny* (tête de cuvée),
Les Bonnes-Mares, — *Amoureuses* (1re cuvée),
Les Eschézeaux.

Vougeot. . . . . . . *Au Clos Vougeot* (tête de cuvée),
Flagey . . . . *En Oroeau* (1re cuvée),
Aloxe. . . . . . . *Corton Clos du Roi* (tête de cuvée),
Beaune . . . . *Les Grèves* (tête de cuvée).
Chassagne-Montrachet.

---

mettre sus le jeu et mystère du glorieux ami de Dieu, monsieur Saint Sébastien ».

Un poète de Givry, Jacques Mortières, entreprit la tragédie de Saint-Sébastien « et eut 17 écus pour salaire de sa pièce, qui fut représentée par les meilleurs bourgeois dans leurs robes, au grand soulagement de la communauté ».

Dès le vi⁰ siècle, le gouvernement de Chalon fut confié à des comtes, qui devinrent héréditaires sous les descendants de Charlemagne, et qui se perpétuèrent dans cette souveraineté jusque dans le xiii⁰ siècle. Ce fut Jean de Chalon, tige de la maison des princes d'Orange, qui échangea ce comté avec Hugues IV, duc de Bourgogne, en 1237, pour la seigneurie de Salins, et d'autres terres en Franche-Comté.

Les évêques de Chalon, établis dans cette ville dès 470, l'avaient enrichie d'un grand nombre d'établissements et d'édifices religieux. On y comptait, avant 1789, une église cathédrale, une collégiale, une abbaye de bénédictins, l'abbaye noble de Lanchare, quatre paroisses, deux hôpitaux, deux commanderies, et huit monastères ; celui des Carmes fondé en 1324, des Cordeliers en 1452, des Ursulines en 1625, et des Visitandines en 1653. Ces établissements ont été presque tous supprimés et détruits depuis lors ; de quatorze églises que possédait la ville, il n'en reste plus que deux qui servent aujourd'hui de paroisses : Saint-Pierre, l'ancienne église des Bénédictins, et Saint-Vincent. On ne sait pas au juste à quelle époque fut construite la première église consacrée à Saint Vincent par les habitants de Chalon. On voit seulement qu'elle existait dès le commencement du vi⁰ siècle. Elle avait porté d'abord le nom de Saint-Etienne ; mais, après qu'elle eut reçu du roi Childebert les reliques de saint Vincent de Saragosse, elle prit le nom de ce saint, qui devint le patron du diocèse. Détruite par les Sarrasins, elle fut rebâtie par Charlemagne, qui l'enrichit de livres et d'ornements précieux. Cette nouvelle cathédrale fut brûlée par les Normands, et il paraît que celle qui lui succéda éprouva peu de temps après le même sort. Quoi qu'il en soit, sa dernière réédification remonte à l'année 1386 ; les voûtes furent achevées à l'aide des pieuses libéralités de Jehan de Veres, Hugues d'Orges, et Julien d'Arsonval dont on voit les armes à la voûte du chœur. Cette église fut consacrée en 1403. Depuis lors, on y a ajouté quelques chapelles peu intéressantes pour l'art, et qui n'ont pas peu contribué à diminuer sa solidité. La destruction de ses clochers, durant la révolution, a achevé d'ébranler ce vieil édifice, dont les fondations mal assises sur des ruines, ne semblaient pas lui garantir une longue existence.

On avait formé, en 1777, pour l'embellissement de cette cathédrale, des plans qui allaient être exécutés en partie, quand la révolution de 1830 fit suspendre indéfiniment les travaux.

Le mouvement commercial qui fait l'importance et la fortune de Chalon reçut une nouvelle impulsion sur la fin du dernier siècle, par l'achèvement du canal du Centre, qui s'embouche dans la Saône à l'une des portes de la ville. Des établissements considérables s'élevèrent rapidement autour de ce nouveau centre d'activité, et l'industrie y attira une population toujours croissante. Le projet de ce canal avait été conçu sous le règne de François Ier ; étudié sous Louis XIII, sacrifié sous Louis XIV à l'exécution du canal du Languedoc, concédé aux états de Bourgogne en 1783, les travaux furent enfin commencés, sous la direction de l'ingénieur en chef de la province, M. Gauthey ; il fut livré à la navigation dans l'hiver de 1793 à 1794. La longue période de guerre maritime qui ruina les ports de l'Océan fut, pour le commerce de Chalon, la cause d'une prospérité nouvelle. Ses entrepôts reçurent toutes les expéditions du midi pour le centre et le nord de la France, qui s'approvisionnaient naguère dans les ports de la Manche, et ses relations s'étendant en même temps de tous les côtés embrassèrent bientôt l'Alsace, la Comté et une partie de la Suisse même. La paix, depuis 1814, n'a pu détruire qu'une partie de ces sources de richesses ; l'industrie, le mouvement des voyageurs, l'application de la vapeur à la navigation, le chemin de fer, les exploitations minéralogiques ouvertes dans le voisinage, tendirent à augmenter encore l'importance de Chalon.

L'aspect de cette ville, située dans une plaine vaste et fertile,

Château de Taisey ([1]), à M. RENAUDIN fils, négociant à Chalon-sur-Saône
Propriétaire de vignobles dans les communes de :
Saint-Remy, Saint-Jean-de-Vaux, Saint-Martin, Saint-Denis et Saint-Mard (Côte Chalonnaise) ;
a Meursault, Volnay et Auxey (Côte-d'Or).

(1) Dans la tour du château ont été signés, en 1596, entre Henri IV et le duc de Mayenne, les préliminaires du traité de paix qui mit fin aux guerres de la Ligue.

est aussi animé que gracieux ; ses rues sont généralement bien bâties, ses places spacieuses et aérées, ses promenades bien entretenues, celle surtout sur laquelle se tient, un mois durant, la foire de la Saint-Jean, qui attire une grande affluence de curieux. On admire aussi l'élégance de ses quais, les belles constructions qui entourent le voisinage du port et les sites riants des campagnes, qui s'étendent des deux côtés de la Saône au milieu des prairies, des forêts, et des riches cultures de la Bresse Chalonnaise. C'est dans les murs de Chalon que naquirent le poète Des Barreaux, l'historien Saint-Julien de Baleure, le jurisconsulte Doneau, le poète Jean Prestel et l'écrivain Berthaud.

Cette ville compte aujourd'hui près de 25,000 habitants.

La faible récolte de vin qu'on fait aux environs de Chalon ne compte pas pour le commerce.

Les vignes sont de très petite étendue. Pas de crus principaux.

Citons parmi les principaux négociants et propriétaires de vignobles de cette ville :

MM. Guichard-Potheret et fils. | M. Renaudin fils, etc.

CANTON DE CHALON (SUD)

SAINT-LOUP-DE-VARENNES

Saint-Loup-de-Varennes, arrondissement de Chalon, canton et bureau de poste de Chalon (sud); 573 habitants; à 1 kilomètre et demi de la gare de Varennes-le-Grand, sur la grande ligne, 8 de Chalon.

Territoire en plaine sur la rive droite de la Saône ; sol composé en grande partie des alluvions anciennes de la Bresse et d'alluvions modernes et argilo-siliceux.

Vins blanc assez agréable ; vin rouge de qualité moyenne, peu coloré.

Les crus des Grands-Champs, de la Nasse et de Curtil-Gaillard, sont les plus appréciés.

Le vignoble de Saint-Loup ne s'étend guère au delà de 30 hectares dont quelques-uns résistent encore au phylloxéra.

La reconstitution en gamays greffés sur riparias est commencée et se poursuit activement.

L'hectare de vigne se paie 2,400 fr.

La récolte de 1890 a donné 300 hectolitres de vin, la plus grande partie en vin blanc ; ce dernier, le seul qui se vende bien, vaut 25 à 35 fr. l'hectolitre. La récolte de 1892 a été à peu près égale ; les vins, blancs et rouges, se sont vendus de 30 à 35 fr. l'hectolitre.

Ce village est situé en plaine, entre la Saône et la route nationale n° 6, de Paris à Chambéry. L'église possède les reliques de saint Loup, qui sont en grande vénération dans le pays, aussi bien que les eaux d'une fontaine que, selon les croyances populaires, il fit jaillir, à 100 mètres de là, en faveur de quelques moissonneurs qui lui demandaient à boire. Ces lieux, célèbres par les miracles qui s'y opérèrent, étaient visités, deux fois l'an (le lundi de Pâques et de la Pentecôte), par une foule de personnes qui y venaient de fort loin en pèlerinage. Dans le cimetière, belle croix en pierre sculptée, du moyen âge. Au centre du village, restes d'un château fort dont une partie est encore habitée. On remarquait naguères, près de ce château, deux pierres provenant du tombeau d'un *sextumvir augustal*, de la colonie de Lyon, nommé Pisonius Asclépiodatus Unigenarius. Elles avaient été trouvées, avec quelques médailles antiques, dans une partie du territoire de Saint-Loup, appelée *La Fosse aux Romains.*

Château du Grand-Champ à Mᵐᵉ Vᵛᵉ Besson.

Propriété morcelée.

SAINT-REMY

Saint-Remy, arrondissement, canton et bureau de poste de Chalon (sud) ; 1255 habitants ; à 2 kilomètres de la gare de Chalon.

Sol calcaire avec sous-sol argileux. Exposition des coteaux à l'est et à l'ouest.

Vin rouge et blanc, goût passable, peu de bouquet, faible durée.

La commune de Saint-Remy possédait 50 hectares de vignes, dont 40 sont détruits. 20 hectares sont reconstitués en gamays greffés sur riparia.

L'hectare de vigne vaut en moyenne 3,000 fr.

La récolte de 1890 a donné 60 hectolitres de vin rouge et 180 de vin blanc. Le prix de l'hectolitre est en moyenne de 35 fr. pour le blanc et le rouge.

La récolte de 1892 a donné 75 hectolitres de vin rouge et 200 hectolitres de vin blanc vendus de 30 à 35 fr. l'hectolitre.

Saint-Remy est sur une éminence, près de la rive droite de la Saône ; le bourg est traversé par la route nationale n° 6 et le chemin de fer de Paris à Lyon, par la route départementale n° 3, de Chalon à Givry, et par le chemin de grande communication n° 27, de Chalon à Buxy. C'est sur cette commune qu'exista le château de Taisey (1), où fut conclu, en 1595, dans la tour encore existante, le fameux traité qui mit fin aux troubles de la France, entre Henri IV et le duc de Mayenne, chef de la ligue.

Château de Taisey à M. Renaudin fils, seul principal propriétaire.

Pas de crus principaux.

Propriété assez morcelée.

(1) Voir la gravure à la page 614.

VARENNES-LE-GRAND

Varennes-le-Grand, arrondissement, canton et bureau de poste de Chalon (sud), chemin de fer sur la ligne de Paris à Lyon ; 1154 habitants ; à 10 kilomètres de Chalon.

Village situé dans une vaste plaine qui s'étend à l'est jusqu'à la Saône. Terres généralement argileuses.

Vins de goût franc, couleur moyenne, d'une faible durée.

Le vignoble, peu important, comprend 25 hectares de vignes détruites ; quelques hectares résistent encore au phylloxéra ; 10 hectares sont reconstitués en moureaux greffés sur riparias.

L'hectare de vigne se paie 3.000 fr.

La récolte de 1890 a donné 360 hectolitres de vin, moitié en rouge, moitié en blanc.

Le prix de l'hectolitre oscille entre 40, 42 et 45 fr.

La récolte de 1892 a peu varié comme quantité et prix.

La commune est traversée par la route nationale et par le chemin de fer de Paris à Lyon.

Elle possédait anciennement un prieuré de l'ordre de Saint-Benoît. La terre de Varennes appartint au XIIIe siècle à des seigneurs du même nom, ensuite à la maison de Drée, et, en dernier lieu, au duc de Rohan-Chabot.

Pas de crus principaux. Propriété morcelée.

CANTON DE CHALON (NORD)

CHAMPFORGEUIL

Champforgeuil, arrondissement de Chalon, canton et bureau de poste de Chalon (nord); 531 habitants; à 4 kilomètres de Chalon; sur le canal du Centre, territoire en plaine, sol argileux; vignoble de peu d'importance, généralement exposé au midi.

Vins médiocres, de pâle couleur, sans bouquet, s'amoindrit en vieillissant.

La totalité des vignes de Champforgeuil n'excède pas 35 hectares, sur lesquels 15 résistent encore au phylloxéra.

L'hectare de vigne vaut 4.800 fr.

La récolte de 1890 a donné 25 hectolitres de vin rouge et 500 hectolitres de blanc.

Le vin rouge se vend 40 fr. en moyenne l'hectolitre, le blanc de 40 à 45 fr.

La récolte de 1892 a été inférieure en quantité; prix semblables à 1890.

Le territoire de Champforgeuil est traversé par le canal du Centre et par le chemin de fer. Vieux château ayant appartenu à l'évêque Ponthus de Thiard. Le ligueur L'Artusie s'en empara en 1593. Deux ans après, il fut escaladé par les soldats du maréchal de Biron, puis démantelé par les ordres du duc de Mayenne.

Un seul cru principal, celui dit « du Château ».

Propriété morcelée

FARGES-LÈS-CHALON

Farges-lès-Chalon, arrondissement de Chalon, canton et bureau de poste de Chalon (nord); 330 habitants ; à 3 kilom. de la gare de Fontaines, 7 de Chalon.

Village situé sur une petite éminence ; terrain analogue aux alluvions de la Bresse, argileux.

Vins très ordinaires.

Le vignoble de Farges ne comprend guère plus de 30 hectares dont 10 sont complètement détruits.

On a planté quelques plants greffés en gamays et quelques othellos.

L'hectare de vigne vaut 3000 fr.

La récolte de 1892 a donné 90 hectolitres de vin rouge et 20 hectolitres de vin blanc.

Château de Farges à Mme Vve Chevrier.

NOMENCLATURE

DES PRINCIPAUX VIGNOBLES ET LIEUX DITS

Le Champ-Flau. — C. L., première classe.

PRINCIPALE PROPRIÉTAIRE

Mme Méray.

La Maladière. — C. L., première classe.

PRINCIPALE PROPRIÉTAIRE

Mme Bidault.

Le Meix-Bettrand. — C. L., première classe.

PRINCIPAL PROPRIÉTAIRE

M. J. Chevrier.

Le Poutot. — C. L., première classe.

PRINCIPAL PROPRIÉTAIRE

M. J. Chevrier.

Le Champ-Traversé. — C. L., deuxième classe.

PRINCIPAL PROPRIÉTAIRE

M. J. Chevrier.

LA LOYÈRE

La Loyère, arrondissement, canton et bureau de poste de Chalon (nord); 186 habitants ; à 3 kilomètres et demi de la gare de Fontaines, 8 de Chalon.

Terrains argilo-calcaires.

Vins ordinaires de bon goût, peu colorés, d'une faible durée.

Le vignoble de la Loyère, le seul du pays, ne s'étendait pas au delà de 50 hectares; tout a été détruit par le phylloxéra; il en reste à peine quelques parcelles debout. La reconstitution est commencée et sera achevée dans quelques années.

La récolte de 1890 n'a donné que quelques hectolitres de vin blanc et rouge d'une valeur moyenne de 40 fr. l'hectolitre. Les années suivantes, la récolte a été si minime qu'elle ne compte pas.

La commune est située en plaine, sur le bord du canal du Centre.

Château de la Loyère, à M. A. Martin.

Un Beuverand de la Loyère, lieutenant-général du bailliage de Chalon, dont le fils était conseiller au Parlement de Dijon, en 1654, est cité avec éloge par le P. Perry dans son histoire de Chalon.

NOMENCLATURE

DES PRINCIPAUX VIGNOBLES ET LIEUX-DITS

———

La Loyère. — C. L., première classe.

SEUL PROPRIÉTAIRE

M. Adolphe Martin.

———

VIREY

Virey, arrondissement de Chalon, canton et bureau de poste de Chalon (nord) ; 524 habitants ; à 7 kilomètres de Chalon.

Vignes situées en plaine, au milieu des cultures, terrains argileux, siliceux et calcaires.

On ne récolte que du vin blanc ordinaire.

Le vignoble ne dépasse pas 25 hectares d'une valeur moyenne de 3000 fr. l'hectare.

On a récolté 350 hectolitres de vin en 1890, vendu en moyenne 40 fr. l'hectolitre.

En 1892, récolte à peu près semblable ; le prix n'a pas varié.

Virey est situé en plaine. La vieille église romane, qui appartenait autrefois à la commanderie de Bellecroix, près Chagny, a été démolie en 1852. Patrie de Pierre de Virey, qui, de simple moine à Mézières, devint abbé de Clairvaux et mourut en 1497. On lui attribue la vie de saint Guillaume, abbé de Charlieu et archevêque de Bourges.

Pas de crus principaux.

Propriété morcelée.

CANTON DE CHAGNY

ALUZE

Aluze, arrondissement de Chalon, canton de Chagny, bureau de poste de Saint-Léger sur-Dheune; 398 habitants; à 6 kilom de la gare de Saint-Léger, 11 de Chagny et 16 de Chalon.

Vaste plateau à 300 mètres nord avec une vue magnifique; sol calcaire et argileux, argilo-siliceux.

Bons vins rouges ordinaires, francs, sans goût de terroir; bouquet de Bourgogne; assez foncés, remarquables par leur durée.

Quelques crus fournissent des vins qui égalent ceux de Mercurey, commune voisine d'ailleurs.

Exposition au sud est et nord-ouest.

Aluze comptait 210 hectares de vigne avant le phylloxéra, 50 résistent encore, 130 sont reconstitués en gamay sur solonis et riparia.

L'hectare de vigne se vend 2600 fr.

La récolte de 1890 a donné 2400 hectolitres de vin rouge dont les prix oscillent entre 38, 40 et 45 fr. suivant la qualité.

Récolte à peu près semblable en 1892; mêmes prix.

Aluze couronne le sommet d'une montagne au bas de laquelle passe la route nationale de Nevers à Saint-Laurent, à 1 kilom. du bourg. Un ruisseau, qui prend sa source à Charcey, arrose son territoire. A 10 mètres plus bas que le moulin de l'Enton-

Domaine d'Aubigny-le-Rouge, propriété de M. CHARLES MOYRET, avocat à Bourg

Le domaine d'Aubigny-le-Rouge, situé sur les communes d'Aluze et de Rully, est un ancien prieuré dépendant de l'abbaye de Maizières ; il se compose de 150 hectares dont 65 a 70 en vignes.

Le vignoble, entièrement détruit par le phylloxéra, est aujourd'hui presque entièrement reconstitué. Les vins, blancs ou rouges, provenant des parties bien exposées et plantées en plants fins, peuvent rivaliser avec les bonnes secondes cuvées de Rully et de Mercurey. L'installation des cuveries et des caves est une des plus belles du pays.

Le domaine d'Aubigny après avoir appartenu successivement aux familles Goussard, Moyne et Sousseller, est échu par succession à **M. CHARLES MOYRET**, avocat à Bourg.

noir, il s'engouffre dans la cavité d'un rocher, traverse souterrainement une montagne de 1500 mètres de longueur, et reparaît au Pont-Latin, à peu de distance de Bourgneuf. L'eau met environ deux heures à faire ce trajet. — A Aubigny, on voit encore l'ancienne chapelle de la Celle, qui dépendait de l'abbaye de Maizières.

En défrichant le bois voisin, on a découvert, il y a une cinquantaine d'années, les ossements d'un grand nombre de corps gisants comme dans un cimetière.

Ancien château féodal au bourg appartenant à M. Guillermin.

NOMENCLATURE

DES PRINCIPAUX VIGNOBLES ET LIEUX-DITS

Roche-Pendante, les Gardes, les Claveaux, le Clas placés par A. Budker en deuxième et troisième classes.

La Chaume. — A. B., quatrième classe.

PRINCIPAUX PROPRIÉTAIRES

MM. Jean-Marie Adenot.
    Eugène Brenot.
    Jean-Baptiste Coulon.

MM. Charles Moyret.
    Philippe Piot-Piot.
    Edouard Ragey.

BOUZERON

Bouzeron, arrondissement de Chalon, canton et bureau de poste de Chagny ; 276 habitants ; à 3 kilomètres de Chagny, 19 kilomètres de Chalon.

Bâti sur le versant oriental d'une colline couverte de vignes; sol calcaire et granitique. Vins rouges communs de première classe, bouquet très.agréable ; vins blancs renommés, bouquet fin ; l'un et l'autre de longue durée.

Le vignoble de Bouzeron comprend 160 hectares dont plusieurs résistent encore ; 45 hectares sont replantés en plants du pays ; noiriens rouges, gamays blancs, giboudots blancs, greffés sur riparias, solonis Quelques plantations d'othellos, d'alicantes. L'hectare de vigne vaut 2,000 fr.

La récolte de 1890 a produit 1,000 hectolitres de vin rouge et autant de vin blanc. Le rouge vaut de 40 à 45 fr. l'hectolitre.

Le vin blanc vaut 50 fr. et au-dessus l'hectolitre.

La récolte de 1892 a produit environ 1200 hectolitres de vin rouge et 900 hectolitres de vin blanc ; même prix qu'en 1890.

Il existe sur la montagne, à l'ouest du village, des vestiges d'un camp retranché que l'on attribue aux Romains. Il était à proximité de la voie romaine tendant à Autun. Les ruines d'une chapelle qui dépendait d'un ermitage se font remarquer au sommet de cette même montagne. Le village de Bouzeron fut donné par Charles le Chauve, en 872, à des moines qui y avaient une *celle*. On voit encore dans le vallon, à 400 mètres du village et dans un emplacement qui a retenu le nom de

Clos-des-Moines, deux énormes pans de murs qui faisaient partie des bâtiments de ce couvent.

Les meilleurs crus sont : la Digoanne, les Clous, Sous-le-Bois, la Fortune les Carcelles, les Cordères, placés par A. Budker en troisième et quatrième classes.

PRINCIPAUX PROPRIÉTAIRES

MM. Billerey.
    Changarnier.
    Etienne Gouvenet.

MM. Mercier.
    Regnier.

CHAGNY

Chagny, arrondissement de Chalon, chef-lieu de canton ;
4,743 habitants ; bureau de poste et télégraphe, chemin de fer.
Sur le canal du Centre, à la rencontre de plusieurs lignes de
chemin de fer. Sol calcaire, granitique, argileux et peu d'alluvions. Coteaux exposés au sud et au sud-est.

Vins de table ordinaires d'un goût agréable, se conservant
de 5 à 6 ans.

Le vignoble de Chagny s'étendait sur 450 hectares avant le
phylloxéra ; une partie résiste encore et 100 hectares environ
ont été reconstitués en gamays ordinaires du pays, rouge et
blanc, greffés sur riparias, solonis et un peu de viala.

Le prix de l'hectare de vigne ne dépasse pas 1,800 à 2,000
francs.

La récolte de 1890 a donné 6,500 hectolitres de vin rouge et
1,500 de vin blanc.

Celle de 1892 a donné 7,000 hectolitres en rouge et 1,600 en
blanc.

Les prix varient entre 35, 40 et 45 fr. l'hectolitre, suivant la
qualité.

Cette petite ville, située entre la Dheune et le canal du Centre,
est traversée par plusieurs lignes de chemin de fer. Des travaux
exécutés par la compagnie du chemin de fer P. L. M. ont
procuré la découverte de très beaux fossiles antédiluviens et
entre autres, d'une tête de mammouth ou de mastodonte ayant
plus de trois mètres de longueur. L'hôtel de ville et la halle aux
grains sont de construction moderne. Château moderne construit
sur les dessins de l'ingénieur Gauthey, à la fin du siècle dernier,

par Louis-Claude de Clermont Montoison. Il ne reste de l'ancien château fort qu'une tour servant actuellement de dépôt de sûreté. La terre de Chagny était érigée en baronnie antérieurement au XIIIᵉ siècle. Les Clermont-Montoise en furent les derniers titulaires. Un prieuré de l'ordre de Saint-Ruf, fondé vers l'an 1220, par un évêque de Chalon, s'était installé dans le voisinage du château féodal et l'église paroissiale actuelle, dédiée à Saint-Martin, en dépendait. Cette église, construite dans le XIVᵉ siècle, a subi diverses reconstructions partielles qui en ont altéré le caractère primitif. Une autre église, qui appartient à la même époque et qui est placée sous l'invocation de Saint-Jean existe au milieu du cimetière, elle est assez remarquable. L'hôpital, fondé vers l'an 1700 par Charles de la Boutière, et auquel a été ajoutée une seconde salle en 1776, est d'une assez belle construction.

Chagny n'a pris le titre de ville que depuis une cinquantaine d'années. C'est depuis l'établissement du canal du Centre que cette localité a commencé à se développer. Son importance commerciale ne peut qu'augmenter, à raison de son heureuse situation topographique et des grandes voies de communication qui y aboutissent. Le passé historique de Chagny est peu connu. Son existence, comme centre d'agglomération, ne remonte peut-être pas au delà du siècle qui a vu s'élever tout à la fois son prieuré, ses églises et la commanderie de Bellecroix dont on voit encore les restes au hameau qui porte ce nom. Des chartes du XIIIᵉ siècle, concernant cet établissement, existent dans les archives de la préfecture. C'est dans la plaine située entre cette commune et Chalon que les compagnies franches, appelées les *Ecorcheurs* ou *Tard-venus*, qui ravagèrent successivement différentes provinces de la France, sous Charles V, s'étaient rassemblées, en 1365, au nombre de 30,000 hommes. Leur quartier général était à Chagny. La paix générale entre toutes les puissances avait multiplié à l'infini ces troupes d'aventuriers qui, n'étant plus occupés, se livraient à toutes sortes de brigandages. Leurs chefs prenaient pour devise : Les amis de Dieu et les ennemis de tout le monde. Le pape Urbain V, qui résidait à

Avignon, craignait la visite de ces compagnies ; il ne cessait de les excommunier, et promettait pardon et indulgence à ceux qui prendraient les armes pour les exterminer. Ce pontife les exhorta ensuite par ses bulles à quitter le genre de vie qu'elles menaient, en les assurant d'une absolution générale pour tous leurs crimes passés ; mais elles furent sourdes à ses exhortations comme à ses menaces. Enfin, il se concerta avec le roi, et ne vit d'autre moyen, pour se défaire de ces pillards, que celui dont ses prédécesseurs s'étaient servis plus d'une fois à l'égard des princes dont ils redoutaient la puissance et l'intrigue. C'était de les engager à passer en Asie pour y combattre les infidèles Mais le roi avait un autre objet en vue : il voulait porter la guerre en Espagne, contre Don Pedro, roi de Castille, surnommé le *cruel*. Le fameux Duguesclin, chargé de déterminer ces compagnies au voyage d'Espagne, se rendit à Chalon et envoya un héraut d'armes à Chagny, pour demander aux chefs un sauf-conduit qui lui fut accordé. Alors le connétable se présenta au quartier-général, et comme l'art des négociations était inutile auprès de gens que l'intérêt seul guidait, il se contenta de leur représenter, avec une liberté guerrière, les désordres de leur vie : *Nous avons assez fait,* leur dit-il, *vous et moi, pour damner nos âmes, et vous pouvez vous vanter d'avoir fait plus que moi : faisons honneur à Dieu, et le diable laissons !* A cette brusque exhortation, il en ajouta d'autres plus convaincantes pour de pareilles gens, et leur fit envisager le profit qu'ils retireraient de l'entreprise projetée. Le traité fut conclu sur-le-champ ; les chefs des compagnies d'*Ecorcheurs* allèrent à Paris saluer le roi, et rejoignirent bientôt les leurs pour faire les préparatifs du départ.

Au mois de novembre 1590, le comte de Cruzilles, qui tenait le parti du roi de Navarre, s'empara du bourg et du prieuré de Chagny. Peu de jours après, il en fut chassé par 30 arquebusiers à cheval et 30 gendarmes de la garnison de Mâcon, sous la conduite des sieurs de Champerny, Longe-Combe et de Merzé.

Chagny est au centre du canton. Il s'appuie, au midi, sur de charmants coteaux qui se relient aux riches vignobles de la belle commune de Rully, remarquable par sa situation pittoresque et son château féodal qui date du moyen âge. Tout près de là se trouve la petite commune de Bouzeron, située dans un vallon renommé pour la qualité de ses vins blancs supérieurs aux chablis. Sur le coteau d'un vallon parallèle se trouvent les villages de Valotte et de Chassey, également renommés pour la supériorité de leurs vins. Au couchant, se développe l. magnifique vallée de la Dheune. A l'est de Chagny, le canton se compose de vastes plaines où les cultures de tous genres prospèrent. Ce sont des vignes, des prés, des terres labourables et de vastes forêts. Les communes de Chaudenay, Fontaines et Demigny se partagent ces sols privilégiés. Il est borné au nord et au couchant par les communes de Chassagne et Santenay.

Château de Bellecroix à M. Brunot.

A. Budker place les vins de Chagny en 3e, 4e et 5e classes.

PRINCIPAUX PROPRIÉTAIRES

MM. J. Ampeau.
Bruchet-Vantey.
Chapelle.
Ch. Dubois.

MM. Legrand Moron.
de Maizière.
Antoine Ridard.

M. CH. DUBOIS

Propriétaire et Négociant

A CHAGNY (Saône-et-Loire)

CHAMILLY

Chamilly, arrondissement de Chalon, canton de Chagny, bureau de poste de Saint-Léger-sur-Dheune; 315 habitants; à 5 kilomètres de la gare de Saint-Léger-sur-Dheune, 9 de Chagny, 18 de Chalon.

Situé dans un vallon; sol calcaire et argileux; exposition à l'est et à l'ouest pour la vigne.

Vins de qualité passable, d'une très longue durée.

Le vignoble de Chamilly se compose de 120 hectares environ (le 1/3 de la superficie de la commune), résistant encore en partie au phylloxéra. Quelques hectares sont reconstitués en gamays rouge et blanc du pays, greffés sur riparias.

L'hectare de vigne ne dépasse pas le prix de 1500 fr.

En 1890 la récolte a donné 1500 hectolitres de vin rouge et 500 de vin blanc.

Récolte un peu supérieure en 1892.

Le vin rouge vaut de 35 à 40 fr. l'hectolitre; le blanc de 40 à 45 fr.

Situé dans un vallon, à 3 kilom. environ de la route nationale n° 78. — On voit, sur la montagne de la Garenne, les ruines de l'ancien château des comtes de Chamilly. Noël Bouton de Chamilly, né le 6 avril 1636, se distingua dans la carrière des armes. Après avoir fait la campagne de Portugal, en 1663, sous le maréchal Schomberg, il se signala, en 1675, par la belle défense de Graves qui dura 93 jours et coûta 16,000 hommes au prince d'Orange. Le bâton de maréchal de France lui fut donné en 1703.

Château de Chamilly à MM. Damon, Desfontaines, Vve Laboureau et Rivard.

A. Budker range les vins de cette commune en troisième et quatrième classes.

Propriété morcelée.

CHASSEY

Chassey, arrondissement de Chalon, canton et bureau de poste de Chagny ; 487 habitants, à 3 kilomètres 1/2 de la gare de Santenay, 6 de Chagny, 21 de Chalon.

Territoire accidenté ; toutes les expositions notamment à l'est, sol calcaire, argileux et granitique.

Bon vin ordinaire, franc de goût, sans goût de terroir, couleur foncée, se conserve indéfiniment ; les vins blancs surtout sont excellents.

Le vignoble de Chassey s'étendait sur 460 hectares ; 200 ont été détruits, 25 résistent encore ; la reconstitution en gamays du pays, en pineaux, et en giboudots blancs greffés sur riparia et solonis, a fait un grand pas et comprend plus de 180 hectares.

La récolte de 1890 a donné 4000 hectolitres de vin rouge et 2000 hectolitres de vin blanc.

Celle de 1892 a rendu près de 3000 hectolitres de vin rouge et 250 de vin blanc.

Pour le premier les prix se tiennent entre 40 et 45 fr. l'hectolitre pour les bons crus ; entre 30 et 35 fr. pour les crus ordinaires ; entre 20 et 25 fr. pour les qualités inférieures.

Le vin blanc vaut 30, 35, 45 fr. l'hectolitre suivant les crus.

L'hectare de vigne d'une valeur autrefois de 5000 fr. a baissé de près de moitié comme prix et encore les transactions sont-elles difficiles.

Les sept hameaux dont se compose Chassey sont situés sur la pente des montagnes qui traversent son territoire du sud au nord. Route départementale n° 5 de Chagny à Montcenis ; la Dheune et le canal du Centre longent sa limite occidentale.

Les meilleurs crus sont ceux de Valotte et Corchanu, placés par A. Budker en troisième, quatrième et cinquième classes.

Propriété morcelée.

CHAUDENAY

Chaudenay, arrondissement de Chalon, canton et bureau de poste de Chagny; 991 habitants; chemin de fer sur la ligne de Chagny à Nevers et Moulins, à 3 kilomètres de Chagny, 20 de Chalon.

Village situé au pied d'un coteau ; sol calcaire très riche, argileux, à sous-sol formé d'éléments divers.

Vins ordinaires de plaine récoltés sur les coteaux généralement au sud et au nord.

Chaudenay possède 380 hectares de vignes dont plusieurs résistent encore. Environ 150 hectares sont replantés en gamays dit gamays de Chaudenay greffés sur riparias et solonis.

L'hectare de vigne ne dépasse pas le prix de 2,500 fr. en moyenne.

La récolte de 1890 a donné 5,000 hectolitres de vin rouge et 50 de blanc, d'une valeur moyenne, le premier de 32 fr. l'hectolitre et le second de 35 fr.

Récolte à peu près équivalente en 1892; mêmes prix.

Chaudenay était autrefois le siège d'une baronnie dont les de Foudras furent les derniers titulaires. Château de Mimande. Il a été trouvé récemment, dans un champ, une petite pièce de monnaie à l'effigie de Constantin. Belle église à trois nefs, fondée vers l'an 1310. On trouve, tout près de Chaudenay, une croix ancienne, d'un remarquable travail ; elle est connue sous le nom de Croix de Creteuil.

Château de Mimande à M. de Vaublanc de Creteuil.

Cette commune est placée par A. Budker en troisième, quatrième et cinquième classes.

PRINCIPAUX PROPRIÉTAIRES

MM. Léon Bidault.
    Bruchet.
    François Bruchet.

MM. Joly-Beuchotte.
    Gondard-Muthoiet.

DEMIGNY

Demigny, arrondissement de Chalon, canton de Chagny, bureau de poste et télégraphe; chemin de fer sur la ligne de Chagny à Auxonne ; 1614 habitants ; à 8 kilomètres de Chagny, 18 de Chalon.

Sol riche, terrain tertiaire et terrain d'alluvion, argilo-siliceux, mêlé d'oxyde de fer. Coteaux exposés au nord et au sud.

Vin assez franc, léger goût de terroir dans certains endroits, peu de bouquet, couleur moyenne.

Le vignoble se compose de 340 hectares dont plusieurs résistent encore au phylloxéra.

La reconstitution est en bonne voie; elle se fait en gamays et plants rouges dits de Chaudenay greffés sur riparias et solonis.

On a récolté à Demigny, en 1890, 8000 hectares de vin rouge et 200 de vin blanc.

Les prix pour le rouge varient entre 25, 30 et 35 fr. l'hectolitre, et pour le blanc entre 30, 35 et 40 fr. l'hectolitre.

La récolte de 1892 a été un peu supérieure ; mêmes prix.

L'hectare de vigne vaut en moyenne 2,500 fr.

Belle et riche commune. Ce bourg, situé sur le penchant d'un coteau chargé de vignes, est traversé par les deux chemins de grande communication n° 4, de Chagny à Saint-Loup-de-la-Salle et n° 19, de Chalon à Beaune. Un joli château moderne couronne le sommet de ce coteau d'où l'on jouit d'un des plus beaux points de vue de la Bourgogne. Vaste et belle église à trois nefs construite au xve siècle.

Les meilleurs crus sont à Rion, au Chatelet, à Vacheret, placés par A. Budker en troisième, quatrième et cinquième classes.

PRINCIPAUX PROPRIÉTAIRES

M. Ferdinand Buffet.	MM. Guiniet.
Les Hospices de Beaune.	Verrier.

DENNEVY

Dennevy, arrondissement de Chalon, canton de Chagny, bureau de poste de Saint-Léger-sur-Dheune; 515 habitants; à 4 kilomètres de Saint-Léger, 10 de Chagny, 19 de Chalon.

Commune située dans la vallée de la Dheune.

Les terrains plantés en vigne sont pour les deux tiers en sol et sous-sol calcaire; le surplus en sol argileux et siliceux; terrains d'alluvion dans la vallée, coteaux exposés à l'est et au sud-ouest.

Vins ordinaires goût franc, peu de bouquet, couleur ordinaire; se conservent bien.

Le vignoble de Dennevy se compose de 220 hectares dont plusieurs résistent encore au phylloxéra, 100 hectares sont reconstitués en gamay et gamay Moureau, sur riparia, solonis, viala et rupestris.

La récolte de 1890 a donné 2400 hectolitres de vin rouge et 100 hectolitres de vin blanc; le prix de vente du vin rouge est de 38 fr. environ l'hectolitre; le vin blanc vaut en moyenne 48 francs.

Récolte un peu supérieure en quantité et qualité en 1892; mêmes prix.

L'hectare de vigne se paie environ 3000 fr.

Situé près le canal du Centre et sur le bord de la Dheune. Route départementale n° 5, de Montcenis à Chagny; vestiges d'un ancien château nommé le Petit Rully. Traces d'une voie romaine d'Autun à Chalon, très apparente entre Nion et Den-nevy, dans la direction de l'ouest à l'est.

A. Budker place la généralité des crus de cette commune en troisième et quatrième classes.

PRINCIPAUX PROPRIÉTAIRES

M. Henri Alin. | M. Félix Armet. | M. Antoine Des Fontaines.

FONTAINES-LES-CHALON

Fontaines, canton de Chagny, arrondissement de Chalon, est situé à 7 kilomètres de Chagny, 11 de Chalon et 70 de Mâcon ; gare sur la ligne Paris-Lyon-Méditerranée ; bureau de poste et télégraphe; 1541 habitants.

Superficie : 2476 hectares dont 150 en vignes reconstituées en plants du pays sur riparia et solonis.

La récolte de 1892 a donné 3000 hectolitres de vin rouge valant 50 francs l'hectolitre dans les meilleurs crus et 40 fr. dans les crus ordinaires.

Fontaines produisait, il y a 15 ans, en grande quantité, un vin blanc fort recherché par le commerce à cause de sa propriété de rester très blanc en perce.

Pendant le printemps de 1893, il a été replanté plusieurs hectares de vignes en blanc et les propriétaires se proposent de reprendre ce genre de plants.

Les meilleurs crus sont ceux de Saint-Nicolas, Perdrix-Rousse (appartenant à l'Ecole d'agriculture et de viticulture), Morantin et Champ de Perdrix.

La valeur des terrains, après avoir baissé de moitié environ, a sensiblement augmenté depuis un an ou deux et atteindra sous peu le prix d'avant l'invasion phylloxérique.

A en juger par une charte du xie siècle. Fontaines (dans les titres en latin, *Fonte, Fontanæ*), doit être fort ancien. Il a été trouvé sur son territoire des haches en pierre polie et des outils et flèches en silex. Une tradition dans le pays place au lieu-dit Porto-Gory, une station romaine très anciennement détruite. On découvre encore en cet endroit des fragments de pierre taillée et même de marbre, des débris de poterie, des tuileaux à rebords et des médailles ou pièces de monnaie de l'époque gallo-romaine.

Il a été également trouvé, près de la source Saint-Nicolas, un bas-relief en pierre du pays représentant la déesse Epona, la tête dans le nimbe lunaire, portant d'une main la corne d'abondance et de l'autre la patère ; elle est assise sur une jument allaitant son poulain.

Le château aurait été pillé et dévasté en 1569 par des reîtres allemands appelés au secours des Calvinistes par le roi de Navarre.

La plus grande partie du village se trouve en plaine au pied de la montagne de Saint-Hilaire, site charmant bien connu des Chalonnais qui viennent souvent en excursion jusqu'à la tour construite au sommet du mamelon à l'emplacement d'un monastère fondé là par saint Colomban vers le VIIe siècle.

En 1876, une section de la société géologique de France a visité cette montagne et y a constaté la présence du portlandien et du néocomien et de nombreux fossiles.

Les carrières, ouvertes dans le corallien, occupent de 40 à 50 ouvriers ; elles produisent de la pierre rose, dure, susceptible de poli et l'oolithique blanche donnant de la très belle taille souvent imposée par les architectes dans leurs devis.

Une école pratique d'agriculture et viticulture a été établie à Fontaines en 1892 par le département de Saône-et-Loire. Avec la plus parfaite obligeance le directeur et les professeurs font toutes les analyses des terres qui leur sont soumises et guident par l'exemple et leurs bons conseils nos viticulteurs dans leurs essais pour la reconstitution du vignoble.

NOMENCLATURE
DES PRINCIPAUX VIGNOBLES ET LIEUX-DITS

Clos Saint-Nicolas. — A. B., troisième classe ; C. L., première classe.

PRINCIPALE PROPRIÉTAIRE

Mme Vve Cattin.

Beauvoirs. — C. L., première et deuxième classes.

PRINCIPAUX PROPRIÉTAIRES

MM. Bizot.
Goutte.
Nouveau.

MM. Rougeot.
Russilly.

Champ de Perdrix. — C. L., première classe.

PRINCIPAUX PROPRIÉTAIRES

M. Bas. | M. Cardot. | M. Goutte.

Les Combes. — C. L., première classe.

PRINCIPAUX PROPRIÉTAIRES

M. Coste-Ramus. | M. Desgranges. | M. Guinaumond.

Croix Jean Dillion. — C. L., première classe.

PRINCIPAL PROPRIÉTAIRE

M. Goutte.

Saint-Hilaire. — C. L., première et deuxième classes.

PRINCIPAL PROPRIÉTAIRE

M. Colcombet-Goubard.

Les Margottières. — C. L., première et deuxième classes.

PRINCIPAUX PROPRIÉTAIRES

MM. Cardot.
Cyrot.
Mme Vve Fillioux.

MM. Gauthey.
Louis Lault.
Masson.

Morantins. — C. L., première et deuxième classes.

PRINCIPAUX PROPRIÉTAIRES

M. Gervais-Protheau. | M. Marc Sauzay. | M. Russilly.

Perdrix-Rousse. — C. L., première classe.

Ecole pratique d'agriculture et de viticulture.

Butte-Soleil. — C. L., deuxième classe.

PRINCIPAUX PROPRIÉTAIRES

M. Louis Martin. | M. Perrault. | M. de Saint-Rapt.

Clausin. — C. L., deuxième classe.

PRINCIPAUX PROPRIÉTAIRES

M. Billey-Rity. | M. Gachet. | M. de Saint-Rapt.

Les Fosses. — C. L., deuxième classe.

PRINCIPAUX PROPRIÉTAIRES

M. Derain-Chaillet. | M. Desgranges. | M. Gervais-Protheau.

Grands-Paniers. — C. L., deuxième classe.

PRINCIPAUX PROPRIÉTAIRES

MM. de Cissey. | MM. Pierre Gauthey.
Dardelin. | Raoul Genet.

Les Granges. — C. L., deuxième classe.

PRINCIPAUX PROPRIÉTAIRES

M. Coste. | M. Louis Lault. | M. François Saunier.

Malpertuis. — C. L., deuxième classe.

PRINCIPAUX PROPRIÉTAIRES

MM. Cardot. | MM. Gauthey-Masson.
Coste. | de Guinaumond.

Rateaux. — C. L., deuxième classe.

PRINCIPAUX PROPRIÉTAIRES

MM. Bas.
    Coste.
    Gachet.

MM. Martin-Cathreau.
    de Saint-Rapt.

Saufouret. — C. L., deuxième et troisième classes.

PRINCIPAUX PROPRIÉTAIRES

M. Daumont-Caillet.

M. Gervais-Guenot.

Bois de la Barre. — C. L., troisième classe.

PRINCIPAL PROPRIÉTAIRE

M. Jannin-Pourcher.

SAINT-GILLES

Saint-Gilles, arrondissement de Chalon, canton de Chagny et bureau de poste de Saint-Léger-sur-Dheune; 575 habitants; à 2 kilomètres de la gare de Cheilly, 9 de Chagny, 20 de Chalon.

Territoire partie en plaine, partie à mi-côte traversé par le canal du Centre; terrain keuprique et liassique; alluvions modernes dans le fond de la vallée.

Vins communs de bonne qualité, goût excellent, bouquet peu prononcé, très coloré.

Saint-Gilles compte 200 hectares affectés au vignoble sur une superficie de 364 hectares. L'hectare de vigne vaut 2,500 fr. Le phylloxéra n'a guère détruit qu'une vingtaine d'hectares; quelques-uns ont été reconstitués en gamays, moureaux, etc., sur riparia et solonis; le surplus résiste encore et produit.

La récolte de 1892 a donné environ 4,000 hectolitres de vin rouge et 500 de blanc. Les prix varient entre 45 et 50 fr. l'hectolitre suivant la qualité.

Château Narbaud à Mlle Caran.

NOMENCLATURE

DES PRINCIPAUX VIGNOBLES ET LIEUX-DITS

Champs-derrières. — C. L., première classe.

PRINCIPAUX PROPRIÉTAIRES

MM. Aimet.	MM. Damon.
Barom.	Poiliat.
Berry-Cendiard.	

Cour Laury. — C. L., première classe.

PRINCIPAUX PROPRIÉTAIRES

M. Damon. | M. Malherbe.

La Gargoche. — C. L., première et deuxième classes.

PRINCIPALE PROPRIÉTAIRE

Mlle Carran.

.Les Ouches. — C. L., première classe.

PRINCIPAUX PROPRIÉTAIRES

M. Laboureau-Baroin. | M. de Rochefort.

Rinan. — C. L., première et deuxième classes.

PRINCIPAUX PROPRIÉTAIRES

M. Chavalleret. | M. Damon.

Sarrières. — C. L., première et deuxième classes.

PRINCIPAUX PROPRIÉTAIRES

MM. Armet.
Baroin-Clerc.

MM. Berry.
Laboureau-Baroin.

Sous le Bois. — C. L., première et deuxième classes.

PRINCIPAUX PROPRIÉTAIRES

MM. Baroin.
Clair.
Gaillet.

MM. Lachazée.
Patron.
Ridard.

Vignes de dessus. — C. L., première et deuxième classes.

PRINCIPAUX PROPRIÉTAIRES

MM. Armet.
Baroin.

MM. Desfontaines.
Laboureau.

Beluzes. — C. L., deuxième classe.

PRINCIPAUX PROPRIÉTAIRES

MM. Baroin.
Danion.
Desfontaines.

MM. Fibert.
Nectoux.

Champs Rougeot. — C. L., deuxième classe.

PRINCIPAUX PROPRIÉTAIRES

MM. Baroin.
Laboureau-Baroin.

MM. Malherbe.
Paillot.

Chapelle. — C. L., deuxième classe.

PRINCIPAL PROPRIÉTAIRE

M. Jean Chiflot.

Champs Sirgond. — C. L., deuxième classe.

PRINCIPAUX PROPRIÉTAIRES

MM. Charlet.
Nectoux.

MM. Ninot.
Patin.

Chazeaux. — C. L., deuxième et troisième classes.

PRINCIPAUX PROPRIÉTAIRES

M. Chevalleret.

M. Fisbert.

Fontaine de Cré. — C. L., deuxième classe.

PRINCIPAUX PROPRIÉTAIRES

M. Armet.

M. Ridard.

Pimoises. — C. L., deuxième classe.

PRINCIPAUX PROPRIÉTAIRES

M. Armet.

M. Gaillet.

Priat. — C. L., deuxième et troisième classes.

PRINCIPAUX PROPRIÉTAIRES

M. Baroin. | M. Desfontaines. | M. Ninot.

Teppes-Melot. — C. L., deuxième classe.

PRINCIPAUX PROPRIÉTAIRES

M. Bouillot. | M. Lachaize. | M. Damon.

Terres Collin-Embottes. — C. L., deuxième et troisième classes.

PRINCIPAUX PROPRIÉTAIRES

M. Berry. | M. Laboureau-Baroin. | M. Maréchal.

A. Budker place la généralité des crus de Saint-Gilles en troisième et quatrième classes.

SAINT-LÉGER-SUR-DHEUNE

Saint-Léger-sur-Dheune, arrondissement de Chalon, canton de Chagny ; bureau de poste et télégraphe, perception de Rully ; chemin de fer, sur la ligne de Chagny à Nevers et à Moulins ; 1986 habitants ; à 12 kilomètres de Chagny, 20 de Chalon. Service de voitures publiques de Couches-les-Mines à Saint-Léger.

Terres calcaires, argileuses et d'alluvion.

La vigne embrasse une superficie de 300 hectares attaqués en petite partie seulement par le phylloxéra. 1 hectare environ est reconstitué en gamay sur riparia et solonis.

En 1892, la récolte a atteint 10,000 hectolitres de vin rouge valant 40 fr. l'hectolitre et 100 hectolitres de vin blanc valant en moyenne 45 fr.

Saint-Léger est situé dans le vallon de la Dheune et sur le bord du canal du Centre. Ancien château, voie romaine dans la direction d'Autun à Mâcon. L'église a été construite à cinq époques différentes : le clocher paraît être du commencement du XVIᵉ siècle. Le chœur lui est un peu postérieur. La partie inférieure du temple a été bâtie en 1735, et c'est très récemment que la partie supérieure a été prolongée. Le clocher se trouve ainsi presque au centre. C'est une tour carrée, au-dessus de laquelle s'élève une flèche en pierre, d'une forme peu usitée. Elle est octogone, mais un peu renflée au milieu ; l'architecte semble avoir eu le dessein d'imiter la mitre du patron de la paroisse, qui était évêque d'Autun. On remarque dans l'intérieur de l'église d'anciennes sculptures et des tableaux d'une grande valeur.

NOMENCLATURE

DES PRINCIPAUX VIGNOBLES ET LIEUX-DITS

Bel-Air. — A. B., troisième classe.

PRINCIPALE PROPRIÉTAIRE

Mme Vve Rey.

Le Couchant. — A. B., troisième classe.

PRINCIPALE PROPRIÉTAIRE

Mme Vve Richard.

Maison-Rouge. — A. B., troisième classe.

PRINCIPAL PROPRIÉTAIRE

M. Forêt.

La Savoie. — A. B., troisième classe.

PRINCIPAUX PROPRIÉTAIRES

MM. Ninot.

Les Bassées. — A. B., quatrième classe.

PRINCIPAL PROPRIÉTAIRE

M. Pidault.

REMIGNY

Remigny, arrondissement de Chalon, canton et poste de Chagny ; 540 habitants ; à 3 kilom. de Chagny, 2 kilom. de la gare de Santenay, 20 kilom. de Chalon. Territoire montagneux, sol argileux en montagne, calcaire en côte et alluvion dans la vallée.

Vin d'ordinaire blanc et rouge de bonne qualité, franc de goût, bouquet agréable et accentué pour les pineaux ; couleur ordinaire.

Le vignoble comprend 125 hectares dont 40 complètement détruits et 50 reconstitués en pineaux rouges et gamays greffés sur riparias et solonis. L'hectare de vigne vaut 1800 francs.

La récolte de 1892 a donné 100 hectolitres de vin rouge valant 150 fr. l'hectolitre et 80 hectolitres de vin blanc au prix de 75 fr. l'hectolitre.

Les meilleurs crus sont ceux de Champ-Claude.

Remigny est situé sur les bords de la Dheune et du canal du Centre ; traversé par la route départementale n° 5 de Chagny à Montcenis. On a découvert dans une vigne, dite en Petite-Montagne, trois tombeaux en grès, ainsi que des tuiles et des médailles romaines. Cette commune, beaucoup plus considérable autrefois, a été dépeuplée par la peste, en 1751.

NOMENCLATURE

DES PRINCIPAUX VIGNOBLES ET LIEUX-DITS

Morgeot. — A. B., troisième classe; C. L., première classe (*rouge*).

PRINCIPAUX PROPRIÉTAIRES

Mme Barbey.	MM. Perreau.
M. Fondet.	Roux.

Vins blancs : Lieux-dits, **des Creux, de Lessard, des Clous, des Mouches,** appartiennent à divers.

Les vins blancs de cette commune sont placés par A. Budker en quatrième et cinquième classes.

Les vins rouges de Remigny sont indiqués par quelques connaisseurs comme valant les deuxièmes cuvées de Chassagne (Côte-d'Or).

**Maison d'habitation, bureaux, caves et magasins
de la maison HENRY FILS et Cⁱᵉ, propriétaires négociants
à Rully (Saône-et-Loire)**

Maison fondée en 1780

Médaille d'honneur à l'Exposition de Londres 1862

MM. Henry Fils et Cⁱᵉ sont propriétaires des deux premiers grands crus de Rully.

Rully : *Cru Ramboursey*, vin rouge, 1ʳᵉ classe.
— *Cru Vauvry-Chardonnet*, vin blanc, 1ʳᵉ classe.
— *Vignes des Pierres.*
— *Chapitre*, 1ʳᵉ classe.
— *Cloux*, 1ʳᵉ classe.
— *Marissous*, 1ʳᵉ classe.
— *Gresigny.*
— *Lafosse-Remenot.*
— *La Chaume.*
— *Chaponnière.*
— *Poyard.*
— *Pellerey.*
— *Varreaux*, etc.

Cette maison fait le commerce de gros et cède également directement à la consommation, les produits très recherchés de ses vignobles.

Vins en fûts et en bouteilles

Le **château Saint-Michel**, au centre de la commune de Rully, construit dans l'ancien clos du même nom, il y a environ trente ans, appartient à **Madame veuve CLAUDE COIN**.

Les principales vignes qui en dépendent sont la propriété de son neveu le **comte YVERT**.

Les climats où se trouvent ces vignes sont plus spécialement :

Le clos de la Renarde, le clos de Pelleret, en Cloux, en Raboursé, es Craies, en Grésigny, en Chêne, en Pommier, en Moulême, en Plante-Moraine.

RULLY

Rully, arrondissement de Chalon, canton de Chagny, poste et télégraphe ; 1720 habitants ; à 4 kilomètres 1/2 de la gare d Fontaines, 5 kilomètres de Chagny et 16 de Chalon. Voiture pour la gare de Fontaines, aller et retour.

Sol calcaire et argilo-calcaire, alluvions à l'est et

Vins très estimés, bonne qualité, goût fin, se cons

toutes les latitudes.

JAILLOUX-MERLE, propriétaire de vignes et tonnelier-gourmet, à Rully (Saône-et-Loire)

Exposition Universelle 1889 : Médaille d'argent

Adresse Télégraphique : **JAILLOUX**, Rully (Saône-et-Loire)

Vue des Caves et Magasins

VINS A LA COMMISSION & A FORFAIT

Spécialité de vins mousseux de la Côte Chalonnaise

JAILLOUX-MERLE

Propriétaire de vignes et tonnelier-gourmet

à RULLY (SAONE-ET-LOIRE)

EXPOSITION UNIVERSELLE 1889 : MÉDAILLE D'ARGENT

Adresse télégraphique : **JAILLOUX, Rully (Saône-et-Loire)**

Fabrication de fûts de Bourgogne depuis plus d'un siècle. Fournisseur des premières maisons de Bourgogne et du Beaujolais et leur acheteur à la propriété pour vins et raisins.

Fabrication de vins mousseux, tirage à la façon et de compte-à-demi. Vente à la commission, envoi de prix-courants et renseignements sur demandes.

Achats de raisins et fabrication du vin à la façon. Matériel vinaire de premier ordre pouvant contenir plus de mille pièces à la disposition du commerce.

Je me charge des achats de raisins dans les vignobles de la Bourgogne, du Beaujolais, du Mâconnais et de la Côte Chalonnaise.

VENTE RÉSERVÉE AU COMMERCE DE GROS

Échantillons sur demande

Le vignoble de Rully s'étendait sur près de 1000 hectares ; une centaine d'hectares résistent au phylloxéra, 150 hectares ont été reconstitués en gamays, moureaux et pineaux greffés sur riparias et solonis. L'hectare de vigne vaut en moyenne 3000 fr.

La récolte de 1892 a donné plus de 300 hectolitres de vin rouge et plus de 300 hectolitres de vin blanc rien que dans les meilleurs crus.

Les crus ordinaires ont donné 800 hectolitres en rouge et 1200 hectolitres en blanc.

Les prix sont très variables suivant les crus ; dans les premiers choix ils atteignent 150 fr. l'hectolitre en blanc et en rouge et dans les ordinaires de 45 à 50 fr. l'hectolitre.

Le château de Rully, qui domine le village de ce nom, s'élève sur une des plus gracieuses croupes de la côte chalonnaise, à gauche de la route de Paris à Lyon et en arrière du bourg de Chagny. C'est sans doute à cette position intermédiaire que se rapporte l'étrange expression de Courtépée, qui dit que Rully est situé « sur le nombril de la montagne ». Ce village n'a pas toujours existé où on le voit aujourd'hui ; il avait été bâti anciennement au sommet de la colline, sous la protection des créneaux du manoir féodal. Mais vers le milieu du XIVe siècle, la peste y exerça de tels ravages, qu'une douzaine de personnes seulement survécurent à ce terrible fléau. Ces tristes restes de la population abandonnant les murs qu'ils regardaient comme maudits de Dieu *vouèrent leurs corps et services*, ensemble « *leurs appartenances à Messeigneurs saint Roch et saint Sébastien* » et vinrent établir leurs demeures un peu plus bas que l'ancien Rully, autour de la fontaine d'Arlin, dont la transparence semblait témoigner de la pureté du lieu. Ce nouveau village s'accrut malgré le malheur des temps, et dès les premières années du XVe siècle, il formait une bourgade considérable, au milieu de laquelle s'élevait l'église, qui fut consacrée le 3 novembre 1403. On remarquait autrefois que le clocher de cette église était surmonté, au lieu du coq, *d'une girouette tournante, comme signe de la franchise du lieu.*

Dès avant la peste de 1347, ce fléau ainsi que celui de la lèpre avaient causé de grands ravages à Rully. Cependant, aidés par les libéralités de leurs seigneurs, les habitants avaient essayé de se défendre contre ces maux, en fondant hors du village une de ces maladreries connues sous le nom de Maison-Dieu, qui, dans les douzième et treizième siècles, s'élevaient de tous côtés en Bourgogne. Mais dès l'année 1290, cet hospice n'existait déjà plus, comme on le voit par des lettres du duc Robert, données à cette date.

La baronnie de Rully avait donné son nom à une famille qui servit avec honneur à la cour de Bourgogne, et s'éteignit au XIIIe siècle, sur les champs de bataille où tant d'autres nobles maisons furent ensevelies dans leurs armes. Après l'extinction de la maison de Rully, cette terre passa à la famille Belge, qui la possédait encore au commencement du XVIe siècle. Elle fut achetée, le 9 juillet 1513, par Jean de Lugny qui la revendit peu après à Antoine Bosrodon, capitaine de l'Escalle. Elle appartint plus tard aux Montessus, qui en étaient encore propriétaires en 1743. La seigneurie de Rully releva d'abord de celle de Montaigu ; c'est ainsi qu'on trouve, en l'année 1261, l'acte de foi et hommage de Robert, sire de Rully, à Guillaume de Montaigu. Ensuite quand les vastes domaines de ce dernier passèrent aux ducs de Bourgogne, ce fut d'eux que reprirent de fief les seigneurs de Rully dont la fortune ne fit que s'accroître par les faveurs qu'ils obtinrent au service de leurs nouveaux et puissants suzerains. Maîtres de l'un des principaux débouchés de la plaine du Chalonnais, les Rully étaient fiers de posséder, dans une même terre, trois maisons fortes ou châteaux : celle d'en haut qui commandait la vallée et autour de laquelle s'élevait l'ancien village ; celle d'en bas, dont la tour carrée existait encore en 1770, et une troisième, dont les ruines sont à peine reconnaissables aujourd'hui. Le château d'en haut avait été construit au milieu des ruines romaines, dont on trouve encore des vestiges nombreux. Les tombeaux, les voûtes, les pavés, les médailles que l'on y découvre ne permettent pas de douter de l'antiquité des habitations en ce lieu.

**Habitation de M. FLAVIEN JEUNET-HENRY, propriétaire
à Rully (Saône-et-Loire)**

M. Flavien Jeunet-Henry, aussitôt l'apparition du phylloxéra, tout en défendant ses nombreux Vignobles par tous les moyens connus, étudia la question de la reconstitution par les plants américains. De cette façon, il ne cessa de faire d'abondantes récoltes. Ses vins fins lui valurent des Médailles d'argent aux Expositions universelles de Paris 1878 et 1889, Dijon 1886, et des Médailles d'or à Chalon-sur-Saône en 1881 et Autun en 1888.

Il invite tous les amateurs à venir visiter ses belles vignes de :

Remboursey, La Fosse, Chapitre, Marissoux, Chaponnière, Saint-Jacques, Vésignot, Varreaux, Les Paquiers, Les Poyards, Le Breuil, L'Aubepin, Plante-Moraine, Saugeot, La Perche, Vauvry, Les Rameaux, Bois-Rondot, Les Trembles, Les Grandes-Terres, Champ-Cloux, La Chaume, Champ-Gibard, Monthelon.

M. Flavien Jeunet-Henry demande des Représentants dans tous pays pour la vente directe de ses Vins aux Consommateurs.

Propriété de M. FLAVIEN JEUNET-HENRY, à Rully
(Saône-et-Loire).

Cuverie, celliers et caves, contenant 3,000 pièces, se desservant de plain-pied à tous les étages. Le tout superposé, construit dans une ancienne carrière.

Dans les premières années de ce siècle on trouva, dans des vignes appelées Neyle et Vuilleranges, des médailles en argent de Gordien, Philippe, Gallien, Volusien, Valérien, Salonina, Posthume le père, Mariane, Licinius, et celles en bronze de Trajan et Faustine la jeune.

Les vins de Rully sont des plus estimés parmi ceux de cette

Habitation et Domaine de M. Léon PERRAULT,
propriétaire de vignes à **Rully** (Saône-et-Loire).

côte. En 1629, les bourgeois de Chalon offrirent au roi Louis XIII vingt-deux feuillettes de vin clairet de Rully, qui furent achetées chez le seigneur du pays.

Le territoire de ce village renferme plusieurs grottes ou cavernes intéressantes ; celles que l'on voit dans les bois de Montpolet sont les plus curieuses ; on trouve au fond de l'une d'elles un autel grossièrement figuré et de belles stalactites.

Château de Saint-Michel à Madame veuve Claude Coin.

NOMENCLATURE

DES PRINCIPAUX VIGNOBLES ET LIEUX-DITS

Barbousey (*vins blancs*). — A. B., première classe.

PRINCIPAL PROPRIÉTAIRE
M. Ninot-Narjollet.

Chapitre. — A. B., première classe.

PRINCIPAUX PROPRIÉTAIRES
M. Henry fils et Cⁱᵉ. | M. Flavien Jeunet-Henry.

Les Chaumes (*vins blancs*). — A. B., première classe.

PRINCIPAUX PROPRIÉTAIRES
M. Denis. | M. Narjoux-Bressand.

Grésigny (*vins blancs*). — A. B., première classe.

TRÈS MORCELÉ, DIVERS

Margottey (*vins blancs*). — A. B., première classe.

TRÈS MORCELÉ, DIVERS

Mont-Palais (*vins blancs*). — A. B., première classe.

TRÈS MORCELÉ, DIVERS

Raclot (*vins blancs*). — A. B., première classe.

PRINCIPAUX PROPRIÉTAIRES
M. Bressand-Blondin. | M. Dominique Narjoux. | M. Thomasset.

La Bressande du Château (*vins rouges*). — A. B., première classe.

PRINCIPAL PROPRIÉTAIRE
M. de Montessus.

Les Cloux (*vins rouges*). — A. B., première classe.

PRINCIPAUX PROPRIÉTAIRES

MM. Henry fils et Cⁱᵉ.
Louis Narjoux.

MM. les hér. de Arthur Perrault.
Comte Yvert.

Marrissoux (*vins rouges*). — A. B., première classe.

PRINCIPAUX PROPRIÉTAIRES

MM. Henry fils et Cⁱᵉ.
Flavien Jeunet-Henry.

MM. les hér. de Arthur Perrault.
de Roquefeuille.

Molène (*vins rouges*). — A. B., première classe.

PRINCIPAL PROPRIÉTAIRE

M. de Montessus.

Pillot (*vins rouges*). — A. B., première classe.

PRINCIPAL PROPRIÉTAIRE

M. Dominique Narjoux.

Préau et la Fosse (*vins rouges*). — A. B., première classe.

PRINCIPAL PROPRIÉTAIRE

M. Flavien Jeunet-Henry. | M. Eugène Perrault.

Raboursay (*vins rouges*). — A. B., première classe.

PRINCIPAUX PROPRIÉTAIRES

MM. Galland-Moreau.
Henry fils et Cⁱᵉ.
Hubert.

MM. Flavien Jeunet-Henry.
Comte Yvert.

Citons parmi les principaux propriétaires en différents autres lieux dits :

MM. Henry fils et Cⁱᵉ.
Jailloux-Merle.
Flavien Jeunet-Henry.
Léon Perrault.

MM. Perrault père et fils.
F. Renaudin.
Comte Yvert.

MAISON PERRAULT PÈRE & FILS
FONDÉE EN 1820
P. BESSON-PERRAULT
Successeur

Les vignes possédées par la Maison sont situées dans les communes de MERCUREY et RULLY.

F. RENAUDIN
PROPRIÉTAIRE ET NÉGOCIANT
A RULLY (Saône-et-Loire)

A. LATOUR
GENDRE ET ASSOCIÉ
Propriétaire à PULIGNY-MONTRACHET (Côte-d'Or)

Cette Maison est recommandée spécialement pour ses vins fins et ordinaires de « BOURGOGNE ».

CANTON DE VERDUN-SUR-LE-DOUBS

ALLEREY

Allerey, arrondissement de Chalon, canton et bureau de poste de Verdun ; 1111 habitants ; chemin de fer sur la ligne de Chalon à Dôle ; à 4 kilom. de Verdun, 20 de Chalon.

Sol argilo-calcaire, siliceux et d'alluvion, exposition des coteaux au sud et à l'est.

Vins blancs légers, vins rouges, peu colorés, bon goût mais peu de durée.

Le vignoble d'Allerey ne s'étend que sur 40 hectares sur lesquels 10 environ ont péri plutôt par suite du mildiou que par les effets du phylloxéra.

L'hectare de vigne se vend 2.500 fr. La récolte de 1892 a donné 240 hectolitres de vin au prix moyen de 35 à 40 francs l'hectolitre.

A. Budker place les vins de cette commune en cinquième classe.

Traversé par la route de Beaune à Verdun et par le chemin de grande communication tendant à Chalon, situation agréable sur la Saône, rive droite. — Allerey a eu un passé orageux. En 1591, il a été le théâtre des guerres de religion. Un parti de ligueurs y fut battu par le comte de Tavannes. Ce village, qui était défendu par une forteresse dont on voit encore quelques débris et les fossés, fut brûlé en 1636 par Forkack, général des Croates, lors de la guerre que la France eut à soutenir contre l'Espagne. — La voie romaine qui passait dans les bois d'Allerey n'existe plus que dans quelques parties.

Château à M. le comte de Maistre.

Pas de crus ayant un nom particulier.

Propriété morcelée.

BRAGNY-SUR-SAONE

Bragny-sur-Saône, arrondissement de Chalon, canton et bureau de poste de Verdun ; 940 habitants ; à 2 kilomètres de Verdun, 25 de Chalon.

Territoire en plaine, parsemé de coteaux où se cultive la vigne.

Sol argileux et sablonneux, terrains d'alluvions sur les bords de la Saône et de la Dheune.

Vin blanc, léger, de peu de durée.

Le territoire de Bragny comprend 50 hectares de vignes résistant au phylloxéra, 15 hectares ont été reconstitués en othellos, nohas, et quelques gamays greffés.

L'hectare de vigne vaut 3,600 fr.

La récolte de 1892 a produit 800 hectolitres de vin blanc d'une valeur moyenne de 45 fr. l'hectolitre.

La récolte en vin rouge est insignifiante.

Le village est assis sur un monticule dont le pied est baigné d'un côté par la Dheune et de l'autre par la Saône, sur laquelle il a été jeté un joli pont en fer, qui unit à Verdun ce beau village. L'ancien château des Thiard de Bissy, qui était en dernier lieu possédé par la veuve de M. de Labédoyère, a été démoli. Ce château fut, ainsi que le village, pris et pillé par les Impériaux, en 1636. Ponthus de Thiard, évêque de Chalon, littérateur et savant distingué, surnommé l'*Anacréon français*, s'étant démis de son épiscopat en faveur de son neveu, se retira au hameau de la Barre, près d'un moulin ; ce qui fit dire à ses ennemis que *d'évêque il était devenu meunier*. Ce prélat mourut à Bragny, le 23 septembre 1605, à l'âge de 84 ans.

Châteaux à Mme Moreau, MM. Légey-Béjot et Narjoux.

PRINCIPAUX PROPRIÉTAIRES

M. Béjat. | M. Légey. | M. Moreau.

A. Budker classe les vins de la commune de Bragny en cinquième classe.

ECUELLES

Ecuelles, arrondissement de Chalon-sur-Saône, canton de Verdun-sur-le-Doubs, est situé à 6 kilomètres nord de Verdun-sur-le-Doubs, 30 de Chalon-sur-Saône, sur la ligne de Chalon à Gray; gare à Ecuelles; bureau de poste de Verdun-sur-le Doubs; 604 habitants.

Superficie: 997 hectares, dont 43 en vignes du pays et 2 hectares reconstitués en gamays du pays sur riparia et solonis. L'hectare de vigne ne vaut guère aujourd'hui que 2,500 à 3,000 fr. Il a valu autrefois de 8,000 à 9,000 fr.

La récolte de 1892 a donné environ 1,000 hectolitres de vin blanc valant 45 à 50 fr. l'hectolitre.

On n'a pour ainsi dire pas récolté de vin rouge.

Sol généralement argileux et argilo-siliceux.

Ecuelles produit un vin blanc assez estimé; depuis quelques années surtout, il est fort recherché.

Le village est situé sur la rive droite de la Saône, dans une plaine fermée au nord par des coteaux plantés en vignes, donnant des vins blancs assez bons. Il est traversé par le chemin de moyenne communication de Verdun à Seurre. Commune mentionnée dans l'acte de fondation de l'abbaye de Saint-Marcel, en 577, par le roi Gontran. Eglise de construction récente, moins l'abside qui paraît être du xve siècle. Il y existait encore, en 1789, un couvent de dames Bernardines, dépendant de l'abbaye de Cîteaux. Le duc de Bourgogne Eudes II en avait jeté les fondements vers l'an 1142. Dans le principe, ce n'était, à proprement parler, qu'un hospice. Cette communauté fut régularisée sous Alexandre, dixième abbé de Citeaux, et ne reçut que des personnes de condition, Béatrix de Vergy en fut la première abbesse. Sur l'emplacement de ce couvent s'est élevé un petit oratoire. On a démoli l'ancien château flanqué de quatre tours.

A. Budker range les vins d'Ecuelles en cinquième classe.

NOMENCLATURE
DES PRINCIPAUX VIGNOBLES ET LIEUX-DITS

La Bonnette. — C. L., première et troisième classes.

PRINCIPAUX PROPRIÉTAIRES
M. Bon-Péchillot. | M. Vaux-Monnot. | M. Vaux-Parizot.

Le Champollet. — C. L., première et troisième classes.

PRINCIPAUX PROPRIÉTAIRES
M. Chaprin-Garnier. | M. J.-B. Gras-Bon. | M. Louis Monicho

La Chapelle de Molaise. — C. L., première et deuxième classes.

PRINCIPAUX PROPRIÉTAIRES
M. Coquillot-Boissard. | M. P. Gagey-Gagey. | M. Jean Martin

Les Charmes. — C. L., première, deuxième et troisième classes.

PRINCIPAUX PROPRIÉTAIRES
M. Jovelot-Aly. | Mme Latand-Troussard. | M. Vaux-Parizot..

Les Epuyers. — C. L., première et deuxième classes.

PRINCIPAUX PROPRIÉTAIRES
M. J.-P. Gras-Bon. | Mme Latand. | M. J.-P. Ponsot-Chevaux.

Le Moulin-à-Vent. — C. L., première et troisième classes.

M. Gabriel Barant. | M. Chapuis-Boissard. | Mᵐᵉ Latand.

La Plante-à-Thomas. — C. L., première et deuxième classes.

M. Jules Gagey. | M. Javelot-Gras. | M. Monnot-Péchillot.

Les Plantes. — C. L., première, deuxième et troisième classes.

M. Chapuis-Guépey. | M. Gautherot-Louis. | M. Gras-Cornier.

Le Poirier. — C. L., première classe.

M. Barant-Ponsot. | M. Chapuis-Denizot. | M. Léon Taitot-Girard.

Les Renards. — C. L., première classe.

Mᵐᵉ Latand-Troussard. | M. Vaux-Parizot. | M. Naulot-Gras.

La Tronchotte. — C. L., première et deuxième classes.

M. Bon-Péchillot. | M. Chevaux-Jobard. | M. Monnot-Péchillot.

Au Bassot. — C. L., deuxième et troisième classes.

M. Chapuis-Catinot. | Mᵐᵉ Latand-Troussard. — M. Thevenard.

Les Folies. — C. L., deuxième et troisième classes.

PRINCIPAUX PROPRIÉTAIRES

M. Javelot. | Mme Latand-Troussard. | M. Roucher.

La Glacière. — C. L., deuxième et troisième classes.

PRINCIPAUX PROPRIÉTAIRES

Mme A. Baraut. | M. Chevaux-Jobard. | Mme Latand-Troussard.

GÉANGES

Géanges, arrondissement de Chalon, canton de Verdun-sur-le-Doubs; à 13 kilom. de Verdun, 25 kil. de Chalon.

Sur la ligne de Chagny à Dôle et à Gray ; à deux kilomètres de la gare de Saint-Loup-de-la-Salle, localité où est le bureau de poste; 312 habitants.

Superficie, 622 hectares dont 80 en vignes (120 avant l'invasion du phylloxéra). La plus grande partie du vignoble est formée de cépages français . Plants de Chaudenay, Gamay melon blanc. Dès à présent on peut prévoir que dans deux ou trois ans la destruction des vignes françaises sera complète. La reconstitution en plants greffés sur riparia, solonis et viala ne fait que commencer, mais grâce aux efforts du Syndicat viticole de Saint-Loup et Géanges elle semble devoir être poussée plus activement à mesure que la disparition des anciennes vignes devient plus rapide.

La récolte de 1889 a donné environ 1500 hectolitres de vin rouge, vendus de 32 à 35 fr. l'hectolitre et 200 hectol. de vin blanc vendu 40 fr.

La récolte de 1892 a été détruite presque entièrement par les gelées de printemps. Le peu de raisin produit a été vendu au prix de 35 fr. les 100 kilog.

Bâti sur un petit coteau. La Dheune coule au midi du village et arrose d'excellentes prairies. Les vins produits par les climats de Champ-Carreau et Brochot sont les plus renommés du canton. Le territoire est traversé par la route départementale n° 4, de Beaune à Pont-Charbonneau, et par un chemin de grande communication qui doit former le prolongement de cette route, dans la direction de Chagny à Seurre par Saint-Loup-de-la-Salle. — Géanges, anciennement Giange, faisait partie, avant la révolution, du bailliage de Beaune et dépendait du marquisat de la Borde-au-Château, dont le parc forme au nord une partie de la limite de la commune. Au centre du territoire, près le bois des Haies, existe un plateau circulaire, ayant environ 40 mètres de diamètre, qu'on croit avoir été l'emplacement d'un camp retranché. Les fossés qui l'entouraient étaient encore très reconnaissables il y a environ cinquante ans.

NOMENCLATURE

DES PRINCIPAUX VIGNOBLES ET LIEUX-DITS

Le Brachat. — C. L., première classe.

PRINCIPAUX PROPRIÉTAIRES

MM. le commandant Barbier.
    Bernard Perrin.
    Faivre-Bernard.
    Pierre Faivre.
Mᵐᵉ Vve Finot.

MM. Gaspard-Moyne.
    Jean Huard.
Mᵐᵉ Vve Moyne.
M. Joseph Raquin.

Le Champ Carreau. — C. L., première classe.

PRINCIPAUX PROPRIÉTAIRES

MM. le commandant Barbier.
    M. Gaspard-Moyne.
    Héritiers Martin.

Mᵐᵉˢ Vve Finot.
    Vve Guenot.
    Vve Moyne.

La Vernelle. — C. L., première classe.

PRINCIPAUX PROPRIÉTAIRES

MM. le commandant Barbier.
　　Amédée Escars.
　　Gaspard-Moyne.
Mme Vve Moyne.

MM. Nief-Delaroux.
　　Etienne Raquin.
　　Roucher.

Les Vandaines. — C. L., deuxième classe.

PRINCIPAUX PROPRIÉTAIRES

MM. le commandant Barbier.
　　Gaspard-Moyne.
　　Jean Huard.

Mme Vve Finot.
　　Vve Moyne.

GERGY

Gergy, arrondissement de Chalon, canton de Verdun; 1784 habitants; bureau de poste et télégraphe; chemin de fer sur la ligne de Chalon à Dôle.

Territoire fertile, terrains divers.

Vins blancs ordinaires, acides, recherchés par le commerce.

Le vignoble de Gergy comprenait environ cent hectares dont la plupart est détruite.

La reconstitution est commencée.

L'hectare de vigne vaut 3000 fr.

On a récolté, en 1892, 10 hectolitres de vin rouge et 290 hectolitres de vin blanc, dont le prix se tient à 40 fr. l'hectolitre.

Les meilleurs climats sont ceux de la Motte, du Rougemont, de l'Official, du Bief-Saudon, placés par A. Budker en cinquième classe.

Gergy est situé sur un petit coteau, rive droite de la Saône. La commune est traversée par le chemin de grande communication n° 5 bis, de Raconnay à la route n° 4, de Beaune au pont Charbonneau; point de jonction : Les Quatre-Chemins.

Belle maison de plaisance bâtie par M. Raffort, peintre, au hameau de Raconnay, sur la rive de la Saône. L'église, jadis priorale, de Gergy, est à trois nefs et paraît être du xive siècle. Vestiges d'une voie romaine qui se reconnaissent depuis le territoire de Sassenay jusqu'au territoire d'Allerey. Il ne reste plus rien de l'ancien château-fort de Gergy.

Château du Meix-Berthaud à Mme de Jotemps. Maison de plaisance à M. Bouchard, de Beaune.

PRINCIPAUX PROPRIÉTAIRES

Mme Baudot.
Mlle Louise Cointot.
MM. le comte de Chardonnay.
     Félix Durand.

MM. Mazuez-Dubier.
     Roch Morin.
     Mugnier-Leflaine.

SAINT-GERVAIS-EN-VALLIÈRE

Saint-Gervais-en-Vallière, arrondissement de Chalon, canton de Verdun; bureau de poste de Saint-Loup-de-la-Salle; 613 habitants; à 4 kilomètres de la gare de Saint-Loup-de-la-Salle.

Territoire en plaine, alluvions modernes, terrain argileux et calcaire, sous-sol argileux, ferrugineux, peu perméable, 6 hectares de vigne en coteaux exposés au nord et au midi, le reste en plaine.

Vins très ordinaires blanc et rouge, léger goût de terroir, peu de couleur et peu d'alcool.

Le vignoble de Saint-Gervais comprend 70 hectares de vigne, en partie indemne du phylloxéra.

L'hectare de vigne vaut 2,400 fr.

La récolte de 1890 a donné 500 hectolitres de vin rouge et 340 de vin blanc dont les prix ont été de 28 et 30 fr. l'hectolitre.

La récolte de 1892 a été un peu moindre, mais la qualité meilleure; mêmes prix.

Le chef-lieu de la commune est situé sur le sommet d'un coteau, à 2 kilomètres de la route départementale de Verdun à Beaune. Eglise ancienne, construite sur un lieu élevé. L'art du XVᵉ siècle se révèle dans l'abside et dans la croisée qui est encore ornée de restes de verrières peintes. D'après Courtépée, Gervais du Mans aurait été martyrisé dans cet endroit, et saint Loup, qui était évêque de Chalon au commencement du vᵉ siècle, aurait fondé une église sur le lieu de sa sépulture. Une des rues de Saint-Gervais porte le nom de la *Maladière*. Près de là est une fontaine dont les eaux passent dans le pays pour avoir une vertu miraculeuse contre la fièvre. Dans le voisinage de Cercy, fort hameau de Saint-Gervais, on remarque un tertre couvrant une étendue de 22 ares, et ayant une hauteur de 5 mètres au-dessus du sol. Cette butte, qui est entourée de fossés, paraît avoir été l'emplacement d'un camp retranché ou d'une forteresse. Dans le hameau de Champsu ou Champseuil, il existe une semblable éminence, mais plus considérable encore et d'une élévation de 15 mètres. La Dheune en baigne la base. De l'autre côté de cette rivière et en face de ce lieu, il y avait anciennement un château fort. Une voie romaine encore nommée vie ferrée, sert de limite aux territoires de Saint-Gervais et de Saint-Martin-en-Gatinois. Elle traverse le hameau de Neuvelle, venant d'Allerey, et paraît pénétrer sur le territoire de Chevigny (Côte-d'Or), après avoir passé par le hameau de Hauterive.

Château de Cercy à M. Perret-Carnot, principal propriétaire.

Château au hameau de Cercy.

Pas de crus principaux.

Propriété viticole morcelée.

SAINT-LOUP-DE-LA-SALLE

Saint-Loup-de-la-Salle, arrondissement de Chalon, canton de Verdun, chemin de fer ; bureau de poste et télégraphe ; 973 habitants.

Vin ordinaire.

La récolte de 1892 a donné 950 hectolitres de vin rouge et 350 hectolitres de vin blanc. Les prix varient de 40, 45 et 50 fr. l'hectolitre.

Château de Maizières à M. J. Bouchard.

A. Budker place les vins blancs de Saint-Loup en cinquième classe.

NOMENCLATURE

DES PRINCIPAUX VIGNOBLES ET LIEUX-DITS

Au Colombier.

PRINCIPAUX PROPRIÉTAIRES

M. Alfred Estienne. | Mme Finot.

La Croix-Grimont.

PRINCIPAL PROPRIÉTAIRE

M. Julien Bouchard.

Le Champ Saint-Loup.

PRINCIPAL PROPRIÉTAIRE

M. Alfred d'Autume.

L'Epervier.

PRINCIPAL PROPRIÉTAIRE

M. Louis Moisseney.

Le Louvre.

PRINCIPALE PROPRIÉTAIRE

Mme Vve Bouillon.

Maizières.

PRINCIPAL PROPRIÉTAIRE

M. Julien Bouchard.

Le Meix.

PRINCIPALE PROPRIÉTAIRE

Mme Vve Lombard.

MONT-LES-SEURRE

Mont-les-Seurre, arrondissement de Chalon, canton de Verdun, bureau de poste de Navilly; 324 habitants ; à 3 kilomètres et demi de la gare de Navilly, 11 de Verdun, 34 de Chalon.

Sur un petit coteau, rive droite du Doubs, sol argilo-calcaire. Vins blancs ordinaires.

Mont-les-Seurre ne compte qu'une quarantaine d'hectares de vignes ; le mildiou y a causé des dégâts considérables.

L'hectare de vigne vaut 3,000 fr.

On a récolté en 1890 environ 150 hectolitres de vin blanc d'une valeur moyenne de 40 fr. l'hectolitre.

La récolte de 1892 n'a pas été supérieure ; le prix du vin n'a pas varié.

Ce village est sur une hauteur, rive droite du Doubs, qui forme au sud-est la limite de son territoire, tandis que la Saône le borne au nord-ouest. Eglise très ancienne ; le chœur est en briques, la nef est bâtie en pans de bois. Un ancien maire, M. Ducordeau, ajoutait qu'on y voit des statues en pierre portant les attributs de la maçonnerie, l'une ayant en main l'équerre, une autre un compas, une troisième un ciseau, une quatrième un maillet, etc. Ancien chemin romain tendant de Charnay à la Villeneuve.

Pas de crus principaux.

Propriété morcelée.

POURLANS

Pourlans, arrondissement de Chalon, canton de Verdun, bureau de poste de Navilly; 507 habitants, à 39 kilomètres de Chalon, 22 de Verdun, 9 de la gare de Navilly.

Sur la pente d'un coteau exposé au sud et à l'ouest.

Vins blancs agréables.

Pourlans comptait 50 hectares de vignes sur lesquels il en reste 25; le surplus a été détruit par le mildiou. La reconstitution est commencée.

La récolte de 1890 a donné 260 hectolitres de vin blanc d'une valeur de 35 à 40 fr. l'hectolitre.

En 1892, la récolte a été un peu inférieure en quantité; les prix n'ont pas varié.

Pourlans est situé sur une éminence, à la limite de la Côte-d'Or et du Jura.

Traversée par la route nationale de Moulins à Bâle. Ancien château-fort dont les tours sont détruites. Pourlans, autrefois Pollans, était une baronnie qui a appartenu aux de Vienne, sires de Pagny, puis aux ducs de Bourgogne, desquels les Jésuites de Dijon l'achetèrent en 1650.

Château de la Crôte à M. Marchand.

Pas de crus principaux.

Propriété morcelée

PRINCIPAUX OUVRAGES CONSULTÉS

POUR CETTE PUBLICATION

Topographie de tous les vignobles connus, par Jullien.

Ampélographie française, par V. Rendu. Paris, librairie Masson, 1868.

Le vin, par A. de Vergnette-Lamotte, correspondant de l'Institut, deuxième édition. Paris, librairie agricole, 26, rue Jacob, 1868.

Le Livre de la Ferme, par M. Joigneaux, 1.re édition, 1875. Paris, G. Masson, libraire, 120, boulevard Saint-Germain.

Cours de viticulture professé à l'Institut national agronomique, par M. Pulliat, inédit.

Congrès viticole de Chalon-sur-Saône. Rapports, 1887.

Etude des sols du département de *Saône-et-Loire*. Rapports à M. le Préfet, 1888-89-90, par M. Bernard, directeur de la station agronomique de Cluny.

Bulletin du comité d'agriculture de Chalon-sur-Saône.

La Vigne. Voyage autour des vins de France, par Bertall. Paris, 1878, E. Plon et Cie, imprimeurs-éditeurs, 10, rue Garancière.

Rapport (Extrait d'un) sur l'analyse des vins présentés à l'Exposition universelle de 1878, par M. J. Boussingault chargé d'une mission spéciale. Bulletin du ministère de l'agriculture, 2e année, n° 4. Paris, Imprimerie Nationale.

Bulletins du Ministère de l'agriculture, 1886-1891. Imprimerie Nationale.

Statistique agricole de la France, publiée par le ministère de l'agriculture. Résultats généraux de l'enquête décennale de 1865. Nancy, Berger-Levrault, 1862.

Bulletin du comité central d'études et de vigilance du département.

Traité de viticulture et d'œnologie, par Ladrey. Paris, 1872, Savy, éditeur.

Traité pratique des vins, etc., publié sous la direction de M. P. Lesourd, de la collaboration des rédacteurs du *Moniteur viticole*. Paris, 3e édition, librairie G. Masson. Bordeaux, Feret et fils. Montpellier, C. Coulet, et au Moniteur viticole, 6, rue de Beaune, Paris.

Sur la viticulture du centre nor. .e la France, par le Dr Jules Guyot. Paris, Imp. Impériale, ...56.

Etudes sur le vin, par M. L. Pasteur, membre de l'Institut. Paris, 1866.

Description historique et topographique du duché de Bourgogne, par Courtépée. Dijon, 1778.

Annuaire du département de Saône-et-Loire.

Archives de Mâcon, Chalon, Beaune.

Les Grands vins de Bourgogne (La **Côte-d'Or**). Dijon, H. Armand.

Tous les autres ouvrages consultés sont plus particulièrement indiqués dans le courant de l'ouvrage.

———

Mentionnons ici la part importante de collaboration apportée par M. Mueser, capitaine pensionné, pour tout ce qui a trait au Mâconnais et au Chalonnais dans cet ouvrage.

TABLE

DES NOMS DE PROPRIÉTAIRES CITÉS

D

S

T

TABLE DES MATIÈRES

Saint-Martin-sous-Montaigu, Mellecey, Mercurey, Rosey, Touches.

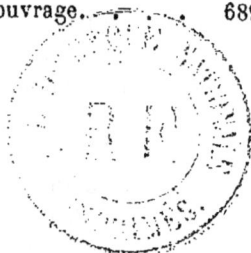

DIJON. — IMPRIMERIE DARANTIERE, RUE CHABOT-CHARNY, 65.

PAQUIER-DESVIGNES & Fils

SAINT-LAGER (Rhône)

GRANDS VINS FINS DU BEAUJOLAIS

Spécialité : Mousseux Beaujolais

Nos vins champagnisés sont le produit exclusif de nos meilleurs crus en plants fins, lesquels par leur propre nature n'ont besoin dans leur dosage de champagnisation d'aucune addition d'alcool ou cognac. Ils offrent par ce fait même, en dehors de leurs principes digestifs, l'avantage incomparable de parer à toutes les fatigues de tête ou d'estomac qu'occasionnent toujours les produits alcoolisés.

En résumé, nos vins mousseux répondent aussi bien aux exigences du goût qu'à celles mêmes de l'hygiène.

COMMERCE DE GROS ET D'EXPORTATION

PARIS 1878

PARIS 1889

Tous droits de reproduction et de traduction réservés

DIJON. — IMPRIMERIE DARANTIERE, RUE CHABOT-CHARNY, 65